华章图书

一本打开的书，
一扇开启的门，
通向科学殿堂的阶梯，
托起一流人才的基石。

图 4-7　什锦糖中每种单品按 1 ：1 ：1 ：1 的比例混合

图 4-9　股东大会上的投票

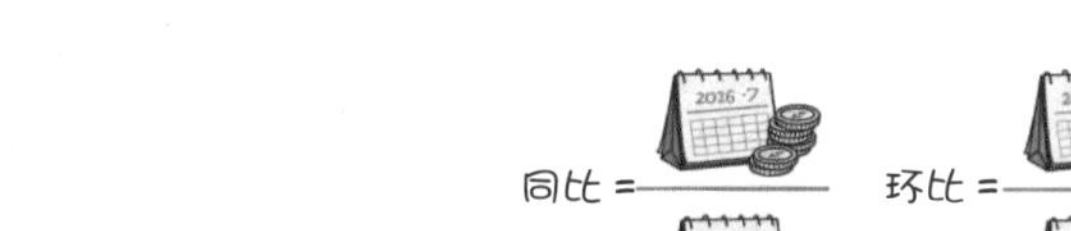

a) 同比　　b）环比

图 4-18　同比与环比

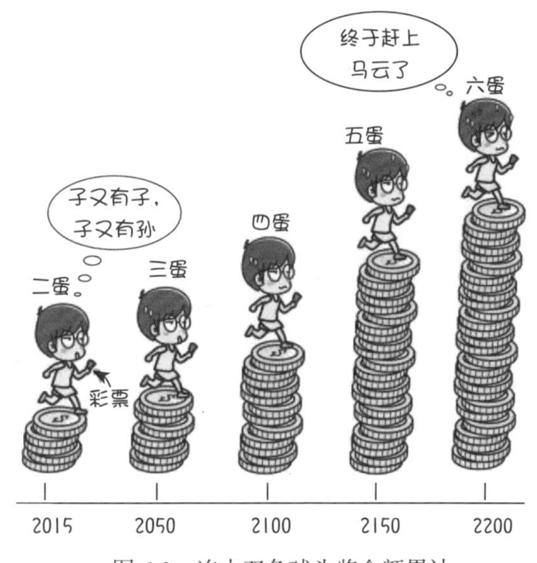

图 6-3　连中双色球头奖金额累计

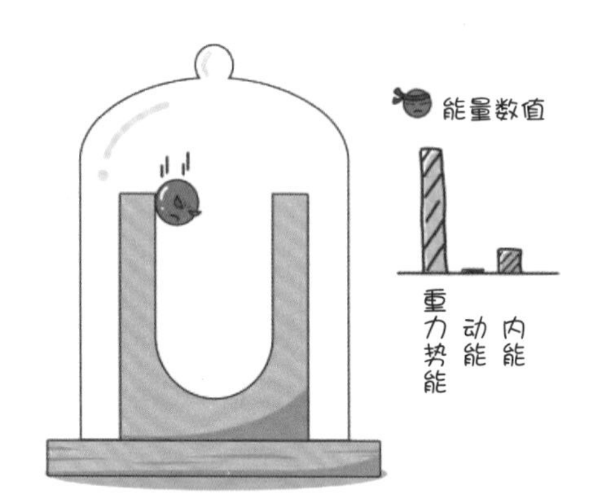

图 6-6　开始时

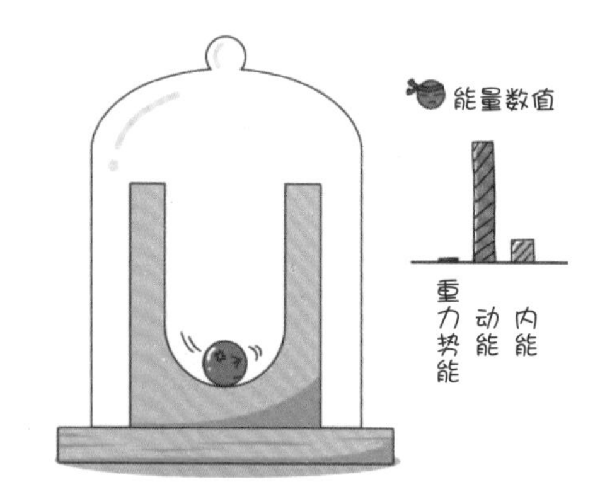

图 6-7　小球运动到最低点

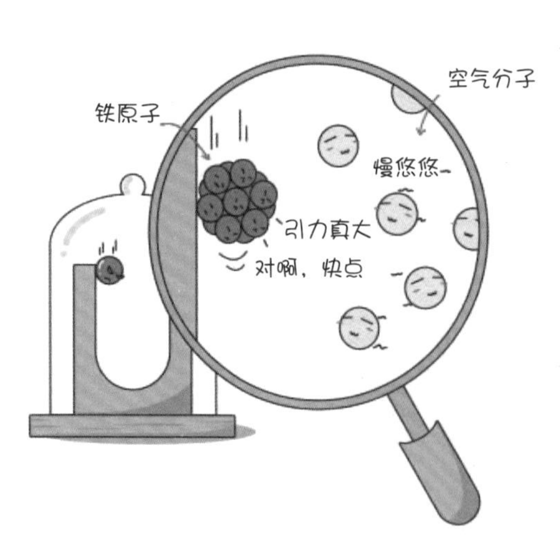

图 6-9　熵的增量

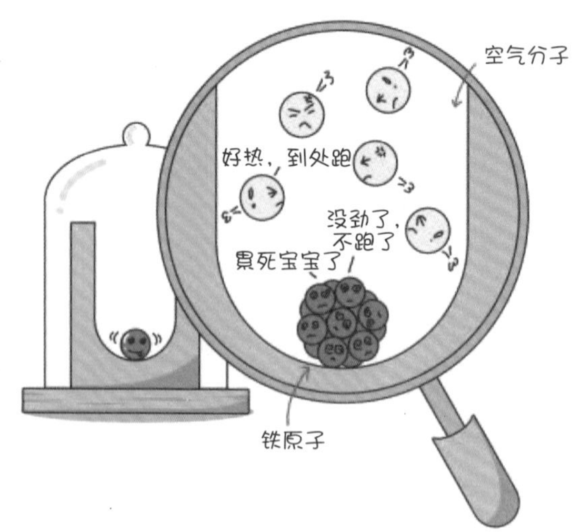

图 6-10　分子不能向一个方向运动

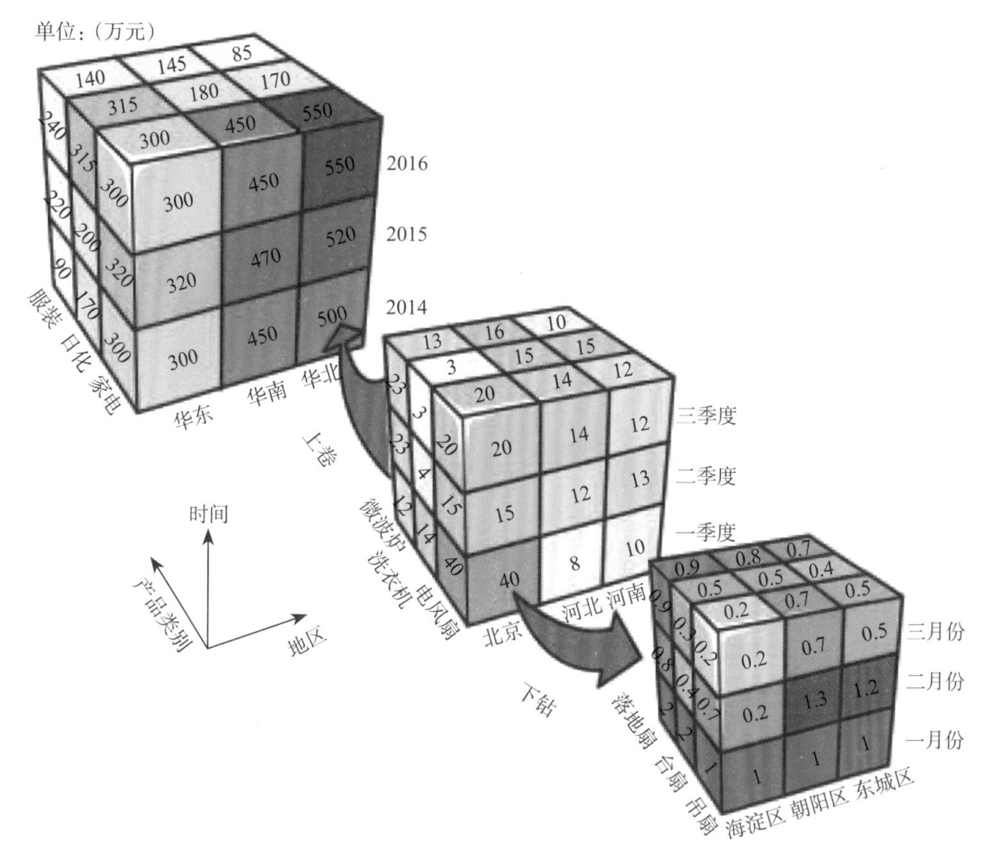

图 7-7　上卷和下钻

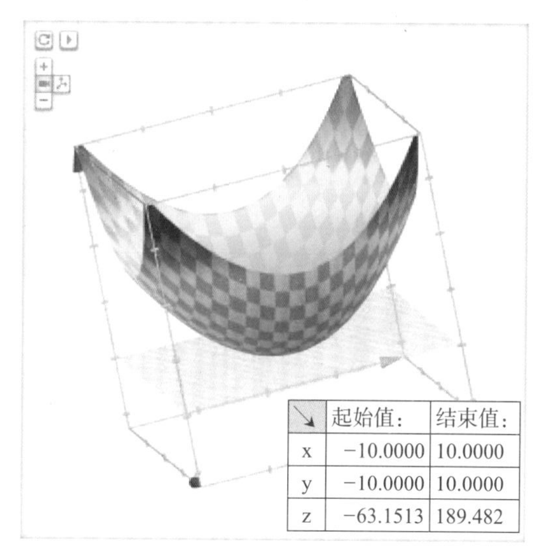

图 8-10　$z=x^2+y^2$ 的图像

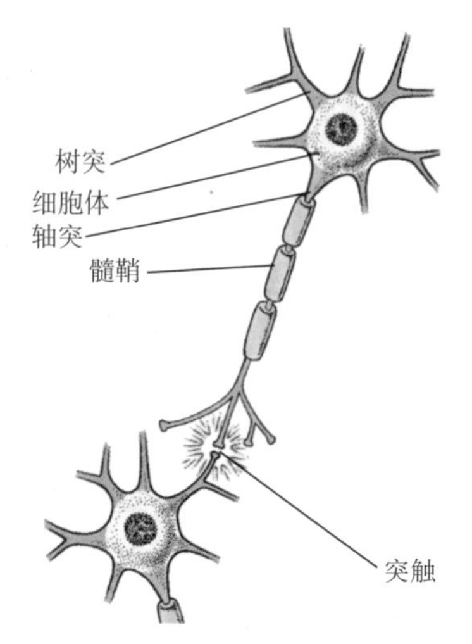

图 15-2　人的神经细胞

图 16-3　统计图书馆的书

白话大数据与机器学习

高扬　卫峥　尹会生◎著
万娟◎插画设计

机械工业出版社
China Machine Press

图书在版编目（CIP）数据

白话大数据与机器学习 / 高扬等著．—北京：机械工业出版社，2016.6（2020.6 重印）

ISBN 978-7-111-53847-9

I. 白…　II. 高…　III. ①数据处理　②机器学习　IV. ① TP274　② TP181

中国版本图书馆 CIP 数据核字（2016）第 115280 号

白话大数据与机器学习

出版发行：机械工业出版社（北京市西城区百万庄大街 22 号　邮政编码：100037）

责任编辑：高婧雅　　责任校对：殷　虹

印　　刷：三河市宏图印务有限公司　　版　　次：2020 年 6 月第 1 版第 10 次印刷

开　　本：186mm × 240mm　1/16　　印　　张：21.75（含 0.25 印张彩插）

书　　号：ISBN 978-7-111-53847-9　　定　　价：69.00 元

凡购本书，如有缺页、倒页、脱页，由本社发行部调换

客服热线：（010）88379426　88361066　　投稿热线：（010）88379604

购书热线：（010）68326294　88379649　68995259　　读者信箱：hzit@hzbook.com

Preface 前　言

为什么要写这本书

不知从何时开始我们已周身没入大数据时代的潮流，不知不觉被卷入了大数据时代。

无论是每天上网看网页、聊 QQ、聊微信，或者登录银行、网购、买票，或者出行、投宿，甚至是出入任何公众场合、驾车、用水用电……我们无时无刻不在生产着各种数据。而同时我们也在消费着其他人生产的数据，我们使用的众多家电产品，每一个设计细节都融入了设计者对用户体验数据的调查与分析；我们使用的每一部手机、每一台电脑，每一个部件的产出都融入着多得无法想象的指标数据控制下的生产与监控；我们访问的每一个网页、每一个软件，每一次享受到的贴心的产品改动和服务的升级，无不浸透着无数的数据汇集与精细的分析和反馈。这是一场慢慢到来的、贯穿所有产业的革命，这是一次润物细无声的各行业精耕细作的开端。

不管我们是不是愿意，不管我们有没有意识到，我们现在已经身处大数据时代的奇点，而未来要迎接的是大数据奇点爆炸给我们带来的冲击力。我们需要力量来驾驭浪里的航船，我们需要乘风破浪前进的动力。

在这一次远航中，我们不必担心自己的能力水平无法感知数据这种磅礴之力的气魄，不必担心晦涩难懂的公式定理会让我们感到阻力。

请相信我，这是一本通俗易懂的大数据图书，这是一本轻松愉悦的数据挖掘和机器学习的读本，这是一本没有门槛的机器学习实战手册。让我们一起扬帆远航吧！

本书特色

从行为脉络来看，本书基本上是从数据统计、数据指标理解、数据模型、聚类 / 分类与机器学习、数据应用、大数据框架补充知识，以及扩展讨论这样的角度来层层深入完成的。

这种方式会给读者比较好的带入感，让大家——尤其是不擅长数学的读者降低对大数据与机器学习算法的恐惧感。如果读者朋友对排列组合、统计分布这些基础知识比较了解，完全可以考虑跳过这些部分直接去读后面更感兴趣的内容。

为了调节阅读气氛，我们还尝试加入了一些漫画插图。为了让读者朋友能够更快地进行实践，我们几乎在每一个算法讲解后都配有 Python 或者 SQL 语言的实现部分。相信这些能够帮助大家更快、更轻松地阅读本书。

读者对象

（1）对大数据感兴趣但是完全不了解的技术人员。

（2）对机器学习和数据挖掘比较感兴趣的技术人员。

（3）大数据初级从业人员。

如何阅读本书

本书一共分为 18 章。

第 1 章～第 5 章为入门所需基础知识及对数据指标运营的阐述。

第 6 章～第 10 章是对数据挖掘基础知识与算法的介绍。

第 11 章～第 18 章为生产应用与高级扩展。

其中，第 1 章～第 15 章正文内容，以及第 17 章、第 18 章的正文内容由高扬编写。

全书所有的 Python 代码由卫峥编写与补充整理。

第 16 章、附录全部由尹会生编写。

全书所有的漫画插画由万娟创作完成。

勘误和支持

由于水平有限，编写时间仓促，书中难免会出现一些错误或者不准确的地方，恳请读者批评指正。如果你有更多的宝贵意见，欢迎扫描下方的二维码，关注“奇点大数据”微信公众号和我们进行互动讨论。关注大数据尖端技术发展，关注“奇点大数据”。

同时，你也可以通过邮箱 77232517@qq.com 联系到我，期待能够得到你的真挚反馈，在技术之路上互勉共进。

致谢

特别感谢：万娟女士为本书做的漫画插画内容。

万娟女士现任深圳星盘科技有限公司 UI 设计师，是我在多年工作中遇到过的最敬业的 UI 设计师之一，在 2013 年一起合作的过程中给我留下了非常深刻的印象。

她多次参加全国和国际艺术比赛，曾获得全国青少年绘画大赛铜奖，中国－新加坡国际青少年绘画比赛优秀奖，以及全国大学生工业设计大赛三等奖。从小酷爱绘画，理想是开一个属于自己的画室。

她给我留下的最深刻的印象用两个词可以描述：一个词是“敬业”，不管是在过去共事期间的合作，还是在为本书创作插画的过程中，为了保证进度带病坚持创作，都让我非常感动；另一个词是“唯美”，不仅人长得美，作品设计风格也透出现代与时尚的气息。

此外还要对所有支持和关心本书成书的各界朋友表示由衷的感谢：

衷心感谢北京邮电大学软件学院杨谈老师对本书的审校工作。

衷心感谢腾讯公司数据分析师彭瑶女士对本书的审校工作。

衷心感谢重庆工商大学黄辉老师、杨艺老师对本书的大力支持。

衷心感谢机械工业出版社华章公司对本书的支持与帮助。

衷心感谢“奇点大数据”微信群友对本书的关注与支持。

高　扬

目　录 *Contents*

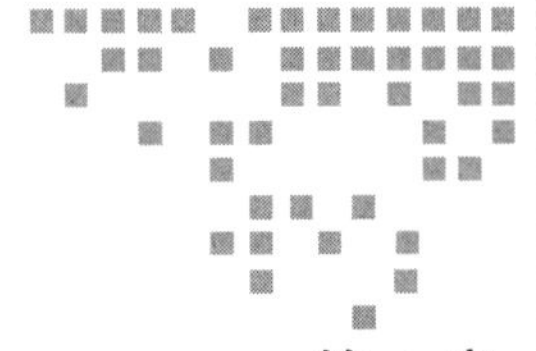

第 1 章 Chapter 1

大数据产业

1.1 大数据产业现状

大数据是近几年来都一直非常火热的一个名词，似乎是伴随着“互联网”的逐渐发展所出现的一个新名词。我们在天天听着“互联网 +”的同时也在听说“大数据 +”。

大数据其实是一个比较抽象和笼统的概念，应该说这个词是为了涵盖性地表达一系列生产和业务行为的一个统称。但是也正是由于这种抽象和过于简略的称谓方式，让每个人都容易对这个词产生见仁见智的不同视角的印象或者看法。

大数据是一个以数据为核心的产业，是一个围绕大数据生命周期不断循环往复的生产过程，同时也是由多种行业分工和协同配合而产生的一个复合性极高的行业。

在我看来，大数据产业生产流程从数据的生命周期的传导和演变上可以分为这样几个部分：**数据收集、数据存储、数据建模、数据分析、数据变现**。

其中每个环节都是非常重要的数据生命环节，每个环节的生产加工行为都是有其价值的，并且每个环节做到极致都可以成就一个伟大的公司。整个完整的产业生态圈就是大数据，它的缩影也渗透在任何一家以数据作为运营基础的公司中。

根据麦肯锡 2011 年发布的一份研究报告，到 2018 年世界范围内将会出现高达 14 万～ 19 万的“大数据”岗位空缺。而艾瑞咨询集团在“2014 年会”上曾指出，全球数据量每 18 个月翻一番，到 2015 年，中国专用数据分析人员预计缺口 1 400 万。

可以看到，在仅仅三四年的时间间隔上，两家咨询公司做出的预测都很大胆，但是两个估算数字相差也确实非常悬殊。究竟哪个数字更贴近“事实”并不好判断，因为大家对“大数据”的概念边界理解可能有很大的偏差，估算出现偏差是必然的，但是有一点可以肯定，大数据人才缺口一定是未来几年非常显著的问题。

2015年12月21日，全球第一家大数据交易所——贵阳大数据交易所经过半年多的发展，交易金额已突破6 000万元人民币，会员数量超过300家，接入贵阳大数据交易所的数据源公司超过100家，数据总量超过10 PB，已发生实际交易的会员超过70家。预计在未来3～5年，交易所日交易额将突破100亿元[⊖]。

截至目前，中国境内除了贵阳大数据交易所以外，还有长江大数据交易所、武汉东湖大数据交易中心、崇州大数据交易所等十余家大数据交易所挂牌营业。

2016年1月，阿里云的“数加”大数据平台和金山云的KMR平台等国内大品牌云产品供应商的重磅产品先后登场，几乎所有有远见的云产品巨擘资本都在向大数据产业链集中。但是这块蛋糕似乎有点太大了，只能边烘焙边分割，谁也没办法一下子全吃掉。

1.2 对大数据产业的理解

“大数据”这个人造词汇其实很容易产生不少误解，尤其是这个“大”字，很容易让人感觉，数据量必须大，而且特别大，越大越能形成产业，也越有价值。其实这真的是“大数据”给人带来的误导。大数据产业的存在其实和其他产业并无二致，本身是为了给其他产业提供服务。

做个假设，假如现在给石油产业冠以“大石油”产业的名字，那么会影响石油行业本身对其他行业的服务样态吗？应该不会。

在“大石油”产业里，同样有人从事着这样的工作内容：**石油勘探、石油开采、石油运输、石油提炼、石油产品销售**等多个细分领域和环节。

最后提供给社会的是由大量人工和智慧凝结在石油产品上的服务，而这些服务极大地方便并满足了社会各领域对于工业能源、建筑材料、食品包装、服装面料、模型器具、日杂用品等多种制造与使用的需求。试想如果没有石油，也就没有廉价汽车与航空动力，尤其是没有乙烯等重要化工原材料的来源，是否存在塑料这样一种廉价的工业制造材料都很难说，那么各个产业则需要用其他造价更为高昂的材料对其进行取代，更不用提家用的天然气和液化石油气了，人们只能再去寻找其他能源：要么不洁净——如柴火和煤炭，要么价格昂贵——如氢气。人们之所以选用石油作为整个产业链的根源，并把它发展成一个完整的产业也是由于这样的原因，大概这个逻辑是比较容易理解的。

类比一下“大数据”产业，数据收集、数据传输、数据存储、数据建模、数据分析、数据交易贯穿了大数据产业的完整产业链。在这个产业链里同样蕴含着和“大石油”一样的东西，这个东西是什么？

数据通过各种软件进行收集，通过网络进行传输，通过云数据中心进行存储，通过数据科学家或者行业专家进行建模和加工，最后数据分析得到的是一种知识，是一种人们通

⊖ 来自《新华网》的报道。

过数据洞悉世界的能力。数据之间本来彼此错综复杂的潜在关系会使得大量孤立而多来源的数据同时出现在一个舞台后显得更为有趣，大量看似不相关的事情却能够通过观察与分析后告诉人们更多背后的因果。这些因果联系的意义会让人们在各个方面能够推测未来趋势，减少试错的机会，减少成本，降低风险，解放劳动力。笔者认为这才是大数据产业本身的价值与意义所在。

1.3　大数据人才

1.3.1　供需失衡

大数据产业既然如此炙手可热，那么大数据人才的待遇如何呢？这一点其实不用多说，只要大家时常关注一些猎头 QQ 群的状态，或者猎头朋友的签名档内容，再或者干脆到“猎聘网”、“前程无忧”等专业的人才中介网站去看看就会了然于胸——30 万年薪找不到人，40 万年薪找不到人，50 万、60 万还是找不到人，一时间可谓洛阳纸贵，似乎市场上的大数据人才是“一将难求”。这也从一个侧面说明，很多公司愿意花这么多薪水雇佣一位大数据人才，不管他的头衔是大数据科学家，还是大数据架构师，抑或是大数据产品经理，很显然这些公司都是把大数据产业发展作为自己的经营战略的重要组成部分来看待。

大数据人才的一将难求其实不奇怪，因为人才既然是市场的一部分，是一种特殊的“商品”，那就必然受到市场因素的调节，供需严重失衡才会有这样的现象。但是，为什么大数据人才会供需严重失衡呢？原因有以下两个。

（1）大数据产业发展迅速，很多公司都越来越意识到要将大数据作为自己公司经营战略不可或缺的一部分，就像销售、生产、公关这样的重要环节一样缺一不可。人才需求旺盛！

（2）大数据人才培养成本居高不下，培养周期长，成材率相对较低，这也是导致大数据人才缺乏的一个非常重要的原因。人才供应不足！

1.3.2　人才方向

从目前市场上的人才需求观点来看，大数据人才大致可以分为以下 3 个方向。

（1）偏重基建与架构的“大数据架构”方向。

（2）偏重建模与分析的“大数据分析”方向。

（3）偏重应用实现的“大数据开发”方向。

当然，也有理想主义者会认为能来个三合一的人才就更好了，但是知识宽度和知识深度本身就是一组矛盾，毕竟对于有限的学习时间和精力，能够在一方面做到运用自如已属不易。

1. 大数据架构方向

大数据架构方向的人才更多注重的是 Hadoop、Spark、Storm 等大数据框架的实现原理、部署、调优和稳定性问题，以及它们与 Flume、Kafka 等数据流工具以及可视化工具的结合技巧，再有就是一些工具的商业应用问题，如 Hive、Cassandra、HBase、PrestoDB 等。能够将这些概念理解清楚，并能够用辩证的技术观点进行组合使用，达到软 / 硬件资源利用的最大化，服务提供的稳定化，这是大数据架构人才的目标。

以下是大数据架构方向研究的主要方面。

（1）架构理论：关键词有高并发、高可用、并行计算、MapReduce、Spark 等。

（2）数据流应用：关键词有 Flume、Fluentd、Kafka、ZMQ 等。

（3）存储应用：关键词有 HDFS、Ceph 等。

（4）软件应用：关键词有 Hive、HBase、Cassandra、PrestoDB 等。

（5）可视化应用，关键词有 HightCharts、ECharts、D3、HTML5、CSS3 等。

大数据架构师除了最后可视化的部分不需要太过注意（但是要做基本的原理了解）以外，其他的架构理论层面、数据流层面、存储层面、软件应用层面等都需要做比较深入的理解和落地应用。尤其是需要至少由每一个层面中挑选一个可以完全纯熟应用的产品，然后组合成一个完整的应用场景，在访问强度、实现成本、功能应用层面都能满足需求，这是一个合格的大数据架构师必须完成的最低限要求。

2. 大数据分析方向

大数据分析方向的人才更多注重的是数据指标的建立，数据的统计，数据之间的联系，数据的深度挖掘和机器学习，并利用探索性数据分析的方式得到更多的规律、知识，或者对未来事物预测和预判的手段。

以下是大数据分析方向研究的主要方面。

（1）数据库应用：关键词有 RDBMS、NoSQL、MySQL、Hive、Cassandra 等。

（2）数据加工：关键词有 ETL、Python 等。

（3）数据统计：关键词有统计、概率等。

（4）数据分析：关键词有数据建模、数据挖掘、机器学习、回归分析、聚类、分类、协同过滤等。

此外还有一个方面是业务知识。

其中，数据库应用、数据加工是通用的技术技巧或者工具性的能力，主要是为了帮助分析师调用或提取自己需要的数据，毕竟这些技巧的学习成本相对较低，而且在工作场景中不可或缺，而每次都求人去取数据很可能会消耗过多的时间成本。

数据统计、数据分析是分析师的重头戏，一般来说这两个部分是分析师的主业，要有比较好的数学素养或者思维方式，而且一般来说数学专业出身的人会有相当的优势。最后的业务知识方面就是千姿百态了，毕竟每家行业甚至每家公司的业务形态都是千差万别的，只有对这些业务形态和业务流程有了充分的理解才能对数据分析做到融会贯通，才有可能正确地建立模型和解读数据。

3. 大数据开发方向

大数据开发方向的人才更多注重的是服务器端开发，数据库开发，呈现与可视化，人机交互等衔接数据载体和数据加工各个单元以及用户的功能落地与实现。

以下是大数据开发研究的主要方面。

（1）数据库开发：关键词有 RDBMS、NoSQL、MySQL、Hive 等。

（2）数据流工具开发：关键词有 Flume、Heka、Fluentd、Kafka、ZMQ 等。

（3）数据前端开发：关键词有 HightCharts、ECharts、JavaScript、D3、HTML5、CSS3 等。

（4）数据获取开发：关键词有爬虫、分词、自然语言学习、文本分类等。

可以注意到，大数据开发职种和大数据架构方向有很多关键词虽然是重合的，但是措辞不一样，一个是“应用”，一个是“开发”。区别在于，“应用”更多的是懂得这些这种技术能为人们提供什么功能，以及使用这种技术的优缺点，并擅长做取舍；“开发”更注重的是熟练掌握，快速实现。

最后一个方面——数据获取开发与前面的数据库开发、数据流工具开发、数据前端开发略有不同，它出现的时间相对较晚，应用面相对较窄。现在很多数据公司，如汤森路透、彭博等咨询公司的数据除了从专业行业公司直接得到以外，很多也是从互联网上爬取的，这个过程中也涉及一些关键技术。

1.3.3　环节和工具

前面提到过，大数据从数据的生命周期的传导和演变上可以分为这样几个部分：数据收集，数据存储，数据建模，数据分析，数据变现，如图 1-1 所示。

数据收集 ➡ 数据存储 ➡ 数据建模 ➡ 数据分析 ➡ 数据变现

图 1-1　数据生命周期中的环节

1. 数据收集

完成数据收集是做大数据的第一步，这里请注意，数据的收集和平时在业务生产库上的做法不太一样，而是更像以前数据仓库里的收集方式。

方法一：快照法。可以每天、每周、每月用数据快照的方式把当前这一瞬间的某数据的状态复制下来放入相应的位置——这个位置就是大数据的数据中心所采用的数据容器，可以用 Hive 实现，也可以用 Oracle 或者其他专业的数据仓库软件实现。

方法二：可以使用一些工具来进行流式的数据导入，如 TCP 流或者 HTTP 长 / 短链接。

2. 数据存储

数据存储的方式也是比较多样的，当数据收集进入数据中心时，可以考虑使用 HDFS 或者 Ceph 等开源并且低成本的方案，数据量较小的时候可以采用 NAS 直接 mount 到一台

Linux 服务器的某挂载点。比较推荐 HDFS 和 Ceph 主要是因为这两种框架在业界已经有了长时间的应用，社区活跃，方案成熟稳定，部署价格低廉且扩展性极好。

3. 数据建模

数据建模是一个人为因素影响比较大的环节，我们这里提到的数据建模是指数理关系的梳理，并根据数据建立一定的数据计算方法和数据指标。一般来说，在一个比较成熟的行业里，数据指标相对是比较固定的，只要对业务有足够的了解是比较容易建立起运营数据模型的。使用人们熟悉的 SQL 语言就可以对存储容器中的数据进行筛选和洗涤，如果数据存储的容器是其他的异构容器，如 HBase 或者 Mongodb 等，就只能使用它们自己的操作 Shell 去操作了。

在这里需要提一句，有一个比较重要的环节是数据清洗。不同的业务习惯下，清洗有着不同的解释，但核心思想都是让数据中那些由于误传、漏传、叠传等原因产生的数据失真部分被摒弃在计算之外。此外，原始数据从非格式化变成格式化需要一个“整形”的过程，目的是让它能够和其他数据进行参照来运算，清洗同样涵盖这个“整形”的过程。也有人习惯把这个环节直接放在数据收集的部分一次性完成，究竟哪种方式比较好不能一概而论：在数据收集的时候就直接“整形”完毕，可能会使后面的数据存储、建模等环节处理起来成本更低一些，这是它的好处；但是在这个过程中会发生一部分数据裁剪的动作，而裁减掉的数据所蕴含的信息以后再想找回是不可能的。孰优孰劣还是因地制宜地进行讨论比较好。

4. 数据分析

数据分析是这些环节里面一个比较重要的环节。“分析”两个字的含义可以包含两个方面的内容：一个是在数据之间尝试寻求因果关系或影响的逻辑；另一个是对数据的呈现做适当的解读。

这两个方面或许有重叠的部分，但是笔者认为这两个方面还是可以分开来理解的，前者偏重数据挖掘、试错与反复比对；后者偏重业务结合、行业情景带入等。但是两者都是货真价实的分析工作，这点毫无疑问。数据分析的工具在“市面”上有不少，有开源的，也有收费的，到现在其实没有特别好用的，大多使用的时候门槛较高而且使用习惯十分西方化。目前收费的软件里比较好的有 IBM 的 SPSS、SAP 的 BW/BO，以及微软的 SSAS 和 SSRS；开源的软件里有 Mahout、Spark ML Lib、Python Pandas 等。收费软件里通常会把挖掘分析和可视化结合得比较好，而开源软件里主要是封装的算法比较多，但是环节较为孤立，绘图的丰富程度和美观程度会大打折扣或者干脆没有，那么这个环节就需要使用者自己想办法了。

1.3.4 门槛障碍

大数据开发不是一个由大数据带来的新方向，它更多是迁移性地使用旧有技术，技术突破也比较有限，所以这里不做过多的介绍。

1. 大数据架构方向

对于大数据架构方向，在资料方面虽然近两年涌现出很多翻译资料，也有很多国内高手写出不少实战心得，但是对于层出不穷的优秀开源框架来说，资料的更新多少显得有些跟不上脚步。这大概是自学成才的大数据架构师们很多不得不一边翻看着英文文档，一边翻看着源代码，一边试来试去的原因。而同时，越来越多的架构师们也将自己的心得写成越来越多的参考书籍，这些书籍的丰富也使大数据架构领域奋战的同行们有了更多的参考，有了更快进步的动力。

2. 大数据分析方向

对于大数据分析方向，在淘宝或者京东上试着翻看一下，其实书籍比前者要缺乏得多。虽然有一些不错的数据挖掘与机器学习的书，也有一些关于 Mahout、Spark ML Lib 和文本挖掘、神经网络的书被摆上货架，但是笔者也经常听一些同行抱怨这类书有不少问题不尽如人意。英译中版本的书有不少翻译生涩、阅读困难，而且解析不够细致，默认读者已经掌握了大量的数理统计或概率学的知识；而 Mahout 之类开源数据挖掘项目的书籍，要么就是由官方文档翻译而来新意全无，要么就是由于成书较慢早已落后于当前的最新版本，所以让人读起来如吮鸡肋。

3. 市场参与

在我看来，大数据行业目前不够繁荣的原因众多，但是究其根本就是因为它目前还不是一门“生意”，距离大量自由交易有价值的数据这一目标还相差太远。这种交易既存在于公司和组织之间，也存在于公司内部。现在去看身边最繁荣的市场，如大超市、大型网店，它们火爆的原因关键在于流量大、交易自由、交易成本低、交易参与方众多。大数据行业想要真正实现良性和快速发展，关键在于提高行业的市场化普及度。换句话说，大数据市场供需越丰富市场就越繁荣。而市场供需的繁荣靠的是参与方的丰富，以及交易内容的丰富。

那么支持参与方的不断丰富和交易内容不断丰富的源动力是什么呢？当然是人们经常说的去中心化和降低参与门槛。说到底，让尽可能多的人成为大数据行业中的价值制造者，这可能才是大数据行业进步的关键点所在。大数据产业中最有价值的层面在哪里？应该说，在数据收集、数据存储、数据建模、数据分析、数据变现这几个主要环节中，只有数据建模和数据分析这两个环节离数据变现，即创造价值更近；而数据收集和数据存储这两个环节做得再好也只是离节约成本更近，而对促进市场化普及的帮助较为间接。

因目前数据分析书籍的缺乏，阅读门槛的障碍，业内人士对知识的渴求，种种因素使我决心尝试着写一本门槛更低，更易理解，更“平民化”的数据挖掘与机器学习的书籍。

1.4 小结

大数据产业已经向我们敞开了大门，整个产业才刚刚开始萌芽，只要我们肯多进行观察、学习和思考，任何领域任何业务都会享受到大数据产业为我们带来的各种好处。

笔者问过一些试读过本书的朋友，他们有的是大专毕业，有的是大学本科毕业但是由于专业设定的原因没有学过高等数学，基本还是能够看懂。

如果读者已经完成大专或者大本的学业，而且加减乘除、幂指对函数这些概念基本没问题；

如果读者对“一个六面的骰子在丢出后出现 2 点的概率是 1/6”基本没问题；

如果读者对“一个匀质的硬币在扔出 1 000 次后，正面朝上和反面朝上的次数基本各为 500 次”没问题；那么请读者放心大胆地跟随我们，我们将用最令人放松的聊天方式开始这次轻松的白话数据挖掘与机器学习之旅。

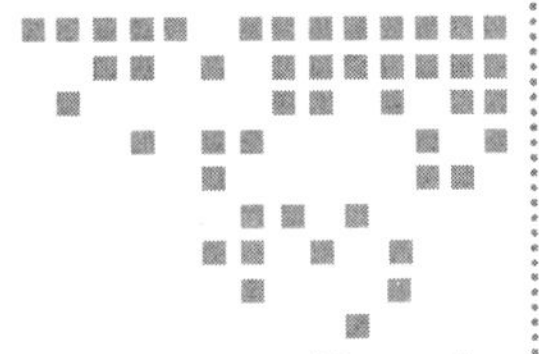

第 2 章 Chapter 2

步入数据之门

数据与数据应用中的许多概念彼此有着千丝万缕的联系，同时也有着概念上的偏重与区别，这里先从数据应用领域中的常见概念聊起。

2.1 什么是数据

数据是什么？这几乎成为一个人们熟视无睹的问题。

有不少朋友脑子里可能会直接冒出一个词“数字”——“数字就是数据”，我相信会有一些朋友斩钉截铁地说。

一些朋友会在稍作思考后回答“数字和字符、字母，这些都是数据”。

不知道你现在是不是正在纠结哪个回答更正确，抑或第二个回答更合理一些，这里先放一放。先看下面这组例子（图 2-1）：

000000

图 2-1 例 1

这里有 6 个 0，请问它是数据吗？

再看这样的例子（图 2-2）：

1111 aa

图 2-2 例 2

这里有 4 个 1 和 2 个 a，那么它是数据吗？

也许你可能会问，“这到底是什么意思？”不错，这就是我们在认识数据的过程中存在的一个很要命的问题，几乎在我们出发时就拦住了我们的去路。

我们回过头再想想刚才的问题可能会得到比较令自己和他人信服的回答：“承载了信息的东西”才是数据，换句话说，不管是石头上刻的画，或者是小孩子在沙滩上歪歪扭扭写出的字迹，或者是嬉皮士们在墙上的涂鸦，只要它表达一些确实的含义，那么这种符号就可以被认为是数据。而没有承载信息的符号就不是数据。这个观点似乎看上去要比前面的回答理性得多，也科学得多，但是这个观点真的不需要补充了吗？

我们假设这两个例子都有一些比较特殊的场景，假设第一组里出现的 6 个 0 其实是时分秒的简写，000000 表示 00 点 00 分 00 秒，而如果写作 112349 则表示 11 点 23 分 49 秒，那么它是不是也是数据呢？假设第二组出现的 4 个 1 和 2 个 a 其实是一组密码，4 个 1 代表一个被约定的地点，aa 代表一种被约定的事件，那这组数字和字母的意义也有了相应的解读，那么它是不是也是数据呢？

不难看出，一些符号如果想要被认定为数据，那就必须承载一定的信息。而信息很可能是因场景而定，因解读者的认知而定，所以一些符号是不是可以被当做数据，有相当的因素是取决于解读者的主观视角的。不知道这个观点你是不是认可，总之这点很重要。

2.2 什么是信息

说到这里，我的同事娟娟非常认真且煞有介事地跟我说："我觉得数字、字母、图像，这些都是数据，跟信息不信息的没什么关系。"看着她认真地跟我抬杠，我觉得蛮好，至少在认识数据过程中积极思考只有好处。

信息一词，在没有学术背景的情况下其实有着很多解释，例如，广播中的声音、互联网上的消息、通信系统中传输和处理的语音对象，甚至是小区和校园的消息看板（图 2-3），也就是人类社会传播的一切内容。

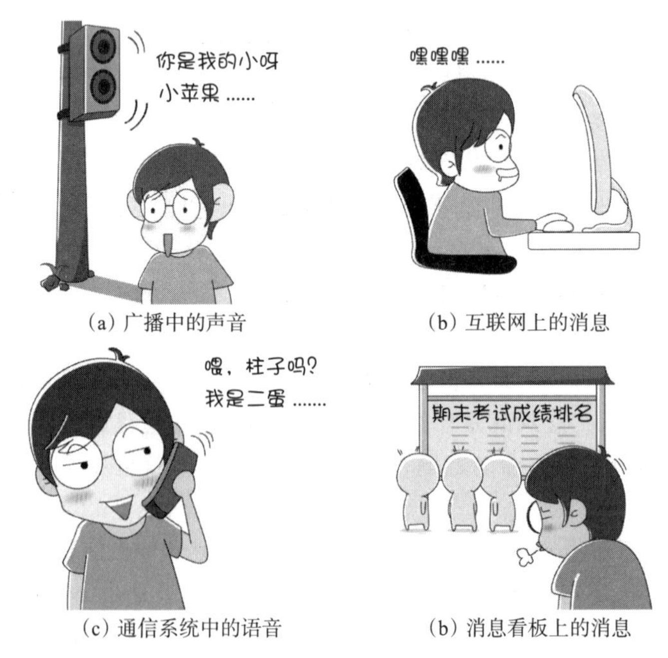

（a）广播中的声音　（b）互联网上的消息

（c）通信系统中的语音　（b）消息看板上的消息

图 2-3　信息的表现形式

1948年，数学家香农（Claude Elwood Shannon）在题为《通信的数学理论》的论文中指出："信息是用来消除随机不定性的东西"。这句话如果举个例子说明，大概可以想象这样一个场景（图2-4）。

图2-4　场景1

我说了两句话："我今年33岁。"，"我明年34岁。"

那么第一句话如果是为了向不了解我的人介绍我的年龄而可以算作信息，第二句话则不是信息。至少你会觉得说了第一句以后，后面这句简直就是废话，因为从第一句话完全可以推导出来。

再如，某一天巴西足球队和中国足球队进行了比赛。

结果第二天张三告诉笔者，"昨天巴西队赢了。"

而后李四告诉笔者，"昨天中国队输了。"

再而后王五告诉笔者，"昨天的比赛不是平局。"（图2-5）

图2-5　场景2

前提是只要他们都是说实话的人，那么对于我来说，也就只有张三的话能算信息，李四和王五说的则不能算作信息。甚至连张三说的"昨天巴西队赢了"这句话是否能够被算作信息，我们都要表示怀疑，因为这也有点"废话"的意味——但凡对足球运动有点认识的人都几乎可以认定，即便你不告诉我昨天巴西队赢了，我也能猜个八九不离十，因为可能性实在是太大太大了，大到几乎是一定的，几乎是毋庸置疑的。国足的粉丝们请放下手中的臭鸡蛋和烂西红柿，听我把例子讲完。

现在对信息是什么清晰多了吧？我们可以粗略地认为，信息就是那些把我们不清楚的事情阐明的描述，而已经明确或者知晓的东西让我们再“知晓”一遍，这些被知会的内容就不再是信息了。这个概念是很有用的，我们后面在讲信息论的时候也会再做定量的说明，现在只做一个定性的了解。

数据和信息是我们在数据挖掘和机器学习领域天天要打交道的基础，也是我们研究的主要对象。所以对数据和信息有一个比较一致性的认识对后面咱们讨论问题是非常有好处的。

2.3 什么是算法

算法这个名称大家应该不陌生，如果你是一个信息相关专业的本科学生，至少在本科一年级或者二年级就接触过不少算法了。随便打开一个人力资源网站去搜索“算法工程师”，好的算法工程师的年薪能到三五十万甚至上百万。

算法是什么？算法可以被理解为“计算的方法和技巧”，在计算机中，算法大多数指的就是一段或者几段程序，告诉计算机用什么样的逻辑和步骤来处理数据和计算，然后得到处理的结果。

科班出身的信息相关专业的朋友看到这里就会觉得比较亲切了，经典的算法有很多，如“冒泡排序”算法，这几乎是所有学习高级语言和“数据结构”课程的入门必学；再如“八皇后问题”算法，这几乎也是在讲穷举计算时的经典保留算法案例（就是在国际象棋棋盘上放 8 个能够横、竖、斜无限制前进的皇后，让它们之间互相不能攻击，求有多少种解）；以及 MD5 算法、ZIP2 压缩算法等各种不胜枚举的算法。图 2-6 所示为八皇后问题的一组解，经过穷举是可以求出所有 92 组解的。

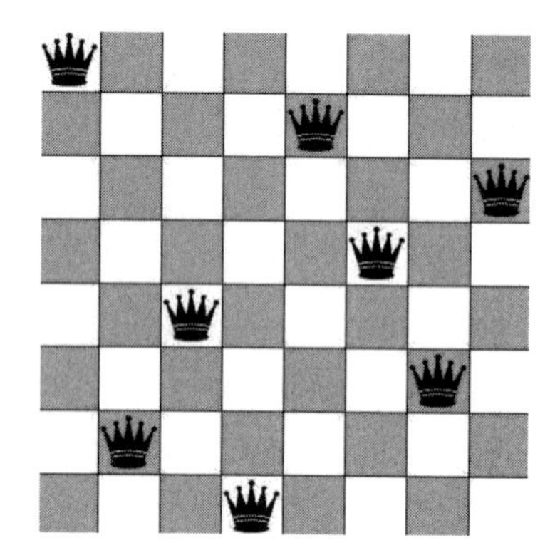

图 2-6　八皇后问题的一组解

应该说算法是数据加工的灵魂。如果说数据和信息是原始的食材，数据分析的结论是菜肴，那么算法就是烹调过程；如果说数据是玉璞，数据中蕴含的知识是价值连城的美碧，那么算法就是玉石打磨和加工的机床和工艺流程。

算法在高级语言发展了很多年之后，更多地被封装成了独立的函数或者独立的类，开放接口供人调用，然而算法封装得再好也是不能不假思索地使用就能获益的东西，要知道，这些封装只是在一定程度上避免了重复发明轮子而已。

大家不要以为算法全都是算法工程师的事情，跟普通的程序员或者分析人员无关，算法说到底是对处理逻辑理解的问题。

《孙子兵法 · 作战篇》有云，“不尽知用兵之害者，则不能尽知用兵之利”，意思是说，不对用兵打仗的坏处与弊端进行充分了解同样不可能对用兵打仗的好处有足够的认识。算法的应用是一个辩证的过程，不仅在于不同算法间的比较和搭配使用有着辩证关系，在同一个算法中，不同的参数和阈值设置同样会带来大相径庭的结果，甚至影响数据解读的科学性。这一点请大家务必有所注意。

2.4　统计、概率和数据挖掘

统计、概率、数据挖掘，这几个词经常伴随出现，尤其是统计和概率两个概念，几乎就像自然界的伴生矿一样分不了家，有很多出版社都出版过叫做《概率统计》的书籍。

本书不准备从学术的角度对统计和概率做严格的区分，在平时工作中用的统计大多为计数功能，如在使用Excel时会用到COUNT、SUM、AVERAGE等统计函数；如软件开发中，在用SQL语言对数据库的某些字段进行计数（count）、求和（sum）、求平均（avg）等函数。而概率的应用大多则是根据样本的数量以及占比得到“可能性”和“分布比例”等描述数值。当然，概率的用法远不止这些，在数据挖掘中同样用到大量概率相关的算法，后面会有相当的篇幅进行说明。

数据挖掘这个词很多时候是和机器学习一起出现的，现在网上对这两个词的关系也是莫衷一是。有的说数据挖掘包含机器学习，有的说机器学习是数据挖掘发展的更高阶段。在笔者看来，数据挖掘和机器学习这样的词汇命名应该是信息科学自然进化和衍生出来的，带有一定的约定俗成的色彩，人们的看法见仁见智也在情理之中。

我的观点是这样。

首先我认为没有必要一定要给两个词汇划一个界限，或者一定要对它们做严格的概念区分，因为区分的标准到目前本就没有科学而无争议的界定，况且能不能分清一个算法属于数据挖掘的范畴还是机器学习的范畴对于算法本身使用是没有任何影响的，这两个词大家如果想听解释的话，不妨只从字面意思去理解就已经足够了。

数据挖掘——首先是有一定量的数据作为研究对象，挖掘——顾名思义，说明有一些东西并不是放在表面上一眼就能看明白，要进行深度的研究、对比、甄别等工作，最终从中找到规律或知识，“挖掘”这个词用得很形象。

机器学习——先想想人类学习的目的是什么，是掌握知识，掌握能力，掌握技巧，最终能够进行比较复杂或者高要求的工作。那么类比一下机器，我们让机器学习，不管学习什么，最终目的都是让它独立或至少半独立地进行相对复杂或者高要求的工作。这里提到的机器学习更多是让机器帮助人类做一些大规模的数据识别、分拣、规律总结等人类做起来比较花时间的事情。但是请注意，与数据挖掘一起出现的这个机器学习概念和我们说的“人工智能”还是相差甚远，因为这里面对“智能”的考究程度实在是太低了。

2.5　什么是商业智能

另一个经常和大数据一起出现的词汇是商业智能（图2-7），也就是我们平时简称的BI

(Business Intelligence)。

商业智能——业界比较公认的说法是在1996年最早由加特纳集团(Gartner Group)提出的一个商业概念，通过应用基于事实的支持系统来辅助商业决策的制定。商业智能技术提供使企业迅速分析数据的技术和方法，包括收集、管理和分析数据，将这些数据转化为有用的信息。如果这个书本式的概念读起来还是比较费解，那么请看一个形象的比喻。

图2-7 商业智能

公司在日常运营过程中是需要做很多决策的，无时无刻都存在于公司的各个方面，而决策不管是股东大会讨论还是企业领导、部门领导直接发布行政命令，最终可能是很多因素共同影响做出的结果，无论其来自主观还是客观。

这些决策可以如何得出呢？可以由领导直接凭经验决定；可以群策群力开会决定；可以问询行业专家；甚至可以找个算卦先生来占卜……从概念来说都是属于辅助决策。而显然，我们都期望不论最终是如何做出的这些决策和命令，它们都应该是更为理性、科学、正确的。但是如何帮助他们做出更为理性、科学、正确的决策呢？商业智能整体就是研究这样一个课题，到目前为止，业界普遍比较认可的方式就是基于大量的数据所做的规律性分析。因而，市面上成熟的商业智能软件大多都是基于数据仓库做数据建模和分析，以及数据挖掘和报表的。

可以说，商业智能是一个具体的、大的应用领域，也是数据挖掘和机器学习应用的一个天然亲密的场景。而且商业智能这个解决问题的理念其实不仅仅可以应用于商业，还可以应用于国防军事、交通优化、环境治理、舆情分析、气象预测等。

2.6 小结

数据的认识和数据的应用是大数据与机器学习的基础，数据、信息、算法、概率、数据挖掘、商业智能，这些是大数据最为核心的基础概念与要素。当我们对这些概念有了清楚的认识，并能够清楚说出这些概念之间的辩证关系时，我们就已经在数据大门的里面了，怎么样，是不是很简单？下面就让我们一步一步地深入理解这些概念的细节以及它们的应用技巧吧。

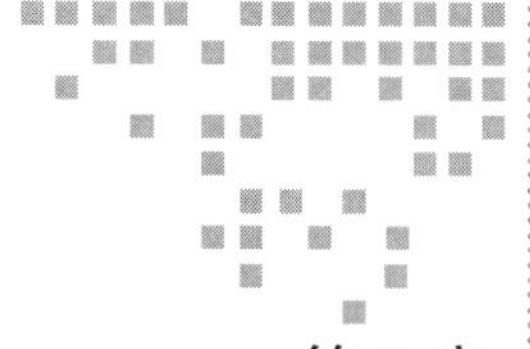

第 3 章 Chapter 3

排列组合与古典概型

记得我在上中学和上大学的时候，有一些身边的同学就抱怨：“真不知道这些定理们都是哪儿来的，是天上掉下来的还是哪个数学家哪天睡觉做梦突然梦见的”。大家听了不住地发笑，有的同学则忍俊不禁，捂着嘴点起头来（图 3-1）。

图 3-1　对数学定理感到疑惑

在我印象里，高中的时候当时其实有不少同学的数学成绩还是相当不错的，但是也会偶尔发发牢骚，“每个公式我都背得很熟，每个题我也都会做，我就是不知道将来这些东西能干什么用……”

还有的朋友对数学确实有兴趣，但是看到复杂的公式就两眼发花、瞳孔放大，抱着《概率论》、《高等数学》这些大部头的书满头大汗，难以入定。不知道你身边的同学朋友里有没有对数学又爱又恨的人。

其实数学本身本不应是高高在上的学科，它来源于人类的生产生活，也扎根于人类的生产生活，它本身无处不在，只是我们早已习惯了它以孤傲的脸孔出现在书本上，才让我们感到格外地陌生和疏远。我们有没有尝试着重新用更平和和更朴实的目光再一次认识一下这些和我们本应水乳交融的平民数学？我们需要平民化的数学应用，需要用更为平民化的语言把简洁生涩的公式定理表述得更加接地气。

3.1 排列组合的概念

3.1.1 公平的决断——扔硬币

排列组合是本书介绍的第一个概率论概念，也是在高中学过的一个概率学的入门概念。概念记不清了也不要紧，现在回忆一下在中学学过的排列组合都有哪些经典问题来着。

首先是扔硬币（图 3-2）。

如果一个匀质的硬币——也就是扔出正面朝上和反面朝上各有一半可能性的硬币，我们连扔 3 次，产生 3 次朝上的可能性有多大？

这个计算应该不算难，首先每一次扔出，每一个面的可能性是一样的，即正面 1/2 的可能性，反面也是 1/2 的可能性。

那么第一次扔，正面朝上是 1/2 的可能性，反面朝上也是 1/2 的可能性。

图 3-2 排列组合的经典场景——扔硬币（见彩插）

在第一次正面朝上的情况下，第二次扔，正面朝上的可能性仍然是 1/2，反面朝上也是 1/2 的可能性。（即正正，正反。）

而在第一次反面朝上的情况下，第二次扔，正面朝上的可能性仍然是 1/2，反面朝上也是 1/2 的可能性。（即反正，反反。）

也就是说连扔两次，两次结果为“正正”、“正反”、“反正”、“反反”的可能性都是完全一样的，各是 1/4。

以此类推，连扔 3 次，3 次都是正面朝上的可能性应该为 1/8，即概率为 1/8 或 12.5%。也就是说，3 次朝上分别为“正正正”、“正正反”、“正反正”、“正反反”、“反正正”、“反正反”、“反反正”、“反反反”。这几种的可能性是一样大的（图 3-3）。

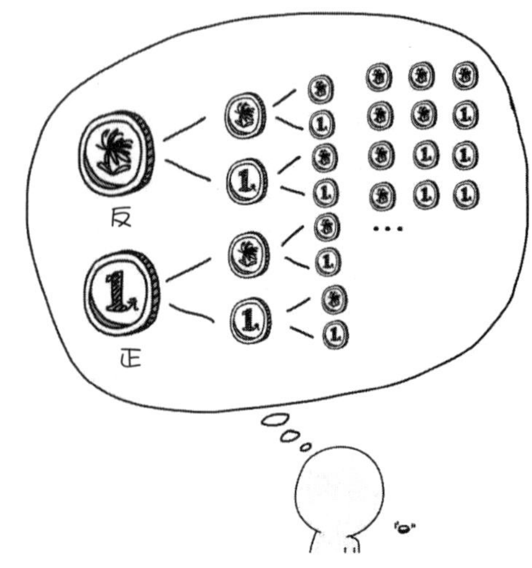

图 3-3 正反面朝上的可能性

我们可以想想在生活中的例子，扔硬币和扔骰子很多时候都作为大家凭运气讲公平的一种裁决手段，如两个人打赌赌单双数或者大小数，4 个人打麻将决定抓牌位置，我们都会借助硬币或者骰子这样的几率产生均等的工具来将公平进行到底，当然那些手法出众或者出老千的情况除外。

在影视作品里曾看到过一些赌徒为了让自己扔骰子掷出 6 点的概率增加而在 6 点的正对面放置铅弹一类的重物，使得骰子的 6 个面中 6 点被掷出的几率远高于其他几面（图 3-4）。而一旦被人识破，该赌徒则会被其他赌徒殴打甚至是杀害。显然，在事先得知骰子被做了如此手脚之后，是不会再有兴趣和该赌徒博弈的，因为掌握这种严重不对称信息的人会成为不败的赢家，因为这种机会的均等性被破坏了，造成极大的“不公平”。

图 3-4 “不公平”的骰子

如果一个随机试验所包含的单位事件（就是刚才说的 3 次朝上分别为“正正正”、“正正反”……这其中每一种情况都是单位事件）是有限的，且每个单位事件发生的可能性均相等，则这个随机试验叫做拉普拉斯试验，这种条件下的概率模型就叫古典概型。古典概型也叫传统概率，该定义是由法国著名数学家拉普拉斯（Laplace）提出的。

这种使用穷举有限多个可能性，并且根据可能性在所有事件中所占比例求出可能性的问题，就可以使用排列组合的方式来进行计算。

3.1.2 非古典概型

上述“古典概型”的特点是“包含的单位事件是有限的，且每个单位事件发生的可能性均相等”。单位事件指的就是抛出一个“正正正”或者“正正反”这种一个确定的试验结果的事件。可能性均等就是“正正正”、“正正反”……一共 8 种情况，每种情况产生的机会是一样的。

那么是不是也有不符合古典概型的反例呢？也就是说“包含的单位事件不是有限的或每个单位事件发生的可能性不均等”则不算是古典概型，有这样的例子吗？

有的。首先，刚刚提到的赌徒改造骰子的例子就是“每个单位事件发生的可能性不均等”的例子，那么这种情况下就不能使用穷举、排列组合的方法进行计算，算出来也和试验结果不一致；再者，还是使用骰子掷数的例子，用两个骰子来掷。因为每个骰子的掷出范围为 1 ～ 6 个点，所以两个骰子扔出的范围是 2 ～ 12 个点。但是需要注意，虽然骰子掷出每个点的机会是一样的，但是 2 ～ 12 这 11 个点产生的可能性不是一样的。两个骰子都扔出 1 才产生 2，所以概率为 1/36，同理 12 的概率也是 1/36。但是 6 就不一样了，两个骰子的点数可以为 1 和 5、2 和 4、3 和 3、4 和 2、5 和 1，每种情况的概率都是 1/36，相加得 5/36。所以对于两个骰子扔出 2 ～ 12 个点，每个点产生的概率可就不一样了，那每个点的概率必然不能是 1/11。好在产生 2 ～ 12 这 11 个点的每种情况中，各自是由两个古典概型组成的，还能分解以后各自求解（图 3-5）。

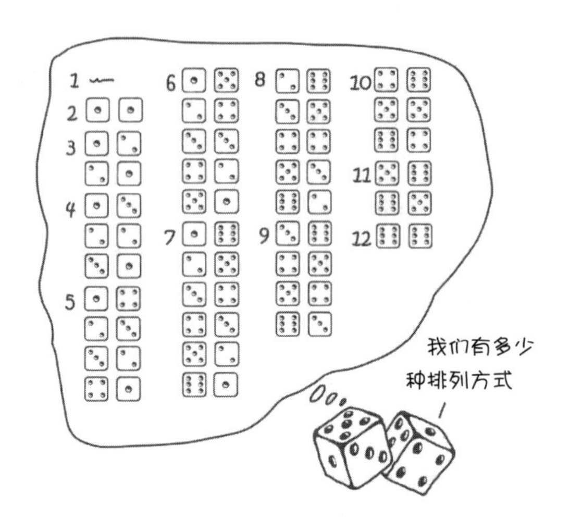

图 3-5　两个骰子掷出的点数

而“包含的单位事件不是有限的”这种例子其实也很多，例如，我想知道我每天出门碰到熟人的概率。这种问题用古典概型也是不能解决的，所有单位事件的定义非常复杂，每个单位事件也不能通过类似扔骰子这么简单的事情就描述清楚，还有时间、地点等各种复杂的情况，当然是没有办法用古典概型来获解的。

3.2　排列组合的应用示例

3.2.1　双色球彩票

双色球彩票在中国的历史不算短了，大概是从 2003 年 2 月就开始在中国联网发售。虽然有很多人都在诟病说双色球开奖的方式不够公平透明，但是还有相当多的彩民一直在执着地研究双色球开奖的规律（图 3-6）。

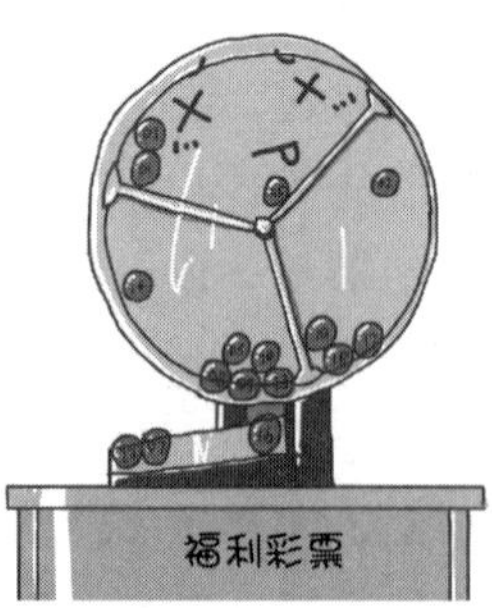

这里只从数学的角度来看一下双色球彩票的头奖和你花两块钱下注购买的彩票一致性的概率，也就是人们平时说的买一注然后就能中头奖的概率有多大。这里必须先明确一个前提，就是确实没有人对彩票购买和抽奖小球的抽出做干预，换而言之，就是你下的这一注是在完全不知道开奖结果的情况下买的，抽奖也是在每个球被抽出的概率一样的情况下进行的。

图 3-6　双色球

我们购买一注彩票的时候，首先选择红球，从 01 ～ 33 共 33 个号码中选择 6 个号码。再选择蓝球，从 01 ～ 16 共 16 个号码中选择 1 个号码。6 红 1 蓝一共 7 个号码组成完整的一注彩票。

最终抽奖的时候也会是从 01 ～ 33 共 33 个红色号码中选择 6 个号码，再从 01 ～ 16 共

16 个蓝色号码中选择 1 个号码。6 红 1 蓝一共 7 个号码组成完整的一注头奖彩票。

如果选择的 6 红 1 蓝和头奖的 6 红 1 蓝完全一致那就算中了头奖，奖金怎么算……这个大家去问福利彩票中心吧，咱们这里只算概率。

先算算挑选 6 红 1 蓝一共有多少种挑法。

首先先从 33 个红球中挑选 6 个红球，用组合的方式计算 C_{33}^{6}：

$$C_{33}^{6}=\frac{33\times32\times31\times30\times29\times28}{6\times5\times4\times3\times2\times1}=1\ 107\ 568$$

也就是 1 107 568 种选法。

再从 16 个蓝色球中选 1 个，一共有 16 种选法。

这样 6 红 1 蓝的选法一共有 1 107 568 × 16=17 721 088 种。

举个形象点的例子，老天爷在想 1 到 17 721 088 中的一个整数，你也在想 1 到 17 721 088 中的一个整数，你们俩想的完全一样的概率有多大？没错，是 1/17721088，大约是 0.000 000 056 4% 的概率。

不少人说，这没关系，反正有一些破解方法。有哪些破解方法？支持以下两种方法的人比较多。

方法一：多买几种组合。

那就算算看，一共 17 721 088 种可能，全部买下来——也就是俗称的全餐彩票，一共要花 35 442 176 元人民币。奖池是不是在所有中头奖的人平分后还能至少分到手这么多不好说（加上二等奖、三等奖一共能领到多少钱都可以自己算）。按照比例缩小一些试试呢？比如买一半，那就是中奖概率变成 1/2——要花 17 721 088 元，还有一半的可能性是不中。其他比例读者可以自己计算。每一种比例在降低投入的同时，也在降低中奖概率。所以这种方式并没有提高买彩票的投入产出比。

方法二：只买一种组合，坚持到底，就能提高胜率。

有这样思想的朋友估计是这么一个思路，就是这一次这种组合不中，由于每种组合概率一样，所以在多次随机过程里前面出现过的组合后面出现的概率就低，前面没出现过的组合后面出现的概率就高。有这样思路的朋友，想想这样一个事情，交通事故其实是一个典型的随机事件，平均每个月发生交通事故的数量是相对“固定”的，只是发生的地点、发生的时间、发生的车型、涉及的人可能不同而已。

那么如果要避免交通事故，就要先人为制造一些无害的交通事故，造够了次数，这个月就不会再发生交通事故了，大家也可以安心上路了。这个逻辑就变得顺理成章，但是事实真的会是这样吗？

这种随机产生的每一次结果之间其实是独立的概率，换句话说每一次结果是不会影响前后随机事件里产生的结果的，也不会影响到前后的随机事件的结果。在静态概型里，这个结论请大家牢记。也有人表示怀疑，说我明明在一些事情里看到前一件事发生后会影响后面事件发生的可能性，那这种事情怎么解释。这种事情，首先不是古典概型的范畴，如果要归类的话可以算作条件概率的研究范畴，条件概率在后文会详细讲解。

3.2.2 购车摇号

北京是一个以拥堵著称的城市，拥堵的问题也是由来已久，而且几乎是越来越严重。在万般无奈的情况下，专家们最后祭出了一个大招——摇号。

摇号是一个带有比较浓郁配给制色彩的手段。大概的形式就是，每个已经具备摇号资格的人登记一下身份证号码，所有登记过身份证号码的人都放在一个大“池子”里，然后每两个月通过“随机”的方式产生 20 000 个号码，这 20 000 个幸运儿就是中签者，就拥有了购买一辆汽油动力汽车的配额（图 3-7）。

图 3-7　汽车摇号

中签概率多大呢？有人想到直接用 20 000 除以 1 420 000 就是自己中签的概率。但是为什么是这么算呢？有理论依据吗？下面试着推导一下。

以真实数据为例，2015 年 9 月这个“池子”里大约有 1 420 000 个号，从里面选出 20 000 个号，一个人中签的概率有多大？稍微想想看，这个数值也不会是 $C_{1\,420\,000}^{20\,000}$，因为不是要求 1 420 000 个号里找出 20 000 个号一组的不同组合。

在没有其他政策进行干预而将 1 420 000 个号码进行等概率选出的情况下，选出 20 000 个号，而自己的号正好在其中。相当于用一个 1 420 000 面的骰子投掷一次选出一个号，然后把这个号抹掉，再用剩余的 1 419 999 个号做成一个 1 419 999 面的骰子，再投掷一次，选出一个号，然后把这个号再抹掉……一次一次下去，直到 20 000 次为止。实际相当于这么一个过程。

想不清楚的话试试用小一点的数字找找感觉。

如果是有 3 个人参与摇号，摇出 2 个，是怎么计算呢？

按照这种扔骰子的方法来玩，假设我们有个 3 面的骰子（其实真的是没办法做出一个 3 个面的等概率骰子，我们就当真的能做出来好了）。第一次我被骰子选中的概率为 1/3，还有 2/3 是没被选中的概率。在没选中的情况下，换 2 个面的骰子，这一次我被骰子选中的概率为 1/2。

算算我能被选中的概率一共是多少吧，

$$\frac{1}{3}+\frac{2}{3}\times\frac{1}{2}=\frac{2}{3}$$

如果是 6 个人参与摇号，摇出 3 个，是怎么计算呢？

仍然用扔骰子的方法，同理：

第一次，选中的概率为 1/6，没选中的概率为 5/6，现在该换 5 面的骰子了。

第二次，选中的概率为 1/5，没选中的概率为 4/5，现在该换 4 面的骰子了。

第三次，选中的概率为 1/4，没选中的概率为 3/4，结束。

被选中的概率是多少呢？

$$\frac{1}{6}+\left(1-\frac{1}{6}\right)\times\frac{1}{5}+\left(1-\frac{1}{6}-\left(1-\frac{1}{6}\right)\times\frac{1}{5}\right)\times\frac{1}{4}=\frac{3}{6}$$

如果有兴趣可以继续用其他例子去算，我们现在直接说结论了，这种情况其实就是用掷骰子的次数除以最开始骰子的总面数，也就是一共选出的次数除以全样本空间的大小。20 000/1 420 000 这个答案是没有问题的，也就是中签率为 1.4% 左右，一年摇号 6 次的话，估计运气最差的人要 11.8 年才能抽中，听到这样的消息现在整个人都不好了。不过别忘了，每个月这个“池子”还在变大，究竟等多久可能只有老天知道了。我们这里只从理论上讲解了计算的原理，但是和实际的计算方法还是有区别的，毕竟实际的遴选规则也是在不断变化，例如对长时间未选中的号码加遴选权重，这样计算起来更为复杂一些。

3.2.3 德州扑克

七零后和八零后的朋友估计对香港影星周润发很熟悉，尤其是发哥在《赌神》系列中风流倜傥的表演给人留下很深的印象，其中最后发哥和大 BOSS 单挑基本玩的都是“梭哈”——英文名称 Show Hand。梭哈和我们今天要说的德州扑克在牌点大小比较的规则上是非常近似的。

德州扑克是很多年轻人都喜欢的扑克竞技游戏，全称是 Texas Hold’em Poker，中文简称德州扑克。这里研究一下各种牌型出现的概率。

对于不熟悉德州扑克规则的读者来说，还是有必要先简单描述一下德州扑克的规则。

一张台面至少 2 人，最多 22 人，一般是由 2 ～ 10 人参加。德州扑克一共有 52 张牌，没有王牌。每个玩家分 2 张牌作为“底牌”，5 张由荷官（专业发牌的人）陆续朝上发出的公共牌。开始的时候，每个玩家会有 2 张面朝下的底牌。经过所有押注圈后，若仍不能分出胜负，游戏会进入“摊牌”阶段，也就是让所剩的玩家亮出各自的底牌以较高下，持大牌者获胜。

第一轮是在每位玩家只能看到自己 2 张底牌的情况下加注。

第二轮是在每位玩家能看到自己 2 张底牌，以及桌面上 3 张公共牌的情况下加注。

第三轮是在每位玩家能看到自己 2 张底牌，以及桌面上 4 张公共牌的情况下加注。

第四轮是在每位玩家能看到自己 2 张底牌，以及桌面上 5 张公共牌的情况下加注。

最多只会经历这 4 轮，一局游戏结束。

游戏的输赢就是看玩家自己的 2 张底牌与桌面上当前已开出的公共牌，一共挑选出 5

张，组成最“大”的牌，哪位玩家的牌组合最“大”，哪位玩家就获得胜利。

牌的组合大小怎么定义呢？

对博弈类游戏有所了解的读者可能会有一些常识性的体会——组合出现的可能性越小的通常牌越“大”。那德州扑克里都有哪些组合呢？

第一等：同花大顺。相同花色的 A、K、Q、J、10（图 3-8）。

第二等：同花顺。相同花色的 5 张牌相连。例如，红桃 6、7、8、9、10，黑桃 9、10、J、Q、K 等（图 3-9）。

图 3-8　同花大顺

图 3-9　同花顺

第三等：四条。4 张相同点数的牌。例如，4 张 8，4 张 Q 等（图 3-10）。

第四等：满堂红（也叫葫芦）。3 张相同点数的牌，再加 2 张相同点数的牌。例如，3 张 5 和 2 张 9，3 张 K 和 2 张 10 等（图 3-11）。

图 3-10　四条

图 3-11　满堂红

第五等：同花。5 张相同花色的牌，但不是同花顺。例如，5 张牌都是方块，5 张牌都是梅花等（图 3-12）。

第六等：顺子。5 张点数相连的牌，但至少包含两种花色。例如，方块 2、方块 3、梅花 4、红桃 5、红桃 6，红桃 8、方块 9、梅花 10、红桃 J、黑桃 Q 等（图 3-13）。

图 3-12 同花

图 3-13 顺子

第七等：三条。3 张相同点数的牌，再加 2 张不同点数的牌。例如，3 张 9 和 1 张 3、1 张 K，3 张 Q 和 1 张 A，1 张 6 等（图 3-14）。

第八等：两对。2 张相同点数的牌作为一对，两对牌，再加 1 张单牌。例如，2 张 5、2 张 9、1 张 A，2 张 10、2 张 J、1 张 K 等（图 3-15）。

图 3-14 三条

图 3-15 两对

第九等：一对。2 张相同点数的牌作为一对，一对牌，再加 3 张单牌。例如，2 张 10、1 张 7、1 张 8、1 张 9，2 张 A、1 张 K、1 张 9、1 张 5 等（图 3-16）。

第十等：高牌。高牌即单牌，不满足前面九等牌中任何一种的，就只能按照点数大小按顺序决定高低了。A 比 K 大，K 比 Q 大，以此类推，2 最小。

这里试求一下，一个人自己摸牌（没有任何第二个玩家参与的情况下），前三等牌被摸到的概率有多大。

请注意，在没有开始摸牌之前，如果牌被洗过若干次（没有其他人为干扰因素），牌的发放是随机的。而一旦底牌发放以后，尤其是玩家自己看过牌以后，这个时

图 3-16 一对

候的概率计算和现在要讨论的这种概率计算是不一样的——显然，一个是完全随机的，一个是有一定条件的，条件就是刚刚看到的那两张底牌，而这种情况暂时不讨论。

那么这种情况下，整个选牌的过程相当于从整副牌 52 张中选出 7 张，并从中组合出最大牌的过程，即

$$C_{52}^{7}=\frac{52\times51\times50\times49\times48\times47\times46}{7\times6\times5\times4\times3\times2\times1}=133\ 784\ 560$$

7 张牌的组合一共有 133 784 560 种。

1. 同花大顺

在所有的组合中有多少是同花大顺的呢？同花大顺一共 4 种，分别是黑桃、红桃、梅花、方块的 10、J、Q、K、A。7 张牌里面，5 张已经确定，另外 2 张怎么选都无所谓。以黑桃为例，黑桃的同花大顺选出后，其实还有 47 张牌没有发，挑出 2 张，即

$$C_{47}^{2}=\frac{47\times46}{2\times1}=1\ 081$$

同理，红桃、梅花、方块的同花大顺也是一样的，都是 1 081 种组合，即同花大顺共计有 4 324 种组合。因此概率是

$$\frac{4\ 324}{133\ 784\ 560}\approx 0.003\ 23\%$$

2. 同花顺

同花顺有多少种情况呢？以黑桃为例，假设 A ～ 5 组成同花顺，黑桃 6 是不能发的，还剩下 46 张可以组合，则这种情况下组合数量为

$$C_{46}^{2}=\frac{46\times45}{2\times1}=1\ 035$$

2 ～ 6 组成同花顺，7 是不能发的，A 可以发（A 作为散牌），所以还是

$$C_{46}^{2}=1\ 035$$

以此类推，黑桃的组合为 A ～ 5，2 ～ 6，……，9 ～ K，一共 9 种，那么黑桃一种花色的牌型种类就为

$$1\ 035\times9=9\ 315$$

4 种花色的组合数就是

$$9\ 315\times4=37\ 260$$

得到结果概率为

$$\frac{37\ 260}{133\ 784\ 560}\approx 0.027\ 9\%$$

网上还有一种算法：

$$\frac{38\ 916}{133\ 784\ 560}\approx 0.029\ 1\%$$

这种算法是有问题的。错误发生的地方大概在这里："以黑桃为例，A ～ 5，2 ～ 6，……，9 ～ K，一共 9 种，47 张牌里挑出两张，计算：

$$C_{47}^{2}=\frac{47\times 46}{2\times 1}=1\ 081$$

那么黑桃的同花顺的牌型种数为

$$1\ 081\times 9=9\ 729$$

同理，红桃、梅花、方块的同花顺都有 9 729 种组合，共计 38 916 种组合，得到结果

$$\frac{38\ 916}{133\ 784\ 560}\approx 0.029\ 1\%$$

这里一旦选好了 5 张牌作为"核心组合"以后，其他牌的选择其实不是自由的，因为有的牌配进来以后就发现这个一开始就认定的组合不是最后在台面上最大的牌。

3. 四条

四条有多少种呢，计算方法类同，4 张已经确定，还有 48 张没有发：

$$C_{48}^{3}=\frac{48\times 47\times 46}{3\times 2\times 1}=17\ 296$$

注意这里 4 张的组合有多少种——13 种，所以四条可能出现的组合数量为

$$17\ 296\times 13=224\ 848$$

除一下得到结果

$$\frac{224\ 848}{133\ 784\ 560}\approx 0.168\%$$

虽然看上去机会仍然很渺茫，但是比同花大顺和同花顺的概率还是大了不少，是不是?

其他的组合方式大家有兴趣可以自己慢慢去算，网上也有现成算好的对照表。

提示一下，两对牌这种情况比较难算，因为情况比较复杂。它复杂的地方在于在满足两对牌的情况下，还要将满足同花大顺、同花顺、四条、满堂红、同花、顺子、三条的情况全部剔除才行。两对牌的牌型为 31 433 400 种，概率为 23.5%。还有一些其他形式的对照表，就是在手里底牌为已知固定组合的情况下，最终与公共牌组合成为各等牌的概率。这里温馨提醒一下各位牌友，刚刚我们计算的概率是在一个人自己摸牌的情况下产生的概率。一旦是 5 个人、10 个人玩的时候就大不相同了。有一点是确定的，人越多，公共牌和其他玩家一起组成的牌的种类可能性也越多，"罕见组合"在一局中出现的可能性也比一个人自己摸牌要高很多，请一定注意哦。

3.3　小结

排列组合以及利用排列组合计算的古典概型在生产生活中可以解决很多问题。刚刚这些例子我们已经看到了不少用法和技巧。

在这里有几个概念可能会被误读，我们需要在这里澄清一下。

最容易发生的误解是，扔硬币的时候，如果前3次出现“正”，那第4次出现“反”的概率就增大。

这里面的误解我认为有两个层面。

误解1：对“概率”一词本身的理解有偏差。

“概率”一词的汉语含义是几率、可能性、可能程度。我们通常会以我们自己臆想的方式去猜测某件事情的可能性比较高或者比较低，这会导致我们对概率大小理解的偏差。

在使用排列组合与古典概型的方法时，有一个大原则就是这些概率实际上是通过统计计算出来的，请注意，由统计得出概率是人们得到概率最原始的方法，包括后面将要介绍的条件概率也是一样的道理。也就是说，硬币扔出正面和反面各50%的概率是多少，这不是因为硬币本身有两个面，而是通过多次扔硬币，然后用得到正面的次数除以总数得到扔出正面的概率——这个才是定义。而如果硬币本身不是匀质的，如由于图案雕花构造或者铸币金属本身的特性导致正面较重，反面较轻，很有可能导致扔出正面的概率为60%，反面的概率为40%的情况（抑或其他比例）。请注意，这个结论同样是通过多次扔硬币得出来的，例如扔1 000次，发现有600次是正面，400次是反面。这时再计算扔3次硬币会产生3个正面的概率就不是3个1/2相乘了，而是3个0.6相乘了。

既然如此，概率本身的解释就是对于大量样本分布比例的解释，而不是对单次事件的可能性的解释。我们说扔硬币产生正面概率50%，反面概率50%，其实是在说扔1 000次硬币，理论上会有500次产生正面，500次产生反面；扔10 000次硬币，理论上会有5 000次产生正面，5 000次产生反面。这才是概率本身的含义，而对于单次扔硬币的解释没有意义。

误解2：事件之间的独立性。

扔出一次硬币，得到正面，下一次重新再扔，那么这一次扔硬币和上一次扔硬币有关系吗？学过概率论的朋友都不会陌生，答案是“没有关系”。没学过概率论的朋友其实稍微想一想也能得出这个结论。

这里不妨再做一个实验，这个实验略显复杂且无厘头，但是这个过程大家想想很快能想明白。

让100个人，每个人都手持一枚同款匀质硬币，让他们各自开始扔，一次、两次、三次……任何一个人都是一直在扔硬币直到出现最近3次连续都是正面的时候停下来。最后，这100个人都会在那里静静地停下来等待下一个指令，这个指令就是让他们同时进行一次抛硬币的动作，然后比较这100枚硬币正反面出现的比例。对于每一位参与实验的人来说，如果由于前3次投掷都产生正面而使得第4次投掷出现反面的概率变高的话，那么会在100人同时投掷的实验中看到一个奇怪的现象，那就是出现反面比正面多很多的情况。真的会这样吗？人们甚至还可以观察更为极端的情况，那就是等待最近5次连续都是正面的时候停下来，结果又当如何？如果在一个试验中直接扔100枚硬币，那么产生正面和反面应该都是50次左右。这又和刚刚的假设看上去如此矛盾。究竟哪种说法是对的呢？统计的定义交给统计来验证吧。

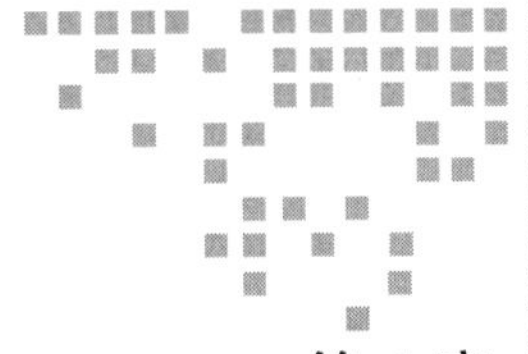

第 4 章 Chapter 4

统计与分布

前一章简单复习了一下排列组合，就当热热身吧。本章开始再复习一下统计和分布的知识。

统计学的内容其实非常庞杂，应用领域也很广，也有着不同的学派。但是如果不做学术研究而只是关注应用，我认为未必需要进行面面俱到的深入学习。

不管是什么学科，尤其是工科和理科中的各个学科，它们绝不会是人们单纯觉得好玩，绝不会是为了消遣娱乐而创立的，而是它的发展最终能够降低人类认知或描述世界的成本，带来工作效益的直接或间接的提升。有了这个思路，我们在理解很多现象的时候都会更自然，因此这里从应用的思路来入手。

4.1 加和值、平均值和标准差

上学是每个人几乎都经历过的过程，拿来做例子也许会更加亲切。

假设在一所高中，有 3 个年级，每个年级有 10 个班，每个班有 40 到 60 个学生不等。要对这些老师和学生进行管理喊口号是不好使的，作为学校的教学主任，他需要了解这些学生的学习情况，知道学生学习成绩的变化，老师教学水平的高低，以及调整的方式（图 4-1）。

最早的考试不知道是哪位聪明人发明的，因为考试是一种天然有着“数字化管理”基因的东西，天然就是一种指标坯子。例如，一次学校期末考试以后，所有的学生成绩都汇总上来，假设考试的科目有语文、数学、英语 3 个学科，一个包含 1 000 多个学生的四五千个单位的数据就会摆在这位教学主任的眼前（图 4-2）。

倘若你现在就是这位教学主任，需要你和校长汇报一下这次考试各班的情况如何，你会怎么办？

图 4-1 学生管理

图 4-2 学生成绩汇总

把所有的学生的每一门课的成绩都逐个给校长读一遍？恐怕是要花费太多的时间，搞不好开始汇报还没有 3 分钟校长已经睡着了。

4.1.1 加和值

这里插入一段小小的联想，想想平时到超市里购物最后在收银台做了什么事情。收银员把每件货品的价格加和，不管是 10 件还是 20 件还是更多，最终只给出一个价格的合计值。顾客按照这个合计值付账一次性结束整个交易，而这显然是比对每件货品都单独结算一次的时间成本低很多的。这里面用到统计学的知识了吗？用到了，只是它太稀松平常了以至于人们几乎没有意识到而已。这种用一个加和值来概括性地描述一群事物的方法几乎不需要教学就能直观地实现早市上那些即便没有什么学历的菜贩也不用非要找个数学老师来系统教学一下或者深造一个统计学专业的文凭才能开始给买菜大妈们报价和卖菜吧。所以使用一个性状数值的加和值来对一群事物进行描述是一种非常自然的描述方式（图 4-3[⊖]），这简直太棒了。

图 4-3 价格加和

这种例子其实到处都是，如平时说的 GDP（Gross Domestic Product，国内生产总值，我们常常口口相传的国民生产总值实际是 GNP——Gross National Product），再如“上个月我出差一共花了 2 000 元”，这都是非常典型的用总和值来进行概括描述的例子。人们不需要具体阐述千万个工厂每个工厂有多大产值，千万家公司每家公司有多大产值；或者出差吃某一顿饭花了多少钱，坐出租车某一次花了多少钱，这种细节的陈述太繁琐。这就是人们从加和值描述中得到的最大好处——直奔主题，

⊖ 图片来源于百度图库。

只关心人们最关心的总和数字，忽略里面的细节。通常把加和值的概念用希腊字母∑来表示，读作“西格玛”，后面还会经常碰到这个标记。

然后再回来看一下教学主任的问题。是不是也可以很自然地先想到，干脆用一个加和值来描述，这一个班所有的学生所有的成绩加起来一共多少分。如果真的这么做了会出现什么情况？

“一年级一班分数总和 9 600 分，一年级二班分数总和 13 500 分……”这一描述看上去是非常简洁的，但是这种描述带来的信息几乎没有什么价值。可以根据这个数值比较说一年级二班的学生比一年级一班的学生学习好吗？直观去看的话，这种似乎感觉很奇怪，但是怎么个奇怪法呢？

事实上可能是这样，一年级一班有 40 名学生，每个人 3 门功课每一门都是 80 分；一年级二班有 60 名学生，每个人 3 门功课每一门都是 75 分。需要陈述到这个级别才能明确究竟哪个班更好，这显然和我们用简洁数值做描述的初衷背道而驰。对学生成绩的描述如果能够成为对整个班级的成绩概括描述，同时兼有对每个个体的描述，套用现在流行的一句话——“那真是极好的”。有这样一种数吗？有的，如平均值。

4.1.2 平均值

平均值的计算方法大家肯定很熟悉，我们在学生时代就已经经历过无数的例子。上述例子就是以班级为单位把每个人的每门课程加在一起除以总的学生数量，再除以课程数量。

“一年级一班有 40 名学生，3 门课程平均分为 80 分”。

“一年级二班有 60 名学生，3 门课程平均分为 75 分”。

“一年级三班有 50 名学生，3 门课程平均分为 80 分”。

从这里基本还是能得到一个清晰的感性认识，那就是一年级一班和一年级三班的总体水平是“一样的”，而且他们比一年级二班的水平高。因为在使用平均值进行比较时，实际直观感觉是在对比 3 个班级中每一个学生个体。

所有这类用单一的数据定义来概括性描述一些抽象或复杂数据的方式方法都叫做“指标”。平均分在这里就是一个很好的指标，因为它用一个简洁的数据定义概括了众多数据的特性。平均值和样本数量（学生数）这两个值就基本可以描述清楚学生分数的高低情况了。在上述例子里，平均分这种指标恐怕不是由某个数学家或者智商殊绝于人的家伙特意发明出来的，而是在生活中由于要进行对象数据的宏观描述而自然而然产生的一种方便的数值计算和描述方法。

另外，指标在很多企事业单位、学术技术领域都有广泛的应用。如证券交易中有很多价格指标——用来描述价格震荡的剧烈程度、价格变化的趋势等；环保领域有 PM2.5 浓度指标；以及交通警察在测量司机是否酒驾时使用的血液酒精浓度——BAC 指标等。图 4-4 所示为家用多功能环境测量仪器的各种污染指标显示，有甲醛、PM2.5、PM10、VOC 和电磁辐射，这些数值化的读数都是指标。

图 4-4 污染指标显示

指标的使用有助于我们简练地描述对象。再回到班级成绩统计的例子。

“一年级一班有 40 名学生，3 门课程平均分为 80 分”。

“一年级二班有 60 名学生，3 门课程平均分为 75 分”。

“一年级三班有 50 名学生，3 门课程平均分为 80 分”。

从这组数据来看，基本可以得到一个印象，就是一年级一班的成绩“普遍”比一年级二班“好”，至少是从“宏观体现”上看比二班好，它和一年级三班“一样好”。但是一年级一班和一年级三班这两个班的每个人的成绩都是一样的吗？至少人数是不一样的。那么也许还需要进一步地描述这平均下来的 80 分和每个学生具体的课程分数之间的差异性有多大，这就涉及另一个描述的需求——标准差。

4.1.3 标准差

我们先上公式，标准差公式如下：

$$\sigma = \sqrt{\frac{1}{n}\sum_{i=1}^{n}(X_i - \bar{X})^2}$$

下面解释一下这个公式的含义。

我们以一年级一班所有 40 个学生为例，那么 3 门考试的情况下全班就有 120 个分数参与统计，也就是 n=120。把每个学生每门课的成绩减去全班的 3 个学科总的平均分 80 分，这样得到 120 个差值，再把这些差值分别平方（主要是为了去掉负数，因为在分数差距里面，不管是比这个平均值多，还是比这个平均值少，都被视为偏差），将这些平方的结果再加和，之后除以参与统计的学科数量 120，最后开平方，这个数字只可能是一个大于等于零的数字。用汉字描述起来很啰嗦，但是一旦变成一个标准差的指标以后，由于是约定俗成的，所以只需要“标准差”这 3 个字就能表示了。

这个数字表示的是什么含义？从这个数字得到的过程其实不难看出来。

如果所有的人的所有课程成绩都是和平均分一样，那么算出来的标准差就是 0，因为每一个$(X_i - \bar{X})^2$肯定都是0^2；反之，如果所有的人的课程成绩与平均分的差距都很大，好的很好，差的很差，那么结果就是这个值会很大。如果一个班级成绩标准差比另一个班级成绩的标准差小，说明学生之间的考试成绩水平差不多，标准差大则说明学生之间的考试成绩水平相差比较大。

需要说明的是，一般来说为了在教学战术指导层面让平均值和标准差更有针对性，通常是不会像例子里这样来操作的。更多的是以一个班为单位，求班里某一个学科成绩的平均值和标准差，或者求某一个学生所有学科的平均值和标准差。这两种计算分别用来描述一个教师教学的成果和某个学生的成绩以及偏科的程度。

例如，“一年级三班有 50 名学生，英语考试平均分为 80 分，标准差为 4.25”，“张三同学，语文、数学、英语三门课的平均分为 90 分”。

前者能够反映教授这个班的英语教师的教学情况，后者能够反映张三这名学生的各学科学习情况——当然都是粗犷的概述性描述。

加和值（总和值）、平均值、标准差，这几个值是在生产生活中大量应用的统计学指标。不过在此需要强调的是，也是很容易被人误读的地方。那就是，平均值、标准差是客观的计算结果，是描述性的说明，但是绝非对比和评价的标准。

不少人认为，某学校某老师的学生的高考平均分比另一学校另一老师的学生平均分要高，这一定说明这个学校这个老师的教学水平要高。这个因果关系不一定是正确的，因为一旦在生活中应用，客观场景的细节会让这种对比变得毫无意义。虽然从广大家长的视角去看，不管怎么样，只要有选择的余地，比较两个班的平均成绩来判断自己的孩子进入哪个班未来会更有利是有道理的。

举个反例。如果这两个学校的老师的生源本身就有很悬殊的差距：一个老师的学生平均分都在 80 分左右，只能上一般的大学；另一个老师则有不少 85 分以上的学生，还有大量 60、70 分的“关系户”学生，如图 4-5 所示。那么或许后者的班级里诞生清华北大的学生的可能性还会比前一个班更大也未可知。

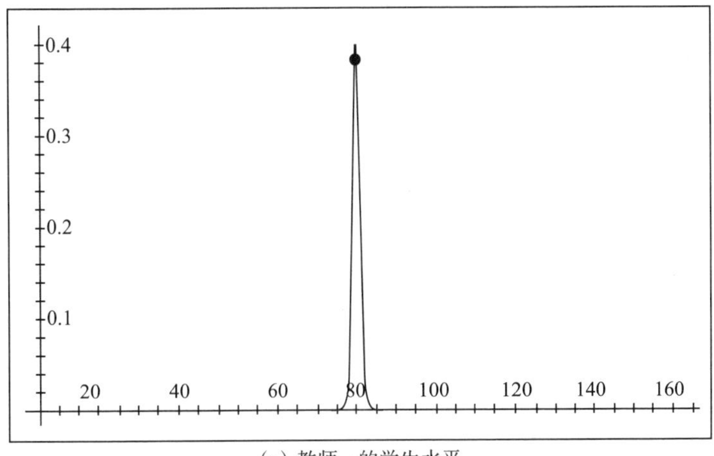

(a) 教师一的学生水平

图 4-5　学生水平悬殊

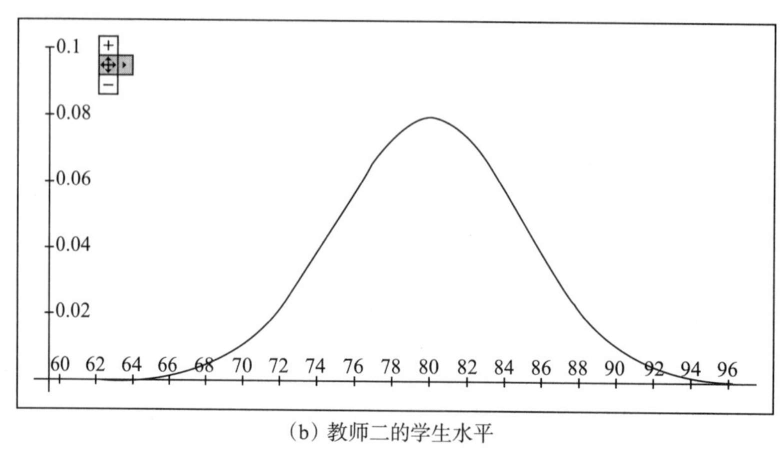

（b）教师二的学生水平

图 4-5 （续）

所以，请读者注意，平均分、标准差只能做描述用，只是一种简洁的描述方法，最多只能帮助我们让数据宏观的“画面感”更饱满。它们既不是对比的标尺，也不是用来具体做规则制定用的硬性尺度，更不能用来孤立地评价好坏，因为“好坏”这种含有大量主观判断色彩以及个性化好恶的东西本身就很抽象而且标准繁多。

4.2 加权均值

平均值这种指标有一个“兄弟”，就是加权均值。权（Weight）指的是权重，也就是指所占的“比重”或“重要”程度。在前一节的例子里，我们看到全班学生的平均值计算方法，是把每个样本值（学生成绩）直接加和，然后除以学生数再除以学科数量来得到全班每个人每学科的平均值。这里一视同仁地把所有学生和所有学科进行等同看待，没有丝毫的偏倚，分数直接相加直接平均。然而这种方法并非在所有的场景里都是最合理的，我们再来看一个生活中的小例子。

4.2.1 混合物定价

在超市里买可能都到过卖出售糖果零食副食品的柜台去，或者至少是看过那里有卖糖的。有一类比较受欢迎的糖叫做什锦糖，有的地方叫杂拌糖，就是把几种不同类型的糖混在一起卖（图 4-6），过年的时候通常卖得不错。毕竟对于那些不是追求某一种糖品口味的人来说购买“一种糖”就等于买了若干种糖是很省事的——至少不需要挑选多次称重多次。但是这种糖如何定价呢？

例如，有一种什锦糖是 4 种单品糖按照 1 ∶ 1 ∶ 1 ∶ 1 的比例组合而成的，它们分别定价为：水果糖 15 元一斤，奶糖 25 元一斤，牛轧糖 30 元一斤，巧克力糖 40 元一斤（图 4-7）。

图 4-6　什锦糖

图 4-7　什锦糖中每种单品按 1 ∶ 1 ∶ 1 ∶ 1 的比例混合（见彩插）

均匀混合以后，可以认为，理想状态下，一位客户如果正好称 4 斤糖就恰好为 1 斤水果糖，1 斤奶糖，1 斤牛轧糖和 1 斤巧克力糖。那这 4 斤糖一共应该是多少钱呢？ 15 元 +25 元 +30 元 +40 元 =110 元，也就是平均一斤为 27.5 元。那么这种糖定价就应该为 27.5 元才为合理。因为也确实是这样，顾客购买的一斤什锦糖里面应该有水果糖、奶糖、牛轧糖、巧克力糖各 0.25 斤，而 0.25 斤的 4 种糖价格分别为 3.75 元，6.25 元，7.5 元，10 元，加和仍然是 27.5 元——两种算法是一样的。

如果这几种糖的混合比例为 1 ∶ 2 ∶ 3 ∶ 4（图 4-8），那么也比较容易得出，在混合均匀的情况下，10 斤糖里有 1 斤水果糖，2 斤奶糖，3 斤牛轧糖和 4 斤巧克力糖。15 元 ×1+25 元 ×2+30 元 ×3+40 元 ×4=315 元，也就是平均 31.5 元才为合理。这其实就是一种加权平均的算法了，因为每种糖的价格在什锦糖的均价上体现出来的是不同的比重。如果不按照这种方法定，还是按照非加权平均的方式去算会怎么样呢？按照前面的例子那就是 27.5 元一斤，而 10 斤的什锦糖为 275 元，比应售价低 40 元，显然是亏本的买卖。

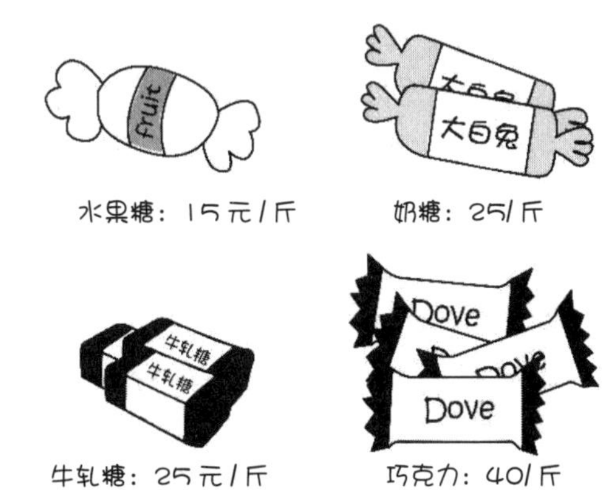

图 4-8　什锦糖中每种单品按 1 ∶ 2 ∶ 3 ∶ 4 的比例混合

这种由于混合比例所产生的权重不同，进而使用加权平均来进行计算的思路还有很多。如某些混合液体的成本估算，要把每种液体的成本和份数考虑在内，而不能直接用液体单价加和了直接平均。尤其是牛奶、豆浆、白酒这些通过原浆和水混合勾兑出来的液体，在评估成本的时候必须是用比例来计算。如以重量1∶4的原浆和水的比例来勾兑白酒，勾兑完的白酒成本怎么计算？

1 kg 白酒成本 =（1 kg 白酒原浆成本 ×1+1 kg 水成本 ×4）÷（1+4）

而绝对不会是

（1 kg 白酒原浆成本 +1 kg 水成本）÷2

4.2.2 决策权衡

除了计算混合物的定价，还有很多场合都会用到加权平均的概念。

在一些决策的场合我们会用到加权均值的概念。例如，在股东大会上投票决议是否通过某一决定的情况下，以所持股作为投票单位，那么这种情况显然大股东——持有比一般股东多很多股票的股东对决策意见的左右能力就要强很多。控股的大股东拥有超过50%的股份，这种情况显然是一家说了算（图4-9）。这是一种典型的加权均值的概念，权重就是股份比例。

图4-9 股东大会上的投票（见彩插）

再如，一些重大的国家重点建设项目要进行广泛的意见听取和决策投票。这种时候的投票往往也是加权性质的，形式上可能略有不同但是实质没有区别。

举例来说，决定某地区水电站建设最后方案是否通过，假设项目组每个参与决策的人员都有打分的权利，百分制，规则如下。

（1）100分为完全同意，0分为不同意，50分为完全中立。

（2）只有全部人打分超过75分为通过（立刻按方案执行）。

（3）26～74分为再修改（意见正反两派分歧较大，需要修改）。

（4）0 ～ 25 分为否决（挂起或无限期延迟）。

这种情况下，通常是不会把每个人的打分直接加和然后求平均值的，取而代之的或许会是以下方案。

与会的两院院士的意见分数有可能是不动的，也就是权值为 1。

与会的当地主要领导权值为 0.8。

与会的当地能源口的领导权值为 0.6……

最后用各自打的分数乘以这个权重，自然分数会在一定程度上向着权值高的打分方倾斜（图 4-10）。

总之，在决策中做加权平均的目的是为了让整个决策既融合众多参与方、利益方的意见，同时也尽量使它向着更权威、更理性、更科学的方面倾斜，这是它的核心指导思想。这里只是泛泛地用这样一个场景做说明，实际操作起来会更加复杂、严谨与合理。加权平均在决策中的用法是比较常见的，在经济管理学领域的“德尔菲法则”（Delphi Method）中加权平均是一个重要的思想。

图 4-10　投票中的权值分配

据称德尔菲法则是在 20 世纪 40 年代由赫尔默（Helmer）和戈登（Gordon）首创。1946 年，美国兰德公司为避免集体讨论存在的屈从于权威或盲目服从多数的缺陷，首次用这种方法进行定性预测，后来该方法被迅速广泛采用。20 世纪中期，当美国政府执意发动朝鲜战争时，兰德公司又提交了一份预测报告，预告这场战争必败。政府完全没有采纳，结果几年后一败涂地。从此以后，德尔菲法得到广泛认可。

这些在经济学、管理学等领域使用的加权均值的应用都是其推广和引申，都是在决策中广泛应用的场景，大家有兴趣还可以自己去发现更多的例子。

4.3　众数、中位数

不只是平均值、标准差这样的数值能够用来对一群对象进行描述，众数和中位数也有相关的作用。

4.3.1 众数

看这样一个例子，一个小区的理发师，在对当天所有前来理发的人做了年龄登记后，得到这样一个年龄列表“15、20、22、22、23、35、50、72”，一共8位顾客。其中，22就是众数。众数反映的是一个多数的概念，即一个数字比其他的数字出现得多，或者更普遍。

再如，我的同事娟娟也为我贡献了两个例子：其一，她每个月都要读几本书，去年一年每个月读书的数量分别为“2、2、3、2、3、2、1、1、1、0、1、6”，这里面有两个众数——1和2，都是出现最多的，均为4次，而其他数值出现的次数比4次少，这说明普遍每个月会读1本书或者2本书；其二，她每周要看一部电影，两个月统计下来每周看的电影类型如下“文艺、警匪、喜剧、惊悚、惊悚、喜剧、科幻、喜剧”。其中，“喜剧”是众数，出现3次（图4-11）。

图4-11 看电影

首先，我们可以感性地理解众数就是在样本对象中出现最多的那个数字。但是在最后的例子里我们也看到，虽然叫做“众数”，可是不一定是数字，也有可能是别的数据类型，例子里给的是一个电影类型的文字枚举值。当然，如果在样本对象中没有任何一个数值比其他对象多（如所有的数值都只出现一次，或者都出现两次……），这种情况下是不存在众数的，也就是说没有一个数字比其他的数字出现得更多。

众数在我们日常生活中应用的例子也是有的，如娟娟每周都要看电影，而如果喜剧电影是众数这个信息被她的崇拜者知道了，那买两张喜剧电影票请她看电影的情况下会比买两张战争题材或者其他故事片电影更有成功的把握。这种众数的应用场景就是对人偏好特点的描述。

对于做数据库开发的人来说，平时在做

```
SELECT COUNT(*),XXX FROM TABLE GROUP BY XXX;
```

进行这种操作时也是在尝试求众数，只是可能很多时候的结果中有可能得不到众数而已。

4.3.2 中位数

中位数，顾名思义，就是位于中间位置的数字。

举个例子，一组新毕业的大学生参加新员工入职体检，身高测量样本如下（单位为厘米），从小到大排序“168、172、175、175、177、185、205”，一共 7 个数字，中位数是 175——从高到低数也是第 4 个，从低到高数也是第 4 个。如果是 8 个数字，“168、172、175、175、177、177、185、205”、那么中位数是 176，即 177+175/2。找到中位数就是这么简单。

在这个例子里面可以发现一个特性，就是有一个比一般人高很多的新员工——身高 205 厘米的这位，这样 7 个人平均值是 179.57，比中位数 175 明显大一些。如果去掉 205 这个样本再求一次平均值，平均值为 175.33，中位数是 175。用中位数来描述样本的分布，在一定程度上可以消除个别极端值对整个样本平均值的影响。

我们平时在生活中用平均值来描述样本的情况比较多，而较少用众数和中位数，主要是因为平时生活中的场景中多为正态分布，所以平均值、中位数、众数非常接近，那么只用平均值最多加上标准差来表示即能够满足一般性的描述需求。至于正态分布是什么，后文将会介绍。

4.4 欧氏距离

在刚刚讲述标准差的例子里其实我们还用到一个概念，就是欧氏距离（Euclidean Distance），只是当时没有提出这个概念。回想一下计算标准差的过程，“把每个学生每门课的成绩减去平均分，再把这些差值分别平方，将这些平方的结果再加和，之后除以学生数量，最后开平方”。

注意中间这个过程：“每门课程的成绩减去平均分，再把差值平方”，这其实就是在求“欧氏距离”的过程。

所谓欧氏距离中的“欧”指的是被称作几何之父的古希腊数学家欧几里得。欧氏距离是在其巨著《几何原本》中提到的一个非常重要的概念。欧氏距离的定义大概是这样的：在一个 N 维度的空间里，求两个点的距离，这个距离肯定是一个大于等于 0 的数字（也就是说没有负距离，最小也就是两个点重合的零距离），那么这个距离需要用两个点在各自维度上的坐标相减，平方后加和再开平方。

欧氏距离使用的范围实在是太广泛了，我们几乎每天都在使用。

一维的应用就相当多，如在地图上有一条笔直的东西向或者南北向的路，在上面有两个点，怎么量取它们在地图上的距离？数轴标识如图 4-12 所示，可以用尺子的刻度贯穿两个点，大值减小值就能直接得出结果，最多再乘以一个比例尺就能得到实际的大小。或者用其中一个点的读数减去另外一个点的读数，不管结果正负，将它平方后再开方，还是一个非负数的值，这两种办法本质上没有什么区别。地图明明是一个二维平面的概念，为什么非要说是一维的呢？只是因为量取的手段和一维一样，只参考一个维度的读数就可以了。

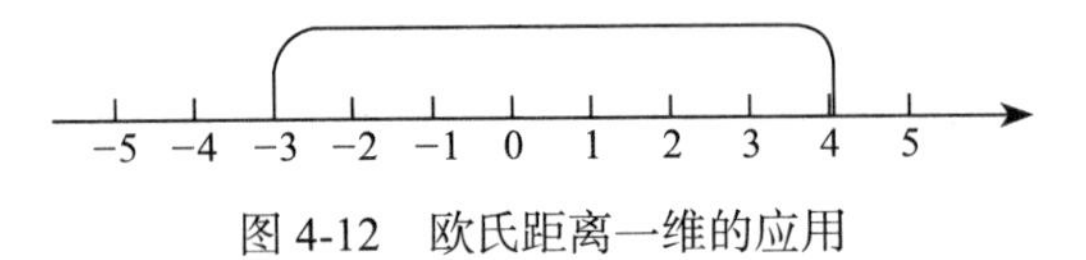

图 4-12　欧氏距离一维的应用

二维的应用也是很多的，其中最典型的莫过于人们熟知的“勾股定理”。公式如下：

$$c=\sqrt{a^2+b^2}$$

即

$$c=\sqrt{(x_1-x_2)^2+(y_1-y_2)^2}$$

在一个直角三角形里，斜边长度等于两个直角边平方之和再开方。这其实就是求斜边两个端点的欧氏距离，别忘了这里有一个隐含条件，就是斜边距离是不能用尺子直接去量的，只能用两个已知的直角边的长度做条件。至于斜边长度等于两个直角边之和的定理在不同的阶段用三角函数作为工具证明过，用面积作为工具证明过，用相似三角形的方法证明过，方法实在是太多了，在百度网页搜索中我们至少可以找到 16 种完全不同而且都是正确的方法。图 4-13 所示为一种二维空间中的向量计算方式示意图，在知道向量分别在 x 轴和 y 轴的投影之后就能用勾股定理求出欧氏距离。

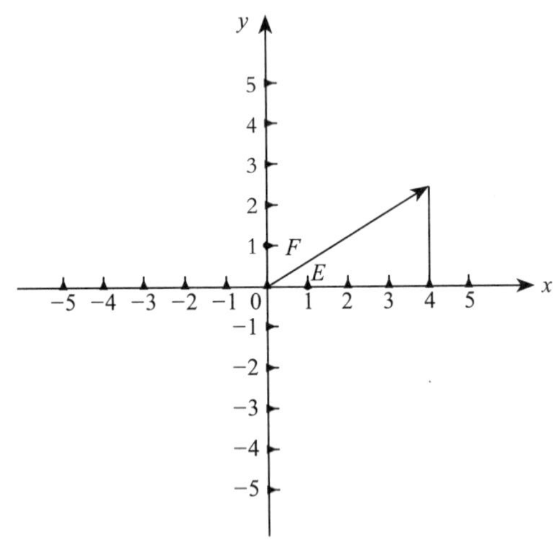

图 4-13　二维空间中的向量计算

推广到三维的应用，还是可以使用勾股定理的思路进行计算。每个点都向 3 个平面各做一条垂线段，可以看出，两个点的距离其实就是一个长方体的对角线长度。最后得到距离为 3 个维度的坐标差值分别平方加和再开平方：

$$d=\sqrt{(x_1-x_2)^2+(y_1-y_2)^2+(z_1-z_2)^2}$$

这只是在两个平面空间中用了两次勾股定理而已。

例如，在忽略地球自身弧度的情况下，求两个距离较近的不同高度的楼宇顶部距离，完全可以使用这种欧氏距离的定义直接求解。如图 4-14 所示，在三维空间中，实际需要使用两次二维空间上的勾股定理就能计算出三维空间中的两点之间的欧氏距离。

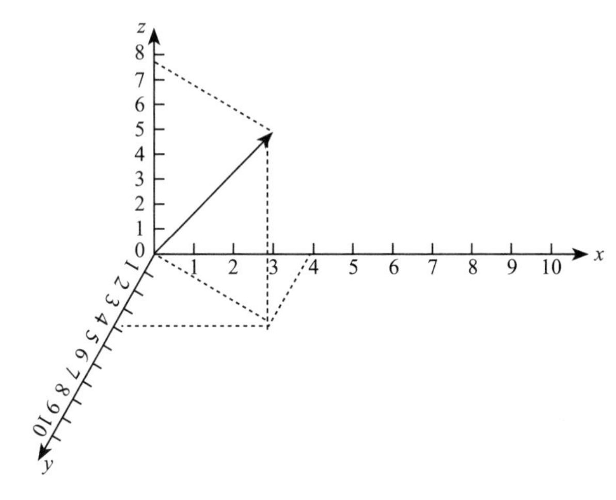

图 4-14　三维空间中的欧氏距离应用

根据上述一维、二维、三维的欧氏距离计算方法：

$$d = \sqrt{(x_1 - x_2)^2}$$

$$d = \sqrt{(x_1 - x_2)^2 + (y_1 - y_2)^2}$$

$$d = \sqrt{(x_1 - x_2)^2 + (y_1 - y_2)^2 + (z_1 - z_2)^2}$$

可以推断四维、五维一直到 N 维空间上的欧氏距离的计算公式，一定是 N 个维度的“读数”差的平方再开方。

欧氏距离除了刚刚举的例子，在后面数据挖掘部分会有很多应用场景。它主要用来描述两个多维点之间的“距离”，遗憾的是，三维以下的点和点的距离通过刚刚的讲解很容易出现画面感，四维和四维以上的距离就只能凭想象了，只是在计算中确实存在且有对应的含义解释。这种解释通常也用来直接判断两个点在多维关系上谁与谁更“近”，虽然超过三维的情况下这个“近”已经没有办法用手边的工具量出来。例如，在一个五维空间里，A 点和 B 点的距离为 6，A 点和 C 点的距离为 10，那么就可以认为 B 点到 A 点的距离比 C 点到 A 点的距离更近，这样就足够了。

4.5　曼哈顿距离

介绍了欧氏距离，再来介绍一下曼哈顿距离（Manhattan Distance）。

欧氏距离是人们在解析几何里最常用的一种计算方法，但是计算起来比较复杂，要平方，加和，再开方，而人们在空间几何中度量距离很多场合其实是可以做一些简化的。曼哈顿距离就是由 19 世纪著名的德国犹太人数学家——赫尔曼·闵可夫斯基发明的（图

4-15）。⊖

图 4-15　赫尔曼 · 闵可夫斯基

赫尔曼 · 闵可夫斯基在少年时期就在数学方面表现出极高的天分，他是后来四维时空理论的创立者，也曾经是著名物理学家爱因斯坦的老师。

曼哈顿距离也叫出租车距离，用来标明两个点在标准坐标系上的绝对轴距总和。简单来说，对比一下欧氏距离。

欧氏距离里的距离计算：

$$c=\sqrt{(x_1-x_2)^2+(y_1-y_2)^2}$$

曼哈顿距离中的距离计算：

$$c=|x_1-x_2|+|y_1-y_2|$$

曼哈顿距离中的距离计算公式比欧氏距离的计算公式看起来简洁很多，只需要把两个点坐标的 x 坐标相减取绝对值，y 坐标相减取绝对值，再加和。

从公式定义上看，曼哈顿距离一定是一个非负数，距离最小的情况就是两个点重合，距离为 0，这一点和欧氏距离一样。曼哈顿距离和欧氏距离的意义相近，也是为了描述两个点之间的距离，不同的是曼哈顿距离只需要做加减法，这使得计算机在大量的计算过程中代价更低，而且会消除在开平方过程中取近似值而带来的误差。不仅如此，曼哈顿距离在人脱离计算机做计算的时候也会很方便。举例如下。

图 4-16　国际象棋

在国际象棋棋盘（图 4-16）上，有这种横平竖直的格子，描述格子和格子之间的距离可以直接用曼哈顿距离。如 A1 格子到 C4 格子的曼哈顿距离计算如下：

$$c=|3-1|+|4-1|=5$$

两个格子之间的曼哈顿距离为 5。

之所以曼哈顿距离又被称为出租车距离是因为在像纽约曼哈顿区这样的地区有很多由横平竖直的街道所切成的街区（Block），出租车司机计算从一个位置到另一个位置的距离，通常直接用街区的两个坐标分别相减，再相加，这个结果就是他即将开车通过的街区数量，而完全没有必要用欧氏距离来求解——算起来超级麻烦还没有意义，毕竟谁也没办法从欧氏距离的直线上飞过去。如图 4-17⊜所示，假设一辆出租车要从上面的圆圈位置走到下面的圆圈位置，无论是左边的线路，还是右边的线路，都要经过 11 个街区，而这个 11 就是曼哈顿距离。

从曼哈顿距离的定义就能看出，曼哈顿距离的创立，与其说有很大的学术意义不如说

⊖ 图片来源于百度图库。

⊜ 图片来源于谷歌地图，曼哈顿街区。

更多的是应用意义。这也是本书一直想说的一点，数学就在我们身边，它是我们的工具，能帮我们解决问题而不是带来麻烦。

图 4-17　曼哈顿距离的应用

上面的公式只给了二维空间上的曼哈顿距离公式，三维、四维或者更多维度的计算原理是一样。

4.6　同比和环比

在看一些公司的财务报告或者看新闻的时候，常常会听到“今年 7 月销售额 1 000 万元，同比去年增长 100%，环比增长 25%”诸如此类的说法。

何为同比？就是“与相邻时段的同一时期相比”的意思，在这个例子里，今年 7 月同比增长 10% 的意思就是今年 7 月的销售额和去年 7 月的销售额相比增长 10%，这样推断来看，去年 7 月销售额应该是 500 万元（图 4-18（a））。

何为环比？就是直接和上一个报告期进行比较，在这个例子里，环比增长 25% 的意思就是今年 7 月的销售额和今年 6 月的销售额相比增长 25%，这样推断来看，今年 6 月的销售额为 800 万元（图 4-18（b））。

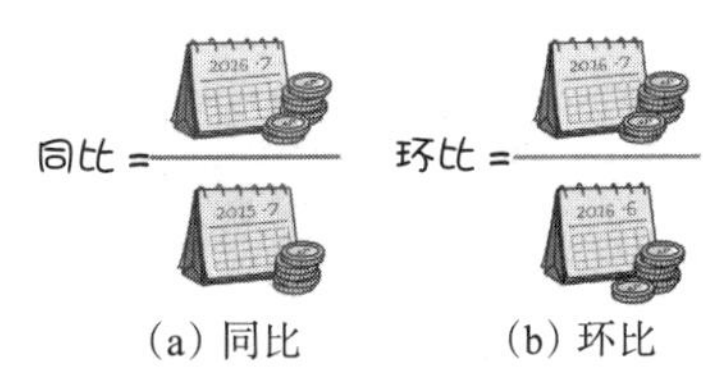

（a）同比　　（b）环比

图 4-18　同比与环比（见彩插）

但是，在真实应用的时候通常是不会这样来反推前值的，而是先得到前值和当期值然后做比较得出同比和环比。

这种比对其实也是天然形成的，要知道在公司或组织运营中通常喜欢用周期性单位来做计划，不管是预算计划，还是工作任务分派计划，用周、月、季度、年都是可以的，选取的周期大小完全取决于工作场景中这个周期是不是容易把握和调整。在一个周期结束的时候，通常要对这个周期的工作内容进行总结，这种总结的目的就是对比和经验归纳，手段通常就用同比和环比。

同比、环比的周期在选用时要适当，太小不方便，太大同样不方便。我们可以把同比和环比看成体检，就好比每个人做体检，一年一次，一年两次即可。再有钱也没有必要一天体检一次，而十年八年才体检一次恐怕对疾病预防起不到什么作用。

举个生产中常见的例子，例如，互联网公司用周和月甚至是天做短期的运营时间单位，因为可以在比较短的时间内看到反馈和周期性变化的规律特点，用年做单位则显得有些笨重，反馈慢。互联网公司常用的同比环比的对象有什么呢？日 / 月活跃用户数，简称“日活”和“月活”，这是经常用来做同比和环比的对象；还有日 PV 数（Page Views），也就是俗称的点击量，一个用户发生一次网页访问就算一个 PV，很多互联网公司在做运营时把 PV 数当成一个网站活跃程度重要的指标。图 4-19 所示为新浪网（www.sina.com.cn）的 Alexa 网站排名，其中“日均 PV[周平均]”的概念就是统计 7 天的 PV 数然后除以 7，大约 5.64 亿次——真是不得了。

图 4-19 新浪网的 Alexa 网站排名

如果把国家也看成一个公司来运营，它的大政方针通常用年，甚至是5年来做运营时间单位，如果用日和周则会使得计划过于细碎，对于细节也非常难以做到有效的反馈和调整。

同比和环比在我们平时制作报表的时候会经常用到，对比的对象也很丰富，可以对比某些项目的加和值，也可以对比平均值，只要是同一对象同一单位的值对比就是有意义的。另外，同比和环比也是在平时公司报表中最常用的比较手段之一，几乎所有的营业指标都可以使用同比和环比进行自我比较，很直观也很方便。

而在所有的营业指标里最常用的周期指标通常是“月同比”和“月环比”，除了周期大小较为合适以外，月环比能够与最近一个经营周期做对比，便于快速反应；而月同比是和去年的同期月相比，这种比较会过滤掉一些周期性的波动的影响因素。

举个例子，某网吧2014年9月份在其网吧装机规模一直没有变化的情况下上座率环比下降25%，同比上升10%，这说明它经营情况下滑了吗？不一定，要知道9月份和8月份有一个很大的区别是中小学生暑假假期正好在8月底结束，很多孩子没有假期那么自由能够去上网了，网吧的上座率由于这种周期性波动产生的环比下降是一种自然且正常的波动。而同比上升10%就说明今年9月份比去年9月份上座率还是提高了10%，因此不能断定网吧的经营有下滑。

这样的季节或人为性规律的周期性影响在生产生活中有很多，尤其是跟行业结合的时候会有很多细节值得关注，请各位读者特别注意这一点，切莫生搬硬套。

4.7 抽样

抽样（Sampling）是一种非常好的了解大量样本空间分布情况的方法，样本越大则抽样带来的成本减少的收益就越明显。

例如，一个大型食品加工厂一天要出货100万包方便面。为了检验方便面的质量或者说合格率，在出厂的时候每一包都打开检验一下是很不现实的。就算时间允许，所有的方便面都开包测重金属、菌群数量、酸价……即便这种方法检测出来的结果能够覆盖所有的出厂方便面，也确实是一种极为精确的方法，然而这些方便面在被检验后也只能扔进垃圾堆了，完全不具备可操作性。图4-20[⊖]所示为用已经粉末化的方便面做酸价检测，看上去搞一次也蛮复杂的。

而在实际生产中通常怎么做呢？

在方便面出厂的时候一般是这样做的——其实别的很多产品操作方法也相近，用类似扔骰子的方法来选择取哪几箱，哪几包方便面，取出一定的比例来做随机抽测，这在我国的产品质量检验国家标准中是有明文规定的。GB 10111标准就规定了利用随机数骰子进行

⊖ 图片来自百度图库。

随机抽样的方法。这种骰子不是我们平时麻将用的 6 面的骰子，而是有 20 面的骰子，标有 0 ～ 9 的读数，每个读数占两面，如图 4-21 ⊖所示。

图 4-20 方便面的酸价测试

图 4-21 20 面的骰子

倘若 100 万包里只挑出 100 包来做测试，如果发现有 1 包有质量问题，按照抽样比例会推定所有的 100 万包里有可能有 10 000 包面有相同的质量问题；同理，2 包有质量问题就推定会有 20 000 包面有相同的质量问题。在真实的操作中，这种抽检的比例有可能会更低，不会天天都检测，如半年一次，一次若干包。这种方式虽然看上去可能会产生“漏网之鱼”，会有一定的几率让不合格产品流向市场，但是从工业生产的角度来说操作性大大增强，操作成本也降到极低。毕竟检验手段的发明和进步，究其根本还是为了保证产业的良性发展而绝非阻碍其发展。

抽样也可以应用于许多别的领域，如在类似民意调查中使用抽样，同样可以事半功倍起到非常好的作用。有一个例子也很经典，就是美国民意调查的例子，这个例子也见于涂子沛先生的《数据之巅》一书，非常有趣。

1936 年，一本叫做《文学文摘》的杂志在对 240 万名普通美国民众进行了民意调查问卷后，得到结论，认为兰登（Alfred Landon）会当选第 33 任美国总统。要知道 240 万的民众可不算小数目，印发、邮寄、统计，这些都会消耗大量的人工成本。但是《文学文摘》选取这么大的一个样本进行统计，从目的来看显然是认为调查对象越多则调查结果越准确，为此他们不惜血本。此时，一所刚刚成立不久的研究所出现了，它只对 5 000 人进行了调查，根据调查结果他们判断罗斯福会胜出。这家研究所就是 1935 年成立的美国舆论研究所（AIPO），它的奠基人是美国民意调查科学化的先驱——乔治 · 盖洛普（George Gallup）。

⊖ 图片来自百度图库。

在 1936 年到 2008 年间，一共进行了 18 次总统选举，盖洛普民意调查成功预测了 16 次，这是一个非常惊人的成就。但是盖洛普是怎么通过 5 000 张问卷就能击败 240 万张问卷的调查结果呢？难道 240 万张问卷数量多反而更不准吗？

这就是我们在应用抽样中需要注意的一个问题，那就是抽样对象要更加有代表性和分散性，这样才会体现出与整个样本空间更为相近的分布特点。

前面例子提到的“用类似扔骰子的方法来选择取哪几箱，哪几包方便面，取出一定的比例来做随机抽测”本身就是为了规避人为选择的偏向性，让每一箱、每一包都有相等的机会被选中。而总统选举这种场景可以想见，投票人里面涵盖了大量的不同阶级、不同种族、不同利益团体的对新总统期望的价值取向，那么在设计抽样对象时就应该考虑按照人口比例进行缩小并兼顾各种利益团体的样本才会更为准确，如白人、黑人的比例，不同州的人口比例，工人、中产阶级、资本家的比例，男、女性的比例等因素。

随着计算机存储能力和计算能力的不断增强，全样本空间的统计和计算的成本变得越来越低，所以抽样统计现在更多地应用于一些对于样本收集和存储成本过高的领域，或者由于种种原因不能做全样本收集的情况，如食品检验、人口统计、大气 / 水污染检验等领域。

抽样的合理运用在人们生产中会发挥其“轻巧”的作用，对于那些只需少量看统计效果，快速出反馈的试探性操作来说，抽样应该是再合适不过的高效、低成本的操作方式了。

4.8　高斯分布

前面的章节曾经提到过一个概念，叫做“正态分布”。

正态分布（Normal Distribution）又名高斯分布（Gaussian Distribution），是一个在数学、物理及工程等领域都非常重要的概率分布，在统计学的许多方面有着重大的影响力。

约翰·卡尔·弗里德里希·高斯（Johann Carl Friedrich Gauss）是德国著名数学家、物理学家、天文学家、大地测量学家，他是近代数学奠基者之一，被认为是历史上最重要的数学家之一，并享有“数学王子”的美誉。他的头像也被印在以前德国的官方货币——德国马克 10 马克上，图 4-22[⊖]所示为 10 德国马克上的高斯头像。有一种说法认为，高斯和阿基米德、牛顿并列为世界三大数学家——虽然这个说法没有得到书面和史料方面的支持。但是客观地评价，高斯、阿基米德、牛顿这 3 位科学家对于数学发展的贡献确实都是丰碑性质的，这点毋庸置疑。

先来看一下高斯分布的概率密度函数：

$$f(x)=\frac{1}{\sqrt{2\pi}\sigma}\exp\left(-\frac{(x-\mu)^2}{2\sigma^2}\right)$$

⊖ 来源于百度图库。

图 4-22　10 德国马克上的 高斯头像

图 4-23 所示为高斯密度函数的函数曲线。

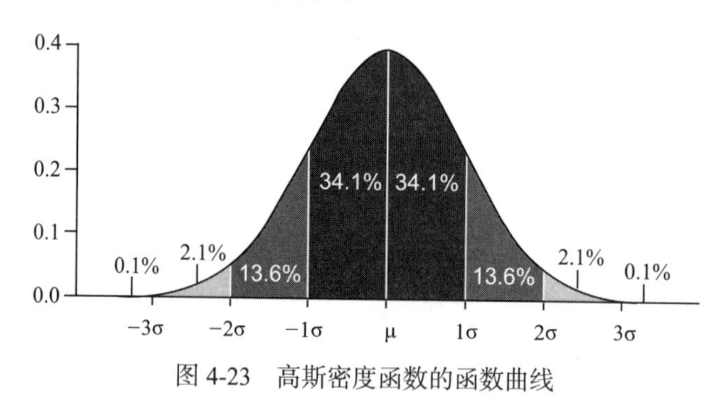

图 4-23　高斯密度函数的函数曲线

熟悉高斯分布的人自然觉得非常亲切，不熟悉高斯分布的朋友估计会感觉有些不知所云，这里简单介绍一下。

先介绍一下什么是概率密度函数，大家知道，$y=f(x)$ 这种表达式是以前在中学学习函数时使用的一种表达式，表示函数值 y 和自变量 x 函数关系，$f(x)$ 展开之后就具体解释了 x 参与运算的过程。而概率密度实际指的是 $y=f(x)$，x 是样本特性自变量，y 是 x 在这个样本特性上的数量比例。exp 指的是自然常数 e 的幂函数，即 e 的多少次幂的概念（e 是一个无理数，也就是无限不循环小数，e ≈ 2.718 28…）。这个函数的峰值在 $x=\mu$ 的位置，此时对应的函数值 y 为 $1/\sqrt{2\pi}\sigma$。其实这里样本数量的计算用的是定积分的定义，即整个函数曲线在其下方围住的与 $y=0$（x 轴）所围成的面积占比。它在 $x=\mu$ 左右两侧的函数是对称的，x 在 $\mu-\sigma$ 和 $\mu+\sigma$ 之间的样本数量占到整个样本数量的 68.2%，x 在 $\mu-2\sigma$ 和 $\mu+2\sigma$ 之间的样本数量占到整个样本数量的 95.4%，x 在 $\mu-3\sigma$ 和 $\mu+3\sigma$ 之间的样本数量占到整个样本数量的 99.6%。

高斯分布作为分布特性的一种，首先是用来描述统计对象的，如果统计对象的分布特性符合高斯分布，那么所有针对高斯分布的定理和“经验值”就能够直接套用。而高斯分布本身在自然界的应用是非常广泛的，用一句话解释高斯分布所表现的分布特点就是“一般般的很多，极端的很少”。

这里举一个具体的例子，假如对某一地区的男性身高做了一个随机抽样，一共 1 000

人，结果发现他们的身高是一个 μ=175 cm 的高斯分布，σ=10 cm。那么首先，这样一个描述就已经能够清晰地说明这个抽样检查的结果了，而以下结论也就随之成立（图 4-24）。

身高 165 ～ 175cm 的人（大约）有 341 名。

身高 175 ～ 185cm 的人（大约）有 341 名。

身高 155 ～ 165cm 的人（大约）有 136 名。

身高 185 ～ 195cm 的人（大约）有 136 名。

身高 145 ～ 155cm 的人（大约）有 21 名。

身高 195 ～ 205cm 的人（大约）有 21 名。

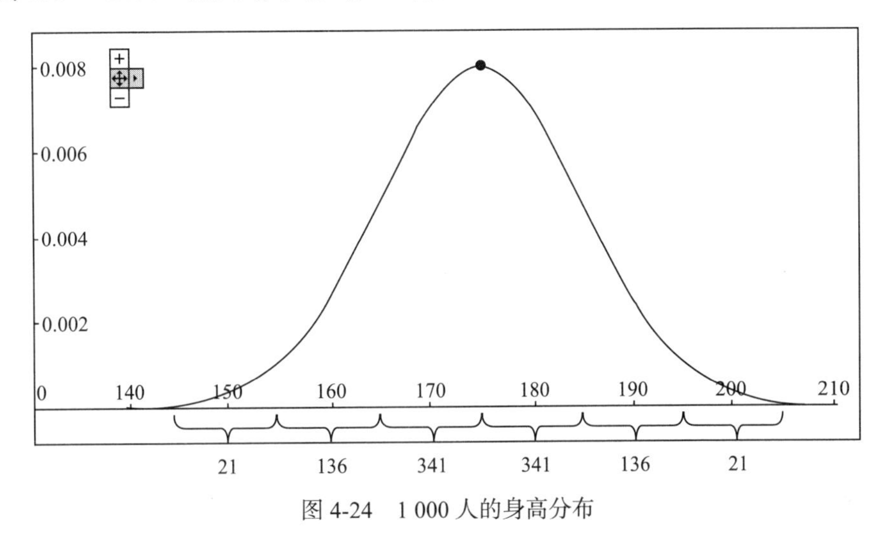

图 4-24 1 000 人的身高分布

这些数量基本已经涵盖了统计总人数的 99.6%。需要注意的是，根据统计的情况在不同的条件下 μ 和 σ 的值可能会不同。

μ 较大，则整个函数图像的中轴向右挪动比较多。

μ 较小，则函数图像的中轴向左挪动比较多。

σ 较大，则整个曲线绵延比较长，整个坡度显得平缓。

σ 较小，整个曲线窄而立陡。

符合高斯分布特性的对象是非常多的，平时也会看到很多这种“一般般的很多，极端的很少”的现象。如平时小区里的汽车，其中中档的比较多，高级的比较少，特别破的也比较少（在不同档次的社区注意 μ 可能会不同，就是平均水平在不同小区之间可能偏差很多，高档小区的车普遍比较好，μ 就比较大；低档小区的车普遍不大好，μ 就比较小）。如某小区如图 4-25 所示，大部分人买的汽车都 30 万左右，价格高的和低的汽车数量都随着与 30 万的距离变大而逐渐变少。

我们平时接触的人里，智慧一般的人很多，非常聪明的人较少，非常愚笨的人也较少（在一些大公司或者重点学校里虽然整体的聪明程度提高，但是还是存在这个小范围内的高斯分布，即 μ 比较偏右，而 σ 比较小）。如某公司全体员工集体做了一次 IQ 测试（智商测试），测试结果表明智商在 110 附近的人最多，智商在 90 到 100 之间的较少，同时智商在 120 到 130 之间的较少，而智商在 80 到 90 之间以及 130 到 140 之间的就更少了（图 4-26）。这也符合人们一般性的认知。

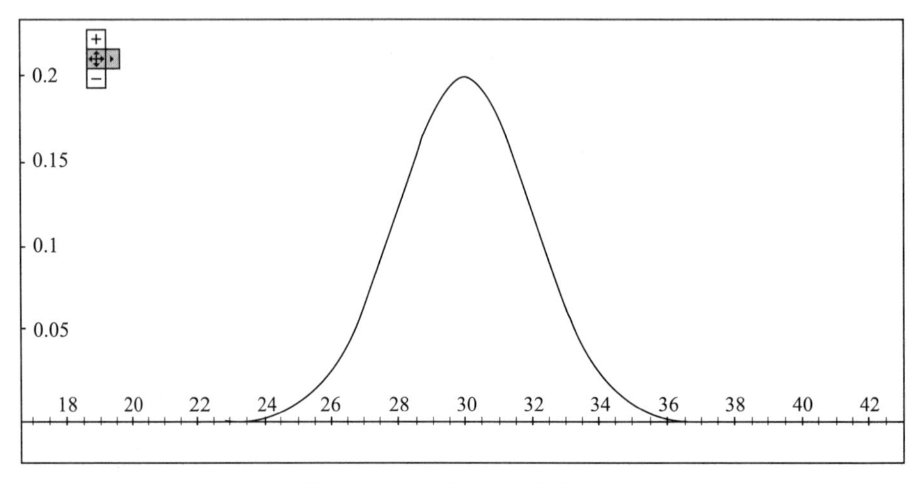

图 4-25　汽车的价格与数量关系

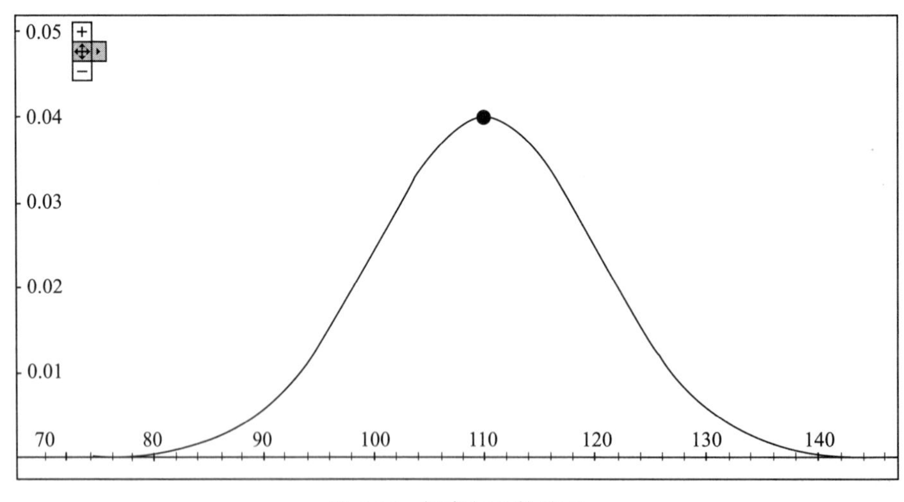

图 4-26　智商与人数关系

再如，全社会范围内的收入，中档次收入的人比较多，特别贫穷和特别富裕的人较少，但是他们在地域上的分布和职业类别上的分布可能就不那么均匀了。诸如此类的例子还有很多。

高斯分布有什么用呢？

首先刚才说过，如果在统计过程中发现一个样本呈现高斯分布的特性，只需要把样本总数量、μ 和 σ 表述出来，就已经能够形成一个完整的画面感了。这对人们描述对象是有很大帮助的。

还有一个好处，就是我们发现了这样一个特性以后，在生产制造、商业等领域会有很多对应性的用法能够减少不必要的投入或损失。

例如，在设计一款服装后，S/M/L/XL 这些号码怎么设计比较合理呢？设计完了制造多少比较合理呢？这时就可以在抽样后在高斯分布曲线上找到这些合适的点。既然 $\mu-\sigma$ 和 $\mu+\sigma$ 之间已经占 68.2% 了，那么如果没有足够的预算或者精力，可以只先尝试做一个以 μ 为标准的板式，针对一部分人打板做市场推广。因为再做 $\mu-\sigma$ 和 $\mu+\sigma$ 这两个如此不同的板式，打板成本将会再提高 2 倍，但是增益仅有不到 50%（这从概率密度函数上就可以看出来）。这其实就是一种针对市场迎合的分析和尝试——优先做那些受众情况最一般、人数最集中的部分。

再如，常常会听到"二八法则"这种说法——在不同的场景里这可能是高斯分布的一种形式。假设正在经营一家游戏公司，公司有一款刚起步不久的产品 A 游戏，A 游戏有 1 万用户，如果想做这一款游戏的用户拓展工作应该怎么去考虑呢？或许可以尝试这样：先看看这 1 万用户中每个用户平均在游戏里充值花多少钱，做一个排名。不花钱玩的人会不少，还有一些花极多的钱来玩游戏的玩家，中间的是中坚力量——用户数量大，每个人花费的额度适中，持续周期较长，这样的一群人更值得关注。对于这些用户，如果能够知道他们加入游戏的渠道的分布比例，就有理由相信这些渠道的特点和它们覆盖这些用户的特点是有相关性的。例如，这些表现活跃的用户究竟是经由在大学校园里做宣传活动加入的，还是由于在某些游戏门户网站发的广告加入的，还是通过某些免费软件的推广渠道加入的。那么如果想扩大这部分用户的数量可以对应地加大这部分渠道的流量。至少直观上看，这比盲目地进行全方位立体交叉的广告投放效果要好。

4.9 泊松分布

泊松（Poisson）分布是一种统计与概率学中常见的离散概率分布，由法国数学家西莫恩・德尼・泊松（Simeon-Denis Poisson）（图 4-27[⊖]）在 1838 年发表。泊松分布是概率论中最重要的概念之一。

泊松分布的概率函数如下：

$$P(X=k)=\frac{\lambda^{k}}{k!}\mathrm{e}^{-\lambda},\quad k=0,1,2,3,\cdots$$

泊松分布的参数 λ 是单位时间（或单位面积）内随机事件的平均发生率。泊松分布适合于描述单位时间内随机事件发生的次数。其中 $k!$ 是指 k 的阶乘，也就是 $k\times(k-$

⊖ 图片来源于百度图库。

1) × (k−2) × ⋯ × 2 × 1，k 取非负整数。泊松分布概率密度函数如图 4-28[⊖]所示。

图 4-27　西莫恩 · 德尼 · 泊松

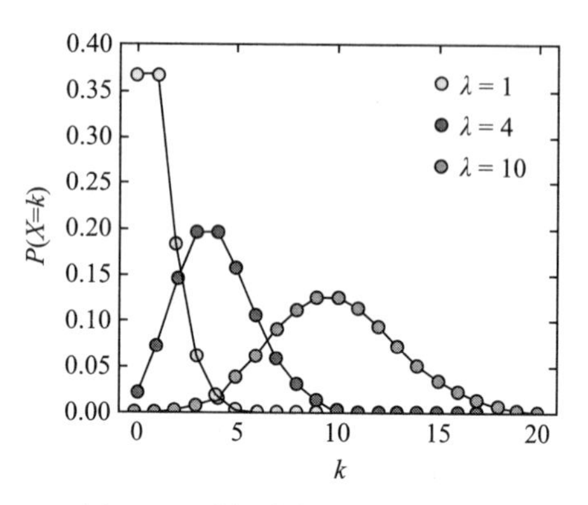

图 4-28　泊松分布概率密度函数

还是根据认识高斯分布的经验来认识一下泊松分布。也就是说在一个标准的时间里，发生这件事的发生率是 λ 次（注意，这是一个具体的次数，不是一个概率值），那发生 k 次的概率是多少。

泊松分布适用的事件需要满足以下 3 个条件。

（1）这个事件是一个小概率事件。

（2）事件的每次发生是独立的不会相互影响。

（3）事件的概率是稳定的。

下面举一个公共汽车到站的例子。

假设在一个公共汽车站上有很多不同线路的公交车，而且平均每 5 分钟会来 2 辆公交车。求 5 分钟内来 5 辆公交车的概率有多大。

这里 λ 为 2，k 为 5。

$$P(X=k=5)=\frac{2^5}{5\times4\times3\times2\times1}\times2.718\ 28^{-2}\approx0.0361$$

概率仅 3.61%。

还有一个比较经典的例子：已知有一个书店，售卖许多图书，其中工具书销售一直较为稳定而且数量较少（概率较小的事件），新华字典平均每周卖出 4 套。作为书店老板，新华字典应该备多少本为宜?

所有生产中解决的都是“为宜”的问题，也就是做投入产出的权衡。本例中，在没有做计算之前我们先想一下，如果备货过少，那么每周很可能都会有用户“流失”掉去买别的书店的新华字典或者由于无法满足客户的购书需求而引起客户的忠诚度下降等问题，而如果备货过多，那么就会占用大量的库存空间导致库存成本过高。

这是一个典型的泊松分布问题，因为在条件叙述里它是满足这三个前置条件的。这里 λ

⊖ 图片来源于维基百科。

是 4，求 k 是多少“为宜”。

这里需要用到“累积概率”，其实“累积概率”的用法在前面高斯分布的研究中已经用过了，就是指自变量取值在一个区间内的所有概率的加和，在高斯分布的例子里从 $\mu-\sigma$ 到 $\mu+\sigma$ 之间的自变量取值会涵盖 68.2% 的样本空间，这就是“累积概率”，即有 68.2% 的样本都存在于 x 的 $\mu-\sigma$ 到 $\mu+\sigma$ 的区间内。

在这个例子里，也求一下累积概率。由于是离散概率函数，可以先求出 k 所对应的各个概率的大小，再计算累积概率的大小。

$$P(X=k=1)=4^1\div(1)\div2.71828^4=7.33\%$$
$$P(X=k=2)=4^2\div(2\times1)\div2.71828^4=14.7\%$$
$$P(X=k=3)=4^3\div(3\times2\times1)\div2.71828^4=19.5\%$$
$$P(X=k=4)=4^4\div(4\times3\times2\times1)\div2.718\,28^4\approx19.5\%$$
$$P(X=k=5)=4^5\div(5\times4\times3\times2\times1)\div2.71828^4=15.6\%$$
$$P(X=k=6)=4^6\div(6\times5\times4\times3\times2\times1)\div2.71828^4=10.4\%$$
$$P(X=k=7)=4^7\div(7\times6\times5\times4\times3\times2\times1)\div2.71828^4=5.95\%$$
$$P(X=k=8)=4^8\div(8\times7\times6\times5\times4\times3\times2\times1)\div2.71828^4=2.98\%$$
$$P(X=k=9)=4^9\div(9\times8\times7\times6\times5\times4\times3\times2\times1)\div2.71828^4=1.32\%$$

对应的表格如表 4-1 所示。

表 4-1 不同 k 值对应的累积概率

k 值	概率	累积概率	k 值	概率	累积概率
1	7.33%	7.33%	6	10.4%	87.03%
2	14.7%	22.03%	7	5.95%	92.98%
3	19.5%	41.53%	8	2.98%	95.96%
4	19.5%	61.03%	9	1.32%	97.28%
5	15.6%	76.63%			

对应的概率图如图 4-29 所示。

表 4-1 表示 k 的取值，即每周备货多少本新华字典，以及销售周有多大概率会有 k 本的销售数量。最后一列的累积概率指的是备货为 k 本的情况下，会有多少个销售周的销售数量小于等于备货数量。这里只算到 k=9 的情况，其他情况读者有兴趣可以自己再算。图 4-9 所示的概率图中，横轴为次数 k，纵轴为概率 %。因为 k 是离散值所以画成离散的点即可，在有的资料上会用曲线把每个点顺序连接起来，这种画法也没有问题，只要读者知道 k 的取值为正整数即可。

具体看 k=5，新华字典备货为 5 件的情况下，大概有 76.63% 的销售周不会有供不应求的情况，这些销售周内会有 7.33% 的销售周卖出 1 本，14.7% 的销售周卖出 2 本，19.5% 的销售周卖出 3 本，19.5% 销售周卖出 4 本，15.6% 销售周卖出 5 本，总之不会超过 5 本，也就是一年的 52 周里有 40 周可以满足消费者需求，还有 12 周会脱销。

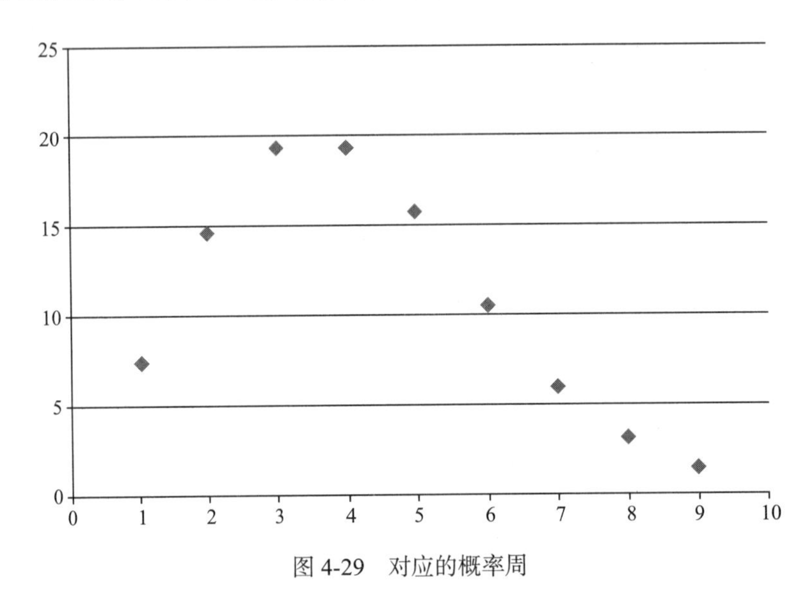

图 4-29　对应的概率周

当选择 k=7 时，新华字典备货为 7 件的情况下，大概有 92.98% 的销售周不会有供不应求的情况，也就是一年的 52 周里有 48 周可以满足消费者需求，还有 4 周会脱销。

在泊松分布的例子里，可以看到一个现象，就是 k 每增加 1，在 k 小于 λ 的时候，累积函数增加是很快的，而且每次增加的量比上一次增加的要多；而在 k 越过 λ 之后，虽然开始还在增加，但是每次增加的量比上一次增加的要少，然后越来越少。所以这个技巧在解决类似的问题时请根据实际情况斟酌采纳。

4.10　伯努利分布

伯努利分布（Bernoulli Distribution）是一种离散分布，在概率学中非常常用，有两种可能的结果，1 表示成功，出现的概率为 p（其中 $0<p<1$）；0 表示失败，出现的概率为 $q=1-p$。这很好理解，除去成功都是失败，p 是成功的概率，概率 100% 减去 p 就是失败的概率。

图 4-30　雅各布 · 伯努利

伯努利分布是为纪念瑞士科学家雅各布 · 伯努利（Jakob Bernoulli）（图 4-30[⊖]）而命名的。这里值得一提的是伯努利家族。瑞士的伯努利家族（也译作贝努力）是一个很伟大的家族，一个家族 3 代人中产生了 8 位科学家，后裔有不少于 120 位被

⊖　图片来自维基百科。

人们系统地追溯过，他们在数学、自然科学、技术、工程乃至法律、管理、文学、艺术等方面享有名望，有的甚至声名显赫。

伯努利分布的分布律如下：

$$P_n = \begin{cases} p & n=1 \\ 1-p & n=0 \end{cases}$$

看上去像个分段函数是不是，它也可以写作

$$P(n) = p^n (1-p)^{1-n}$$

这两个写法其实说的是一回事，你自己可以把 n=0 和 n=1 分别带进去算一算。

伯努利分布的应用需满足以下条件。

（1）各次试验中的事件是互相独立的，每一次 n=1 和 n=0 的概率分别为 p 和 q。

（2）每次试验都只有两种结果，即 n=0，或 n=1。

如果不满足这两个条件，则分布不是伯努利分布。

满足伯努利分布的样本有一个非常重要的性质，即满足下面公式：

$$P(X=k) = C_n^k \cdot p^k (1-p)^{n-k}$$

我们解释一下这个公式的含义。

其中，X 指的是试验的次数，C_n^k 指的是组合，也就是 $\frac{n!}{k!(n-k)!}$，$p^k(1-p)^{n-k}$ 就是 p 的 n 次幂与 $(1-p)$ 的 $n-k$ 次幂的乘积。

这个公式表示，如果一个试验满足 $P(n) = p^n (1-p)^{1-n}$ 的伯努利分布，那么在连续试验 n 次的情况下，出现 n=1 的情况发生恰好 k 次的概率为 $C_n^k \cdot p^k (1-p)^{n-k}$。$n$=1 就是对应概率为 p 的情况。

下面用一个小例子来说明。

例如，张三参加英语雅思考试，每次考试通过的概率为 1/3，不通过的概率为 2/3。如果他连续考试 4 次，那么恰好通过 2 次的概率为多少？

在这个例子里可以比较容易看到，P=1/3，n=4，k=2。代入公式：

$$C_4^2 \times \left(\frac{1}{3}\right)^2 \left[1-\left(\frac{1}{3}\right)\right]^{(4-2)} = \frac{4\times3}{2\times1} \times \frac{1}{9} \times \frac{4}{9} = \frac{8}{27}$$

因此概率为 8/27。

这个例子也可以用排列组合来计算。一共 4 次考试，2 次通过，一共有 6 种情况，如表 4-2 所示。

表 4-2 通过的情况

通过情况	第 1 次	第 2 次	第 3 次	第 4 次	通过情况	第 1 次	第 2 次	第 3 次	第 4 次
1	通过	通过	不通过	不通过	4	不通过	通过	通过	不通过
2	通过	不通过	通过	不通过	5	不通过	通过	不通过	通过
3	通过	不通过	不通过	通过	6	不通过	不通过	通过	通过

试着求每次的概率，情况 1，即第 1 次通过且第 2 次通过且第 3 次不通过且第 4 次不通过。这里千万不要漏掉后面两个条件，后面两次必须是不通过，否则条件就和公式不匹配了。

那么，第 1 次通过，概率为 1/3，第 2 次通过，概率为 1/3，第 3 次不通过，概率为 2/3，第 4 次不通过，概率为 2/3。这 4 个条件都发生的概率为

$$\frac{1}{3}\times\frac{1}{3}\times\frac{2}{3}\times\frac{2}{3}=\frac{4}{81}$$

同理，情况 2 到情况 6 的概率都是 4/81。所以最后的结果是

$$\frac{4}{81}\times 6=\frac{24}{81}=\frac{8}{27}$$

结果是完全一样的。

对于满足伯努利分布的试验来说，用古典概型进行计算显得复杂和繁琐，尤其是 n 和 k 比较大的时候用古典概型来做就太不方便了。

伯努利分布的应用场景其实远比这个例子丰富，读者有兴趣可以再继续寻找其他题目试解。

4.11 小结

在前 4 章里学习了一些统计和概率的基本知识，如建立指标，是使用加和值，还是使用加权平均值，在制作报表的时候是否应该适当使用指标的同比、环比进行对比，是否应该适时地使用抽样来进行用户调研，是否可以在报表中加入一些分布图来让阅读者有更直观性的认识，是否能用排列组合的方式算出一些事件在生产中发生的概率……

统计和分布这个部分是统计和概率学的基础部分，这些知识能用来解哪些题？能够用在什么场合？

要回答这些问题需要先理解统计和分布本身的意义，它们是为描述大量样本的宏观样态而出现的，究其根本也是描述为目的，它不是算法，所以通常无法直接拿来解题，但是它能用最简洁的方式给我们带来大量样本宏观样态下的画面感，更为直观。至于使用的场合，如果描述的对象是大量的样本，那么就用简洁的方式描述它的宏观状态的，即使用统计和分布中的描述方法。分布可以用来建模，也可以用来解决生产生活中的问题，上述例子就是很好的样本，读者可以试着再去找一些案例，只要满足分布的前置条件都是可以套用分布的结论和推广使用的。

第5章 Chapter 5

指　　标

5.1　什么是指标

指标，顾名思义，就是指定的标准。词典里的解释是“衡量目标的单位或方法”。指标就是为了描述一些对象的状态而制定出来的标准，在日常生产生活中有着非常广泛的应用。

如果你参加工作已经有一段时间了，那么对于指标可能不会太陌生，甚至在上学的时候我们身边同样有过各种指标。

我们上学的时候，每门功课的期末考试分数为百分制，即90分为优秀，60分为及格，不及格就留级。这就是一套简单但是完整的指标体系（图5-1）。其中，“指标”就是期末考试分数，“百分制”就是指标的取值范围，“90分为优秀，60分为及格，不及格就留级就是指标满足程度的奖惩手段。

看似简单的一个指标定义却完成了一个完整的指标检验闭环。在这个闭环里，学生就是指标负担的主体，学生为了达到指标而学习，学习的情况用指标量化表示，最后根据量化的指标进行奖惩。有了这个指标体系，学校的名声、教师的水平高低、学生成绩水平的优劣都有了量化的准绳；这为由此产生的一系列“运营”带来了驱动能力——虽然我们一直非常不情愿把教育体系当作运营的对象，但我们却不得不把教育体系的学校作为运营的对象。

学生成绩有了高低，就能有不同的晋升途径；教师的水平有了高低，就能有评级评奖，薪金浮动；学校的名声有了体现，就能有口碑和好坏的差别，吸引师资和学生的差别以及赞助费的差别。这些是我们在设置考试的时候就精心设计出来的吗？未必，这是由考试这个指标体系自然而然衍生出来的一系列游戏规则。

图 5-1　学生成绩指标体系

再如企业里有不同的岗位，其中销售岗位是最容易被赋予指标的，如“月销售额”、“年回款率”等。其中“月销售额”对于一个销售人员来说是最容易让人想到的一种指标。一个销售人员是不是“优秀”，是不是“有能力”、“有价值”，最简单的就是用卖了多少价值的产品来衡量。而“年回款率”指标是在“月销售额”指标运作的前提下才会有的，指每年的销售额究竟有多少是真正可以兑现的。因为在很多企业里，产品销售有一些特殊的规则，如客户先拿货后付款，先签框架合同后交易。所以“月销售额”有可能会由于具体生产细节上操作的问题使得这个孤立指标的意义不够丰满，还需要其他指标来补充。毕竟，找个光拿货不给钱的客户，销售额再多也不算销售人员有能耐。企业里的指标运营类别比学校丰富得多，有了这些指标，企业内部可以进行人员的左迁和右迁，刺激企业良性发展，这已经在很多优秀的企业中得到验证。

再如体检时的化验项目，如眼睛近视度数、身高、体重、心跳、血压、血糖浓度、血小板浓度……以及尿酸浓度、各种转氨酶浓度等专业的指标。小小一张化验单据，多则百余项，少的只有一二十项，已经把人的身体状况描述得即简洁又具体，这就是指标的力量。

如果没有指标我们的体检应该怎么做呢？那体检报告可能要写成长篇的文章来描述了，血液比较粘稠，像什么一样粘稠，粘稠到什么程度，肝部也许有轻微炎症，炎症严重或者不太严重，心跳听起来跳得比较快……这样的报告不只是参与体检的人看不懂，估计医生看了也不知道究竟是多粘稠，炎症多轻微或多严重，心跳得有多快。更关键的是，下一次体检描述完了还是这样一堆文字，那就更没有办法做每次体检之间的比较了，谁知道这次“心跳听起来跳得比较快”和上次的“心跳听起来跳得比较快”哪个更快一些，是更快了还是更慢了（图 5-2）。如果连针对不同器官的指标分类都不存在，那体检就显得更滑稽，甚至检查了半天结果只能说“看上去很健康”“看上去好像不太健康”，这哪里叫体检，连街边5块钱一次的相面测字都不如——这种体检想想也是醉了。

图 5-2 没有指标的体检报告

指标给我们带来的便利是非常明显的，这也就是在各行各业广泛使用指标的重要原因。

在指标建立的过程中，我们实际做的是一个建模的过程，围绕建模要做很多辅助工作。

在综合类或者理工类大学会有一门选修课叫作“数学建模”，我们在书店里也能找到关于数学建模的书籍。这里的建模和数学建模的意思相近，至少目的是相近的。我们要做的建模工作实际上是抽象在生产生活中的各种数字，并尝试建立数字和数字之间的逻辑关系假说，并通过分析手段来进行逻辑关系的调整，最终让建立的这种逻辑关系和客观事实一致。这个逻辑关系可能就是这些数字之间的加减乘除或幂指对函数等。

使用数学建模的手段来建立数据之间逻辑关系的例子有很多，生物学家可能会观测一个地区的温度、湿度以及当地某种微生物种群数量，进而得到一个3种变量之间的逻辑关系；社会学家可能会通过观察一个地区的收入水平平均值、标准差和犯罪率来做一个模型描述，描述犯罪率可能由收入水平平均值和标准差这两个值的一些运算逻辑来表述。

我们平时在生产生活中所做的各种数值的统计工作，并把它们定义成指标，再用这些指标的运算组合来定义新的指标，这个过程就是一个建模的过程。这个模型是直接对生产中的各种指标数据进行逻辑解释的。例如，在制作互联网广告系统时，在网页上推送一个广告，做一个计数指标“推送数”，再做一个实际进行广告点击的计数指标“点击数”，定义如下：

$$转化率 = 点击数 \div 推送数$$

在经过一段时间的统计后，可以发现转化率很可能是一个定值或者是围绕某 μ 值的正态分布。那么再进行广告投放时，就能够根据预期的推送数来做对应的点击数的预判，进而估算出收入大小，那么广告定价或者投放策略调整也都有了参考。

5.2 指标化运营

在现代化的公司里，指标化运营是必不可少的手段。

指标化运营会让公司的每个人，不只是领导层，甚至是各个岗位的各个工作人员都清晰地知道公司当前所处的状况以及自己当前的表现情况。就像日常化的体检，或者汽车的仪表盘那样一目了然。

公司指标化运营的好处显而易见，对于老牌公司来说，已经形成了比较完备的指标体系，可能并不会困惑；但是对于刚成立的新公司、新部门、新项目来说，应当怎样选择合适的运营指标呢？我们不妨从众多优秀的指标中寻找一下这些指标的共性。

5.2.1 指标的选择

我们先来看看在互联网行业都有哪些常用的指标。

PV（Page Views）：页面浏览数，通常指的是每天的点击数，用户访问一次网站的页面就算一次 PV。如果说一个网站每天有 100 万 PV，那就是说这个网站所有的网页每天一共被点击 100 万次。

UV（Unique Visitors）：独立用户数（浏览数），通常指的是每天的用户浏览数，与 PV 的不同之处是，一个相同的用户如果点击页面 10 次，算 10 个 PV，但是只算 1 个 UV。有的网站在没有用户体系的情况下有可能会用独立 IP 来代替这个指标。

DAU（Daily Activated Users）：日活跃用户数，即每天活跃的用户数量。假设一个网站的注册用户有 100 万，但是一般不会 100 万人每天全数登录，可能只有 5 万人登录，那么这 5 万人就是活跃用户数。活跃用户的定义在不同网站可能是不同的，只是一般习惯上说当天登录过至少一次的用户就算是活跃用户。

MAU（Monthly Activated Users）：月活跃用户数，每月活跃的用户数量。算法与 DAU 类似，但是统计周期是一个月。

LTV（Life-Time Value）：用户生命周期价值，这个指标在游戏行业里用得比较多，指的是在一个用户"生命周期"——从开始玩这个游戏，到最终抛弃这个游戏为止，一共会为这个游戏付费多少钱。

ARPU（Average Revenue per User）：每用户平均收入。这个指标并不是用来评价用户收入水平，而是站在互联网产品的角度，了解每年（某一年）平均从每个用户身上可以收入多少钱。这个指标在互联网产品、电信运营产品、游戏产品等很多领域都会用到，是一个很常用的指标。

这些指标的共性如下。

1. 数字化

首先，这个指标的设立一定是数字化的，不论是整数还是小数，因为只有数字化才能够比较，数字化之后才能参与各种运算。想想刚刚我们在体检的例子里说的那些奇怪的情况就知道数字化有多么重要了。

2. 易衡量

指标所衡量的对象一定是相对比较容易衡量出来的。上述指标都具有这个特性，如PV数，在访问日志里用以下语句描述：

```
SELECT COUNT(*)
FROM
VIEW_LOGS
WHERE VISIT_TIME BETWEEN '2016-01-05 00:00:00' AND '2016-01-05 23:59:59';
```

可以获得2016年1月5日这一天的PV数。或者在Linux系统里用Shell命令切割日志后，用wc –l命令也可以得到PV数，非常方便。

UV实际是对PV的用户维度的去重，ARPU值是一个“收入总数 / 用户数”的商。

这些都是一些用相对简单的统计手段衡量而比较容易得到的值。

指标的获取成本要低，无论是人力成本还是时间成本，毕竟作为工具来说花费过多的成本，甚至成本高于收益是不划算的。

3. 意义清晰

意义清晰是非常值得注意的一点。

首先设立的指标的定义是不容易产生二义性的，不会令人对指标本身的含义产生多种不同的理解。

例如，UV指的是在一个周期里有多少不同的用户来访。在一个网站用户系统里，不同的用户就是以不同用户登录名来定义的，一个页面访问就是一个访问。这个定义在说明一次以后会很容易被大家记住。

此外，UV上涨和UV下降，对业务也有清晰的解释。如一个网站的UV持续上涨，那就说明注册用户的访问量在增加，反之在减少。

再如ARPU指标，ARPU值在上涨，说明平均从每个用户身上赚到的钱在增加，运营健康程度应该说也是在增加的。ARPU值下降，说明平均从每个用户身上赚到的钱在减少，至少从宏观上来看，每个人愿意为产品买单的热情越来越低，产品运营是不健康的。

除了指标本身解释的意义清晰以外，这些指标基本也是可以通过改变运营策略在短时间内立竿见影看到反馈效果的。请注意，这一点也非常重要。因为公司运营的视角和其他很多带有“创新”元素的产业一样，规律和经验只能解决一部分问题，很多运营手段，包括公司活动、发布新版本、新广告上线、公司在媒体方面的新消息等，都是带有比较多的试探性意味的。换句话说，在做这些事情之前，只是对这件事会产生好的结果有期许，但是不能也无法决定这件事的结果是好是坏，程度如何也未可知。所以一旦有了指标，就会关注在一件事情以后指标上的反馈，有了对指标的解读，就有了衡量和比较的标准，它能够让我们比较方便地对经营中的试探做出适当的评价。

例如，在制作一个游戏的过程中，上线了一个新版本，第二天发现 DAU（日活跃用户）下降了 20%，那么我们就很容易推断是新版本的发布导致 DAU 值的下降。这时，我们要及时进行原因的排查，若确实是新版本的市场影响不好，那么一定要及时做版本回滚，亡羊补牢总比在月度结束的时候看收入报表减少了再来找原因要迅速得多。

4. 周期适当

指标的周期设置要适当，这也是非常重要的一点。

上述例子里，PV 的周期通常取一天。一天的长度是比较合适的，如果太短，每小时计算一次 PV，PV 本身会由于很多随机事件而变得波动剧烈，而指标对趋势性变化的解读通常更为有效，尝试对指标波动的解释通常都很让人困扰。网站今天 9 点到 10 点间的 PV 数比 7 天前 9 点到 10 点（周同比）的 PV 数多 20%，请问这是由于公司的良好经营策略增加了 20% 的用户吗？这个推论无法成立。这个波动可能仅仅是由某一次宣传上的转发动作而发生的瞬时性的访问激增，最终一天的 PV 算下来可能只在周同比上有 1% 的提高，这什么都说明不了。

周期设置长一些会怎么样？反馈迟钝。如果用周作为单位来统计 PV，那么如果要看经营策略效果，则至少要到一周以后才能看到结果，而且结果还混杂在整整一周的 PV 合计里，难以区分策略贡献的真实大小。

除了周期不当会产生的指标波动难以解读和反馈迟钝两种问题以外，周期不当本身可能都让指标的侦测行为没有现实意义。

如上述体检的例子，半年一次体检，一年一次体检，这些周期是较为合适的。周期过短，如一天体检一次，即便体检都是在早上空腹后，有极大的准确性，也确实能反映每一天身体各器官各指标的真实情况，但是存在以下问题。

问题 1：体检会花费大量的时间和金钱。一次体检的时间和金钱的成本平摊在一年中几乎可以忽略不计，但是每一天都有体检开销则太为昂贵。

问题 2：即便体检是公家报销，时间也充裕。但是如此频繁和短周期的体检结果对于行为有什么指导价值？对于很多疾病来说，治疗周期都是几个月甚至半年、一年，如此频繁的体检对于观察治疗效果显然是没有必要，因为这并不比半年检查一次有更多效益。平白地提高成本而没有可预期的收益，这种成本花费的意义是值得质疑的。

5. 尽量客观

指标选择的最后一个标准是尽量客观。

说实话，这一点的难度其实并不低。人本身就是一种靠器官感知世界的动物，既然是感知本身就带有主观性，如何做到完全客观呢？

有一些指标是相对容易由客观的统计结果得到的数字，如 PV、UV，以及上述所有指标都是由记录结果统计而来的比较客观的指标，因为它们受到观察者的意愿性影响较小。

有没有主观性较强的指标呢？有的。如在一些企业的一些部门考核中的各人打分，这些评分的客观性就不如由非感性的数字统计而来的结果客观性好。例如，部门员工评价中会看到类似表 5-1 所示的评价标准。

表 5-1　部门员工评价标准

评价标准	评分（1～5）
态度：踏实肯干，任劳任怨	4
能力：能力突出，作用显著	3
考勤：不迟到，不早退	5
知识水平：知识面丰富	3
互助：热情帮助其他同事	4
总分	19

表面上看，这样的评分标准也是使用了数字化的手段，衡量标准（印象）几乎是装在脑子里瞬间就能有，意义也做了解释，周期也可以调整为半年或者一年。但是这样的方式很可能经不住推敲，因为这个评价实际上完全依赖一种模糊的印象，是一个没有标准的标准。所以这种评分的高低会因为打分人的不同而产生巨大的波动，他心情好与不好，他对别人的要求严格与不严格，他是否认真对待这次打分，他是否有其他因素的个人成见渗透其中，这些都令人对这种评分体系的公平性有很大的担忧。

事实上，在日常生产生活中，确实有很多评分是极难避开人类主观判断的，特别在一些无法做到数字化评判的场景里，例如，奥运会里的自由体操运动，油画比赛里的作品打分，再如 CCTV 的青歌赛或者歌手选秀节目（图 5-3）。除了为了满足娱乐层面和商业运作层面的需求外，这个评分的体系还是被期望有一定的公平性，那要怎么做呢？调和的思路是，既然是主观，那一个人的主观就不如多个人的主观更公平。

图 5-3　主观性的评分场景

办法 1：多个裁判同时打分，求平均值。这样由个别裁判主观因素形成的不公平因素就会被削弱。

办法 2：去掉极值。如在很多比赛里会有多位裁判同时打分，然后去掉两个最高分，去掉两个最低分。这种办法也是为了削弱由个别裁判主观因素形成的不公平。

办法 3：加权平均。加权平均在这种情况下也可以发挥作用，例如，一些选秀类节目除了现场裁判打分还有场外观众打分，当然权重可能不一样。还有大学里一些课程评分体系也是有类似的思路，期末考试占70%的总评成绩，平时的作业占30%的总评成绩。大概思路也是显而易见，既然都是主观评分，那裁判有权威多占一些比重，群众相对更不明真相少占一点权重；或者，期末考试比较重要比较正规多占一些成绩比重，平时的成绩也能说明学习的质量但是相对重要性较低少占一些成绩比重。通过这样的均衡来降低某一个人或者某一次主观性的偏差对我们期望的尽可能客观的评价所造成的影响。但是加权平均的手法在实际生产生活中作为指标评价的手段其实并不容易操作。主要问题在于分权引入哪些因素更为合理，因为这些被引入的因素的成分很可能不可控。还有一个问题是各因素赋予多大的权重更为合理，这通常没有一个可靠的标准。所以只要能用客观数字来做指标，尽量使用客观数字，这样可操作性会更大一些。

5.2.2 指标体系的构建

当准备为公司设立或调整指标体系时，请先确保它满足数字化、易衡量、意义清晰、周期恰当等基本要求。在此基础之上，还要在指标的设置上进行一些额外的考究。

1. 指标考核的对象

指标考核的对象是谁？换句话说，谁来背这个指标？

不能背指标的部门会失去活力，从老板的角度来看，无法评价员工的好坏，进步与否，作用大小；从部门自己的角度来看，不知道生产调整的方向是进步还是退步以及幅度多大。所以，如果要想让部门变得有活力，部门以及部门中的每个人都应该背负一定的指标。而指标的评价方应该是直接享受这一指标收益的人。例如，公司的后勤部门为公司员工提供各种后勤服务，后勤部门背负的指标里应该有诸如“员工满意度”这种指标的，而这种指标的评价方应该是享受后勤部门服务的员工或部门。当然，不建议直接使用员工打分的形式，应该尽量用“备货延误率”、“投诉率”等相对客观可循的数字比较好。

2. 指标的周期

对于个人或者部门来说，指标的目的是为了进行工作质量的评价和调整，所以周期要设置为与生产周期匹配为宜。在很多劳动密集型的产业，如工厂里，工作指标是用小时做单位的，在一些超市里打零工的码货员一类的职位同样用的是小时为单位的指标，因为他们的劳动场景以小时为单位就可以做出完整评价，如“平均每小时成品数量”、“平均每小时工资”等。

在互联网企业里很多产品指标的周期是天，某个部门和某个人的指标周期是周或者月，对于公司级别的指标则很多是用月、季度、年来做单位的。“Q4销售额”（第四季度销售额）、“2015年度盈亏”，这两个指标一个以季度为单位进行统计，另一个则以年为单位进行统计。

3. 指标的比较

指标可以横向对比也可以纵向对比，但是不能“斜着比”。

所谓横向，就是指同一部门或同一工种之间的同一指标的对比。横向通常用在某一特定时段，对员工进行排名或者评优等评价。同一生产线上的同一工种的每个工人的“平均每小时成品数量”是可以比较的，比较的结果就是谁平均每小时成品能力更强。

所谓纵向，就是同一部门或者同一员工，自己某一指标在不同时段的对比。

纵向一般只用好同比和环比就可以了，只比较不同时段的情况。例如，销售部门的销售额，8 月为 1000 万，同比增加 20%，环比增加 10%，这种比较就是典型的纵向比较。

但是“斜着比”通常没有可比性。同一时间段不同部门的不同指标之间，单纯从数字大小是能比较的，但是比较的结果没有任何解释性的意义，所以一般不做这种对比。

4. 复合指标

复合指标是针对基础指标而言的。

基础指标一般认为是不可再分的指标，如 PV 数，这个指标再分是没有业务意义解释的。

复合指标一般是由基础指标和复合指标进行运算得到的。如游戏中常用的“用户留存率”就是一个复合指标，因为它是由两个基础指标计算而来的，一个是“注册用户数”，一个是“留存用户数”，用“留存用户数”除以“注册用户数”得到的商作为“用户留存率”指标。

复合指标在指标体系里的数量还是很多的，尤其是越宏观的数据指标越是复合指标，这也符合“抓大放小”的管理原则。在经济学和社会学上用到的很多指标都是复合指标，如，全球繁荣指数、社会基尼系数等。

除了一些比较大型、层级多、涉及行业或生产环节多的公司以外，一般的中小型公司通常不推荐使用过于复杂的复合指标体系，因为这让指标反映变得不直观，反馈也不直观。这样的指标值上升了或者下降了，我们无法快速地找到诱发的基础指标，更无法快速地找到对应的环节、部门或人——让反映变得迟钝肯定不会是管理的目的。

5.3 小结

读到这里我们已经读完了前 5 章内容。如果觉得有些乏累，可以先喘口气，因为我们可以告一段落了。在前 5 章里我们讨论了排列组合、统计、概率、分布、指标等内容，附录里提供了数据收集以及其他辅助技术，如果使用好这些知识，日常运营中的多数问题就都能解决了。

后面的内容会更多偏重数据的深度挖掘和机器学习，对于基础运营人员来说这是要求更高的内容了。如果感觉前面的内容没什么困难那请放松心情继续往下读吧，它们虽然离生产生活会略远一些，但是同样不难。

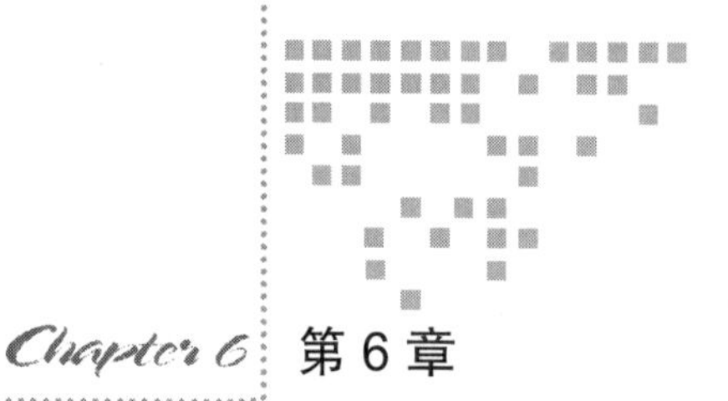

第6章 信息论

从本章开始就要逐步展开数据挖掘和机器学习相关的内容了。

虽然信息论和很多数据挖掘算法没有直接的关联应用，但是也有相当比例的机器学习算法中应用到了信息论的概念，所以这里还是要提一下信息论。

信息论无疑是20世纪最伟大的发明之一。信息论的奠定为后来的通信系统、数据传输、密码学、数据压缩等学科领域带来了更多的提示和理论依据，也极大地促进了这些学科领域的长足发展。

克劳德·香农（Claude Shannon）被称为“信息论之父”。人们通常将香农于1948年10月发表于《贝尔系统技术学报》上的论文《A Mathematical Theory of Communication》（《通信的数学理论》）作为现代信息论研究的开端。图6-1[⊖]所示为克劳德·香农。

图6-1 克劳德·香农

信息论涉及的内容非常多，这里只挑选和相关的最基本的知识点来讲述。

6.1 信息的定义

前面的章节已经定性地介绍了信息的含义。这里引用最被大家广泛认可的一种科学性的信息定义——“信息是被消除的不确定性。”这是1928年由哈特莱（R.V.L. Hartley）提出的概念。这句话读起来还是不够具象，下面举例来说明。

还是讨论前面提到的足球赛结果的例子吧（图6-2）。

⊖ 图片来自百度百科。

某一天巴西足球队和中国足球队进行了比赛。

结果第二天张三说“昨天巴西队赢了。”

而后李四说“昨天中国队输了。”

再而后王五说“昨天的比赛不是平局。”

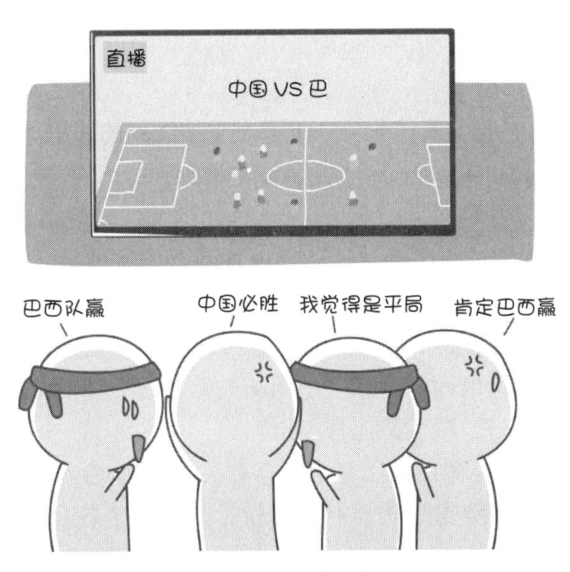

图 6-2 足球比赛

在没有比赛之前，我们只能对结果做一个猜测，仅仅凭借自己对足球比较规则的了解，结果无非 3 种：“巴西胜”、“巴西负”、“平局”。任何一种的可能性都是存在的，然而由于一些其他原因导致其中某一种可能性出现的几率更大（大家都懂的）。

当有人告诉我准确的结果后，如“巴西胜”，那么另外两种结果就不存在了，这个过程就是前面说的“消除随机不确定性”，这一句“巴西胜”就是信息。当随机不确定性被消除后，再被告知的这些消息里就没有消除随机不确定性的因素了，所以这些消息就不是信息。但是如果有人具体描述了由谁在什么时间进球得分或者犯规吃了红黄牌则又是信息，因为这个消息又消除了其他的不确定性。

6.2 信息量

6.2.1 信息量的计算

信息量是一个重要的知识点。平时在读网文的时候会看到很多人开玩笑说某某消息信息量真大，其实言外之意是说这篇网文在字面意思的背后再琢磨一下能推断出很多其他信息来。而在信息论中，对信息量是有确定解释并且可以量化计算的，这里提到的信息量是一种信息数量化度量的规则，注意，信息是具体要数量化的而不再是前面开玩笑中的大小的说法。

用科学的公式性的方法量化一段说话的录音，一段文字有多少信息的想法最早还是在1928年由哈特莱（R.V.L. Hartley）首先提出，即信息定量化的初步设想，他将消息数的对数（log）定义为信息量。若信源有 m 种消息，且每个消息是以相等可能产生的，则该信源的信息量可表示如下：

$$I=\log_2 m$$

这段话不太好懂是吗？我们具体化看一下会有更加深刻的认识。

上述公式是一个以 m 为自变量的对数函数，即 $I(m)=\log_2 m$。还记得对数函数的定义是什么吗？这里复习一下，例如，$2^3=8$（即 $2\times2\times2$，2 的 3 次幂等于 8），那么 $\log_2 8=3$。

举个具体的例子，假设是中国乒乓球队和巴西乒乓球队的男子单打比赛，注意，它和足球比赛可大不一样，它不存在平局的问题。那么中国乒乓球队获胜，巴西乒乓球队获胜，这两个就已经是所有可能发生的情况了，只有 2 种情况，即上述公式中 $m=2$，信源有 2 种（中国队获胜且巴西队失败，巴西队获胜且中国队失败，这 2 种信源消息穷举了所有的可能性）。$I=\log_2 2=1$，信息量为 1，单位是比特（bit）。

再举一个例子，足球世界杯在淘汰赛阶段会有 32 支球队参赛，分为 8 组，每组 4 支球队，通过单循环赛每个组有两支球队会有出线权，之后就是各自捉对厮杀直到决出冠军。理论上讲，在 32 支球队没有开赛之前每支球队都是有获取冠军的可能性的。也就是说，对于谁获得冠军这件事来讲，有 32 种情况。那么最后在不知道比赛过程的情况下，突然被通知有一支球队获胜，这个信息量为多大呢？即 $m=32$（也就是 32 支球队的任意一支获胜都是一种信源消息，32 种信源消息穷举了所有的可能性），$I=\log_2 32=5$，信息量为 5，单位是比特（bit）。

为了计算方便，这里使用的是 m 为 2 的整次幂来计算的。比对一下结果不难发现，后者有 32 个可能值的时候信息量为 5，有 2 个可能值的时候信息量为 1。极端情况是，只有 1 个可能值的时候信息量为 0，因为 $\log_2 1=0$，也就是无须告知也知道结果时，即便告知了结果，信息量也为 0。

6.2.2 信息量的理解

看到这里，可能有一些读者已经看出一些矛盾来了。估计会有人有下面的质疑。

“我怎么觉得中国乒乓球队和巴西乒乓球队的比赛毫无悬念呢？基本可以确定中国获胜，那说中国获胜跟废话区别大吗？”

“我怎么觉得中国足球队和巴西足球队的比赛也毫无悬念呢？基本可以确定巴西获胜，那说巴西获胜信息量是 0 吗？”

“按照理论，消除的不确定程度越高，信息量越大；消除的不确定程度越低，信息量越小。那么，前面的计算方法似乎不成立啊！”

这种质疑确实有道理。

回过头来看看，刚才使用 $I=\log_2 m$ 这个公式来计算信息量其实是有一个隐含前提的，就是 m 种情况产生的概率是均等的，没有任何一种信源比其他信源出现的可能性大。举一个极端的例子，虽然有两种情况发生，但是一种可能性实在大到接近 100%，而另一种可能性接近 0。

例如，现在的《中华人民共和国道路交通安全法》，也就是人们平时说的交通法规，其中规定“红灯停绿灯行”，在某一次进行交通法规修订的时候被修改为红灯行绿灯停的可能性有多大？理论上说这种可能性确实存在，至少没有办法证明它一定不存在，但是实际上从人类社会协调的角度看，从修法的社会效益来看，确实也是没有理由。所以在一次交通法规修订后，被告知“交通法规仍旧是红灯停绿灯行”这一信息的信息量如何呢？那显然跟 0 差不多，虽然这种情况 m 确实是 2。那么这种概率不等的情况应该怎么计算比较合适呢？信息论里也有确切的解释和计算方法。

在日常生活中，极少发生的事件一旦发生是容易引起人们关注的，而司空见惯的事件不会引起注意，也就是说，极少见的事件所带来的信息量大。如果用统计学的术语来描述，就是出现概率小的事件信息量大。因此，事件出现的概率越小，信息量越大，即信息量的多少是与事件发生频繁程度大小（即概率大小）恰好相反的，这里不能称作成反比，因为它们不是倒数关系。

公式如下：

$$H(X_i)=-\log_2 P$$

X_i 表示一个发生的事件，P 表示这个事件发生的先验概率。所谓先验概率，就是这个事件按照常理，按照一般性规律发生的概率。

还是用上述中国乒乓球队和巴西乒乓球队比赛的例子来说明。

假设中国乒乓球队和巴西乒乓球队历史交手共 64 次，其中中国获胜 63 次，63/64 是赛前普遍认可的中国队获胜的概率，即先验概率。那么这次中国获胜的信息量有多大呢？

$$H(X_i)=-\log_2 \frac{63}{64}=0.023$$

巴西获胜的信息量有多大呢？

$$H(X_i)=-\log_2 \frac{1}{64}=6$$

单位都是 bit。

同理得到，对于概率 100% 的事件，信息量为 0。

而概率特别小的事件信息量是多少，是无穷大吗？再来看一个例子。

胡润研究院发布了 2015 年中国富豪榜，王健林 2 200 亿元财富超过马云重回中国首富宝座，马云以 1 450 亿元位于第二名。

马云身价 1 450 亿元，假设一个人通过每次购买双色球中头奖而得到 500 万奖金（而且假设不需要交税），那就是最快的情况下需要连中 29 000 次才能赶上马云（图 6-3）。也就是说假设一星期开奖 3 次，3 次全中 500 万，需要连中 185.9 年。前面算过，中头等奖的概率为 1/17 721 088，那么连中 29 000 次的概率是多少呢——$\left(\frac{1}{17\ 721\ 088}\right)^{290\ 00}$。

图 6-3 连中双色球头奖金额累计（见彩插）

$$H(X_i)=-29\ 000\times\log_2\frac{1}{17\ 721\ 088}=700\ 687$$

信息量约为 70 万。

当然，这个例子其实非常不不严谨，因为 185.9 年通胀得有多少没有人知道，马云在 185.9 年内的情况也全无定数，我们这个例子完全是一种刻舟求剑的示意而已，切莫深究。我们看一下，这种已经不可能到极点或者荒谬到极点的信息也不是我们想象的天文数字，但是要知道在信息量里这种几十万的数字已经就是天文数字了，我们有个感性认识就可以了，在实际生产生活中我们计算这种事情的信息量的机会其实也不多。

6.3 香农公式

香农他老人家留给我们最经典不过的东西就是香农公式了——这个以他老人家的大名命名的公式。在数据挖掘和机器学习中我们没什么机会用到香农公式，不过他发明的这个公式无时无刻不在我们身边飘荡。不信吗？我们用的无线路由器的通信传输速度就是用香农公式来计算的，讲到信息论我觉得还是提一句这个经典公式比较好。我们先来看一下这个公式：

$$C=B\cdot\log_2\left(1+\frac{S}{N}\right)$$

单位 bps。

其中：

- B 是码元速率的极限值（奈奎斯特指出，$B=2H$，H 为信道带宽，单位为 Baud）；
- S 是信号功率（瓦）；
- N 是噪声功率（瓦）。

这个让人头大的公式确实晕得很，如果你不是搞通信工程的，那么真的很庆幸，你一辈子确实也没什么机会能真正用上它。我们在这里提到这个公式是为了拓展一下知识宽度和考虑问题的思路。

公式左边的 C 表示在一个信道里面信号传输的速度上限，单位为比特。

公式右面的 B 是和带宽大小 H 成正比的，带宽越大传输速度越快，不管是有线传输还是无线传输。

$\frac{S}{N}$ 是信噪比，就是要传输的信号功率和在这个信道里产生的各种信号噪声（基本都是电信号或者无线射频信号）的功率大小比值。

从公式定性分析来看，带宽越大传输速度越快。这里的带宽与人们平时说的“家里装了 100 Mbps 的电信宽带”中的带宽不是一个概念，这里的带宽的单位是 Baud（波特），家里装的宽带带宽单位是 bit（比特）。

信噪比越大传输速度越快，这平时也有体会，就是 WiFi 满格时或者 4G 信号满格时看网页、下载电影速度就快，这个时候普遍的信噪比比较大；相反 WiFi 信号或者 4G 信号只有一格时刷网页效果会非常不好，能出来就不错了，还有的时候居然刷了半天没反应，这个时候其实主要就是因为信噪比比较小（图 6-4）。

图 6-4 信噪比对传输速度的影响

信噪比小就影响传输，传过去的信号由于噪声信号干扰太大，传输有可能完全不成功。如果万幸信噪比的大小还能保证部分信号传输成功，那又希望保证传输的信息是完整的怎么办？只能多传几次或者在信息后面加入一些校验码来做信息冗余。

6.4 熵

6.4.1 热力熵

在本章的最后要介绍的是本章最重要的一个概念，即信息熵（shāng），也是最抽象的一个概念。

“熵”这个词在热力学、生物学、信息学上都出现过，而且都有比较确切的科学解释。

热力学中的“熵”的概念是1855年由德国物理学家兼数学家鲁道夫·尤利乌斯·埃马努埃尔·克劳修斯（图6-5[⊖]）提出的。据史料称，1870年克劳修斯在普法战争中组织了一支救伤队奔赴前线，而他本人在战争中受了伤而且持久伤残，因此被授予铁十字勋章。

图6-5 克劳修斯

克劳修斯在物理学方面的贡献主要在热力学方面，别的我们都不提，只说“熵”，如果你对“熵”没什么概念，我们就举例说一个大家在学生时代常见的现象来做说明吧。

在一个“U”型槽里，放一个小铁球，在没有空气、没有摩擦的情况下，小铁球从一端高点落下会由于能量守恒定律在这个“U”型槽里反复运动，从左到右再从右到左。这是理想的无能量损失的状态。

而实际状况是什么呢？空气阻力以及槽壁与小铁球之间的摩擦使得一部分能量从重力势能向动能转化的过程中损耗掉，小铁球随之能够到达的高点也越来越低。在这个过程中，越来越多的机械能不可逆地变成了内能——人们观察到的就是整个系统发热，温度会升高一些，从而产生了熵的增加。这么看来“熵”好像不是个好东西……

在这个封闭系统里，随着熵的增加，机械能也将越来越少，最后以至于小铁球静止不动，此时所有的机械能都转化成了熵。而这个一直在增加的熵是什么？由于系统封闭，所以根据能量守恒定律，可以推断出，最后小铁球运动的机械能全部转化成了内能，也就是在整个系统中最后温度会上升。能量是怎么转化的呢？根据分子动理论，最开始系统中的各种分子不管是固体还是气体都以较低的速度进行布朗运动，也就是无规则的运动。而有相当质量的小铁球在系统里却是按照一个相对确定的方向往复运动，它是有机会由重力势能转化成动能，再从动能转化成重力势能的，当然也有机会转化成内能。

最开始（图6-6）：

系统里的总能量＝小铁球的重力势能＋小铁球的动能＋内能

最开始小铁球的重力势能较大，小铁球的动能为零，内能较小。

⊖ 图片来源于百度图库。

在中间某一时刻小铁球运行到最低点时，小铁球的重力势能为零，小铁球的动能较大，内能比最开始时升高（图 6-7）。

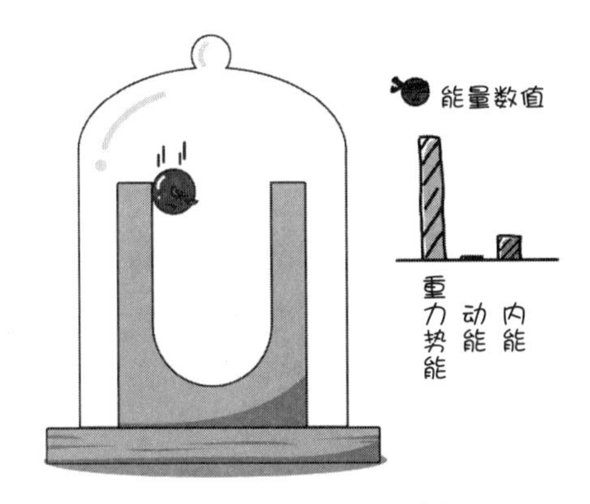

图 6-6 开始时（见彩插）

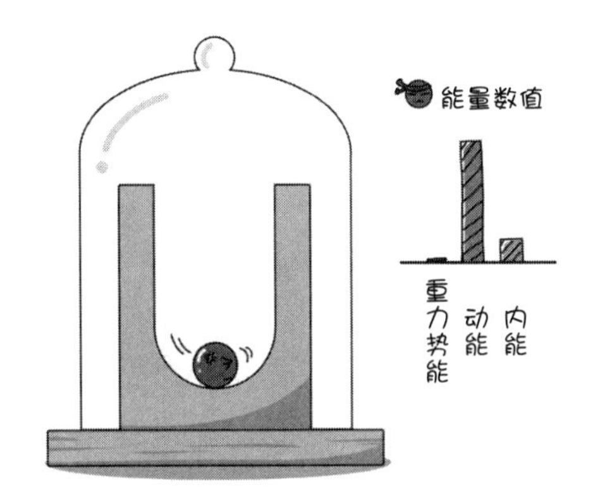

图 6-7 小球运动到最低点（见彩插）

最后小铁球静止时，小铁球的重力势能为零，动能也为零，内能升高到最高（图 6-8）。

最后机械能全部不可逆地转化成内能，而这些内能是没有机会再变成机械能的，这个内能的增加量就是整个系统里熵的增量（图 6-9）。

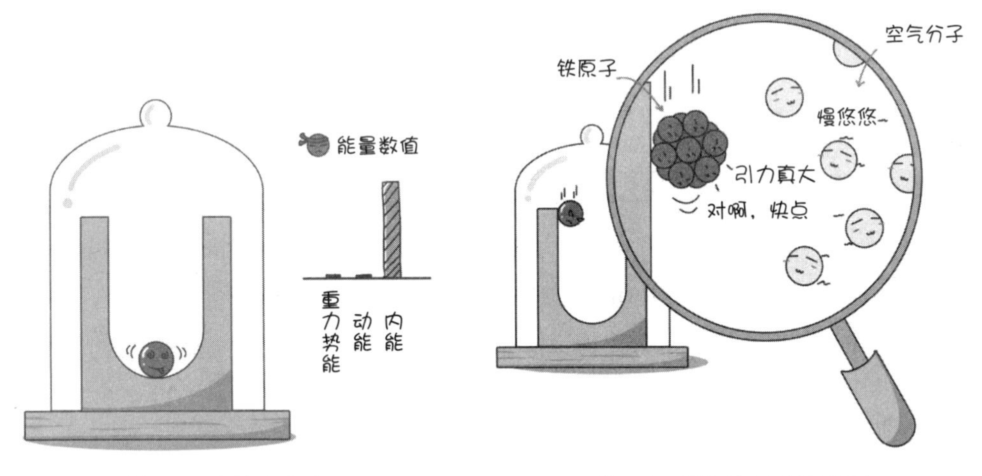

图 6-8 小铁球静止

图 6-9 熵的增量（见彩插）

其实从最微观的角度去看也是一样的，最开始大量铁原子的质量由于地球引力基本都是以一定的速度向一方面前进，再克服重力升高，再往复。到最后由于能量在摩擦中都给了周围的空气分子和其他分子，其他分子向各个不同方向前进的速度都变快了，温度升高了，但是再也没有能力像原来铁原子一样向一个方向运动了（图 6-10）。

我们也可以粗略地认为，这种分子运动的杂乱程度变高了，伴随着这种杂乱程度的变高，熵增加了。

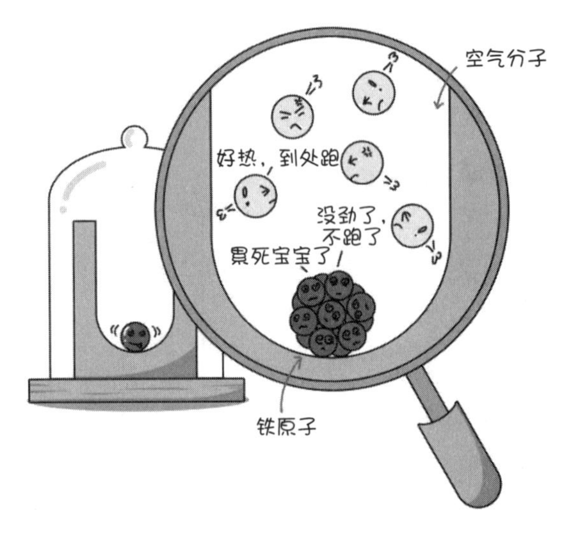

图 6-10 分子不能向一个方向运动（见彩插）

也有一些物理学家推广了热力熵的存在场景，放到整个宇宙里去，提出了热寂理论（Heat Death）这种猜想宇宙终极命运的假说——最早是由爱尔兰数学物理学家威廉·汤姆森（William Thomson）于 1850 年提出的。大意是，宇宙也是由原子之间的斥力引力所提供的能量来运动的，宇宙最终和上述“U”型槽命运差不多，也是向着熵增的方向发展，最后宇宙所有角落的机械能都没有了，宇宙内能增高，一片死寂。但是到目前为止还没有任何事实证据支持该学说的正确性。

6.4.2 信息熵

前面介绍热力熵主要是为了引出信息熵并和信息熵进行概念的类比，热力熵的概念在数据挖掘和机器学习领域基本是用不上的，只是两者形式比较像。

信息熵如果要用平民语言说得尽可能直白的话，我觉得可以认为是信息的杂乱程度的量化描述。

公式如下：

$$H(x) = -\sum_{i=1}^{n} p(x_i)\log_2 P(x_i) \text{ , } i=1,2,\cdots,n$$

其中，x 可以当成一个向量，就是若干个 x_i 产生的概率乘以该可能性的信息量，然后各项做加和。

也许有的读者在其他资料上会看到这里的 log 是取 10 的对数 lg，或者自然常数 e 的 ln 自然对数。这里强调一下，在应用的过程中用任何一种值做底都是可以的，但是注意在某一次应用的整个过程中，参与本次应用的所有信息熵都必须采用同一个底，不能将不同底的对数求出的熵再做加和或者比较，这样完全没有意义（就好像 3 米和 2 英尺，虽然都是长度单位，但是 3 米 +2 英尺既得不到 5 米也得不到 5 英尺）。本书的例子大部分都是使用以 2 为底的对数进行计算，请注意这一点。

1. 示例 1：2 选 1 “一边倒”

为了说得清楚还是具体举例吧，还是用中国乒乓球队和巴西乒乓球队比赛的例子说明。

假设中国乒乓球队和巴西乒乓球队历史交手共 64 次，其中中国获胜 63 次，63/64 是赛前普遍认可的中国队获胜的概率——注意，这个是先验概率。那么这次“中国获胜”这个消息的信息量有多大呢？

$$H(Xi)=-\log_2\frac{63}{64}\approx 0.023$$

“巴西获胜”的信息量有多大呢？

$$H(Xi)=-\log_2\frac{1}{64}=6$$

所以，中国乒乓球队和巴西乒乓球队比赛的结果的信息熵约为

$$0.023\times\frac{63}{64}+6\times\frac{1}{64}\approx 0.1164$$

对于无限不循环小数只能根据需要取一个近似值，注意这是一个“2 选 1 的情况，并且确定性相当高”的事件的熵。

2. 示例 2：2 选 1 “差不多”

再看一个两者势均力敌的例子，假设德国乒乓球队和法国乒乓球队比赛，双方历史交手 64 次，交手胜负为 32:32，那么 1/2 是赛前普遍认可的德国队的获胜概率，同时也是法国队的获胜概率。

德国获胜的信息量：

$$H(Xi)=-\log_2\frac{1}{2}=1$$

法国获胜的信息量：

$$H(Xi)=-\log_2\frac{1}{2}=1$$

则信息熵为

$$1\cdot\frac{1}{2}+1\cdot\frac{1}{2}=1$$

注意这是一个“结果 2 选 1 且等概率”的熵。

3. 示例 3：32 选 1 “差不多”

如果在足球世界杯决赛阶段，即假设 32 支球队获得冠军等概率的情况下进行信息熵的计算。

队伍 1 获胜的信息量：

$$H(Xi) = -\log_2 \frac{1}{32} = 5$$

队伍 2 获胜的信息量：

$$H(Xi) = -\log_2 \frac{1}{32} = 5$$

……

队伍 32 获胜的信息量：

$$H(Xi) = -\log_2 \frac{1}{32} = 5$$

则信息熵为（一共 32 个）

$$5 \cdot \frac{1}{32} + 5 \cdot \frac{1}{32} + \cdots + 5 \cdot \frac{1}{32} = 5$$

注意这是一个“32 选 1 的情况，并且等概率”的熵。

4. 示例 4：32 选 1“一边倒”

假设队伍 1 获胜概率为 99%，而其他 31 支队伍每一支队伍的获胜概率都为 1%/31，求比赛结果的信息熵为多少。

队伍 1 获胜的信息量：

$$H(Xi) = -\log_2 0.99 \approx 0.014\,5$$

队伍 2 获胜的信息量：

$$H(Xi) = -\log_2 \frac{0.01}{31} \approx 11.60$$

……

队伍 32 获胜的信息量：

$$H(Xi) = -\log_2 \frac{0.01}{31} \approx 11.60$$

则信息熵为（后面一共有 31 个 $(0.01/31) \times 11.60$）

$$0.99 \times 0.014\,5 + \frac{0.01}{31} \times 11.60 + \frac{0.01}{31} \times 11.60 + \cdots + \frac{0.01}{31} \times 11.60 \approx 0.130$$

5. 结论

在信息可能有 N 种情况时，如果每种情况出现的概率相等，那么 N 越大，信息熵越大。

在信息可能有 N 种情况时，当 N 一定，那么其中所有情况概率相等时信息熵是最大的，而如果有一种情况的概率比其他情况的概率都大很多，那么信息熵就会越小。

具体的值在具体情况可以进行量化的计算比较。笼统地说就是：

信息越确定，越单一，信息熵越小；

信息越不确定，越混乱，信息熵越大。

信息熵的用途是比较广泛的，其实看到信息熵的定义就大概能够知道它用在哪里。既然它是用来度量信息混乱程度的，那么凡是关心信息混乱程度对系统的影响的地方都可以用信息熵来辅助调整或判断。

例如，后面将要介绍的判定树算法里就可以用信息熵来进行条件的优化；在文本挖掘中可以用信息熵来断定一个句子断句的方案和各自成句的可能性。

6.5 小结

本章需要了解的是信息量的定义、信息熵的定义和计算方法，尤其是信息熵的计算方法，这在后面很多算法中都有应用。如果觉得这些例子还是让你体会不深，那也没关系，就记住定性的结论就好了，只有好处没有坏处。

Chapter 7 第 7 章

多维向量空间

7.1 向量和维度

向量（Vector）这个词最初来源于几何学。

几何向量也称为欧几里得向量，通常简称向量、矢量，是指具有大小和方向的几何对象表示。为了形象表示，在平面几何和立体几何中通常把一个向量画成一个箭头。在中学同样学过用复数来表示的向量，如 2+3i，其实相当于 x 和 y 两个向量维度空间里的向量，是从点 (0,0) 到 (2,3) 之间引出向量（图 7-1）。

向量除了用箭头表示外，还有一种在数据计算领域更常用的方法，即用 (a,b,c,d,⋯) 来表示。其中，a、b、c、d 等每个元素都是一个维度上的数据取值。在大数据领域的计算对象基本都是这种格式的向量，所以只要理解这种格式的含义就可以了。

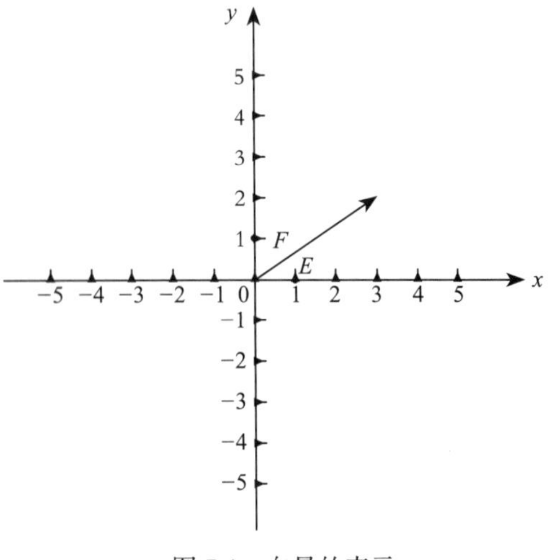

图 7-1　向量的表示

下面通过具体的例子认识向量的用法。

例如，在一个企业的数据仓库中要描述一条销售信息，可以表示如下：

(' 北京 ',' 电风扇 ',' 网上商城 T'，400000）

括号里的向量各个维度分别表示如下：

（地区，产品类别，代理商，销售额）

上面的叫做向量实例，下面的叫做向量定义。这种向量在计算机里面可以用数组来实现，也可以在关系型数据库里用一行记录中的字段来实现，也可以用其他组件来实现。不管用哪种载体，客观上表示的数学含义是没有差别的，差别仅仅在于在处理这些数据时所使用的语言或者工具不同而已，所以完全不用担心哪些语言支持向量哪些语言不支持。下面就是定义这个向量（地区，产品类别，代理商，销售额）分别在 Python、Java、SQL 这 3 种语言中的写法。

（1）在 Python 中的写法：

```
#PYTHON CODING
class sales:
  zone = ''
  type = ''
  agency = ''
  sales_amount = 0.00
```

（2）在 Java 中的写法：

```
#JAVA CODING
public class sales {
  public string zone;
  public string type;
  public string agency;
  public BigDecimal sales_amount;
}
```

（3）在 SQL 中的写法：

```
#SQL CODING
CREATE TABLE SALES(
  ZONE VARCHAR(20) COMMENT '地区',
  TYPE VARCHAR(50) COMMENT '产品类别',
  AGENCY VARCHAR(30) COMMENT '代理商',
  SALES_AMOUNT DECIMAL(18,3) COMMENT '销售额'
);
```

这些语句都是在各种不同语言上的向量定义语法。在 Python 语言和 Java 语言里，向量的定义其实就可以理解成类的定义，向量上每个不同的属性就是不同的维度，一个实例化的对象就是一个向量的实例。在 SQL 语言里，一个表的定义就是向量的定义，一个向量的实例其实就是表里的一条数据。

7.1.1 信息冗余

一般来说，向量的每个维度之间是不相关的，在设计一个向量时也是希望每个维度不相关。如果想知道维度如果相关会有什么问题，举一个向量设计上的反例，如在某系统里记录一个个人的信息。

向量定义如下：

（姓名，姓，名，出生日期，年龄，驾驶证类别，初领驾照时间，驾龄年限）

向量实例如下：

（'张三'，'张'，'三'，'1986-03-01'，30，'C1'，'2015-01-01'，1）

在本例中可以看到，从一般的逻辑来说，“姓名”这个维度是可以由“姓”、“名”两个维度推断出来的，“姓”和“名”首尾相接就能得到“姓名”这个维度。而“年龄”是可以从“出生日期”这个维度推断出来的，在任意时刻使用当前日期与“出生日期”相减就能得到“年龄”这个维度。“驾龄年限”也是可以通过“初领驾照时间”推断出来的，在任意时刻使用当前日期与“初领驾照时间”相减就能得到“驾龄年限”。所以这种记录方式其实是有冗余信息的，冗余在IT领域里一般是指一模一样的数据存储多于一份的情况。本例在关系型数据库上不满足设计第三范式（3NF，这个概念如果没学过可以忽略）。对于这种有冗余的信息，还是一分为二来看，不要武断地说一定不可行。

冗余的问题是，如果其中一个相关的字段发生变化，则另一个字段也必须相应地做出变化，否则就会出现信息矛盾或者不一致的现象。如现在描述的张三是30岁，明年他就31岁了，是否还需要一个程序功能自动或手动对这个字段进行更新？如果在系统运行过程中发现在登记的时候“初领驾照时间”这一字段填写有误需要更正，那么“驾龄年限”也需要同步修改。这对于保持数据一致性来说，维护成本显然是会提高的。

冗余也未必全是缺点没有一丝优点。那么它的优点是什么呢？再来看一个例子。

向量定义如下：

（用户ID，1月消费额，2月消费额，3月消费额，4月消费额，5月消费额，6月消费额，7月消费额，8月消费额，9月消费额，10月消费额，11月消费额，12月消费额，全年消费总额）

向量实例如下：

（'0001',160,130,135,150,160,170,175,165,150,155,155,160,1865）

在这个例子里，有一个全年消费总额用来做前面12个月的消费额的加和。如果这个系统里有5 000万用户，应该怎么统计这5 000万用户一年的消费总额？在没有“全年消费总额”这个维度的情况下，需要让计算机做6亿个数值对象的加法（12次 ×5 000万），在有了这个维度的情况下，只需对这5 000万个向量的最后一个维度——“全年消费总额”做加和，即做5 000万个数值对象的加法即可，这两者在计算效率上有11倍的速率差距。

这11倍速率的差距意味着什么呢？如果这5 000万个向量的计算需要2小时，那么这种计算可以在凌晨进行，并且次日一早做成报告。而6亿个向量时间计算很可能需要22小时，那么这种报告就只能第三天才能送达。这不仅仅是一个计算效率的问题，甚至影响了一个业务的反馈和完整流程。

至于在具体的应用场景里是否使用冗余字段需要应用者根据系统设计的经验和自己的实际需求去判断，应选择在满足自己系统业务运转要求的前提下“成本”更低的方式。

冗余信息被作为加快数据访问速度的手段应用最多的情况一般不是在一个表里设置冗余字段，而是在很多海量数据的数据仓库里把很多小粒度的数据计算成为以一天、一周、一个月作为更大粒度统计单位的冗余信息表或者指标信息表，而直接访问这些大粒度的冗余数据，比直接访问最小粒度的数据进行统计效率可能快上几千倍。

7.1.2　维度

在解释向量的过程中其实多次提到了维度这个词。维度的英文是 Demension，人们平时说的 3D 游戏、3D 电影中的 3D 说的就是 3 个 Demension，或者说 3 个维度的视觉效果，以区别过去玩的和观看的平面视觉效果的 2D 游戏和 2D 电影。就连 80 后们最熟悉的 FC 游戏 90 坦克大战也能从 2D 搬到 3D 空间（图 7-2[⊖]）。

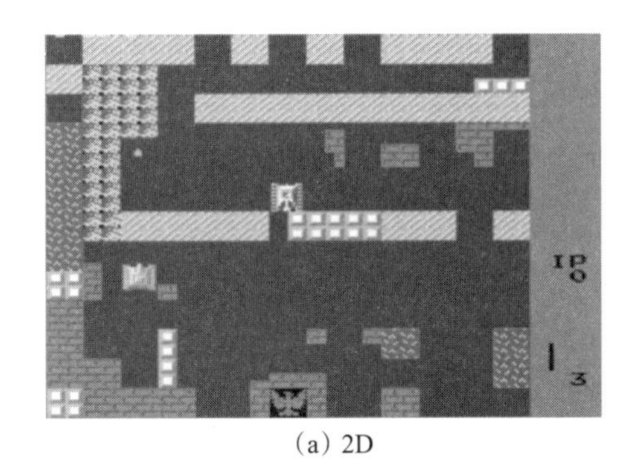

(a) 2D

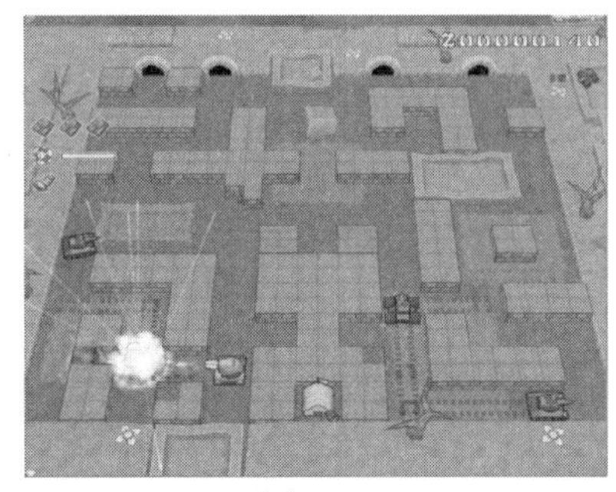

(b) 3D

图 7-2　90 坦克大战

维度指的是参照系，有多少个维度就有多少个参照系，2D 就是有两个参照系，3D 就是有 3 个参照系。这种说法如果还是觉得抽象，那么回过头来看刚才的例子。

这里有一个向量（'北京'，'电风扇'，'网上商城 T'，400000），笼统地说是有 4 个维度（地区，产品类别，代理商，销售额）。但是仔细观察不难发现，销售额和其他 3 个维度好像略有不同，它的值所发生的变化更容易引起人们的研究兴趣，因而这类维度通常会被当做研究对象——虽然把它当做一般参考维度来进行数据分析也不一定没有意义。在这个例子里，研究对象是销售额，有 3 个参考维度：地区、产品类别、代理商。后面将会介绍这种情况下怎么去做相关的研究。

维度的设置一般都是具有“正交性”的。“正交性”是从几何学中借用来的术语。如果两条直线相交成直角，它们就是正交的。用向量术语来说，这两条直线互不“依赖”。一个点沿着某一条直线移动，该点投影到另一条直线上的位置始终不变（图 7-3）。

以平面直角坐标系为例，其中 X 轴和 Y 轴是垂直的，也是正交的。如果有一个点沿着 X 轴移动，不论它怎么移动，它到 Y 轴上的投影都会在 (0,0) 坐标点上；同样，如果有一个点沿着 Y 轴移动，不论它怎么移动，它到 X 轴上的投影都会在 (0,0) 坐标点上。在这个坐标系里，X、Y 两个维度就是正交的。

⊖　图片来源于百度图库。

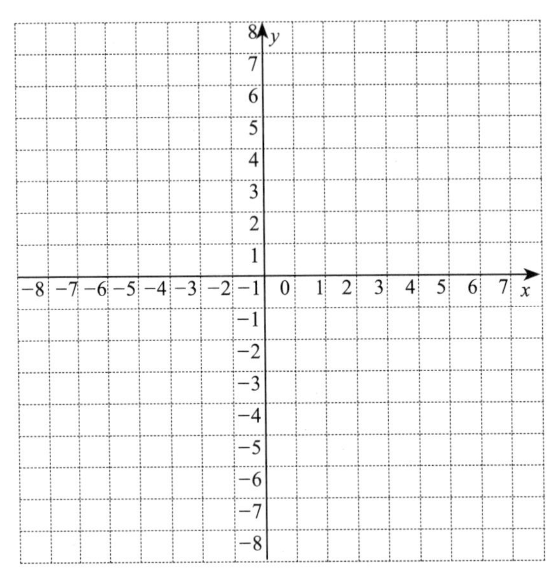

图 7-3 两条直线正交

如果觉得不是很好理解那就记住这样一个特点，正交向量的任何一个维度，值发生变化时都不会引起其他的维度的值变化。看前面举过的例子。

向量定义如下：

（姓名，姓，名，出生日期，年龄，驾驶证类别，初领驾照时间，驾龄年限）

向量实例如下：

（'张三'，'张'，'三'，'1986-03-01'，30，'C1'，'2015-01-01'，1）

在这个例子里，“姓”和“名”这两个维度相互之间是独立的，也就是正交的，“姓”不会因为“名”变化而变化，“名”也不会因为“姓”变化而变化。但是，“姓名”是依赖于“姓”和“名”这两个维度的，“姓”和“名”任何一个发生变化“姓名”这个维度的值都会有变化。

一般来说，向量的设计推荐采用维度正交的原则，主要原因也是为了避免两个非正交维度不一致时不知道该采信哪种更好。

7.2 矩阵和矩阵计算

《黑客帝国》（The Matrix，也有译作《骇客帝国》的）是一部非常精彩的科幻影片，其英文名字里的 Matrix 就是矩阵的意思。

之所以电影会取名为 Matrix 是取义未来大规模机器智能的世界都是以无处不在的大规模矩阵存储和大规模矩阵运算构成的，矩阵是其实现的数学基础。

矩阵的研究历史悠久，拉丁方阵和幻方在史前年代已有人研究。但是，在 19 世纪才真正成为一种比较完整的数学分学科概念。英国数学家凯利被公认为矩阵论的奠基人。他从1858年开始，发表了《矩阵论的研究报告》等一系列关于矩阵的专门论文，研究了矩阵的运算律、矩阵的逆以及转置和特征多项式方程。

矩阵作为一种独立的数据构建单元，有着自己约定的矩阵相加、矩阵相减、矩阵数乘、矩阵转置等完整计算逻辑。例如：

$$\boldsymbol{A}=\begin{bmatrix} a_{11}\ a_{12}\ a_{13} \\ a_{21}\ a_{22}\ a_{23} \\ a_{31}\ a_{32}\ a_{33} \\ a_{41}\ a_{42}\ a_{43} \end{bmatrix}$$

这里的 $\boldsymbol{A}$ 就是一个矩阵，通常说一个矩阵是 $m \times n$ 矩阵，就是说有 m 行和 n 列。在这个例子里，$\boldsymbol{A}$ 是一个 4×3 的矩阵。每个矩阵的元素 a_{mn} 都是一个数字。像不像二维数组和数据库里的表?

矩阵是有着完整的计算定义的，常用的矩阵计算规则如下。

1. 矩阵的加法

假设矩阵

$$\boldsymbol{A}=\begin{bmatrix} 5 & 1 & 3 \\ 2 & 0 & 2 \end{bmatrix}$$

矩阵

$$\boldsymbol{B}=\begin{bmatrix} 1 & 2 & 6 \\ 0 & 3 & 3 \end{bmatrix}$$

$$\boldsymbol{A}+\boldsymbol{B}=\begin{bmatrix} 6 & 3 & 9 \\ 2 & 3 & 5 \end{bmatrix}$$

规则很简单，就是直接把对应“坐标”的值相加。请注意，只有这种 m 和 n 分别相同的两个矩阵才能做加法，这种 m 和 n 分别相等的两个矩阵叫做同型矩阵。

2. 矩阵的减法

假设矩阵

$$\boldsymbol{A}=\begin{bmatrix} 5 & 1 & 3 \\ 2 & 0 & 2 \end{bmatrix}$$

矩阵

$$\boldsymbol{B}=\begin{bmatrix} 1 & 2 & 6 \\ 0 & 3 & 3 \end{bmatrix}$$

$$\boldsymbol{A}-\boldsymbol{B}=\begin{bmatrix} 4 & -1 & -3 \\ 2 & -3 & -1 \end{bmatrix}$$

减法就是直接把对应“坐标”的值相减。矩阵减法也要求必须是同型矩阵。

3. 矩阵的数乘

假设矩阵

$$\boldsymbol{A}=\begin{bmatrix}5 & 1 & 3\\2 & 0 & 2\end{bmatrix}$$

那么

$$2\times\boldsymbol{A}=\begin{bmatrix}10 & 2 & 6\\4 & 0 & 4\end{bmatrix}$$

矩阵的数乘计算就是把矩阵的每个元素都乘以这个数乘倍数。

4. 矩阵的转置

假设矩阵

$$\boldsymbol{A}=\begin{bmatrix}5 & 1 & 3\\2 & 0 & 2\end{bmatrix}$$

如果 $\boldsymbol{B}$ 是 $\boldsymbol{A}$ 矩阵的转置矩阵，那么

$$\boldsymbol{B}=\begin{bmatrix}5 & 2\\1 & 0\\3 & 2\end{bmatrix}$$

矩阵的转置计算相当于把矩阵沿着对角线翻了个身，行变列，列变行。一般习惯把矩阵的转置记做 A^{T}。在这个例子里，$B=A^{\mathrm{T}}$。

5. 矩阵的内积

只了解 $m=1$ 和 $n=1$ 这两个矩阵做内积的算法即可。

假设矩阵

$$\boldsymbol{A}=\begin{bmatrix}1 & 3 & 5 & 7\end{bmatrix}$$

$$\boldsymbol{B}=\begin{bmatrix}4\\3\\2\\1\end{bmatrix}$$

$\boldsymbol{A}$ 和 $\boldsymbol{B}$ 的内积：

$$C=A\cdot B=\sum_{i=1}^{n}A_{1i}B_{i1}$$

在这个例子里

$$C=A\cdot B=1\cdot 4+3\cdot 3+5\cdot 2+7\cdot 1=30$$

如果 $\boldsymbol{A}$、$\boldsymbol{B}$ 两个矩阵如下：

$$\boldsymbol{A}=\begin{bmatrix}1 & 3 & 5 & 7\end{bmatrix}$$
$$\boldsymbol{B}=\begin{bmatrix}4 & 3 & 2 & 1\end{bmatrix}$$

那么可否将两个矩阵的对应元素两两相乘然后加和呢？也是可以的，这就可以用前面介绍的矩阵转置的形式来表示。

AB^{T} 和 BA^{T} 这两种形式都会得到 30 这个结果，因为计算过程没有什么差别都是 $1\times4+3\times3+5\times2+7\times1=30$。

在高级人工智能里的矩阵运算使用得极其复杂，在入门阶段只要了解基本的矩阵相加、矩阵相减、矩阵数乘、矩阵转置即可。在本书的后面神经网络的部分会有的地方有引用，做到心里有数就好，在公司日常指标运营里矩阵计算几乎用不到。

7.3 数据立方体

常见的魔方是一个 3×3×3 大小的方块，也就是以 27 个小正方体为单位的组合体。

想象一下，有 27 个透明的立方体，对这 27 个方块每一个都做上标记，如图 7-4 所示。

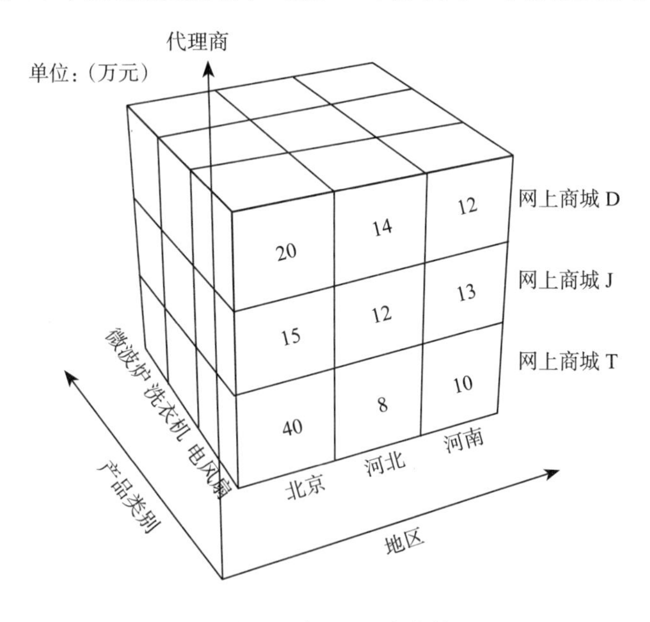

图 7-4 标记 27 个方块

把向量（地区，产品类别，代理商，销售额）分解一下，每一条边都写上一个维度的值，每个立方体中间都写一个数字，再组合起来，发现原来的 27 个向量在立体空间里变得非常直观。

如果觉得数字不够给人眼睛产生刺激，那就试试另一种方式，把数字对应的值做一下颜色深度标识，数字大的颜色深，数字小的颜色浅，如图 7-5 所示。

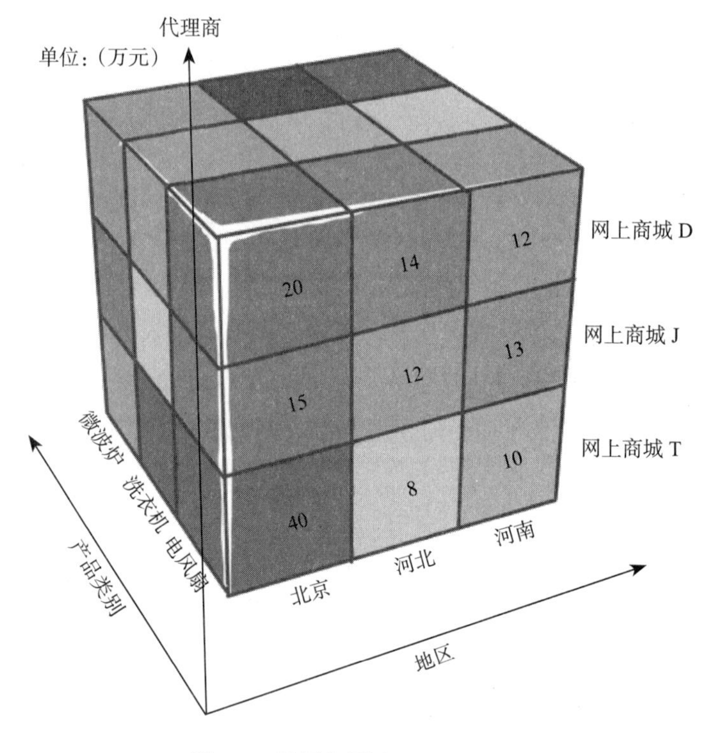

图 7-5 用颜色标记

颜色深浅一般的通常不会引起人们的注意，最吸引人注意的其实是那些颜色特别深的和颜色特别浅的。其实也不难理解，在一群人里，比较引人注意的是什么样的人呢？个子特别高的，个子特别矮的，长得特别漂亮的，长得特别丑的，长得特别胖的，长得特别瘦的。也就是说，吸引人注意的一定是和众多样本相去较远的样本，而比较“平庸”的样本通常不太引人注意。

上述数据“魔方”就是数据立方体，是一种比较直观的大数据可视化技术，它能够帮助人们在一个研究对象和 3 个维度（及以下）的情况下快速找到让人感兴趣的那些小数据块，快速定位“问题”所在。从例子里容易看出来什么地区、什么产品类别、什么代理商的销售额度格外高或者格外低，在同一个地区同一个产品类别里，哪个代理商销售的额度格外高或者格外低。

但是，一个向量可能不止有 3 个维度而且每个维度里只有 3 个枚举值，有的维度可能有几十个甚至上百个枚举值，这时立方体会变得很复杂。要想看得比较细致就只能做切片处理，如图 7-6 所示。

需要强调的是，数据立方体这种视角在一些商业 BI 软件里提供了很好的互动查询工具，但是很多自研发的企业 BI 部门可能就需要自己再去摸索这种视图如何开发了。

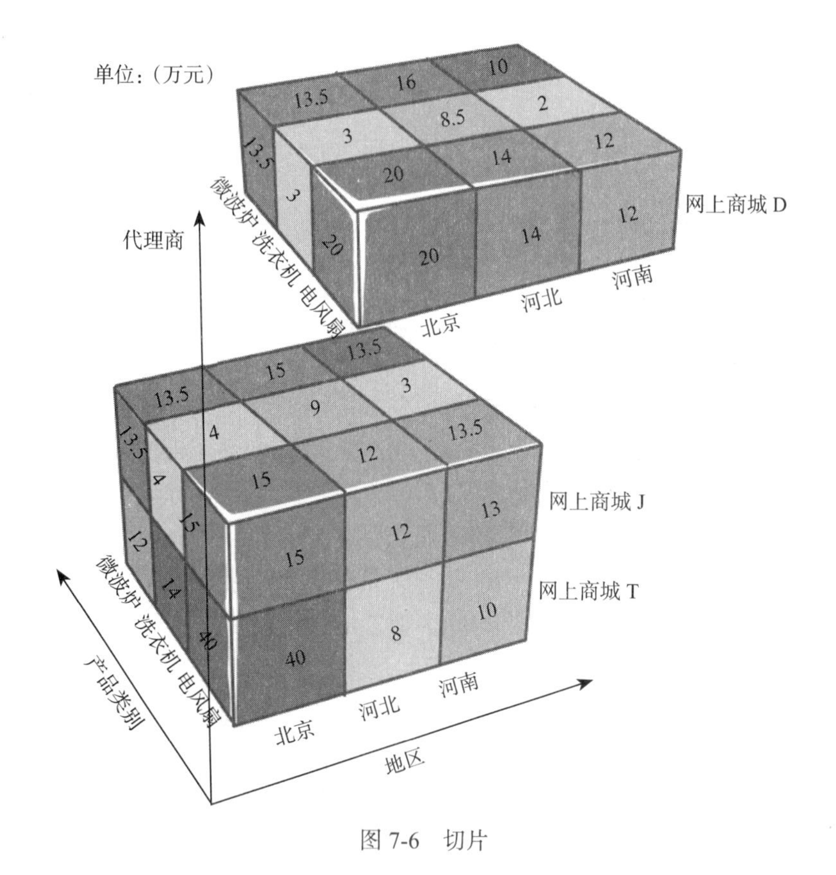

图 7-6　切片

7.4　上卷和下钻

数据立方体帮助人们快速定位“问题”。但是数据立方体还有一个问题，就是一下子展开这么多维度值会让人眼花缭乱。

目前人类通过研究发现，人类自身的机械记忆极限是 5 ～ 9 个对象，也就是说正常情况下人记住 5 个毫无关联的对象是没问题的，记忆好一些的可以记住 9 个，只有经过特殊训练的人可能用其他技巧能够记住更多。多于 9 个的对象常人就很难记得清楚了，也很难一下子掌握。那么能否用逐层递进的方式对数据立方体进行归纳式的管理呢？答案是肯定的。这就是将要介绍的上卷（Rollup）和下钻（Drilldown）。

在一个视图下，“向下钻入”一个立方体时可以看到更多的细节，而当人们对当前的视图不再有兴趣需要回退到上一级别的视图时，可以把当前视图“向上卷起”，如图 7-7 所示。这样在每个视图中都能在有限的研究对象里较快定位到“问题”所在，这就是上卷和下钻两种操作的应用。

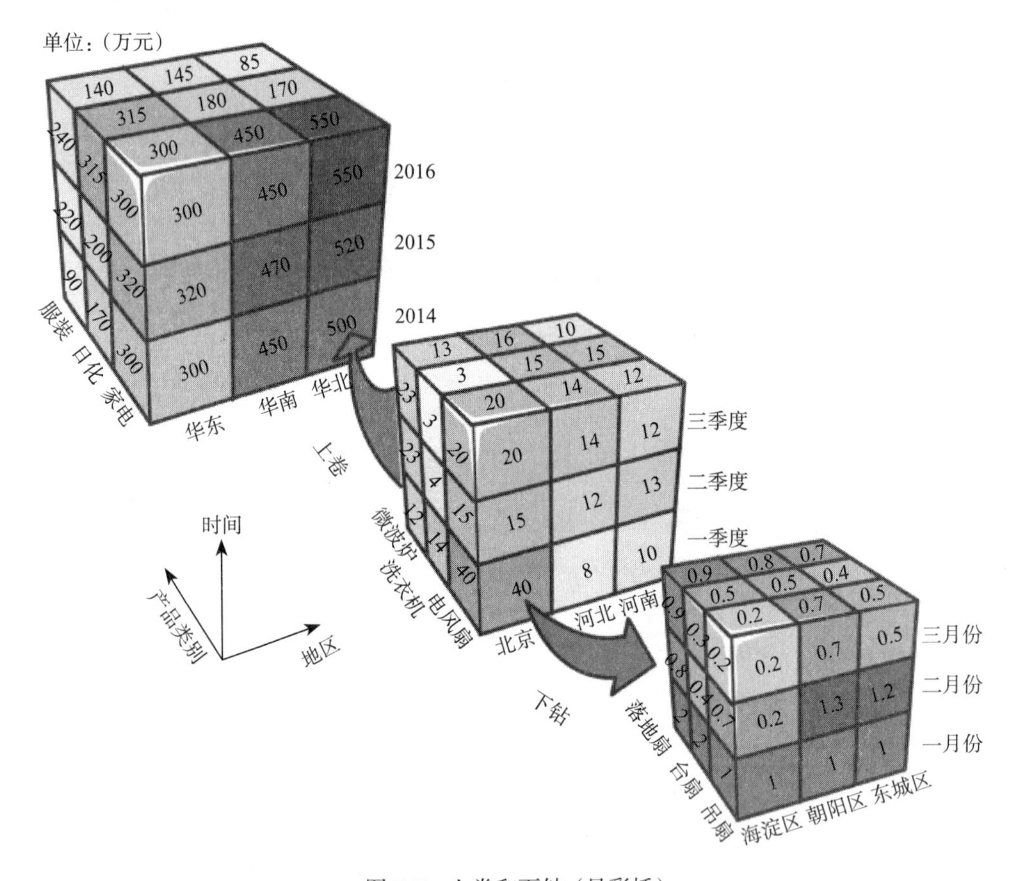

图 7-7　上卷和下钻（见彩插）

当然，数据立方体的局限性也是很明显的，即如果向量更多——超过 3 个维度，就无法在空间里画出一个立方体进行呈现了，而数据挖掘很多时候研究的数据远远比 3 个维度要多，所以在高维度数据的研究中，虽然数据立方体的逻辑客观存在，但是在对其进行数据挖掘和机器学习的过程中基本用不到数据立方体的可视化技术。读者在实现的时候请酌情进行视图选择。

7.5　小结

关于多维向量空间，只要掌握向量的定义、维度的定义即可。至于正交维度，请读者注意在日常生产生活中的设计技巧。

第8章 Chapter 8 回　归

回归是一种解题方法，或者说“学习”方法，也是机器学习中比较重要的概念。没有学过回归的朋友可能看到回归这个词猜不出这是个什么概念，觉得很神秘。其实我平生第一次看到这个词的时候也猜不出是干什么用的，“回归？……回哪儿去？”。

回归的英文是Regression，单词原型的regress大概的意思是“回退，退化，倒退”。其实Regression——回归分析的意思借用了“倒退，倒推”的含义。简单说就是“由果索因”的过程，是一种归纳的思想——当看到大量的事实所呈现的样态，推断出原因是如何的；当看到大量的数字对（pair）是某种样态，推断出它们之间蕴含的关系是如何的。

8.1 线性回归

线性回归是利用数理统计学中的回归分析来确定两种或两种以上变量间相互依赖的定量关系的一种统计分析方法。其表达形式如下：

$$y=ax+b+e$$

e为误差服从均值为0的正态分布。

简单说大概是这样，通过统计或者实验，可能会得到两种值（两个系列的值）的对应关系，这两种值一种是y一种是x，每组y和x是成对出现的一一对应，最后可以用一种$y=ax+b+e$的表达式来表示它们的关系。

而这其中的e不是一个定值，它和y、x对应着出现（有一对y和x，就有一个e）。这个e的值满足正态分布，μ为0。

有人说还是$y=ax+b$看着比较舒服，a是斜率，b是截距，初中时大家都学过。但是$y=ax+b+e$看着别扭，我们后面来说说这个e是怎么出来的。

下面看一个完整的操作过程。

8.2 拟合

回归这种方法我们在中学课本里是没有讲过的，但是他的思想我们可是早在高中一年级的时候物理课上就学过的，只是我们没意识到。

回忆一下，还记得高中的时候学过一个用打点计时器计算重力加速度 g 的大小的实验吗？

将一个小铁球用一根线拴在一个很轻的小车上，小车后面拉着一根长长的有毫米刻度的纸带，一个打点计时器一边电源接着 220 V 50 Hz 的市电，有一根圆珠笔尖悬在纸带上方，如图 8-1[㊀]所示。

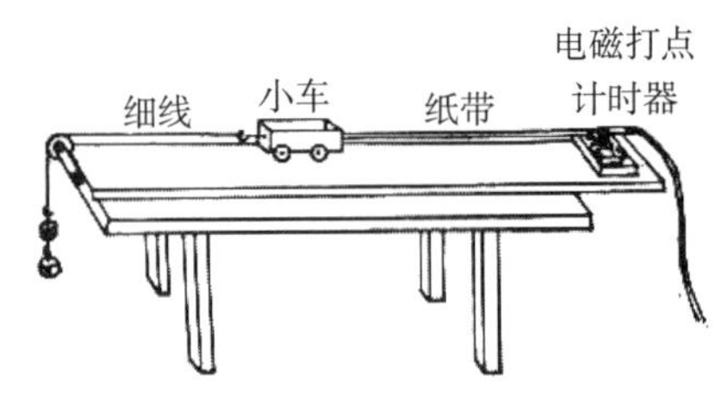

图 8-1 用打点计时器计算重力加速度

当接通电源后，小铁球由于重力作用开始做自由落体的运动，同时拉着小车越跑越快，后面纸带上圆珠笔尖会以每秒 50 次的速度不停打点，这样在纸带上留下许多的点，每个点之间的距离会越来越大，每个相邻点之间的打点时间差为 0.02 s，如图 8-2[㊁]所示。

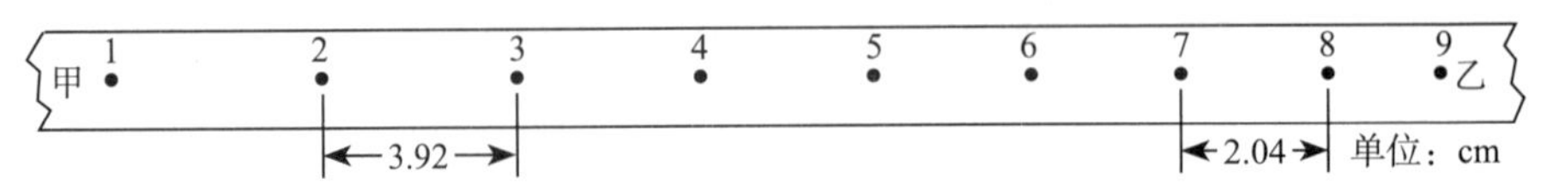

图 8-2 打出的点

这个实验的先决条件是牛顿第二定律：

$$F=ma$$

F 是物体受到的外力大小，m 是物体的质量，a 是产生的加速度。由于在重力的作用下，所以

$$G=mg$$

G 是物体所受重力，m 是物体质量，g 是重力加速度，也就是要求的值。

我们现在手里得到什么了？是一个位移的记录，即纸带。

在处理数据的时候我们用了一个技巧，即计算每个点之间的间隔

$$\Delta s_0,\ \Delta s_1,\ \Delta s_2,\ \Delta s_3,\ \cdots$$

s_0 就是 t_0 和 t_1 两个时刻所打点的位移差距。

㊀ 图片来源于百度图库。

㊁ 图片来源于百度图库。

位移 s 和时间 t 的关系是什么呢？我们都知道：

$$s=vt$$

速度乘以时间就是位移，比如我骑自行车一秒钟跑 10 米，那 10 秒钟就跑 100 米，这个对于匀速运动肯定没错。

$v=f(t)$ 示意图如图 8-3 所示，横坐标轴为 t，纵坐标轴为 v。当然只有 t 大于 0 的部分是有意义的，如果想知道当 t=30 时，s 为多少，只需要在 t=30 的位置把这个图形切开，求 t 为从 0 到 30，v=10 的长方形面积即可（$s=vt$）。

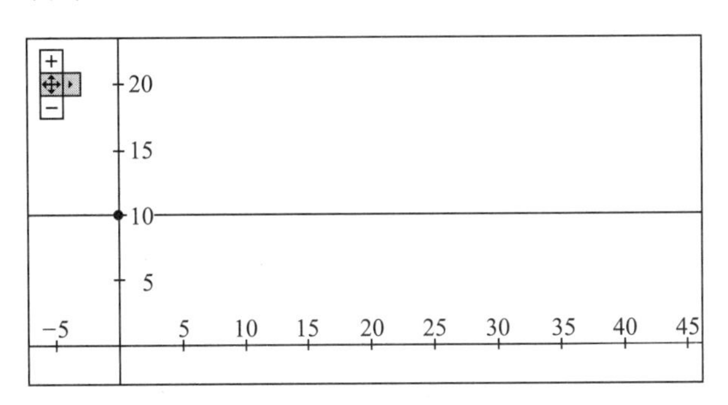

图 8-3 匀速直线运动

如果运动速度是不均匀的怎么办呢？可以用积分的方法：

$$s=\int v(t)\cdot \mathrm{dt}$$

其中 $v(t)$ 是一个 $v=f(t)$ 的函数，是一个变化的 v 和对应时间 t 的关系，后面的 dt 是 Δt 的概念，也会有人习惯地写成这种形式：

$$s(t)=\int_0^t v(x)\cdot \mathrm{dx}$$

整个积分式的含义就是位移 s 是一个随着 t 变化的函数，而整个过程中 s 是由这一刻瞬间的速度 $v(t)$ 和瞬间的时间长度 dt（Δt）相乘而来的。听起来好像是所有的值都在变化很难把握，读者先别慌神，往下看。

在这里先讲一个小故事。

德国著名的教学家、物理学家波恩哈德 · 黎曼图 8-4[⊖] 发明了一种很有名的丈量方法——“黎曼和”。这个思想很简单，大概如下。

图 8-4 波恩哈德 · 黎曼

要求一块不规则形状的土地的面积，怎么办？

把它划分成很多小长方形，每个小长方形的面积都可以

⊖ 图片来源于百度图库。

比较容易用长乘以宽的方式求出来，然后再加到一起，就能算出整个不规则土地的面积了。这里有误差怎么办？可以尽量把长方形画窄一些，越窄，面积和越逼近“真实”的土地面积，只要这个误差到达允许的范围内，那这个面积和基本就是所要求的面积，如图 8-5 所示。这个方法可不土，人家实际上用的可是正经是微积分的思想哟。

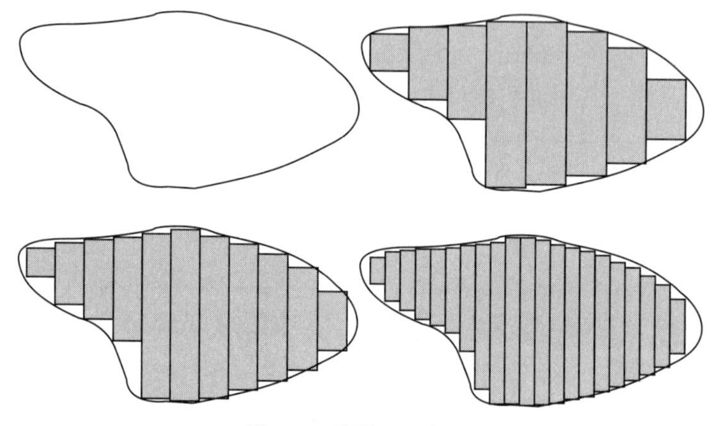

图 8-5　黎曼和示意图

再回到刚刚的问题 $s=vt$，这其实也是一个面积公式，t 是宽度，v 是高度，只是 v 这个高度是变化的。匀速的时候 v 是一个定值，算出来是一个长方形面积，这就是一个黎曼和求和的过程。

另外，有公式

$$v=v_0+gt$$

其中由于一开始小球和车是静止的，所以 $v_0=0$ 是知道的。那么

$$v=gt$$

成立，而且有

$$s=\frac{1}{2}gt^2$$

这样求位移的方法成了求三角形面积的方法了。如图 8-6 所示，10 s、20 s、30 s、40 s、50s 时所产生的位移就是此时的 t 刻度纵线与 t 轴以及函数曲线 $v=v_0+gt$ 所围成的面积。

图 8-6 所为 $v=v_0+gt$ 函数图线，当然，也只是 t 大于零的部分才有效。

$$\begin{aligned}\Delta s_0&=s_1-s_0\\&=(1/2)\times g\times(v_0+gt_1)\times t_1-(1/2)\times g\times(v_0+gt_0)\times t_0\\&=(1/2)\times g\times(t_1^2-t_0^2)\\&=(1/2)\times g\times(t_1+t_0)(\mathrm{t}_1-t_0)\\&=(1/2)\times g\times\Delta t\times(t_1+t_0)\end{aligned}$$

其中 Δt 就是 0.02 s，指的是每次打点的间隔。

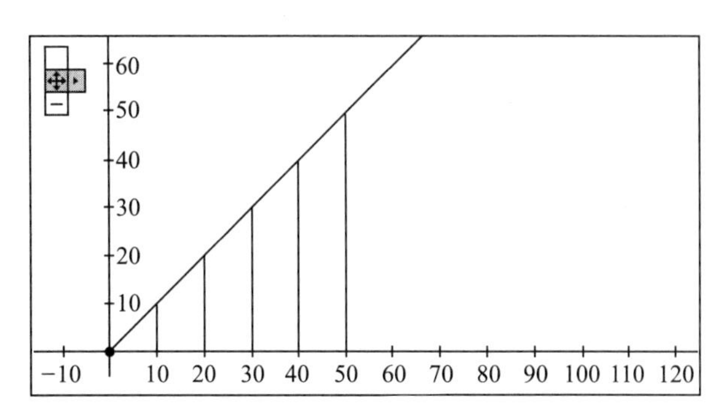

图 8-6 $v=v_0+gt$ 函数图线

以此类推

$$\Delta s_1=s_2-s_1$$
$$=(1/2)\times g\times \Delta t\times (t_2+t_1)$$
$$\Delta s_2=s_3-s_2$$
$$=(1/2)\times g\times \Delta t\times (t_3+t_2)$$
$$\cdots$$
$$\Delta s_n=s_{n+1}-s_n$$
$$=(1/2)\times g\times \Delta t\times (t_{n+1}+t_n)$$

也就是说，每两个临近的点之间的距离都可以用这个公式来套算，因为这个公式本身就是计算位移差的公式。

如果把临近的位移差做减法会得到什么呢?

$$\Delta s_1-\Delta s_0=(1/2)\times g\times \Delta t\times (t_2+t_1)-(1/2)\times g\times \Delta t\times (t_1+t_0)$$
$$=(1/2)\times g\times \Delta t\times (t_2-t_0)$$
$$=g\Delta t^2$$
$$\Delta s_2-\Delta s_1=(1/2)\times g\times \Delta t\times (t_3+t_2)-(1/2)\times g\times \Delta t\times (t_2+t_1)$$
$$=(1/2)\times g\times \Delta t\times (t_3-t_1)$$
$$=g\Delta t^2$$

所有临近的两个点之间的距离之差为一个确定的数字，就是 $g\Delta t^2$，g 和 Δt 都是定值，只是现在还假装不知道 g 的具体大小。那下面也就更好办了，把每个临近的距离差都列出来，平均一下就能得到 $g\Delta t$ 的大小，再除以 Δt，就可以得到 g。

请注意，这个例子和教科书上讲的用“逐差法”求加速度的细节有点区别，教科书上是把临近的 6 个点的差作为一个单位求差的，这主要是为了尽可能减小误差。

还可以用 $v-t$ 图法进行绘图。有瞬时速度公式

$$v=v_0+gt=gt$$

其实也就是

$$v_n=gt_n$$

尝试一下能不能从最直观量取到的位移 s 的差值得到和 v 有关的公式描述：

$$\begin{aligned}\Delta s_1+\Delta s_0 &= (1/2)\times g\times \Delta t\times (t_2+t_1)+ (1/2)\times g\times \Delta t\times (t_1+t_0)\\ &= (1/2)\times g\times \Delta t\times (t_2+t_1+t_1+t_0)\\ &= (1/2)\times g\times \Delta t\times (\Delta t +t_1+t_1+t_1+t_1-\Delta t)\\ &= (1/2)\times g\times 4\times \Delta t\times t_1\\ &= 2\times g\times \Delta t\times t_1\end{aligned}$$

类推一下：

$$\Delta s_n+\Delta s_{n-1}=2\times g\times \Delta t\times t_n$$

$$(\Delta s_n+\Delta s_{n-1})/2\Delta t =g\times t_n=v_n$$

这里的 v_n 也就表示第 n 个 0.02 s 的瞬时速度可以直接通过测量位移差求出来，从 v_n 上是可以直接得到 n 和 v 的对应关系的。如图 8-7[⊖]所示，在坐标纸上画一条直线穿过这些点。

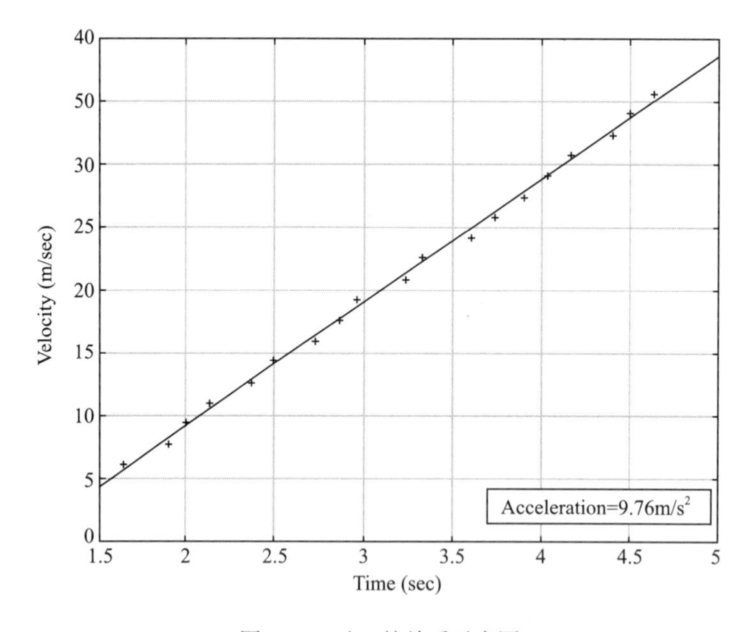

图 8-7　v 和 t 的关系示意图

图 8-7 中的散点用一条直线连接，就可以得到一个比较粗糙的 $v=gt$ 的函数，斜率就是 g，直接测量即可得出。

这种从大量的函数结果和自变量反推回函数表达式的过程就是回归。刚才用的是划线穿点的方法来求一个粗略的 $v=gt$。这种思路本身就是使用线性回归的方法。

假设最后得到的数值如表 8-1 所示。

⊖ 图片来源于百度图库。

表 8-1　n 和 v_n 的数值

n	v_n	n	v_n	n	v_n	n	v_n
1	0.199	4	0.783	7	1.380	10	1.972
2	0.389	5	0.980	8	1.575	11	2.146
3	0.580	6	1.177	9	1.771	12	2.344

试着用 Python 编程，用线性回归的方法实现这个例子：

```
import numpy as np
import matplotlib.pyplot as plt

# 原始数据
x = [1, 2, 3, 4, 5, 6, 7, 8, 9]
y = [0.199, 0.389, 0.580, 0.783, 0.980, 1.177, 1.380, 1.575, 1.771]

A = np.vstack([x, np.ones(len(x))]).T
# A:
#[[ 1.  1.]
# [ 2.  1.]
# [ 3.  1.]
# [ 4.  1.]
# [ 5.  1.]
# [ 6.  1.]
# [ 7.  1.]
# [ 8.  1.]
# [ 9.  1.]]

# 调用最小二乘法函数
a, b = np.linalg.lstsq(A, y)[0]

# 转换成 numpy array
x = np.array(x)
y = np.array(y)

# 画图
plt.plot(x, y, 'o', label='Original data', markersize=10)
plt.plot(x, a * x + b, 'r', label='Fitted line')
plt.show()
```

画出的图形如图 8-8 所示。

回归在数据挖掘算法里也有着举足轻重的地位，在 R 语言里，在 Mahout 等开源数据挖掘框架里都有比较好的支持。如果读者有兴趣，可以再找 R 语言的环境或者 Mahout 做一下实验。

刚刚在打点计时器的实验里用直线穿过众多散点的方式可以得到一个比较粗糙的 $v=gt$ 的函数。说它粗糙的原因很简单，因为这条线是根据打点记录的位移来画的，小车轮子是否光滑，小车自重是不是比较大，市电是不是标准的 50 Hz，以及空气阻力大小如何等因素都会影响打点的准确性。这些因素也会导致 n 和 v_n 的比率在每个打点瞬间记录的不稳定，或比理想值大或比理想值小。而且在画这条直线穿过这些点时也可能会画不准，可能会有几种画法，每种画法在手法上略有偏差而画出来都能从中间穿过去，且都不能算错。不只在这个例子里，再换任何一个场景，通过统计或实验产生的这样一组对应关系同样都会有类似的问题。

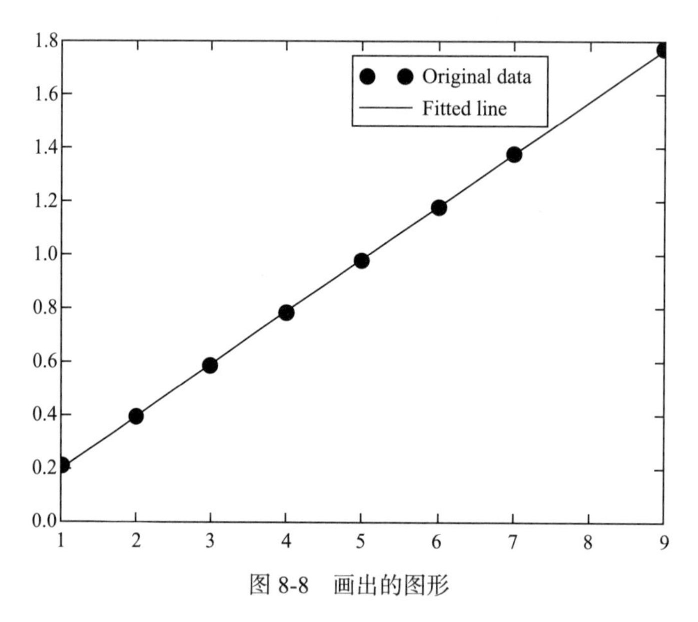

图 8-8 画出的图形

这种把平面上一系列的点用一条光滑的曲线连接起来的过程就叫做拟合——刚刚用一条函数曲线 $v=gt$ 来进行了拟合。而多种拟合方法究竟哪一种画法最科学呢？下面将介绍分析的方法，即残差分析。

8.3 残差分析

刚刚已经尝试着做过拟合这个过程了，在前面提到过，在线性回归中希望最终得到一个函数 $y=ax+b+\mathrm{e}$ 来表示 y 和 x 的关系。

从前面的打点计时器的例子来看，从理论上推定 $v=gt$，而在实验中产生的其实是一个不太准确的函数 $v=gt+\mathrm{e}$，这里面没有 b（v_0）这一项是因为 v_0 是 0。那问题就转化为，g 究竟取多少才能让 e 最小呢？这个过程就是残差分析，而最终得到的结果就是要计算出一个 g，使得 e 为误差服从均值为 0 的正态分布。定性地说就是在拟合的过程中，每一个点所产生的误差 e 大部分在 0 附近，而越远离 0 误差的 e 越少越好。

有一种非常经典的用来进行线性回归中的系数猜测的方法——最小二乘法。推导过程对于没有学过微积分的读者可能会比较复杂，下面只简单介绍原理。

假设有多个 x 和 y 的样本值，同时尝试用 $y=ax+b+\mathrm{e}$ 来拟合，可以得到

$$|\mathrm{e}|=|ax+b-y|$$

也就是说误差大小其实是猜想的 $ax+b$ 的值和观测到的 y 值之间的差值。试着把所有的 $|\mathrm{e}|$ 都求和。构造一个函数：

$$Q=\sum_{i=1}^{n}(ax_i+b-y_i)^2$$

Q 指根据每一组样本里的 x 拟合得到的 y（也就是 $ax+b$）和观察到的样本里的 y 都做一个差，把差平方后求和。Q 就是每一个 $|\mathrm{e}|^2$ 的和，现在的问题转化为让 a 和 b 分别等于什么值时 Q 最小（也就是所有的 $|\mathrm{e}|$ 的加和最小）。

即

$$\frac{\partial Q}{\partial a}=0$$

且

$$\frac{\partial Q}{\partial b}=0$$

这两个表达式的数学含义是，Q 是一个 a 和 b 作为自变量的二元函数，Q 分别对 a 和 b 求偏微分，满足每个偏微分方程为 0 的 a、b 变量的值就是要找的值。

如二元一次方程组

$$y=ax^2+bx+c$$

经过变换，

$$y=\left[\left(x+\frac{b}{2a}\right)^2+\frac{4ac-b^2}{4a^2}\right]$$

y 的极值为 $x=-b/2a$ 时的值。

这里面其实没有用到高等数学里求导数的概念，只是用了算数平方和大于等于零的性质来确定极值的位置，当平方项为 0 时，y 一定是极值，有

$$y=\frac{4ac-b^2}{4a}$$

$\frac{\partial Q}{\partial a}$ 表示函数 Q 对自变量 a 求导，它的结果又是一个函数，而这个新函数称为导函数，简称导数。一般来说，导数里面还是会由 a 作为自变量的，而导数的函数值就是 Q 这个函数在 a 点上的切线斜率（本例不考虑不可导的情况）。可以想象，Q 是一个曲线函数，既然是曲线，在每个点上就有切线，让切线随着 Q 函数的曲线滑动，切线的斜率也会跟着变化，而 Q 函数的极值应该在切线斜率为 0 处，如 $y=\left[\left(x+\frac{b}{2a}\right)^2+\frac{4ac-b^2}{4a^2}\right]$ 这个例子中的极限值

位置。切线应该是一条水平线。

如图 8-9 所示，*AB* 直线从左向右紧贴着 $y=x^2$ 曲线滑动，让切点一直沿着 $y=x^2$ 曲线从小到大变化。其中切线斜率为 0 的地方恰好是 $y=0$（x 轴）的位置。二维空间的曲线是这样，三维空间的切线通常是沿着曲面方的 x 轴和 y 轴的方向作的，如图 8-10 所示为 $z=x^2+y^2$ 的图像，先做一个剖面。剖面本身也会形成一个二维的曲线方程，再让切线沿着这个剖面上的二维曲线方程滑动，找到斜率为 0 的地方。这也就是 $\frac{\partial Q}{\partial a}$ 和 $\frac{\partial Q}{\partial b}$ 各自的含义了。

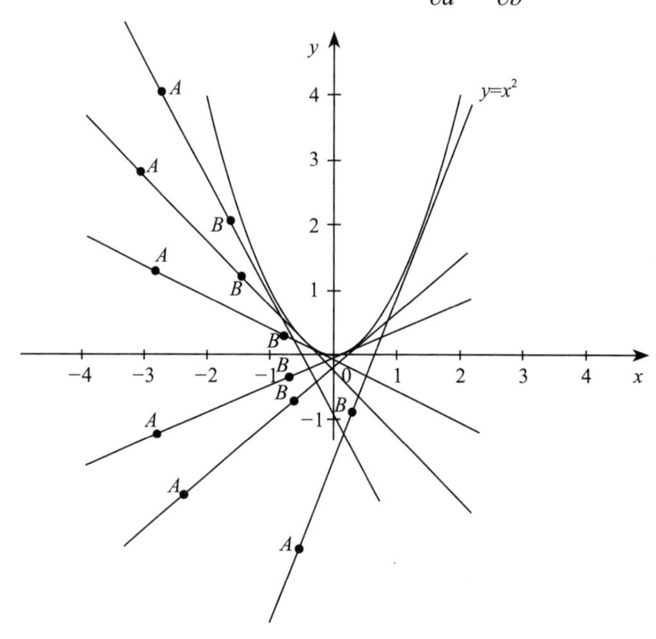

图 8-9　求曲线上斜率为 0 的地方

如果 $\frac{\partial Q}{\partial a}=0$，且 $\frac{\partial Q}{\partial b}=0$，解出这两个方程之后就能分别找到 a 的取值能让 Q 产生极值的条件，以及 b 的取值能让 Q 产生极值的条件，即找到了 a、b 两个维度上类似 $y=\left[\left(x+\frac{b}{2a}\right)^2+\frac{4ac-b^2}{4a^2}\right]$ 中函数曲线的切线为 0 的情况。

分别求导后：

$$\frac{\partial Q}{\partial a}=2\sum_{i=1}^{n}[x_i(ax_i+b-y_i)]=0$$

$$\frac{\partial Q}{\partial b}=2\sum_{i=1}^{n}(ax_i+b-y_i)=0$$

找满足上式的 a 和 b 的取值。Q 是一个误差的平方和，a 和 b 是斜率和截距，现在要能找到一个极值必定是一个使 Q 最小的极值。证明略，读者可以想像用直线在纸上穿点的过程，谨小慎微地穿能找到一个误差最小的点，稍微偏一偏这个误差就很大，而且越偏越大，那么这个大的极值点是不存在的，小的极值点是存在的，也就是要求解的点。

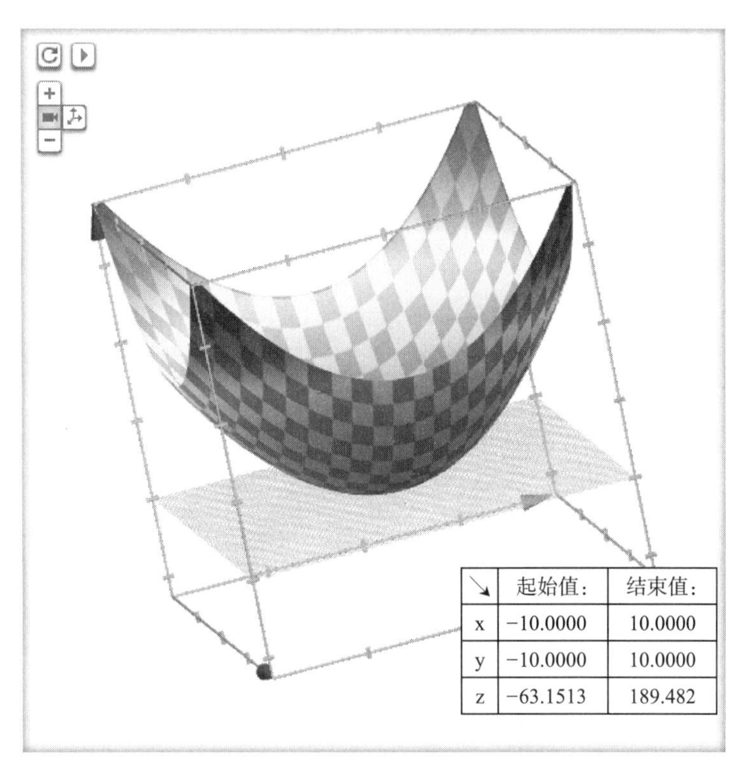

↘	起始值:	结束值:
x	−10.0000	10.0000
y	−10.0000	10.0000
z	−63.1513	189.482

图 8-10　$z=x^2+y^2$ 的图像（见彩插）

如果实在不知道为什么求偏微分会得到 $\frac{\partial Q}{\partial a}=2\sum_{i=1}^{n}[x_i(ax_i+b-y_i)]$ 和 $\frac{\partial Q}{\partial b}=2\sum_{i=1}^{n}(ax_i+b-y_i)$，那就先囫囵吞枣往下看，只要还记得这个是我们要求的结果，根据上述得到的求导之后得 0 的两个等式可以把公式展开推导出

$$a\sum_{i=1}^{n}x_i^2+b\sum_{i=1}^{n}x_i=\sum_{i=1}^{n}y_ix_i$$

其实是 $\frac{\partial Q}{\partial a}=0$ 展开，把 a 和 b 作为系数提出去之后的结果。

同理

$$a\sum_{i=1}^{n}x_i+b\sum_{i=1}^{n}1=\sum_{i=1}^{n}y_i$$

这是 $\frac{\partial Q}{\partial b}=0$ 展开，把 a 和 b 作为系数提出去之后的结果。

这样得到一个方程组：

$$a\sum_{i=1}^{n}x_i^2+b\sum_{i=1}^{n}x_i=\sum_{i=1}^{n}y_ix_i \quad (1)$$

$$a\sum_{i=1}^{n}x_i+Nb=\sum_{i=1}^{n}y_i \quad (2)$$

把（2）式做如下处理：

$$(2)\cdot\frac{\sum_{i=1}^{n}x_i}{N}-(1)$$

得到下面的等式：

$$a\left(\sum_{i=1}^{n}x_i\cdot\frac{\sum_{i=1}^{n}x_i}{n}-\sum_{i=1}^{n}x_i^2\right)=\sum_{i=1}^{n}y_i\cdot\frac{\sum_{i=1}^{n}x_i}{n}-\sum_{i=1}^{n}y_ix_i$$

把 a 和 b 各自的表达式推导出来：

$$a=\frac{\frac{\sum_{i=1}^{n}y_i\cdot\sum_{i=1}^{n}x_i}{n}-\sum_{i=1}^{n}y_ix_i}{\frac{\sum_{i=1}^{n}x_i\cdot\sum_{i=1}^{n}x_i}{n}-\sum_{i=1}^{n}x_i^2}$$

$$b=\frac{\sum_{i=1}^{n}y_i-a\sum_{i=1}^{n}x_i}{n}$$

其中，a 就是斜率，b 是截距。

上式中，把所有的观测值 x 和 y 都代入，就可以得出 a；再把观测值和已经求出的 a 代入下式，就可以相应得出 b。

在 Python 中，我们可以直接使用最小二乘法进行线性拟合。例如：

```
import numpy as np
import matplotlib.pyplot as plt

#原始数据
x = [1,2,3,4,5,6,7,8,9]
y = [0.199, 0.389, 0.580, 0.783, 0.980, 1.177, 1.380, 1.575, 1.771]

t1 = t2 = t3 = t4 = 0
n = len(x)
for i in range(n):
```

```
        t1 += y[i]       #Σy
        t2 += x[i]       #Σx
        t3 += x[i]*y[i]  #Σxy
        t4 += x[i]**2    #Σx^2

    a = (t1*t2/n - t3) / (t2*t2/n - t4)
    b = (t1 - a*t2) / n

    x = np.array(x)
    y = np.array(y)

    #画图
    plt.plot(x, y, 'o', label='Original data', markersize=10)
    plt.plot(x, a*x + b, 'r', label='Fitted line')
    plt.show()
```

8.4 过拟合

过拟合简称“过拟”，是在拟合过程中出现的一种“做过头”的情况。

怎么叫做过头呢？我们通过对数据样本的观察和抽象，最后归纳得到一个完整的数据映射模型。但是在归纳的过程中，可能为了迎合所有样本向量点甚至是噪声点而使得模型描述过于复杂。

过度拟合的危害有以下几点。

（1）描述复杂。所有的过度拟合的模型都有一个共同点，那就是模型的描述非常复杂——参数繁多，计算逻辑多。

（2）失去泛化能力。所谓泛化能力就是通过学习（或机器学习）得到的模型对未知数据的预测能力，即应用于其他非训练样本的向量时的分类能力。对于待分类样本向量分类正确度高，表示泛化能力比较好；反之，如果对于待分类样本向量分类正确度低，则表示泛化能力较差。

我们通常希望模型的泛化能力是比较好的，因为没有泛化能力的模型对于生产指导基本没有什么意义。

造成过拟合的原因比较多，最常见的是以下两种。

（1）训练样本太少。对于训练样本过少的情况，通常都会归纳出一个非常不准确的模型。例如，要通过样本统计的方式来进行疾病成因总结，只有一个病例时，这一个病例自身的个案特点很可能会被当成通用性的特点，这样总结出来的模型显然没有泛化能力。而样本多时就可以通过统计分析保留那些共性较多的特点，而共性较少的特点就是我们所说的噪声——就不会被当做分类参数。

（2）力求“完美”。对于所有的训练样本向量点都希望用拟合的模型覆盖，但是实际上的训练样本却有很多是带有噪声的。这里说的噪声不是指刺耳的破坏心情的声响，而是在收集到的训练数据中由于各种原因导致的与预期分类不一致的样本向量。

如上述打点过程中，小车轮子的摩擦不均匀，纸张粗糙程度不同，导致某些点打出来比理想时间要晚，或比理想时间要早，当偏差比我们预期大很多时就可以认为该点是噪声点了。

再如，如果想测量两地之间的平均行车时间，选 100 辆汽车加装计时设备进行测试，所有车辆从 A 地出发前往 B 地。其中 97 辆车计时设备读数都是 20 ～ 22 分钟，有 1 辆车由于超速行驶计时设备读数为 15 分钟，有 1 辆车由于车辆故障中途抛锚计时设备读数 300 分钟，有 1 辆车由于忘记开启计时器计时设备读数 0 分钟。在这个例子中，基本可以判断 A 地到 B 地行车时间为 21 分钟左右，而后面的 3 个数据：15 分钟、300 分钟和 0 分钟就是典型的噪声数据了，完全可以在建模的过程中舍弃。

如果穷尽所有的办法都没办法舍弃这些噪声点而又力求让模型描述覆盖这些点，那将是非常可怕的，归纳出来的模型会产生很大的偏差。

在上述残差分析中，尝试着将误差 e 这个部分做成一个以 0 为中心的正态分布。如果希望这个正态分布中 σ 小一些，甚至为 0。在这个过程中会出现什么现象？

首先，在分析的过程中已经尝试着用最小二乘法确定系数，这种情况已经比胡乱确定任何一个系数要合理得多，因为大部分情况下误差都很小。

误差为 0 的这种极限是什么呢？其实是类似分段函数，以上述打点计时器为例：

$$v_n=0.078，n=1$$

$$v_n=0.100，n=2$$

$$v_n=0.118，n=3$$

$$\cdots$$

$$v_n=0.290，n=12$$

这种描述的啰嗦程度几乎没有任何回归后的简洁可言，况且，$v=gt$ 并不是一个离散函数，t 是一个在非负实数上连续的自变量，难道有任何办法罗列出所有的值吗？当然不可能，甚至连实验得到的数据内容都是有限的。

在多元线性回归的过程中也会有类似的情况，在为了使得误差尽可能小的过程中，会同时使得函数的描述变得过于复杂，以至于大大提高使用成本，那么这种减小误差的行为其实是得不偿失的。

所有这种使得函数的描述变得过于复杂，或者参数过于繁多，或者由于训练样本的问题导致函数失去泛化特性的拟合过程都叫做过度拟合（Overfitting）。

8.5 欠拟合

与过度拟合相反，还有一种现象叫做欠拟合，简称欠拟。

欠拟顾名思义，就是由于操作不当——也可以说建模不当产生的误差 e 分布太散或者太大的情况。这种情况下，通常体现出来的都是在线性回归中的因素考虑不足的情况，常见的原因有以下两种。

（1）参数过少。对于训练样本向量的维度提取太少会导致模型描述的不准确。

例如，要根据银行储户的信息来判断其信誉好或不好，通常需要综合考虑用户的年龄、流水总和、账户余额、借贷频次、借贷额度、归还准时程度等信息特征。这些因素考虑得越充分，通常对于用户的信誉好或不好，给予的信用额度多少为宜就会有比较可靠的预测程度。而如果参数太少，如只有账户余额一项，那么就不得不用账户余额一个参数和信誉好坏去建立一个模型映射关系。这个模型是很不科学的，通过一个余额的数字就能断言一个人信誉几何太过武断。

（2）拟合不当。拟合不当的原因比较复杂，通常是拟合方法不正确造成的。

例如，某个训练样本向量 x 与结果值 y 之间的关系如下：

(1,1)

(1.41,2)

(1.7,3)

(2.1,4)

形成这 4 组向量以后，用 $y=x^2$ 在第一象限的曲线去拟合误差更小。而如果用图 8-11 所示的直线 $y=3.732x-2.932$ 做拟合，显然都没有 $y=x^2$ 的误差小。

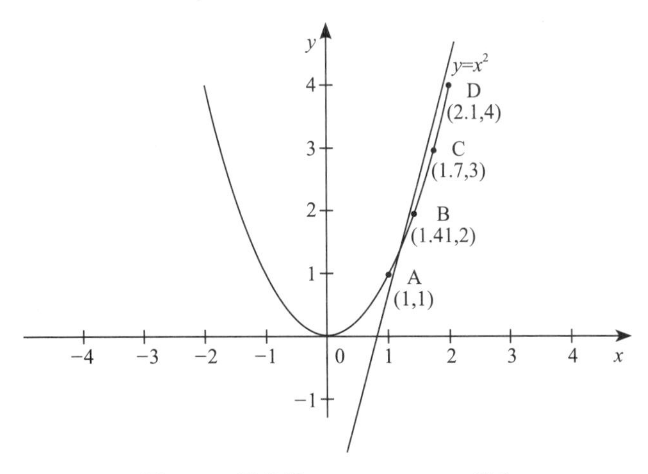

图 8-11 用直线 $y=3.732x-2.932$ 拟合

凡是在欠拟合时，都要重新考虑建模是不是有考虑欠缺的地方。因为误差太大以至于拟合函数没有泛化能力而失去指导意义，这与没有做拟合差不多。

8.6 曲线拟合转化为线性拟合

非线性回归的情况太过复杂，在生产实践中也尽量避免使用这种模型。好在分类算法有很多，而且更多的是为了处理半结构化数据，所以非线性回归相关的内容只做一般性了解即可。

非线性回归一般可以分为一元非线性回归和多元非线性回归。

一元非线性回归是指两个变量——一个自变量，一个因变量之间呈现非线性关系，如双曲线、二次曲线、三（多）次曲线、幂曲线、指数曲线、对数曲线等。在解决这些问题时通常建立的是非线性回归方程或者方程组。

多元非线性回归分析是指两个或两个以上自变量和因变量之间呈现的非线性关系建立非线性回归模型。对多元非线性回归模型求解的传统做法，仍然是想办法把它转化成标准的线性形式的多元回归模型来处理。有些非线性回归模型，经过适当的数学变换，便能得到它的线性化的表达形式，但对另外一些非线性回归模型，仅仅做变量变换根本无济于事。属于前一种情况的非线性回归模型一般称为内蕴的线性回归，而后者则称之为内蕴的非线性回归。

线性拟合里最简单的就是上述 $y=ax+b$ 这种形式。除此之外，可以将等式两边转化为几个一次式加和的情况，不论是一元的还是多元的，都仍然是线性回归研究的范畴。再如：

20 世纪 60 年代的世界人口状况如表 8-2 所示。

表 8-2　20 世纪 60 年代世界人口状况

年份	世界人口（亿）	年份	世界人口（亿）
1960	29.72	1965	32.85
1961	30.61	1966	33.56
1962	31.51	1967	34.20
1963	32.13	1968	34.83
1964	32.34		

根据马尔萨斯人口模型：

$$s=\alpha \cdot e^{\beta t}$$

其中 s 是人口，t 是年份，e 是自然常数（约取 2.718 28），试着推导一下到 2030 年时世界人口的数量。这个问题是一个比较典型的多元线性回归的问题模型。求解如下。

对等式两边同时取 ln（以 e 为底的 log），得到

$$\ln s=\beta t+\ln \alpha$$

在这里实际上用的还是线性回归模型，相当于

$$y=ax+b$$

且

$$\ln s=y$$

$$\beta=a$$

$$\ln \alpha=b$$

这种使用方式在 Python 中同样可以套用线性回归的方法，代码如下：

```
import numpy as np
from scipy.optimize import curve_fit
import matplotlib.pyplot as plt

# 原始数据
T = [1960, 1961, 1962, 1963, 1964, 1965, 1966, 1967, 1968]
S = [29.72, 30.61, 31.51, 32.13, 32.34, 32.85, 33.56, 34.20, 34.83]

xdata = np.array(T)
ydata = np.log(np.array(S))

def func(x, a, b):
    return a + b*x

# 使用非线性最小二乘法拟合函数
popt, pcov = curve_fit(func, xdata, ydata)

# 画图
plt.plot(xdata, ydata, 'ko', label="Original Noised Data")
plt.plot(xdata, func(xdata, *popt), 'r', label="Fitted Curve")
plt.show()
```

如图 8-12 所示，横轴写着 +1.96e3，这是用科学记数法来表示的，意思为 1.96×10^3，也就是 1 960，横轴上的点就是 1 960 ～ 1 968。纵轴是 ln s 的值，斜率是 β 的值，截距是 ln α 的值，计算完成后通过代换可以计算出 β 和 α 的值。

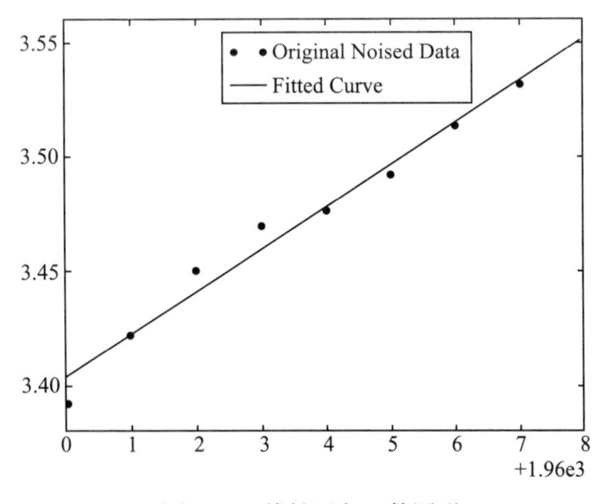

图 8-12　线性回归函数图形

在这个例子中，最后可以得到 β=0.0185 9，α=4.484 013 958 667 16 $\times 10^{-15}$

代入公式 $s=\alpha \cdot e^{\beta t}$，求得 s 的值，单位是亿。

在预测人口数量时，直接把年份代入即可，如 2000 年时，代入公式得到 s 约为 62.9 亿。

关于马尔萨斯人口模型公式 $s=\alpha \cdot e^{\beta t}$ 有一个需要注意的地方，即预测近期的人口数据基本准确，如2000年的人口，使用这个模型预测出来是62.9亿，真实的统计数据为61.02亿，误差不到3.1%，还是一个相对比较精确的模型。但是代入更大的数字就会出现问题，如代入4 000这个数字，算出来大约88 263万亿，这个数字是不可信的，因为公元4000年的时候世界人口数量增大至现在的1 200多万倍，按照地球陆地面积1.49亿平方千米计算，平均每平方米上有592个人而且不管是高山峡谷沼泽森林统统都算在内。这种现象可不是这一个例子里所特有的，所有的由统计而来的回归方程在自变量很大或者很小时都容易发生失真。所以回归这种模型只能用来预测和自变量统计的区间比较近的自变量对应的函数值。

8.7 小结

从机器学习的角度来说，回归算法应该算作“分类”算法。它更像是人们先给了计算机一些样本，然后让计算机根据样本计算出一种公式或者模型，而在公式或者模型成立后，人们再给这个模型新的样本，它就可以把这个样本猜测或者说推断为某一分类。

不同的是，在回归中研究的都是具体的数值（实数），而分类算法则不一定，它的样本除了可以是数值外，可能很多是一些枚举值或者文本。读者只需要从这个角度来做感性上的区分即可。

在使用回归的过程中，要注意尽量避免出现过拟和欠拟，让函数描述在简洁和精确之间找一个平衡，这才是众多从统计而来的回归过程最后落地所要考虑的事情。过拟和欠拟不仅出现在回归方法中，在其他基于样本向量的统计归纳的模型训练中都有这样的问题，请读者一定要注意。

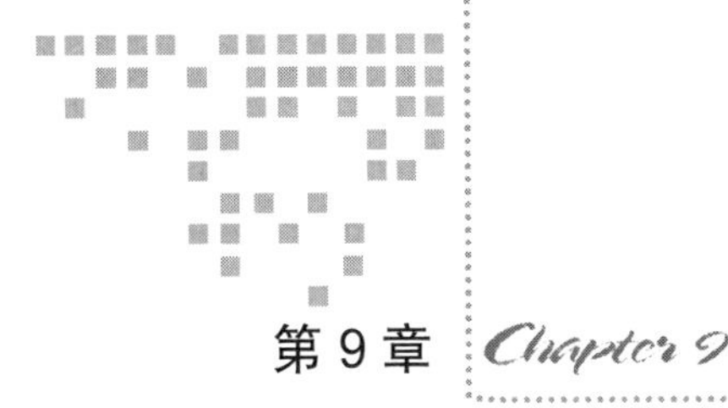

第9章 Chapter 9 聚 类

聚类（Clustering）指的是一种学习方式（操作方式），即把物理或抽象对象的集合分组为由彼此类似的对象组成的多个类的分析过程。

聚类这种行为我们不要觉得很神秘，也不要觉得这个东西是机器学习所独有的，恰恰相反，聚类的行为本源还是人自身。我们学习的所有数据挖掘或者机器学习的算法或者思想的来源都是人类自己的思考方式，只不过我们把它教给机器让它们代劳，让它们成为我们肢体和能力的延伸而不是让它们替我们创造和思考。

聚类是一种什么现象呢？我们在认识客观世界的过程中其实一直遇到容量性的问题，遇到的每一棵树、每一朵花、每一只昆虫、每一头动物、每一个人、每一栋建筑……每个个体之间其实都不同，有的还差距相当大。那么人在认知和记忆这些客观事物的过程中就会异常痛苦，因为量实在是大到无法承受的地步。

因此人类才会在“自底向上”的认识世界的过程中“偷懒”性地选择了归纳归类的方式，注意“偷懒”这种方式是人类与生俱来的。

我们在小时候被父母用看图说话的方式来教咿呀学语的时候就有过类似的体会了，图片上画了一只猴子，于是我们就认识了，这是一只猴子；图片上画了一辆汽车，于是我们就了解了，这是一辆汽车……我们上街或者去动物园的时候再看，猴子也不是画上的猴子，而且众多猴子也长得各式各样，每个都不同，我们会把他们当成一个个新事物去认识吗？我们看汽车也同样，大小、颜色、样式，甚至是喇叭的声音也是形形色色、五花八门，它们在我们眼里是一个个新的事物吗？不，它们都还是汽车。这些事物之间确实有所不同，但是它们对我们的认知带来了很大的困扰吗？并没有。我们无论如何是不会把猴子和汽车当成一类事物去认知的，猴子彼此之间是不同，但是体格、毛发、行为举止，种种形态让我们认为这些不同种类的猴子都还是属于猴子这一个大类的动物，更别说是和汽车混为一谈，就是跟狗、马、熊这些脊椎动物我们也能轻易地分开。

人类天生具备这种归纳和总结的能力，能够把相似的事物放到一起来作为一类事物进行认识，它们之间可以有彼此的不同，但是有一个“限度”，只要在这个限度内，特征稍有区别无关大碍，它们仍然是这一类事物（图 9-1）。

图 9-1 人类的归纳和总结能力

在这一类事物的内部，同样有这种现象，一部分个体之间比较相近，而另一部分个体之间比较相近，这两部分个体彼此之间能够被明显认知到差别，那么这个部分的事物又会在大类别的内部重新划分成两个不同的部分进行认知。如汽车从样子上可以分成小轿车、卡车、面包车等种类，虫子也被从外形上区别为飞虫、爬虫、毛毛虫……

在没有人特意教授不同小种群的称谓与特性之前，人类自然具备这种主观的认知能力，以特征形态的相同或近似将它们划在一个概念下，以特征形态的不同划在不同的概念下，这本身就是聚类的思维方式。

9.1 K-Means 算法

在聚类中 K-Means 算法是很常用的一个算法，也是基于向量距离来做聚类。算法步骤如下。

（1）从 n 个向量对象任意选择 k 个向量作为初始聚类中心。

（2）根据在步骤（1）中设置的 k 个向量（中心对象向量），计算每个对象与这 k 个中心对象各自的距离。

（3）对于步骤（2）中的计算，任何一个向量与这 k 个向量都有一个距离，有的远有的近，把这个向量和距离它最近的中心向量对象归在一个类簇中。

（4）重新计算每个类簇的中心对象向量位置。

（5）重复（3）（4）两个步骤，直到类簇聚类方案中的向量归类变化极少为止。例如，一次迭代后，只有少于 1% 的向量还在发生类簇之间的归类漂移，那么就可以认为分类完成。

这里要注意的是：

①需要事先指定类簇的数量。

②需要事先给定初始的类中心。

例如，先准备一个中国城市经纬度表，一共 604 个向量，这 4 个维度分别是（省，市，北纬，东经）：

```
北京市，北京市，39.55,116.24
福建省，福州，26.05,119.18
福建省，长乐，25.58,119.31
福建省，福安，27.06,119.39
福建省，福清，25.42,119.23
福建省，建瓯，27.03,118.20
福建省，建阳，27.21,118.07
福建省，晋江，24.49,118.35
福建省，龙海，24.26,117.48
福建省，龙岩，25.06,117.01
福建省，南安，24.57,118.23
福建省，南平，26.38,118.10
福建省，宁德，26.39,119.31
福建省，莆田，24.26,119.01
福建省，泉州，24.56,118.36
福建省，三明，26.13,117.36
福建省，邵武，27.20,117.29
福建省，石狮，24.44,118.38
福建省，武夷山，27.46,118.02
福建省，厦门，24.27,118.06
福建省，永安，25.58,117.23
福建省，漳平，25.17,117.24
……
浙江省，平湖，30.42,121.01
浙江省，衢州，28.58,118.52
浙江省，瑞安，27.48,120.38
浙江省，上虞，30.01,120.52
浙江省，绍兴，30.00,120.34
浙江省，台州，28.41,121.27
浙江省，桐乡，30.38,120.32
浙江省，温岭，28.22,121.21
浙江省，温州，28.01,120.39
浙江省，萧山，30.09,120.16
浙江省，义乌，29.18,120.04
```

```
浙江省，乐清，28.08,120.58
浙江省，余杭，30.26,120.18
浙江省，余姚，30.02,121.10
浙江省，永康，29.54,120.01
浙江省，舟山，30.01,122.06
浙江省，诸暨，29.43,120.14
重庆市，重庆市，29.35,106.33
重庆市，合川市，30.02,106.15
重庆市，江津市，29.18,106.16
重庆市，南川市，29.10,107.05
重庆市，永川市，29.23,105.53
```

把它保存成一个文本文件“city.txt”以备后面实验使用。

使用 K-Means 算法的代码如下：

```
#coding=utf-8
import numpy as np
import matplotlib.pyplot as plt
from sklearn.cluster import KMeans

# 从磁盘读取城市经纬度数据
X = []
f = open('city.txt')
for v in f:
    X.append([float(v.split(',')[2]), float(v.split(',')[3])])

# 转换成 numpy array
X = np.array(X)

# 类簇的数量
n_clusters = 5

# 现在把数据和对应的分类数放入聚类函数中进行聚类
cls = KMeans(n_clusters).fit(X)

#X 中每项所属分类的一个列表
cls.labels_

# 画图
markers = ['^', 'x', 'o', '*', '+']
for i in range(n_clusters):
    members = cls.labels_ == i
    plt.scatter(X[members, 0], X[members, 1], s=60, marker=markers[i], c='b',
                alpha=0.5)

plt.title('')
plt.show()
```

绘出的图形如图 9-2 所示。

图 9-2 中的横坐标表示北纬维度，纵坐标表示东经维度。把中国的城市划分为 5 个大

城市区域，在图上对应划分出东北、华中、华南、西部、西北5个区域。形状比较奇怪，像是沿着左下到右上的对角线“照了个镜子”，西北跑到了东南，东南跑到了西北。

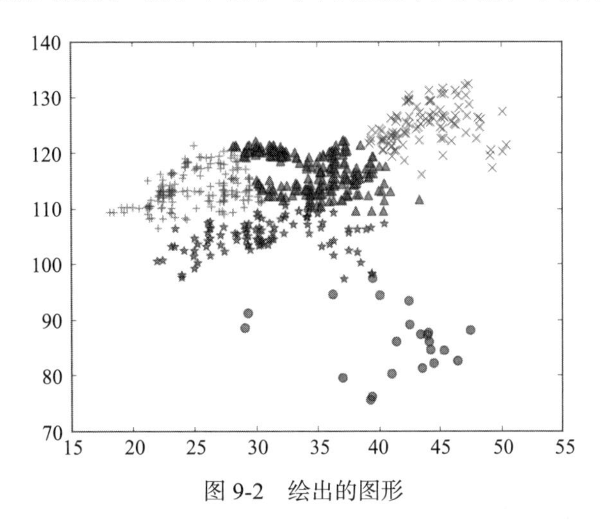

图 9-2　绘出的图形

9.2　有趣模式

有趣模式顾名思义，是指容易让我们产生兴趣的模式。

在数据挖掘和机器学习中，一次计算会产生大量的“模式”。所谓模式可以理解成一种数据规律。例如，上述K-Means将研究的数据对象分成若干个组，这些划分方法就是模式。

在后面的章节中也会碰到其他的算法带来的模式。在一次算法中可能会产生很多模式，然而“有趣模式”可能并不多。

如果一个模式具备以下特点，那么它是有趣的（Interesting）。

（1）易于被人理解。

（2）在某种确信度上，对于新的或检验数据是有效的。

（3）是潜在有用的。

（4）是新颖的。

如果一个模式证实了某种假设，则它也是有趣的。有趣的模式代表知识。

怎么理解呢，我们来看几个例子体会一下。

第一，“易于被人理解”。易于理解的意思就是说人们看到这样一种数据关系、一种结果，比较容易从非数据层面进行理解，或者比较容易在实际的生产生活中解释其原理或关系。

第二，“在某种确信度上，对于新的或检验数据是有效的”。也就是说，这样一种总结出来的数据规律和特性对于新的样本是可以套用的，即有趣模式研究的绝非一个空前或绝后的孤本，因为这种东西不具备任何迁移性和继承性。

第三，“是潜在有用的”是指这些有趣模式一定要有实际意义或者价值，而那些虽然能被理解，而且可以用来检验新的数据样本的模式，如果没有实际意义或者价值，则同样不是有趣的。

第四，“是新颖的”。例如，不会有人对几十年前就已经非常熟识并为每个人所知晓的知识有兴趣。因为已知的东西已经“浮出水面”，不需要去“挖掘”了。

9.3 孤立点

在聚类的过程中，会常常碰到一些离主群或者离每个群都非常远的点，这种点就叫作孤立点，也叫离群点。孤立点在很多数据研究材料中是专门作为一类研究方法来研究的。

聚类算法通常不能直接解释孤立点产生的原因，但是孤立点通常也是有具体意义的。

第一，孤立点可能是由于数据清洗不当而产生的，这属于操作性的失误问题，不是要研究的内容。

第二，孤立点通常由一些和群里的个体特点差异极大的样本组成，它们的行为在真实世界里和在我们的生产生活中也极有可能和群里的样本有着巨大的差异。

在生产生活中，孤立点的应用和研究也很多。例如，在银行的信用卡诈骗识别中，研究孤立点就是很好的办法，通过对大量的信用卡用户信息和消费行为进行向量化建模和聚类，发现在聚类中远离大量样本的点显得非常可疑——因为他们和一般性的信用卡用户特性不同，他们的消费行为和一般性的信用卡消费行为也相去甚远。还有医学领域和刑侦领域的大数据研究中都大量应用了孤立点的研究技术。在某些大型网络商城里，为了防止一些商家恶意刷单，也采用了与刑侦手段相似的措施，对店铺的销售行为以及买家的购买行为进行聚类，看看有哪些对象是与一般性的店铺销售行为或者买家购买行为差异巨大的，从而做出规则上的预防。

9.4 层次聚类

层次聚类这个说法很形象，与本章最开始介绍的人类“自底向上”认识事物的过程是一样的。

前面介绍的 K-Means 算法是直接把样本分成若干个群，而现在讨论的层次聚类就是通过聚类算法把样本根据距离分成若干大群，大群之间相异，大群内部相似，而大群内部又当成一个全局的样本空间，再继续划分成若干小群，小群之间相异，小群内部相似。这就是层次聚类的思想。最后形成的是一棵树的结构。

图 9-3 所示为部分动物界物种分类层级的示意图，从大到小分别是门、纲、目、科、属、种 6 个层级，这里只列出了前 3 个层级。这就像公司内部的部门层级结构一样，从小到大看也是根据个体与个体、小类与小类之间的相似程度汇聚成一个囊括更多相似特征的大群体，而后层层如此。

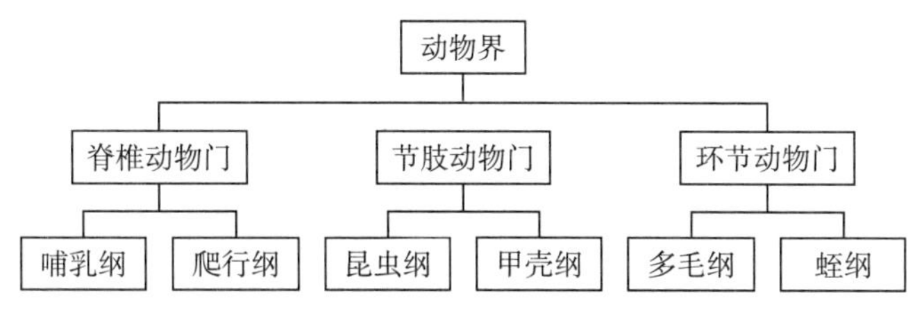

图 9-3　部分动物界物种分类层次示图

从思考角度来说，有两种思路，一种是“凝聚的层次聚类方法”，一种是“分裂的层次聚类方法”。这两种说法也很形象，“凝聚的层次聚类方法”就是在大量的样本中自底向上找那些距离比较近的样本先聚合成小的群，聚合到一定程度再由小的群聚合成更大的群。“分裂的层次聚类方法”也好理解，就是先把所有的样本分成若干个大群，再在每个群里各自重新进行聚类划分。

“分裂的层次聚类方法”比较好做。其实可以尝试用前面介绍的 K-Means，可以先用 K-Means 进行一次聚类，分成若干个类簇，再在每个类簇中使用 K-Means 进行聚类，这种思路是很容易被想到的。这种方式大家尝试去用一下就可以了。

下面重点介绍“凝聚的层次聚类方法”。

凝聚的层次聚类方法是通过这样的算法思路进行工作的：在 Scikit-learn 库中，提供了一种叫作 AgglomerativeClustering 的分类算法。首先，它把整个待分类样本看作一棵完整的树，树根是所有的训练样本向量，而众多树叶就是每一个单独的样本。然后，设计几个观察点，让它们散布在整个训练样本中。让这些观察点自下而上不断地进行类簇的合并。这种聚类合并也是遵循一定的原则的，即基于连接度的度量来判断是否要向上继续合并两个类簇。度量有以下 3 种不同的策略原则。

- Ward 策略：让所有类簇中的方差最小化。
- Maximum 策略：也叫 completed linkage（全连接策略），力求将类簇之间的距离最大值最小化。
- Average linkage 策略：力求将簇之间的距离的平均值最小化。

本例用的是 Ward 策略。

```
#coding=utf-8
import numpy as np
import matplotlib.pyplot as plt
from sklearn.cluster import AgglomerativeClustering

# 从磁盘读取城市经纬度数据
X = []
f = open('city.txt')
for v in f:
    X.append([float(v.split(',')[2]), float(v.split(',')[3])])

# 转换成 numpy array
```

```
X = np.array(X)

# 类簇的数量
n_clusters = 5

# 现在把数据和对应的分类数放入聚类函数中进行聚类，使用方差最小化的方法 'ward'
cls = AgglomerativeClustering(linkage='ward', n_clusters=n_clusters).fit(X)

#X 中每项所属分类的一个列表
cls.labels_

# 画图
markers = ['^', 'x', 'o', '*', '+']
for i in range(n_clusters):
    members = cls.labels_ == i
     plt.scatter(X[members, 0], X[members, 1], s=60, marker=markers[i], c='b',
alpha=0.5)

plt.title('')
plt.show()
```

绘出的图形如图 9-4 所示。

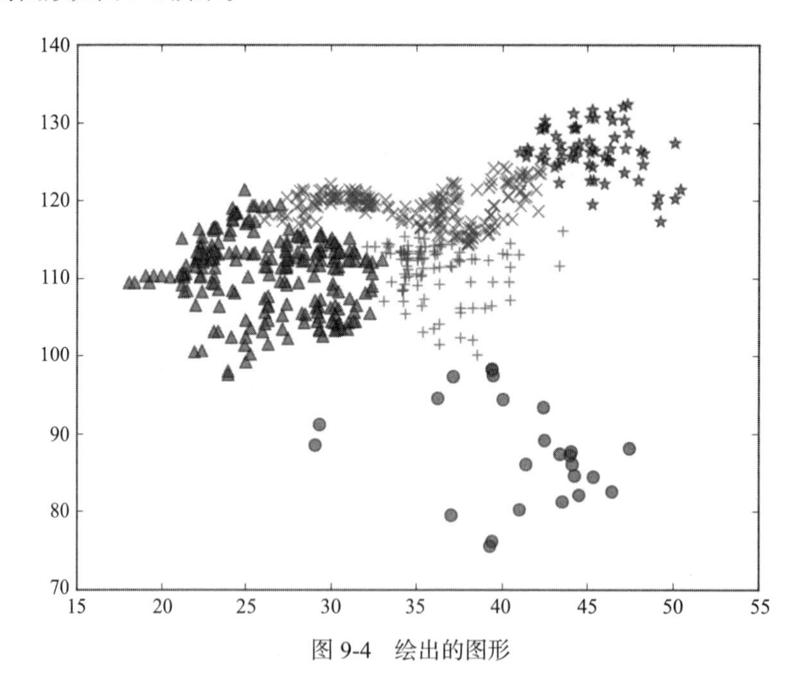

图 9-4　绘出的图形

层次聚类的思路其实并没有什么很新奇的地方，它的优势更多的是为层次化的可视化提供支持，在我们认识比较陌生的数据层次时比较有帮助。那么什么是比较熟悉的？什么是比较陌生的？比较熟悉的就是人类主观上已经确定或者规定的层次方式，如员工等级、交通工具分类等，这种本来就是由人主观性规定的数据就是人类熟悉的数据。不熟悉的数据如生物的分类和进化等，是几千万年来客观留下的，在人类出现之前早就已经开始而且到现在还没有结束的，只能通过典型的穷举个体的方式来逐步“自底向上”认识它们。这个课题，可以通过对生物解剖学的特征进行向量建模，也可以根据DNA的特征进行向量建模然后挖掘。此外，层次聚类的思路也可以用于对人们社会活动中的一些现象进行总结，如一个做歌曲发布的网站，如果希望做推荐算法，可以考虑对一个人爱听的歌曲进行层次化的聚类。对每首爱听的歌曲进行向量建模，如对一首歌的各个信息维度进行建模，例如：

（'音域','调式','节拍','速度','配乐乐器','国家元素','滑音','长音','语言','歌手年龄','歌手性别'…）

对上述信息进行量化。那么可以尝试挖掘这个用户喜欢歌曲的大类别，以及其下的小类别。或者研究歌曲流行风格进化细化的趋势等。

9.5 密度聚类

密度聚类很多时候用在聚类形状不规则的情形下，如图9-5所示，黑点和白点分别代表两种不同的聚类类型。

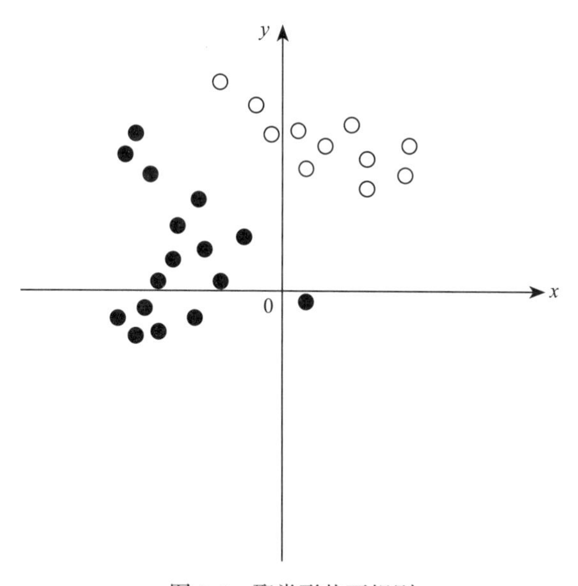

图9-5 聚类形状不规则

从图9-5中可以看出，很显然类别是这两个不规则的形状。但是如果使用K-Means算法，无论如何是得不到这个结果的，因为K-Means是用欧氏距离半径来进行类簇划分的，对于这种带拐弯的、狭长的、不规则形状的聚类效果就没有圆形类簇的效果好。

值得注意的是，K-Means的距离计算公式也是可以选取的，一般用欧氏距离比较简单，或者用曼哈顿距离。常用的距离度量方法包括欧氏距离和余弦相似度。两者都是评定个体间差异的大小的。欧氏距离度量会受指标不同单位刻度的影响，所以一般需要先进行标准化或者归一化，同时距离越大，个体间差异越大；空间向量余弦夹角的相似度度量不会受指标刻度的影响，余弦值落于区间 [-1，1] 上，值越大，差异越小。有关使用余弦相似度来度量个体向量距离的例子将在后面具体介绍。

在 sklearn 里也有专门用来做基于密度分类的算法库——sklearn.cluster.DBSCAN。

由于密度聚类在样本比较多时容易看出效果，所以这里使用一个向量比较多的例子。向量定义如下：

（位次，国家，面积 km2，人口，GDP 亿美元，人均 GDP 美元）

注意：向量实例一共有 12 个，为了和代码统一，这里不写两边的括号，但是意义是一样的。

```
国家，面积 km2，人口，GDP 亿美元，人均 GDP 美元

中国,9670250,1392358258,99960,7179
印度,2980000,1247923065,18707,1505
美国,9629091,317408015,167997,53101
巴西,8514877,201032714,22429,11311
日本,377873,127270000,49015,38491
澳大利亚,7692024,23540517,15053,64863
加拿大,9984670,34591000,18251,51990
俄罗斯,171244422,143551289,21180,14819
泰国,513115,67041000,3871.6,5674
柬埔寨,181035,14805358,156.5,1016
韩国,99600,50400000,12218,24329
朝鲜,120538,24052231,355,1476
```

对它们进行密度聚类的代码如下：

```
#coding=utf-8
import numpy as np
from sklearn.cluster import DBSCAN
import matplotlib.pyplot as plt

# 国家面积和人口
X = [
    [9670250, 1392358258], # 中国
    [2980000, 1247923065], # 印度
    [9629091, 317408015], # 美国
    [8514877, 201032714], # 巴西
    [377873, 127270000], # 日本
    [7692024, 23540517], # 澳大利亚
    [9984670, 34591000], # 加拿大
    [17075400, 143551289], # 俄罗斯
    [513115, 67041000], # 泰国
    [181035, 14805358], # 柬埔寨
    [99600, 50400000], # 韩国
    [120538, 24052231]] # 朝鲜
```

```
# 转换成 numpy array
X = np.array(X)

# 做归一化
a = X[:, :1] / 17075400.0 * 10000
b = X[:, 1:] / 1392358258.0 * 10000
X = np.concatenate((a, b), axis=1)

# 现在把训练数据和对应的分类放入分类器中进行训练，这里没有出现噪点是因为把 min_samples# 设置成了 1
cls = DBSCAN(eps=2000, min_samples=1).fit(X)

# 类簇的数量
n_clusters = len(set(cls.labels_))

#X 中每项所属分类的一个列表
cls.labels_

# 画图
markers = ['^', 'x', 'o', '*', '+']
for i in range(n_clusters):
    my_members = cls.labels_ == i
      plt.scatter(X[my_members, 0], X[my_members, 1], s=60, marker=markers[i],
c='b', alpha=0.5)

plt.title('dbscan')
plt.show()
```

绘出的图形如图 9-6 所示。

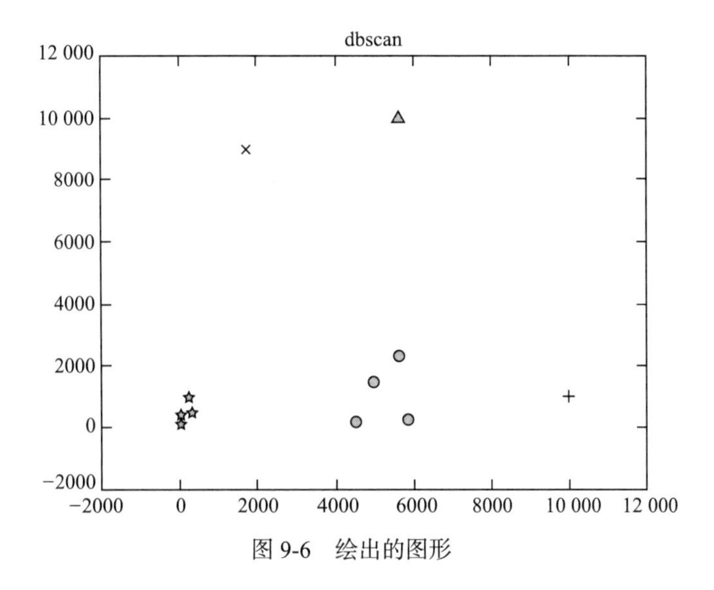

图 9-6　绘出的图形

在这个例子里，国家被分为了 5 个不同的类别，在图上分别由 5 种不同的图形元素来标识，我们也可以看出大体上分，就是人口和面积都多，人口和面积都少，人口多面积少，人口少面积多，还有一个在右下角的用“+”来表示的这个是俄罗斯，它在“地广人稀”方面是脱颖而出。

这里唯一要解释的是关于归一化的问题即以下两行程序代码：

```
a = X[:, :1] / 17075400.0 * 10000
b = X[:, 1:] / 1392358258.0 * 10000
```

归一化问题是为了解决由于维度量纲或单位不同所产生的距离计算问题而进行的权重调整——这几乎是数据挖掘必需的工作，一般放在数据准备阶段，目的是把两个不同维度的数据都投影（延展或压缩）到以 10 000 为最大值的正方形区域里。如果不做归一化处理，在这个例子中，会由于人口的数字（万人）比面积的单位（万平方千米）大太多而导致由于人口差距产生的距离比重太大，失去了多个维度上聚类的意义。如果觉得不好理解，再举一个更极端的例子，如果这里人口单位用人，而面积单位用万平方千米，那么人口维度上会用几千万或者几亿来表示，产生的距离差距是几千万或者几亿；而国土面积用的是几十或者几百来表示，在距离估算的过程中几乎可以忽略国土面积参与计算的成分。归一化问题在聚类中会比较常遇到，后面第 13 章中同样有这个话题的讨论。

关于参数这里需要做一个补充说明：

```
cls = DBSCAN(eps=2000, min_samples=1).fit(X)
```

这条语句中有两个参数，一个是 eps，一个是 min_samples。

eps 的含义是设置一个阈值，在根据密度向外扩展的过程中如果发现在这个阈值距离范围内找不到向量，那么就认为这个聚簇已经查找完毕。在这个例子中设置的是 2 000，因为归一化以后所有的变量都落在一个 10 000 × 10 000 的区间单位，设置一个 2 000 的单位能够充分把各个聚簇隔开，如果归一化到 1 000 × 1 000 的区间单位则应该采用 200 作为参数值，或者设置其他参数值来改变聚簇的原则。

min_samples 的含义是告诉算法聚簇最小应该拥有多少个向量。如果这个数字设置为 3，那么算法会认为所有小于 3 个向量的聚类为噪声点，会在结果中直接丢弃。例如，在图 9-6 中，如果将 min_samples 设置为 3，则右下角的俄罗斯、上面的中国和印度都将作为噪声点被消除而不会显示。

由于聚类是一个非监督学习的过程，所以在聚类的过程中免不了要多尝试几次，调整参数，以找出最合理的聚类方式。

9.6 聚类评估

除了以上聚类的算法外还有很多聚类的算法，读者有兴趣可以查阅相关的资料，但是总体思路都非常相近，很多只是在不同场景下计算效率不同而已。

但是聚类的好坏怎么判断呢？聚类质量如何判断呢？下面进行讨论。

聚类的质量评估包括以下 3 个方面。

（1）估计聚类的趋势。对于给定的数据集，评估该数据集是否存在非随机结构，也就是分布不均匀的情况。如果直接使用各种算法套用在样本上，然后返回一些类簇，这些类簇的分布很可能是一种错误的分类，会对人们产生误导。数据中必须存在非随机结构，聚类分析才是有意义的。

（2）确定数据集中的簇数。上述 K-Means 算法在一开始就需要确定类簇的数量，并作为参数传递给算法。这里容易让人觉得有点矛盾，即人主观来决定一个类簇的数量的方法是不是可取。

（3）测量聚类的质量。可以用量化的方法来测量聚类的质量。

9.6.1 聚类趋势

如果样本空间里的样本是随机出现的，本身没有聚类的趋势，那么使用聚类肯定是有问题的。

图 9-7 和图 9-8 都是在二维空间里的向量样本，图 9-7 所示为随机样本，图 9-8 所示为有聚类样本，两者的分布样态非常不同。我们常用霍普金斯统计量（Hopkins Statistics）来进行量化评估。

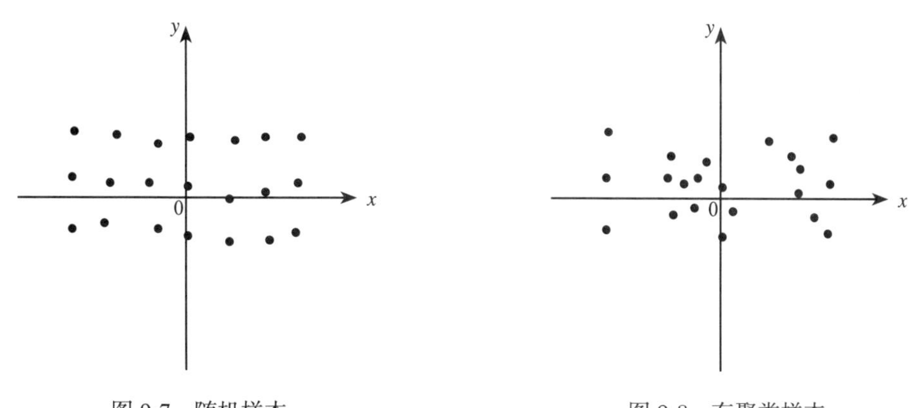

图 9-7 随机样本　　图 9-8 有聚类样本

第一步，从所有的样本向量中随机找 n 个向量，把它们称为 p 向量，每一个向量分别是 p_1、p_2、……、p_n。对每一个向量都在样本空间里找一个离其最近的向量，然后求距离（用欧氏距离即可），然后用 x_1、x_2、……、x_n 来表示这个距离。

第二步，在所有样本向量中随机找 n 个向量，把它们称为 q 向量，每一个向量分别是 q_1、q_2、……、q_n。对每一个向量都在样本空间里找一个离其最近的向量，然后求距离（用欧氏距离即可），然后用 y_1、y_2、……、y_n 来表示这个距离。

第三步，求出霍普金斯统计量 H：

$$H = \frac{\sum_{i=1}^{n} y_i}{\sum_{i=1}^{n} x_i + \sum_{i=1}^{n} y_i}$$

上式中，分子就是把所有第二次找出的 q 向量的每个向量的临近向量求距离然后加和。分母是两项的加和，一项是分子，一项是 p 向量的每个向量的临近向量的距离加和。

如果整个样本空间是一个均匀的，没有聚类趋势（聚簇不明显）的空间，那么 H 应该为 0.5 左右。反之，如果是有聚类趋势（聚簇明显）的空间，那么 H 应该接近于 1。

霍普金斯统计量不是一个常用的统计指标，相关资料较少。在 R 语言里有一个叫作 comato 的包，其中 clustering.r 这个文件里会有源代码。

这里用 Python 实现霍普金斯统计量，下面先声明一段公用代码段。

霍普金斯统计量计算用代码：

```
#coding=utf-8
import numpy as np
from sklearn.cluster import KMeans

X = [
    [9670250, 1392358258], # 中国
    [2980000, 1247923065], # 印度
    [9629091, 317408015], # 美国
    [8514877, 201032714], # 巴西
    [377873, 127270000], # 日本
    [7692024, 23540517], # 澳大利亚
    [9984670, 34591000], # 加拿大
    [17075400, 143551289], # 俄罗斯
    [513115, 67041000], # 泰国
    [181035, 14805358], # 柬埔寨
    [99600, 50400000], # 韩国
    [120538, 24052231]] # 朝鲜

# 转换成 numpy array
X = np.array(X)

# 归一化
a = X[:, :1] / 17075400.0 * 10000
b = X[:, 1:] / 1392358258.0 * 10000
X = np.concatenate((a, b), axis=1)

pn = X[np.random.choice(X.shape[0], 3, replace=False), :]
# 随机选出 3 个
# [[   221.29671926    914.06072589]
#  [    70.59161132    172.74455667]
#  [ 10000.           1030.99391392]]
xn = []
for i in pn:
```

```
    distance_min = 1000000
    for j in X:
        if np.array_equal(j, i):
            continue
        distance = np.linalg.norm(j - i)
        if distance_min > distance:
            distance_min = distance
    xn.append(distance_min)

qn = X[np.random.choice(X.shape[0], 3, replace=False), :]
# 随机选出 3 个
# [[ 10000.           1030.99391392]
#  [  4986.63398808   1443.82893444]
#  [   221.29671926    914.06072589]]
yn = []
for i in qn:
    distance_min = 1000000
    for j in X:
        if np.array_equal(j, i):
            continue
        distance = np.linalg.norm(j - i)
        if distance_min > distance:
            distance_min = distance
    yn.append(distance_min)

H = float(np.sum(yn)) / (np.sum(xn) + np.sum(yn))
print H
# 结果为 0.547 059 223 781
```

9.6.2 簇数确定

确定一个样本空间里有多少簇数也是很重要的，尤其是在 K-Means 这种算法里一开始就要求给定要被分成的簇数。况且，簇数的猜测也会影响聚类的结果，簇数太多，样本被分成很多小簇，簇数太少，样本基本没有被分开，都没有意义。

有的资料上讲有一种简单的经验法就是对于 n 个样本的空间，设置簇数 p 为 $\sqrt{\frac{n}{2}}$，在期望状态下每个簇大约有 $\sqrt{2n}$ 个点。但是这种说法没有找到太多的依据，只能作为参考。

还有一种方法叫“肘方法”（The Elbow Method），被认为是一种更为科学的方式。思路如下。

尝试把样本空间划分 1 个类、2 个类、3 个类、……、n 个类，要确定哪种分法最为科学，在分成 m 个类簇的时候会有一个划分方法，在这种划分的方法下，每个类簇的内部都有若干个向量，计算这些向量的空间中心点，即计算这 m 个类簇各自的空间重心在哪里。再计算每个类簇中每个向量和该类簇重心的距离（大于等于 0）的和。最后把 m 个类簇各自的距离和相加得到一个函数 var(n)，n 就是类簇数。

可以想象，这个平方和最大的时刻应该是分 1 个类——也就是不分类的时候，所有的向量到重心的距离都非常大，这样的距离的和是最大的。那么试着划分成 2 个类、3 个类、4 个类……随着分类的增多，第 m 次划分时，每个向量到自己簇的重心的距离会比上一次（$m-1$ 次）临近的机会更大，那么这个距离和就会总体上缩小。极限情况是最后被分了 n 个类簇，n 是整个空间向量的数量，也就是一个向量一个类簇，每个类簇一个成员。这种情况最后距离的和就变成了 0，因为每个向量距离自己（自己就是重心）的距离都是 0。

如图 9-9 所示，m 从 1 次、2 次、3 次……逐步往上增加的过程中，整个曲线的斜率会逐步降低，而且一开始是快速下降的。下降过程中有一个拐点，这一个点会让人感觉曲线从立陡变成平滑，那么这个点就是要找的点。这个样本空间被分为 m 个类簇之后，再分成更多的类簇时，每次的“收获”没有前面每次“收获”那么大，此时的 m 的值就是被认为最为合适的类簇数量。这个点在曲线上给人的感觉像是人的胳膊肘一样，所以被形象地命名为“肘方法”。例如，图 9-9 中的 A 点或者 B 点都可以尝试作为这个拐点。

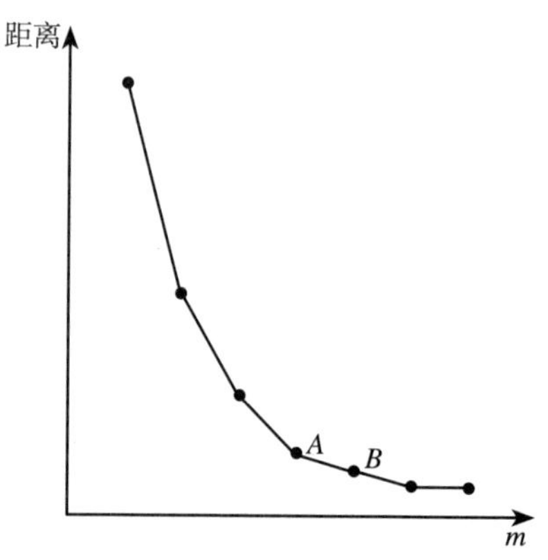

图 9-9　m 与距离的关系

但是这个方法的时间复杂度可能会相当高，因为每一次尝试都要计算，可以用来做一次经验总结或者试探性的数据分析，但是在线计算时不推荐使用。而且有时候会发现这个点可能不是很好确定，这个拐点不清晰。这种时候适当地在计算效率和收益程度上做一个平衡即可，不必太纠结，毕竟聚类是一个无监督的学习。

我们给出 Python 的示例代码，如下所示：

```
# coding=utf-8
# 面积 km2，人口
X = [
    [9670250, 1392358258], # 中国
    [2980000, 1247923065], # 印度
    [9629091, 317408015], # 美国
    [8514877, 201032714], # 巴西
    [377873, 127270000], # 日本
    [7692024, 23540517], # 澳大利亚
    [9984670, 34591000], # 加拿大
    [17075400, 143551289], # 俄罗斯
    [513115, 67041000], # 泰国
    [181035, 14805358], # 柬埔寨
    [99600, 50400000], # 韩国
    [120538, 24052231]] # 朝鲜

# 转换成 numpy array
```

```
X = np.array(X)

# 归一化
a = X[:, :1] / 17075400.0 * 10000
b = X[:, 1:] / 1392358258.0 * 10000
X = np.concatenate((a, b), axis=1)

# 类簇的数量
n_clusters = 1

cls = KMeans(n_clusters).fit(X)

# 每个簇的中心点
cls.cluster_centers_

#X 中每个点所属的簇
cls.labels_

# 曼哈顿距离
def manhattan_distance(x, y):
    return np.sum(abs(x-y))

distance_sum = 0
for i in range(n_clusters):
    group = cls.labels_ == i
    members = X[group, :]
    for v in members:
        distance_sum += manhattan_distance(np.array(v), cls.cluster_centers_)
print distance_sum
# 结果为 63 538.244 390 5
```

以上为使用 K-Means 算法，在 m=1 时所计算的肘方法的函数值，如果想计算 m 为其他值时的结果，则修改代码：

```
n_clusters = 1
```

即可得到对应的距离值。

9.6.3 测定聚类质量

在使用前面介绍的方法确定了类簇的数量后，就可以进行聚类了。但是即便类簇数量一样，聚类也可能不止一种方案。

测定聚类质量的方法很多，一般分为“外在方法”和“内在方法”两种。

所谓外在方法是一种依靠类别基准的方法，即已经有比较严格的类别定义时再讨论聚类是不是足够准确。这里通常使用“ BCubed 精度”和“ BCubed 召回率”来进行衡量。但是外在方法适用于有明确的外在类别基准的情况，而聚类是一种无监督的学习，更多是在不知道基准的状况下进行的，所以我们更倾向于使用“内在方法”。

“内在方法”不会去参考类簇的标准，而是使用轮廓系数（Silhouette Coefficient）进行度量。

对于有 n 个向量的样本空间，假设它被划分成 k 个类簇，即 C_1、C_2、……、C_k。对于任何一个样本空间中的向量 v 来说，可以求一个 v 到本类簇中其他各点的距离的平均值 $a(v)$，还可以求一个 v 到其他所有各类簇的最小平均距离（即从每个类簇里挑选一个离 v 最近的向量，然后计算距离），求这些距离的平均值，得到 $b(v)$，轮廓系数定义为

$$s(v)=\frac{b(v)-a(v)}{\max[a(v),b(v)]}$$

一般来说，这个函数的结果在 −1 和 1 之间。$a(v)$ 表示的是类簇内部的紧凑型，越小越紧凑，而 $b(v)$ 表示该类簇和其他类簇之间的分离程度。如果函数值接近 1，即 $a(v)$ 比较小而 $b(v)$ 比较大时，说明包含 v 的类簇非常紧凑，而且远离其他的类簇。相反，如果函数值为负数，则说明 $a(v)>b(v)$，v 距离其他的类簇比距离自己所在类簇的其他对象更近，那么这种情况质量就不太好，应该尽可能避免。

为了让聚类中的类簇划分更为合理，可以计算簇中所有对象的轮廓系数的平均值（但是这个计算量有可能会相当大，请谨慎使用），然后求平均值。在一种方案里，如果轮廓系数是负数那么可以直接淘汰，如果是正数则可以在多个方案里进行比较，选择一种轮廓系数接近 1 的方案。但是计算时占用较多内存，尤其是在数据量巨大时，在使用时请谨慎，或者使用抽样后的数据进行计算。

下面给出一个用 K-Means 做完分类后再做聚类质量评估的 Python 的示例代码。

```
# coding=utf-8
# encoding=utf-8
import numpy as np
from sklearn.cluster import KMeans

# 面积 km2，人口
X = [
    [9670250, 1392358258], # 中国
    [2980000, 1247923065], # 印度
    [9629091, 317408015], # 美国
    [8514877, 201032714], # 巴西
    [377873, 127270000], # 日本
    [7692024, 23540517], # 澳大利亚
    [9984670, 34591000], # 加拿大
    [17075400, 143551289], # 俄罗斯
    [513115, 67041000], # 泰国
    [181035, 14805358], # 柬埔寨
    [99600, 50400000], # 韩国
    [120538, 24052231]] # 朝鲜

# 转换成 numpy array
```

```
X = np.array(X)

# 归一化
a = X[:, :1] / 17075400.0 * 10000
b = X[:, 1:] / 1392358258.0 * 10000
X = np.concatenate((a, b), axis=1)

# 类簇的数量
n_clusters = 3

cls = KMeans(n_clusters).fit(X)

# 每个簇的中心点
cls.cluster_centers_

#X 中每个点所属的簇
cls.labels_

# 曼哈顿距离
def manhattan_distance(x, y):
    return np.sum(abs(x-y))

#a(v), X[0] 到其他点的距离的平均值
distance_sum = 0
for v in X[1:]:
    distance_sum += manhattan_distance(np.array(X[0]), np.array(v))
av = distance_sum / len(X[1:])
print av
#11971.5037823

#b(v), X[0]
distance_min = 100000
for i in range(n_clusters):
    group = cls.labels_ == i
    members = X[group, :]
    for v in members:
        if np.array_equal(v, X[0]):
            continue
        distance = manhattan_distance(np.array(v), cls.cluster_centers_)
        if distance_min > distance:
            distance_min = distance
bv = distance_sum / n_clusters
print bv
#43895.5138683

sv = float(bv - av) / max(av, bv)
print sv
#0.727272727273
```

在这种分类方案下，得到的轮廓系数约为0.727，如果找不到更好的方案，这个就已经

是最优解了。如果不满意，则修改以下代码，换成其他类簇值，然后查看轮廓系数。

```
n_clusters = 3
```

9.7 小结

聚类这一章的内容是机器学习中探索性较强的一章，是一类用归纳方式来进行认知和观察的方法体系。应该说聚类在我们发现和总结观察对象的共性和规律方面还是有很多应用场景的，例如在向量化相对完整的前提下找出忠诚客户的共性、找出流式客户的共性、找出疑似在业务场景中作弊的个案等，这些都可以尝试使用聚类的方法进行发掘和分析。请大家灵活运用。

第10章 Chapter 10
分　　类

分类算法是机器学习中的一个重点，也是人们常说的“有监督的学习”。这是一种利用一系列已知类别的样本来对模型进行训练调整分类器的参数，使其达到所要求性能的过程，也称为监督训练或有教师学习。

换句话说，首先知道大量的样本对象，并且知道这些样本对象的“特征”和所属类别，把这些数据告诉计算机，让计算机总结分类的原则，形成一个分类模型，再把新的待分类或者说未知分类的样本交给它，让它完成分类过程。

也就是说，先用一部分有种种特征的数据和每种数据归属的标识来训练分类模型，当训练完毕后（等于计算机学会了应该怎么分类），再让计算机用这个分类模型来区分新的“没见过”的只有“特征”、没有类别标识的样本，完成该样本的分类。

所以所有的分类算法不管怎么变，都是在解决：“某样本是某对象，某样本不是某对象”的概率问题。请注意，这里用的是概率问题的说法。因为从任何方面来看，目前都没有办法保证“零误判”，人自己尚且无法做到，就更别说由人教会的计算机了。

分类和回归看上去有一些相似之处，从直观感觉上去认识，可以这么感觉：因变量是定量型的归纳学习称为回归，或者说是连续变量预测；因变量是定性型的归纳学习称为分类，或者说是离散变量预测。

从实时收集的路况来预测某地段目前的行车速度为多少米每秒是典型的回归归纳过程，而预测这个路段的行车状态是“畅通”、“繁忙”、“拥堵”则是典型的分类归纳过程。

分类算法是一大类算法，都是用来解决这种离散变量预测的，举例如下。

在银行的信用卡审批这一环节会用到分类的例子，应不应该给一个人办理信用卡呢？应该给一个申请人分配多少金额呢？尤其在有大量的申请人及调额申请的情况下。在这里会比较密集地用到分类算法。在此只示意性地进行说明，毕竟这个过程非常复杂，而且不同银行的计算原则也不尽相同。

首先，办理信用卡时，银行会收集很多信息，除了身份证上的姓名、年龄外，婚姻状况、工作类别、年薪、是否有房产、是否有汽车、教育情况等都在收集之列。在大量的历史信息中，银行会根据统计规律得出一个诸如：

适合办卡 = f（年龄，婚姻状况，工作类别，年薪，是否有房产，是否有汽车，教育情况）的函数。

“适合办卡”这个值就只有两个，一个是 1（适合），一个是 0（不适合）。而函数 f 的计算过程是为了保证这个办理与否的评判更加合理的。也就是说，是不是适合办理，是银行在用自己的账目风险和办理人的信用做一个权衡。在统计（训练）的过程中，把那些符合信誉良好的人群特征甄别出来，这样再有申请信用卡的人出现时，就按照统计规律判断，这个人的特征是更像那些讲信用的人还是那些不讲信用的人，然后做出是否办理的判断。

而在赋予额度时也有同样的问题，同样要对这些属性进行评估，甚至包括历史账务记录是否都为健康记录。

然后，计算机根据分类算法会得到一个诸如：

额度 = f（年龄，婚姻状况，工作类别，年薪，是否有房产，是否有汽车，教育情况，账务记录）的函数。

这个函数看上去更像回归的学习方法，因为这个额度是一个具体的值，更像连续值域的函数，所以判断成一个回归分析也未尝不可，只要后面这些自变量都能数值化。

说到额度应该是多少，是多点好还是少点好，这还是一个平衡性的问题。对于每种不同的“人群”来说，他们对额度的需求实际上是不同的，这种额度应该是他消费需求的客观需要同时也是可承担的一个限制值。额度给得过低，会抑制信用卡的使用影响银行的业绩，毕竟有很多大额的消费无法支付；而额度给得过高，会让银行的风险变得过大，因为坏账变多也难以避免。

经过训练后的模型会得到一个相对比较合理的额度值，既符合该人群特征的消费额度需求，又能够兼顾风险的保障。从中得到的一个样本的特征和最后额度之间的关系，其实就是判定这个样本是否应该为某额度的概率最高。

分类应用的场景比聚类其实要多得多，那么分类的训练算法有多少种呢？非常多，而且很多算法有变种或者衍生算法，说有几百种也不夸张，我们在这里只介绍一些最为经典和普适的方法。

10.1 朴素贝叶斯

托马斯·贝叶斯（Thomas Bayes，约 1701 ～ 1761 年），主业为牧师，副业为数学家（图

10-1[⊖]）。他在数学方面的主要贡献在概率论上，他首先将归纳推理法用于概率论基础理论，并创立了贝叶斯统计理论，在统计决策函数、统计推断、统计的估算等领域做出了卓越的贡献。1763年发表了名为《机会学说中一个问题的解》论著，对于现代概率论和数理统计都有很重要的作用。贝叶斯的另一著作《机会的学说概论》发表于1758年。

图 10-1 托马斯・贝叶斯

贝叶斯决策理论是主观贝叶斯派归纳理论的重要组成部分。

贝叶斯决策理论方法是统计模型决策中的一个基本方法，基本思想如下

（1）已知类条件概率密度参数表达式和先验概率。

（2）利用贝叶斯公式转换成后验概率。

（3）根据后验概率大小进行决策分类。

简单地说，朴素贝叶斯算法是利用统计中的“条件概率”来进行分类的一种算法。前面的章节介绍的古典概型的概率计算方法，就是扔硬币的那种，穷举出所有的情况，然后看看每种情况的占比，这都是基于排列组合的思路去做概率分析。

朴素贝叶斯分类的方式不太一样。贝叶斯概率研究的是条件概率，也就是研究的场景就是在带有某些前提条件下，或者在某些背景条件的约束下发生的概率问题。

我们先给出这个著名的贝叶斯公式：

设 D_1、D_2、……、D_n 为样本空间 S 的一个划分，如果以 $P(D_i)$ 表示 D_i 发生的概率，且 $P(D_i) > 0$ $(i=1,2,\cdots,n)$。对于任何一个事件 x，$P(x) > 0$，则有

$$P(D_j \mid x)=\frac{P(x \mid D_j)P(D_j)}{\sum_{i=1}^{n} P(x \mid D_i)P(D_i)}$$

解释如下。

在一个样本空间里有很多事件发生，D_i 就是指不同的事件划分，并且用 D_i 可以把整个空间划分完毕，在每个 D_i 事件发生的同时都记录事件 x 的发生，并记录 D_i 事件发生下 x 发生的概率。等式右侧的分母部分就是 D_i 发生的概率和 D_i 发生时 x 发生的概率的加和，所以分母这一项其实就是在整个样本空间里 x 发生的概率。$P(D_j \mid x)$ 这一项是指 x 发生的情况下，D_j 发生的概率。不难看出，左侧和右侧分母项相乘得到的是在全样本空间里，在 x 发生的情况下又发生 D_j 的情况的概率。右侧分子部分的含义是 D_j 发生的概率乘以 D_j 发生的情况下又发生 x 的概率。

所以最后等式两边就化简为

⊖ 图片来源于百度图库。

$$P(D_j|x)P(x) = P(x|D_j)P(D_j)$$

也就是说，在全样本空间下，发生 x 的概率乘以在发生 x 的情况下发生 D_j 的概率，等于发生 D_j 的概率乘以在发生 D_j 的情况下发生 x 的概率，如图 10-2 所示。

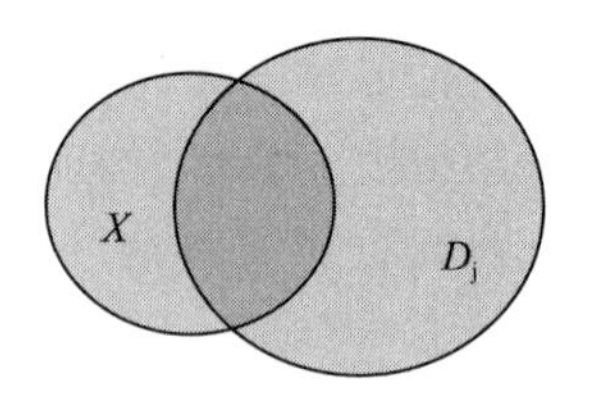

图 10-2　条件概率示意图

左侧的圈是 x 发生的概率，右侧的圈是 D_j 发生的概率，中间交集的部分就是等号两边各自表示的内容。

贝叶斯分类器通常是基于这样一个假定："给定目标值时属性之间相互条件独立"。

基于这种"朴素"的假定，贝叶斯公式一般简写为

$$P(A|B)P(B)=P(B|A)P(A)$$

上式也称为朴素贝叶斯公式（算法、定理、分类模型）——Naive Bayesian。

在有的资料上，会看到如下说法。

$P(A)$ 叫做 A 事件的先验概率，就是一般情况下，认为 A 发生的概率。

$P(B|A)$ 叫做似然度，是 A 假设条件成立的情况下发生 B 的概率。

$P(A|B)$ 叫做后验概率，在 B 发生的情况下发生 A 的概率，也就是要计算的概率。

$P(B)$ 叫做标准化常量，和 A 的先验概率定义类似，就是一般情况下，B 的发生概率。

朴素贝叶斯分类器是在机器学习中应用最广泛的一种分类器。与其说这是一个公式，不如说这是一种思想或者思维方式，在人们生产生活中使用朴素贝叶斯分类器的思维解决问题比直接套用公式的机会多得多。

10.1.1　天气的预测

天气预报一般是基于天气图、卫星云图和雷达图来做的，预报的内容很多，如降水情况、风力、风向等。

大气变化是混沌的（Chaotic）——这一瞬间的天气情况会由于之后一系列不可预测的扰动行为而变得不可预测。也可以说，即便两个完全一模一样的瞬时大气状况，由于之后一系列不可预测的行为不断进行干扰而产生完全两种截然不同的天气结果。所以有那么一句话："亚马逊雨林一只蝴蝶翅膀偶尔振动，也许两周后就会引起美国得克萨斯州的一场龙卷风。"这是 20 世纪 70 年代，美国一个名叫洛伦兹的气象学家在解释空气系统理论时做的一个形象的比喻，后来这个说法被形象地称为"蝴蝶效应"。

天气的预测是非常困难的，变化快且计算量巨大，所以人们虽然总在埋怨气象台预报不准确却没有什么有效的办法做出实质性的改进。就好像在这一刻预测明天一天会打几个电话一样，问题是不知道明天会打几个电话，也不知道会不会需要打电话给别人，也同样不知道别人会不会打电话找自己，未知性在这个场景里是绝对性的。但是，在预测天气时还是有一些手段可以尝试的。

曾经有一段时间，在天气预报中有一种说法叫做"降水概率"，如明天天气阴转多云降

水概率40%。很多人在听到这样的预报时不知所云，“降水概率40%，那明天到底是下雨还是不下雨？真是一种不负责任的说法。”其实气象台说的是一个确定的事情。

在长期研究天气变化的过程中，会发现极端的变化还是少数，大部分的天气变化有一定的规律可循。虽然确实不知道未来大气变化的具体情况，但是还是有一些经验可以借鉴的，如今天天气非常阴沉，那下雨的可能性就是比响晴白日的时候大很多。利用统计学知识和手段，从大量的历史数据中可以尝试做出一个贝叶斯分类模型，从而判断出降水概率——依据现在的大气状况，未来24小时降水概率为多少。

为了简化说明过程，示意性地只列出一个地区10天中每一天的天气情况，如表10-1所示。

表10-1 一个地区10天中每一天的天气情况

日期	天气情况
1	晴
2	阴
3	降水
4	阴
5	降水
6	晴
7	晴
8	多云
9	降水
10	降水

根据这10天的天气情况来看，10天里面降水4次，也就是降水概率40%，这是从全部统计的数据来看的。但是如果当天是阴天呢？阴天的日期为2、4两天，它们的第二天都是降水，所以当天是阴天的情况下，降水概率为2÷2=100%。

代入公式：

$$P(D_j|x)P(x) = P(x|D_j)P(D_j)$$

$P(x)$ 就是阴天的概率，为20%。

$P(D_j)$ 就是降水的概率，为40%。

$P(x|D_j)$ 指的是降水的前一天是阴天的概率，为50%。

$P(D_j|x)$ 是要求的当天为阴天，第二天降水的概率，算出来为100%。

如果当天是晴天呢？晴天的日期为1、6、7，而晴天的第二天的天气情况分别是阴、晴、多云，降水概率为0%。

代入公式：

$$P(D_j|x)P(x) = P(x|D_j)P(D_j)$$

$P(x)$ 就是晴天的概率，为30%。

$P(D_j)$ 就是降水的概率，为40%。

$P(x|D_j)$ 指的是降水的前一天是晴天的概率，为0%。

$P(D_j|x)$ 是要求的当天为晴天，第二天降水的概率，算出来为0%。

同样，如果当天是晴天，第二天天气为多云的概率为33%，为晴天的概率为33%，为阴的概率同样为33%。

再回过来看气象台报的“明天降水概率40%”就能理解了吧，从历史角度来看真的就是有40%的天气会降水还有60%不会降水。

其实在天气预测中的参数复杂得多，不仅是当天的天气这么简单的一个变量，而且温度、湿度、季节、风速等因素，统计的日期也肯定不是10天这么少的样本，肯定是长期的天气样本信息，这些因素的多少直接决定了模型的复杂程度。下面将给出一段用Python进行实现的代码。

在给出代码之前要补充说明一下，在Python的Scikit-learn库中虽然对朴素贝叶斯分类算法做了实现，但是对于建模针对性的问题，分别做了以下几种贝叶斯分类的变种模型封装。

（1）高斯朴素贝叶斯（Gaussian Naive Bayes）；

（2）多项式朴素贝叶斯（Multinomial Naive Bayes）；

（3）伯努利朴素贝叶斯（Bernoulli Naive Bayes）。

这3种训练的方式非常相近，引用时所写的代码也非常简短。其中，高斯朴素贝叶斯是利用高斯概率密度公式来进行分类拟合的。多项式朴素贝叶斯多用于高维度向量分类，最常用的场景是文章分类。伯努利朴素贝叶斯一般是针对布尔类型特征值的向量做分类的过程。

本例使用高斯朴素贝叶斯模型，代码如下：

```
from sklearn.naive_bayes import GaussianNB

#0:晴 1:阴 2:降水 3:多云
data_table = [["date", "weather"],
          [1, 0],
          [2, 1],
          [3, 2],
          [4, 1],
          [5, 2],
          [6, 0],
          [7, 0],
          [8, 3],
          [9, 1],
          [10, 1]]
#当天的天气
X = [[0], [1], [2], [1], [2], [0], [0], [3], [1]]
#当天的天气对应后一天的天气
y = [1, 2, 1, 2, 0, 0, 3, 1, 1]
#现在把训练数据和对应的分类放入分类器中进行训练
clf = GaussianNB().fit(X, y)
p = [[1]]
print clf.predict(p)
```

10.1.2 疾病的预测

在百度中输入“基因测序”进行搜索，会发现很多公司承接基因测序的工作，其中也有一些面向一般个人的测序工作。测试完成以后，这些公司会给出一个比较完整的报告，里面记载着这些基因的各种相关信息。

其中，有一些关于性格、身高、血型等的数据，由于人们在成长的过程中已经比较了解自己的这些信息了，所以似乎不会太关心。但是有一些内容还是会比较关心的，如关于罹患疾病的预测——罹患冠心病的概率为 20%，罹患阿尔兹海默综合征的概率为 5%，罹患帕金森氏病的概率为 12% 等。这些就是通过基因测序得到的预测结论。

这个预测过程也是一个分类过程，训练样本是大量的个体基因信息和个人的疾病信息。然后通过建模分析，最后得到一个基因片段和罹患疾病之间的概率转换关系，这也是一个比较典型的朴素贝叶斯分类模型。

示意性地做一个训练过程，训练样本如表 10-2 所示。

表 10-2 训练样本

样本人员编号	基因片段 A	基因片段 B	高血压	胆结石	样本人员编号	基因片段 A	基因片段 B	高血压	胆结石
1	1	1	是	否	6	1	0	否	是
2	0	0	否	是	7	0	1	是	是
3	0	1	否	否	8	0	0	否	否
4	1	0	否	否	9	1	0	是	否
5	1	1	否	是	10	0	1	否	是

假设能够得到一个关于病患所得的疾病和基因片段之间的关系记录，这是一个客观统计的结果。需要注意的是，这种记录是忽略其他建模因素的记录，如这位病患所生活的城市、所从事的工作、是否有烟酒习惯等，这些因素是没有参与建模的，直接假设罹患这些疾病只和基因状况有关。

如果有一个用户来做基因测序，测试结果为基因片段 A、B 分别为 1、0，那么他罹患高血压和胆结石两种疾病的概率分别为多少？

在这个例子里，需要明确以下公式：

$$P(A|B)=\frac{P(B|A)P(A)}{P(B)}$$

式中的每个值分别指代什么？以计算高血压疾病的罹患概率为例：

$P(A)$ 是先验概率，即全局性的高血压罹患概率，在 10 个人中有 3 个人患病，即概率为 3/10。

$P(B|A)$ 是似然度，表示高血压患者中基因是“10”型的患者数量。在 3 位高血压患者中只有 1 位患者的基因是“10”型，即概率为 1/3。

$P(B)$ 是标准化常量，是“10”型基因出现的概率，在 10 个人中出现 3 例，即概率为 3/10。

$P(A|B)$ 可以代入求解，得到 1/3。

交叉验证一下，先看全局中所有的“10”型基因的患者，有 3 位，即 4 号、6 号和 9 号。得高血压的只有 9 号一人，所以从这个角度去计算也是 1/3。

下面给出完整的训练和分类的代码示例：

```
# 基因片段 A  基因片段 B 高血压胆结石
#1: 是     0: 否
data_table = [
    [1, 1, 1, 0],
    [0, 0, 0, 1],
    [0, 1, 0, 0],
    [1, 0, 0, 0],
    [1, 1, 0, 1],
    [1, 0, 0, 1],
    [0, 1, 1, 1],
    [0, 0, 0, 0],
    [1, 0, 1, 0],
    [0, 1, 0, 1]
]

# 基因片段
X = [[1, 1], [0, 0], [0, 1], [1, 0], [1, 1], [1, 0], [0, 1], [0, 0], [1, 0], [0, 1]]

# 高血压
y1 = [1, 0, 0, 0, 0, 0, 1, 0, 1, 0]

# 训练
clf = GaussianNB().fit(X, y1)

# 预测
p = [[1, 0]]
print clf.predict(p)
# 结果为 0

# 胆结石
y2 = [0, 1, 0, 0, 1, 1, 1, 0, 0, 1]

# 训练
clf = GaussianNB().fit(X, y2)

# 预测
p = [[1, 0]]
print clf.predict(p)
# 结果为 0
```

当模型中有更为丰富的信息，如加入生活的城市、从事的工作、是否有烟酒习惯，还可以加入是否多盐、是否多糖等饮食习惯等内容来丰富这个模型。

10.1.3 小结

在本章的最后，我们先不管算法，也不管各种公式，我们就看看贝叶斯理论体系是在干什么？

在我看来，贝叶斯的理论体系其实揭示的是一种非常典型的人类自身的推测逻辑行为。

例如，在黄昏的时候走在自己居住的小区里，光线很昏暗，前面突然闪过一个影子，从路一边的草丛蹿到另一边，速度较快体型较大，其他信息没捕捉到。这时候大概会猜测，这有可能是一只较大的家犬。而如果是在非洲大草原上，从越野车里同样看到昏暗的草原上蹿过一个速度较快体型较大的动物，也许会猜测那是一头狮子，或者一头猎豹。这两种猜测对于捕捉到的对象信息都是非常有限的，而且内容相近，但是得出两种不同的推测。原因很简单，就是因为当时的环境不同，导致的两种事件的概率不同，带有比较明确的倾向性。也就是说，正常人的逻辑推断不会和上述例子相反，不会在小区里推断出现狮子或者猎豹，也不会推断在非洲大草原上出现家犬。这种推断的思路或者方式本身就是贝叶斯理论体系的核心内容。

朴素贝叶斯是一种机器学习的思想，而不是一个简单的直接套用的公式。而且在用朴素贝叶斯方式进行分类机器学习时还经常需要使用其他一些辅助的建模手段。朴素贝叶斯在生产生活中作为机器学习手段的场景确实非常多，是一种使用很广泛的方式，所以也很重要。后续章节将会介绍用朴素贝叶斯算法进行文章分类，希望读者能够灵活掌握。

10.2 决策树归纳

决策树也是一种常用的方式，这种方式几乎是人们可以无师自通的。

在平时做决定的时候常常也会有一些原则尺度可以用一棵树来表示，下面举两个小例子。

假如一个男生安排休息日的活动时思路如图 10-3 所示。

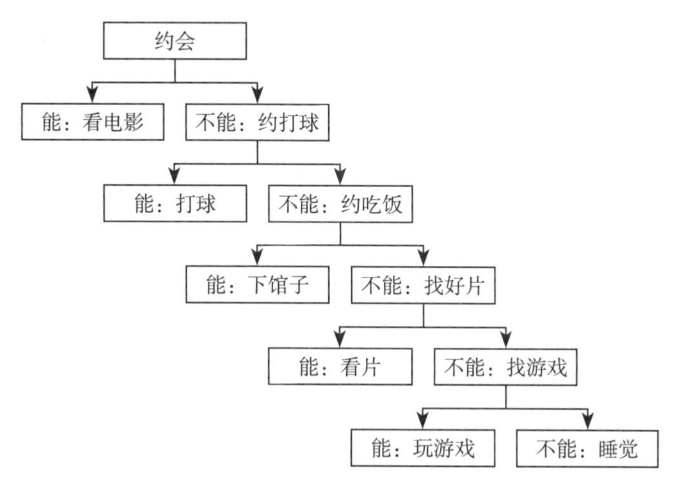

图 10-3 安排活动的思路

按照优先程度：

如果能约会就去看电影，
若不能，如果能约到球友就去打球，
若不能，如果能约到饭友就去下馆子，
若不能，如果有好片子就自己看，
若不能，如果有好玩的游戏就自己玩，
若不能，这些都没有那就在家睡觉。

这其实就是一个比较典型的决策树，一个样本，如某一天具体的客观情况，从树根（树是倒着从上往下长的，但也可以画成从下往上、从左往右、从右往左，不影响逻辑的表达）开始一步一步最后落入决策结果。

再如某大龄女青年在相亲网站进行海选，因为资源太多而自己精力有限，所以肯定是要进行相亲决策的，如图 10-4 所示。

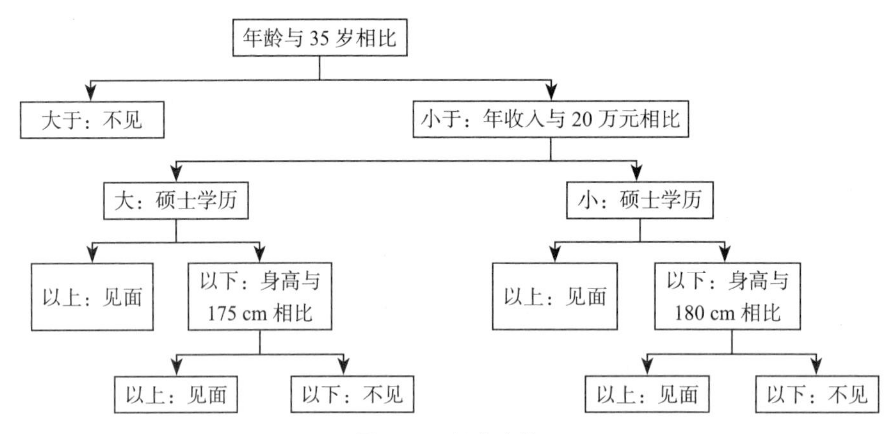

图 10-4 相亲决策

年龄 35 以上直接拉黑，年龄 35 以下可以考虑见面。

年收入 20 万元以上的，属于比较有能力的高质量男性，其他条件可以适当放宽。

如果学历为硕士以上，身高不够 175 cm 也可以；如果学历为本科及以下，那么身高必须在 175 cm 以上。

如果年收入 20 万元以下，要看是不是“潜力股”，或者颜值是否够高。

如果学历为硕士以上，不够 180 cm 身高也可以；如果学历为本科及以下，那么身高必须在 180 cm 以上。

本例同样是根据样本——对该大龄女青年打招呼的男性的情况从树根开始走决策树，最后决定是相亲还是不相亲。当然实际生活中相亲的条件还是很复杂的，尤其还要靠“眼缘”这种超级难量化的东西，哪是这么一张图这两三个条件就全都表达清楚。特别声明一下，本人对年龄、收入、学历及身高不够自信的男性绝没有歧视的意思，这里只是做个无厘头的比方而已。

上述两个例子实际上是一种比较“主观”的决策树构造方式，把决策树节点的分裂条件直接决定下来形成规则，但是下面重点讨论的是决策树归纳方式。

决策树归纳和上述过程看上去有些相反，是一个“自底向上”的认识过程。解释如下。

总结出第一棵决策树是根据某人长期以来进行休息日行为决策的条件和结果从大量样本中总结而来的，而不是由他自己经过深思熟虑进行总结和口述；那么第二棵决策树也不是某人自己直接口述而来的，而是她在网站上进行不断地互动和相亲，通过计算机学习归纳总结出来的。这种归纳总结的过程比从陈述而来的过程可能更为客观和准确——所谓察其言不如观其行。

况且更多时候确实是没有机会听别人陈述，更多的是在观察和总结中认识世界，自己总结出知识和规律。这才是整个分类算法体系要研究的内容。

10.2.1　样本收集

为了把整个归纳过程讲述清楚，还是沿用上述相亲的例子来做说明。可以想象，相亲网站的运营人员也没有可能去跟她做一个访谈来了解到她对相亲决策过程的描述，怎么办？如果能够拿到她相亲结果的反馈，如跟谁见过面等反馈，就很容易归纳出她的策略了。

假设相亲信息表如表 10-3 所示。

表 10-3　相亲信息

网站 ID	年龄（岁）	身高（cm）	年收入（万元）	学历	有否相亲
XXXXXXX	25	179	15	大专	N
XXXXXXX	33	190	19	大专	Y
XXXXXXX	28	180	18	硕士	Y
XXXXXXX	25	178	18	硕士	Y
XXXXXXX	46	177	100	硕士	N
XXXXXXX	40	170	70	本科	N
XXXXXXX	34	174	20	硕士	Y
XXXXXXX	36	181	55	本科	N
XXXXXXX	35	170	25	硕士	Y
XXXXXXX	30	180	35	本科	Y
XXXXXXX	28	174	30	本科	N
XXXXXXX	29	176	36	本科	Y

假设拿到真实的 12 个样本，由于网站 ID 这种信息对大龄女青年们做出相亲决策没有什么影响，所以直接忽略，下面来看后面的数据项。

图 10-4 所示的相亲决策树图以年龄与 35 岁相比作为树根。试想一下，其他的数据项能不能做树根？另外，是不是一定要用大于或小于 35 岁作为树根分裂的条件呢，不能是 34 岁或者 36 岁吗？是不是存在一种比较科学或者客观的方法能够找到这个描述最简洁的方式呢？这里需要用到一个重要的概念，即信息增益。

10.2.2 信息增益

在介绍信息增益之前先要介绍信息熵，在第 6 章中提到过信息熵的概念和计算方法。信息熵是用来描述信息混乱程度或者说确定程度的一个值。混乱程度越高，熵越大；混乱程度越低，熵越小。

整个样本集合的熵如下：

$$\text{Info} = -\sum_{i=1}^{m} p_i \log_2 p_i$$

这又是一个加和结果，m 的数量就是最后分类（决策）的种类，这个例子里 m 就是 2——要么见面要么不见面。p_i 指的实际是这个决策项产生的概率。本例中有两个决策项，一个是 N（不相亲），概率为 5/12，一个是 Y（相亲），概率为 7/12，这个概率就是从拿到的完整的相亲记录里得到的结论了。熵为

$$-\left(\frac{5}{12}\log_2\frac{5}{12}+\frac{7}{12}\log_2\frac{7}{12}\right)=0.98\text{bit}$$

这个熵也有另外一个叫法，即期望信息。

现在要做的是挑出这个“树根”，挑出“树根”的原则是这一个点挑出来一刀切下去，要尽可能消除不确定性，最好一刀下去就把两个类分清楚，如果不行才会选择在下面的子节点再切一次，切的次数越少越好。从熵的定义来看，不难看出，熵越大说明信息混乱程度越高，做切割时越复杂，要切割若干次才能完成；熵越小说明信息混乱程度越低，做切割时越容易，切割次数也就越少。

所以试试看究竟用哪个字段做树根能够使得消除信息混杂的能力最强。

假设用某一个字段 A 来划分，在这种划分规则下的熵为

$$\text{Info}_A = -\sum_{j=1}^{v} p_j \cdot \text{Info}(A_j)$$

式中，Info_A 是指要求的熵，右侧从 1 到 v 做加和，其中 v 表示一共划分为多少组，A 字段有 3 个枚举值，表示划分成 3 组，如例子中“学历”字段就有 3 个枚举值，那么用“学历”字段划分就是 $v = 3$ 的情况。P_j 表示这种分组产生的概率，也可以认为是一种权重，即 3 种学历各自占的比例，这里大专是 2/12，本科是 5/12，硕士是 5/12。$\text{Info}(A_j)$ 是在当前分组状态下的期望信息值。

具体来看看用“学历”字段做分割的情况下，熵有什么变化。

把上面的公式展开：

$$\begin{aligned}\text{Info}_A &= -[(\text{大专项})+(\text{本科项})+(\text{硕士项})]\\ &= -[(p_{\text{大专}}\times\text{大专分割熵})+(p_{\text{本科}}\times\text{本科分割熵})+(p_{\text{硕士}}\times\text{硕士分割熵})]\\ &= -\left[\frac{2}{12}\times\left(\frac{1}{2}\cdot\log_2\tfrac{1}{2}+\frac{1}{2}\cdot\log_2\tfrac{1}{2}\right)\right]-\left[\frac{5}{12}\times\left(\frac{3}{5}\cdot\log_2\tfrac{3}{5}+\frac{2}{5}\cdot\log_2\tfrac{2}{5}\right)\right]-\left[\frac{5}{12}\times\left(\frac{4}{5}\cdot\log_2\tfrac{4}{5}+\frac{1}{5}\cdot\log_2\tfrac{1}{5}\right)\right]\end{aligned}$$

$$\approx -\left[\frac{2}{12}\times\left(-\frac{1}{2}-\frac{1}{2}\right)\right]-\left[\frac{5}{12}\times\left(-\frac{3}{5}\times 0.737-\frac{2}{5}\times 1.32\right)\right]-\left[\frac{5}{12}\times\left(-\frac{4}{5}\times 0.322-\frac{1}{5}\times 2.32\right)\right]$$

$$\approx 0.872$$

信息增益如下：

$$\begin{aligned}\text{Gain（学历）}&=\text{Info}-\text{Info}_{\text{学历}}\\&=0.98-0.872\\&=0.108\text{ bit}\end{aligned}$$

这就是用“学历”字段作为根的信息增益。如果希望挑选到的是增益最大的那种方式，那么还需要试试其他字段是否有更大的信息增益。

10.2.3 连续型变量

试试用“年龄”字段看是否能取得最大的信息增益，但是“年龄”字段比较麻烦，它是一个连续型的字段，不像上述“学历”字段，就是3个枚举值。这种方法通常是在这个字段上找一个最佳的分裂点，然后一刀切下去，让它的信息增益最大。

在一个连续的字段上可以尝试用如下做法。

先把这个字段中的值做一个排序，从小到大。

年龄：25、25、28、28、29、30、33、34、35、36、40、46。

这一刀可以在任意两个数字之间切下去，切分点就是这两个数字加和再平均，如25和25之间就是25，30和33之间就是31.5。要用与用“学历”字段分割类似的方法去做切割。如果有 n 个数字，那么就有 $n-1$ 种切法，究竟哪种好只能一个一个地试。但是也可以选择中位点，然后一个一个往两边去试。

如果猜测这个字段值大小确实对最终决策有比较大的影响，如确实年龄是一个很重要的问题，大于某个值就直接淘汰了，小于某个值就有很大机会，那么从中位点往两边试，第一次第 v 个点（中位点），第二次 $v-1$ 个点，第三次 $v+1$ 个点，第四次 $v-2$ 个点，第五次 $v+2$ 个点，以此类推。每一次切割都会产生一个信息熵，一共 $v-1$ 个信息熵，当发现某一个点 m 比它左右两边的 $m-1$ 和 $m+1$ 点的信息熵都要小时，就认为找到了这个点。但是这个前提条件太强了，要求确实存在一个分水岭式的分割点。

下面我们还是老老实实把这 $n-1$ 种方式都计算一次找到这个信息熵最小的点吧。

那我们下面给出两段Python代码来说明枚举类型的字段的期望信息和连续类型的字段的期望信息计算方法。

“学历”字段分割，代码如下：

```
# 学历分类中大专、本科、硕士占比
education = (2.0 / 12, 5.0 / 12, 5.0 / 12)
# 大专分类中相亲占比
junior_college = (1.0 / 2, 1.0 / 2)
# 本科分类中相亲占比
```

```
undergraduate = (3.0 / 5, 2.0 / 5)
# 硕士分类中相亲占比
master = (4.0 / 5, 1.0 / 5)
# 学历各分类中相亲占比
date_per = (junior_college, undergraduate, master)

# "相亲"字段划分规则下的熵
def info_date(p):
    info = 0
    for v in p:
        info += v * log(v, 2)
    return info

# 使用"学历"字段划分规则下的熵
def infoA():
    info = 0
    for i in range(len(education)):
        info += -education[i] * info_date(date_per[i])
    return info
print infoA()
# 结果为0.872 032 787 226
```

"年龄"字段分割：

```
# 年龄
age = [25, 25, 28, 28, 29, 30, 33, 34, 35, 36, 40, 46]

# 是否相亲 1:是   0:否
date = [0, 1, 1, 0, 1, 1, 1, 1, 1, 0, 0, 0]

# 这里从年龄28、29中间切开
# 左、右分类中的数量占总数的百分比
split_per = (4.0 / 12, 8.0 / 12)

# 左边分类中相亲占比
date_left = (1.0 / 2, 1.0 / 2)

# 右边分类中相亲占比
date_right = (5.0 / 8, 3.0 / 8)

# 左、右各分类中相亲占比
date_per = (date_left, date_right)

# "相亲"字段划分规则下的熵
def info_date(p):
    info = 0
    for v in p:
        info += v * log(v, 2)
    return info

# 左、右分类划分规则下的熵
```

```
def infoA():
    info = 0
    for i in range(len(split_per)):
        info += -split_per[i] * info_date(date_per[i])
    return info
print infoA()
#结果是0.969 622 668 617
```

从“年龄”字段的28和29两个值中间分开的情况来看，熵非常大，几乎是0.97，很接近1了，这说明这一刀切得很没有效率，还要寻找其他切分位置。修改以下代码，就可以得到其他方案的熵值。

```
#左、右分类中的数量占总数的百分比
split_per = (4.0 / 12, 8.0 / 12)
#左边分类中相亲占比
date_left = (1.0 / 2, 1.0 / 2)
#右边分类中相亲占比
date_right = (5.0 / 8, 3.0 / 8)
```

最后归纳总结一下构造整棵树时的思路，应该是遵循下面这样的方式：

第一步，找到信息增益最大的字段A和信息增益最大的切分点v（不管是连续类型还是枚举类型）。

第二步，决定根节点的字段A和切分点v。

第三步，把字段A从所有待选的字段列表中拿走，再从第一步开始找。注意这时相当于决策已经走了一步了，如果在根节点上已经分裂成两个分支，那么每一个分支各自又形成一个完整的决策树的选择过程，注意不同点。不同的是：可选的字段不一样了，因为A字段被去掉了；此外，在这个分支上的样本也比原来少了，因为两个分支分割了整个样本，使得一个部分分支只拥有样本的一部分。

这个过程只是看上去比较啰嗦而已，用程序套算时还是比较快的。缺点是这个归纳出来的树可能会非常复杂，分支和层次极多，这样在可视化上也有问题，在实际用新样本来做分类时也会感觉操作麻烦。

还可以用“减枝法”进行树的修剪，有“前减枝”和“后剪枝”两种方法。“前剪枝”就是提前终止树的构造，如只用了2个字段，两层树就已经构造完整个树了，保持了树的精简性。“后剪枝”就是等树完全构造完，如建模一共使用7个字段，全都用上，这样就形成了一个7层的树，如果一个分支下分类已经比较“纯粹”了，就没必要再通过其他条件分支来进行细化，那么整个枝可以直接减掉变成一个叶。

剪枝这个动作其实是在分类精度上和算法繁琐的程度上做了一个妥协，这种思路几乎贯穿所有的分类算法的始终。在第8章中介绍过过拟和欠拟的问题，过拟的诱因之一是更重视精度的思路，欠拟的诱因之一是更重视简洁度的思路。因此，不能武断地说过拟不好或者欠拟不好，而是要在方案的收益和成本之间做一个权衡。这一点在具体方案落地的时候很重要。

10.3 随机森林

随机森林算法是一种并行性比较好的算法规则，一再强调的是，在数据挖掘中的很多算法实际是一种问题处理方式或者原则，而不是针对某一个具体的问题所书写的代码。这本身也是一个哲学上的矛盾，针对性越强，深度越大，适应度越窄；而反过来，针对性约弱，深度越小，适应度就越宽。在学习数据挖掘诸多算法时应该还是更多注重这些适应度较宽的算法思路。

看到“森林”这个词，很容易联想到前一节介绍的决策树，很多很多树就可以构成森林。确实，和前面的决策树归纳的过程类似，随机森林是一个构造决策树的过程，只是它不是要构造一棵树，而是构造许多棵树。

在决策树的构造中会遇到过拟和欠拟的问题，在随机森林算法中，通常在一棵树上是不会追求及其精确的拟合的，而相反，希望的是决策树的简洁和计算的快速。

步骤和原则如下。

（1）随机挑选一个字段构造树的第一层。

（2）随机挑选一个字段构造树的第二层。

……

（3）随机挑选一个字段构造树的第 n 层。

（4）在本棵树建造完毕后，还需要照这种方式建造 m 棵决策树。

补充原则如下。

（1）树的层级通常比较浅。

（2）每棵树的分类都不能保证分类精度很高。

（3）一个样本进行分类时同时对这 m 棵决策树做分类概率判断。

人们会为一个训练集构造若干棵决策树，通常可能是几十甚至上百棵，具体会根据样本属性的数量和杂乱程度来决定。当有新样本需要进行分类时，同时把这个样本给这几棵树，然后用类似民主投票表决的方式来决定新样本应该归属于哪类，哪一类“得票多”就归为哪一类。

下面把上述例子用随机森林的方式来实现，代码如下：

```
from sklearn.ensemble import RandomForestClassifier

#学历 0:大专 2:硕士 1:本科
#'年龄','身高','年收入','学历'
X = [
[25, 179, 15, 0],
[33, 190, 19, 0],
[28, 180, 18, 2],
[25, 178, 18, 2],
[46, 100, 100, 2],
```

```
[40, 170, 170, 1],
[34, 174, 20, 2],
[36, 181, 55, 1],
[35, 170, 25, 2],
[30, 180, 35, 1],
[28, 174, 30, 1],
[29, 176, 36, 1],
]

# 有否相亲 0:N 1:Y
y = [0, 1, 1, 1, 0, 0, 1, 0, 1, 1, 0, 1]

# 现在把训练数据和对应的分类放入分类器中进行训练
clf = RandomForestClassifier().fit(X, y)

# 预测下面此人是否相亲
p = [[28, 180, 18, 2]]
clf.predict(p)

# 输出结果是 [1] 是
```

这里验证用的是训练样本中的第 3 个 [28, 180, 18, 2]，而第 3 个样本也确实是相亲的对象，验证成功。同样可以用更多的样本来进行训练，这样的预测结果会更加准确。

10.4　隐马尔可夫模型

隐马尔可夫模型（Hidden Markov Model，HMM）最初由 L. E. Baum 发表在 20 世纪 70 年代一系列的统计学论文中，随后在语言识别、自然语言处理以及生物信息等领域体现了很大的价值。

还有一个概念叫做“马尔可夫链”（也有写成马尔科夫链或者马尔科夫模型的）。这两者有什么关系呢？马尔可夫链是一个数学概念，因为它由俄罗斯物理学家兼数学家安德烈·马尔可夫（A.A.Markov）提出而得名。马尔可夫链的核心是，在给定当前知识或信息的情况下，观察对象过去的历史状态对于预测将来是无关的。也可以说，在观察一个系统变化的时候，它下一个状态（第 n+1 个状态）如何的概率只需要观察和统计当前状态（第 n 个状态）即可以正确得出。另外，在一些资料上会看到贝叶斯信念网络的分类模型概念。隐马尔可夫链和贝叶斯信念网络的模型思维方式有些接近，区别在于，隐马尔可夫链的模型更为简化，或者可以认为隐马尔可夫链就是贝叶斯信念网络的一种特例。而且隐马尔可夫链是一个双重的随机过程，不仅状态转移之间是一个随机事件，状态和输出之间也是一个随机过程，如图 10-5 所示。

在一个完整的观察过程中有一些状态的转换，即图 10-5 中用虚线圈表示的 X_1 到 X_T。在观察中 X_1 到 X_T 的状态存在一个客观的转化规律，但是没办法直接观测到，观测到的是每个 X 状态下的输出 O，即 O_1 到 O_T。需要通过 O_1 到 O_T 这些输出值来进行模型建立和计算状态转移的概率。

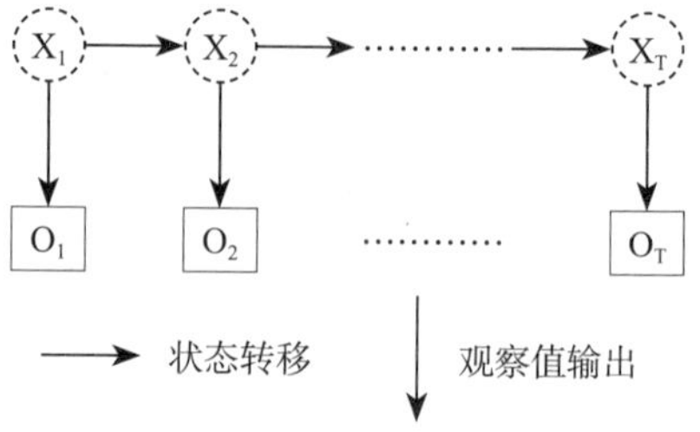

图 10-5　隐马尔可夫链示意图

为了比较容易理解整个过程，下面举一个很有趣的例子[⊖]。

假设有 3 个不同的骰子。

第一个骰子是常见的骰子（称这个骰子为 D6），6 个面，每个面（1，2，3，4，5，6）出现的概率是 1/6。

第二个骰子是一个四面体（称这个骰子为 D4），每个面（1，2，3，4）出现的概率是 1/4。

第三个骰子有 8 个面（称这个骰子为 D8），每个面（1，2，3，4，5，6，7，8）出现的概率是 1/8。

当然用其他点数的骰子原理是一样的。3 种骰子和掷骰子可能产生的结果如图 10-6 所示。

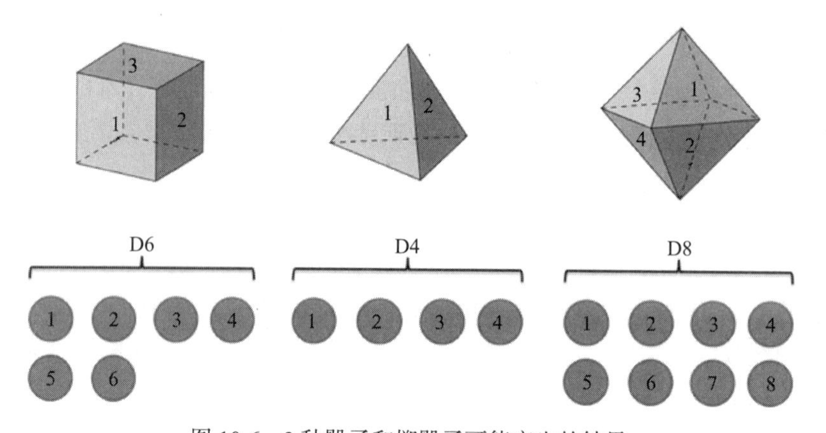

图 10-6　3 种骰子和掷骰子可能产生的结果

先随机选择一个骰子，然后再用它掷出一个数字，并记录下这个选择和数字。先从 3 个骰子里挑一个，挑到每一个骰子的概率都是 1/3。然后掷骰子，得到一个数字，1、2、3、4、5、6、7、8 中的一个。不停地重复上述过程，会得到一串数字，每个数字都是 1、2、3、4、5、6、7、8 中的一个。

例如，可能得到这么一串数字（掷骰子 10 次）：1、6、3、5、2、7、3、5、2、4，这串数字叫做可见状态链，也就是记录的这组数字，也是前面介绍的 O_n。但是在隐马尔可夫模型中，不仅仅有这么一串可见状态链，还有一串隐含状态链。在这个例子里，这串隐含状态链就是选出的骰子的序列。例如，隐含状态链有可能是 D6、D8、D8、D6、D4、D8、

⊖ 该例子来源于知乎，作者：Yang Eninala，链接：http://www.zhihu.com/question/20962240/answer/33438846，有部分删改。

D6、D6、D4、D8，如图 10-7 所示。如果继续选取和投掷还能得到这个状态链上更多的节点。一般来说，HMM 中的马尔可夫链其实是指隐含状态链，因为实际是隐含状态（所选的骰子）之间存在转换概率（Transition Probability），如图 10-8 所示。

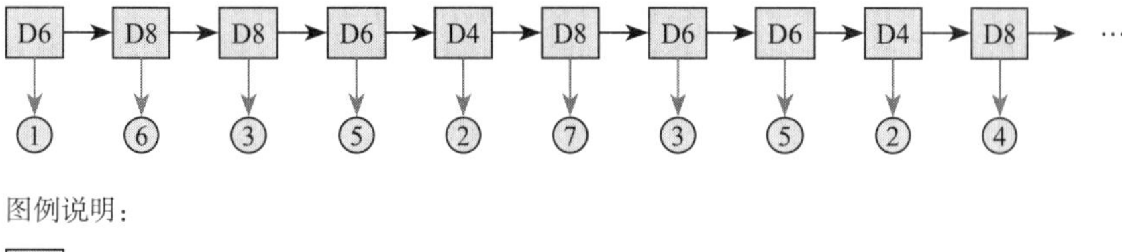

图例说明：

D6 一个隐含状态　　→ 从一个隐含状态到下一个隐含状态的转换

① 一个可见状态　　↓ 从一个隐含状态到一个可见状态的输出

图 10-7 隐马尔可夫模型示意图

在这个例子中，D6 的下一个状态是 D4、D6、D8 的概率都是 1/3。D4、D8 的下一个状态是 D4、D6、D8 的转换概率也都一样是 1/3，虽然在示例中没有画出所有的情况，但是从古典概型的角度来分析，应该是这样的，而实际上也可以从大量的掷骰子实验中得到这样的转换概率的统计结果。这样设定是为了最开始容易说清楚，其实是可以随意设定转换概率的。例如，可以这样定义，D6 后面不能接 D4，D6 后面是 D6 的概率是 0.9，是 D8 的概率是 0.1。也可以假设骰子不是 3 个，而是有 10 个，其中 D4 有 2 个，D6 有 9 个，D8 有 1 个，等等。这样就是一个新的 HMM，因为转换概率肯定是与当前的例子不同的。而同样的，尽管可见状态之间没有直接的转换概率，但是隐含状态和可见状态之间有一个概率叫做输出概率（Emission Probability）。

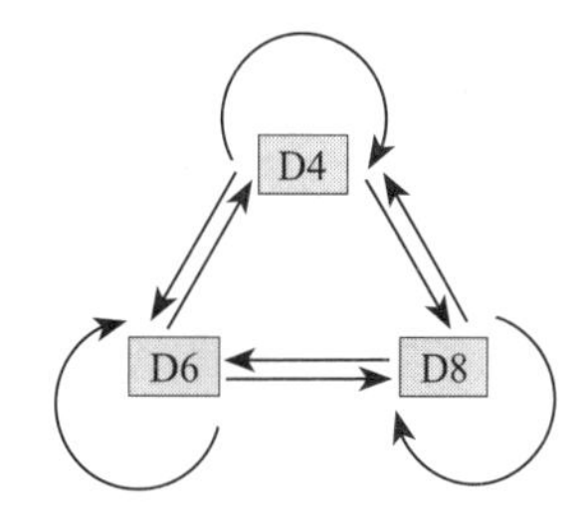

图 10-8 隐含状态转换关系示意图

就本例来说，六面骰子（D6）产生 1 的输出概率是 1/6。产生 2、3、4、5、6 的概率也都是 1/6。同样可以对输出概率进行其他定义。例如，有一个被赌场动过手脚的六面骰子，掷出来是 1 的概率更大，是 1/2，掷出来是 2、3、4、5、6 的概率是 1/10。

其实对于 HMM 来说，如果提前知道所有隐含状态之间的转换概率和所有隐含状态到所有可见状态之间的输出概率，进行模拟是相当容易的。但是应用 HMM 模型时，往往缺失一部分信息，有时候知道骰子有几种，每种骰子是什么，但是不知道掷出来的骰子序列；有时候只是看到了很多次掷骰子的结果，剩下的什么都不知道。如果应用算法去估计这些缺失的信息，就成了一个很重要的问题。这些算法将会在后续章节详细介绍。

和 HMM 模型相关的算法主要分为 3 类，分别解决 3 种问题。

问题 1：知道骰子有几种（隐含状态数量）、每种骰子是什么（转换概率）、根据掷骰子掷出的结果（可见状态链），想知道每次掷出来的都是哪种骰子（隐含状态链）。

这个问题在语音识别领域叫做解码问题。这个问题其实有两种解法，会给出两个不同的答案。每个答案都正确，只是这些答案的意义不一样。第一种解法求最大似然状态路径，通俗地说，就是求一串骰子序列，这串骰子序列产生观测结果的概率最大。第二种解法不是求一组骰子序列，而是求每次掷出的骰子分别是某种骰子的概率。

例如，看到结果后，可以求得第一次掷骰子是 D4 的概率是 0.5，D6 的概率是 0.3，D8 的概率是 0.2。

问题 2：知道骰子有几种（隐含状态数量）、每种骰子是什么（转换概率）、根据掷骰子掷出的结果（可见状态链），想知道掷出这个结果的概率。

这个问题看似意义不大，因为掷出来的结果很多时候都对应了一个比较大的概率。这个问题的目的其实是检测观察到的结果和已知的模型是否吻合。如果很多次结果都对应了比较小的概率，那么就说明已知的模型很有可能是错的，有人偷偷把骰子换了。

问题 3：知道骰子有几种（隐含状态数量），不知道每种骰子是什么（转换概率），观测到很多次掷骰子的结果（可见状态链），想反推出每种骰子是什么（转换概率）。这个问题很重要，因为这是最常见的情况。很多时候只有可见结果，不知道 HMM 模型中的参数，需要从可见结果估计出这些参数，这是建模的一个必要步骤。

10.4.1 维特比算法

接着上述例子说问题 1，解最大似然路径问题。

有 3 个骰子：六面骰、四面骰、八面骰。也知道掷了 10 次的结果（1、6、3、5、2、7、3、5、2、4），但是不知道每次用了哪种骰子，而想知道最有可能的骰子序列。其实最简单的方法就是穷举所有可能的骰子序列，然后根据古典概型的分布特点来计算每个序列对应的概率，再从中把对应最大概率的序列挑出来。如果马尔可夫链不长，这种方法是可行的。如果马尔可夫链长，穷举的数量太大，就很难完成了。另外一种很有名的算法叫做维特比算法（Viterbi algorithm）。要理解这个算法，先看几个简单的例子。

首先，如果只掷一次骰子，如图 10-9 所示。

结果为 1，对应的最大概率骰子序列就是 D4，因为 D4 产生 1 的概率是 1/4，高于 1/6 和 1/8。把这个情况拓展，掷两次骰子，如图 10-10 所示。

图 10-9　掷一次骰子　　图 10-10　掷两次骰子

结果分别为 1、6。这时问题变得复杂起来，要计算 3 个值，分别是第二个骰子是 D6、D4、D8 的最大概率。显然，要取到最大概率，第一个骰子必须为 D4。这时，第二个骰子取到 D6 的最大概率如下：

$$P2(\mathrm{D6}) = P(\mathrm{D4}) * P(1 \mid \mathrm{D4}) * P(\mathrm{D6} \mid \mathrm{D4}) * P(6 \mid \mathrm{D6})$$
$$= \frac{1}{3} * \frac{1}{4} * \frac{1}{3} * \frac{1}{6} = \frac{1}{216}$$

上面等式右侧表示的是第一个骰子选到 D4 的概率（1/3）乘以在选到 D4 的情况下掷出 1 点的概率（1/4），$P(\mathrm{D6}|\mathrm{D4})$ 是指第一个骰子选到 D4 的情况下第二个骰子选到 D6 的概率（1/3），最后一项是指第二个骰子选到 D6 的情况下掷出 6 点的概率（1/6）。

同样的，可以计算第二个骰子是 D4 或 D8 时的最大概率。发现，第二个骰子取到 D6 的概率最大。而使这个概率最大时，第一个骰子为 D4。所以最大概率骰子序列就是 D4、D6。继续拓展，掷 3 次骰子，如图 10-11 所示。

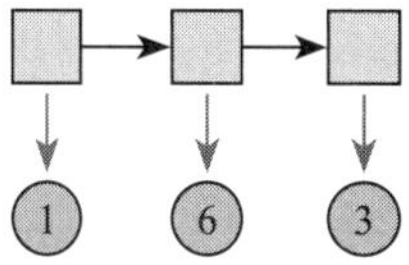

1 6 3

图 10-11

同样，计算第三个骰子分别是 D6、D4、D8 的最大概率。再次发现，要取到最大概率，第二个骰子必须为 D6。这时，第三个骰子取到 D4 的最大概率如下：

$$P3(\mathrm{D4}) = P2(\mathrm{D6}) * P(\mathrm{D4} \mid \mathrm{D6}) * P(3 \mid \mathrm{D4})$$
$$= \frac{1}{216} * \frac{1}{3} * \frac{1}{4} = \frac{1}{2592}$$

和计算两个骰子序列概率的方法一样，还可以计算第三个骰子是 D6 或 D8 时的最大概率。可以发现，第三个骰子取到 D4 的概率最大。而使这个概率最大时，第二个骰子为 D6，第一个骰子为 D4。所以最大概率骰子序列就是 D4、D6、D4。既然掷骰子 1 到 3 次可以算，掷多少次都可以，以此类推。

可以发现，要求最大概率骰子序列时要做下面几件事情。

首先，不管序列多长，要从序列长度为 1 算起，算序列长度为 1 时取到每个骰子的最大概率。然后，逐渐增加长度，每增加一次长度，重新算一遍在这个长度下最后一个位置取到每个骰子的最大概率。因为上一个长度下取到每个骰子的最大概率都算过了，重新计算其实不难。当算到最后一位时，就知道最后一位是哪个骰子的概率最大了。然后，要把对应这个最大概率的序列从后往前推出来。这就是在刚刚掷骰子的例子中展示出的完整维特比算法。

维特比算法的提出者叫安德鲁·维特比，美籍犹太人，高通首席科学家，同时也是高通公司创始人之一。维特比算法的目的也比较单纯，即找出可能性最大的隐藏序列。

这种算法研究是一种链的可能性问题。现在应用最广的领域是 CDMA 通信以及打字提示功能。

通信系统是一个非常复杂的系统，不管是人们用的手机的通信，还是家里无线路由器的 WiFi 通信，还是光纤里的光波通信，涉及一系列的问题。例如，在进行语音通话时要把声音信号的模拟信号进行抽样，再用傅里叶变换变成余弦波组成的频域信号，再把频域信号进行数字化传输，再用傅里叶逆变换变回时域信号，再由模拟放大电路变成声音信号放出来。而在一个小区域里大量的人都用的是一个手机基站，会不会出现把基站挤满了没办法打电话的情况呢？

相信大家都有体会，在没有微信的时候，手机基站最忙的时候就是除夕钟声敲响的前后了。打电话打不出去，别人也打不进来，短信发起来也是很困难，因为带宽被接通的这些电话占满了。每一台手机和基站之间通话都是要占用通信带宽的，带宽有限，所以在手机通话负荷已经超过手机基站的情况下，基站就没办法分配足够的频带（带宽）给新接入的手机用了，电话自然打不出去也打不进来。对于基站来说，通信频带肯定是有这样的局限性的，通信要保证每个接入的手机都要正常通话一般有以下两种办法。

（1）每个人用不同的频段。每个手机各用各的频率，当然就不会干扰了。

（2）大家轮流“说话”。把时间打碎，如一秒钟分成几十个小段，每个手机被分配只在这个小段和基站用某个频率通信，下次通信就得到下一秒去。这样所有的手机虽然用的是同一个频率，但是大家“说话”都很紧凑，1 秒钟收集到的信息压缩在几十分之一秒发过去。时间上错开，也不会有问题。

当然，还有一种方法就是两种方案混搭，即分配不同的频段，又分配不同的时间。这样一个基站就能容纳几百个人同时使用了。

还有一种看上去非常高级的协议，叫做 CDMA 协议（Code Division Multiple Access），中文译作码分多址协议，国内目前用的 3G 或者 4G 都是 CDMA 协议族里的通信协议。

怎么理解这种协议呢？先想象一下，很多人聚在一起说话时有什么现象？即大家都在用 3 000 ～ 4 000 Hz 的频率——常人耳朵能识别的语音频率来进行对话。大家都近距离小声说话，基本上还没问题。这属于多个点对点的对话，其他人之间对话的声音传过来就非常小了，基本不会干扰到和谈话对象之间的会话——从前面提到过的香农公式来说这属于信噪比比较大的时候。如果大家说话时声音都比较大，那就显得非常嘈杂，如果噪声压过了正常交谈的声音再想要跟谈话对象说清楚就需要离得近一些，声音大一些，这就是加大信号功率，还是加大信噪比的方案。

CDMA 是一种与这种处理思路不同的方式，它相当于在整个房间里强迫每一对谈话者都用一种与其他谈话的人不一样的语言。如甲乙两个人用英语，丙丁两个人用中文，戊己两个人用韩国语，等等。最后整个房间里虽然听起来还是会比较嘈杂，但是每个对话者经历的是一种什么现象呢？如甲会在乱嗡嗡的背景噪音里，听到有一个乙在讲英语，乙也是同样的感觉——他会听到在嘈杂的噪声里有一个甲在讲英语。其他每一组对话的对象都会有类似的感觉，即能听到杂乱的背景噪声里有一个人在讲自己能听懂的语言——只要这种噪声不要大到完全听不到谈话对象在说什么即可。每对人物对话的过程却是听到了很多的声音，但是根据上下文关系是能够从众多的声音中滤出那些和自己语言一致的声音，甚至在语言种类一致的情况下能够滤出和自己对话内容一致的声音。这基本就是 CDMA 技术最为通俗的解释了，整个方案就是基站，不同的手机就是里面每个人，唯一不同的一点是，基站本身会说 N 种语言，它每次和一台手机开启一个会话都会指定让这次会话使用某种语言而且和其他手机不同，虽然频段和时间上不做区分但是手机和基站的通信在各自的“语言”下并行不悖。

人类为什么会具有这样一种能力，其实是根据这些语音各自具备一定的特性和上下文关系，所以人们轻易能够从噪声中提取到能理解的信息，而忽略那些认为不是信息的内容。

维特比算法整体的思路就是在寻找收到的上一段信息和它后面跟随的下一段信息的转移概率问题——在这段信息后最可能出现的是哪些前置内容。

再来看一个和生活更贴近的例子——打字软件猜测输入内容对应文字，如图 10-12 所示。

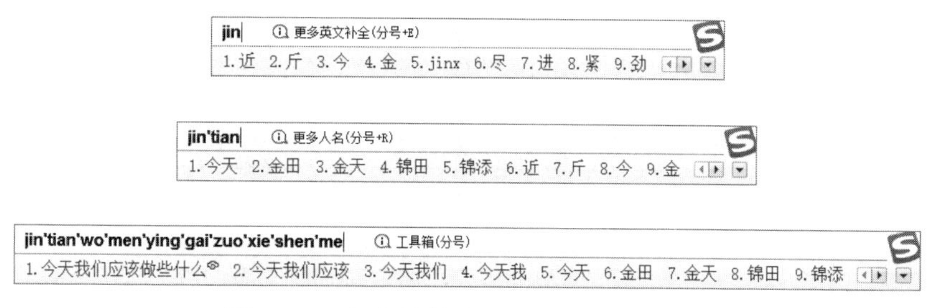

图 10-12 打字软件猜测输入内容对应文字

在 Windows 中能够使用的输入法有很多种，有全拼，即要把拼音输入完整；有双拼，即一种缩拼，用一个字符代表若干个字符；有五笔字型，即用一个字符代表一个偏旁；等等，但是猜测输入文字时，原理差不多。以全拼为例，在使用输入法时，输入的是英文字母。在这个应用中，隐藏的序列是真实要输入的中文字符和词汇，显示的部分是输入的英文字符。

在输入 jin 时，输入法软件会猜测想要输入“近”、“斤”、“今”等。而这种排序不是瞎猜的，通常是根据统计而来。也就是说“近”、“斤”、“今”这样的顺序一般是根据使用人的输入习惯形成的——在平时打字聊天的过程中“近”出现在词汇或句子（如果输入法知道这个是句子开始）输入开始的概率大于“斤”，而“斤”大于“今”。在使用输入法时也能感觉到，一个字如果被输入一次，下一次再输入的时候排名可能就比原来靠前很多，尤其是那些比较冷僻的字排名变化尤其明显。

但是又输入了 tian 时就不一样了。“今天”作为一个词汇，比其他任何一个被拼作 jintian 的词汇都使用得更为高频。也可以理解为，当输入 tian 时，由 jin（今）到 tian（天）这条路径的概率是最高的，这是把“今天”这个词汇放在第一个的原因。

后面输入了几个其他的完整词汇：“我们”、“应该”、“做些”、“什么”，输入法也会继续对这些词汇在句子中的路径概率进行计算，每次输入都会猜测一次到目前的输入状态为止最有可能的那条路径，那么看到的这个第一顺位的词汇，准确说是一个句子——“今天我们应该做些什么”就是猜测到的最优的结果，它比其他任何一种路径产生的概率都要高。

上述内容是一个在没有看该输入的源代码的情况下做的一个猜测，只是说这样做是可以的，具体操作起来还是会比较复杂，还有很多其他的因素应该考虑进去。如这个马尔可夫模型的训练（拼音串的输入与最终产生的汉字串的输出）是应该来源于本地的输入者的习惯呢，还是应该来源于更加有代表性的互联网呢，还是两者结合，如果结合又是怎么一种策略来调解其中矛盾的部分呢？这些都是值得探讨的问题。

下面模拟输入法的猜测方法给出一个算法示例，先给出各级转移矩阵，如表 10-4 ～表 10-7 所示。

表 10-4　jin 概率矩阵

	概率
近	0.3
斤	0.2
今	0.1
金	0.06
尽	0.03

表 10-5　jin-tian 转移矩阵

	天	填	田	甜	添
近	0.001	0.001	0.001	0.001	0.001
斤	0.001	0.001	0.001	0.001	0.001
今	0.990	0.001	0.001	0.001	0.001
金	0.002	0.001	0.850	0.001	0.001
尽	0.001	0.001	0.001	0.001	0.001

表 10-6　wo 概率矩阵

	概率
我	0.400
窝	0.150
喔	0.090
握	0.050
卧	0.030

表 10-7　wo-men 转移矩阵

	们	门	闷	焖	扪
我	0.970	0.001	0.003	0.001	0.001
窝	0.001	0.001	0.001	0.001	0.001
喔	0.001	0.001	0.001	0.001	0.001
握	0.001	0.001	0.001	0.001	0.001
卧	0.001	0.001	0.001	0.001	0.001

简单做一下说明，输出一个完整拼音后，用户就会按空格或者数字把输入备选框中的汉字输出，当单字词输出时就会由统计产生“jin 输入概率矩阵”和“wo 概率矩阵”这样的统计结果，这个计算比较简单，计算次数即可。下次再度输入单字词拼音就会根据输入概率矩阵进行排序，概率大的单字词会列在前面。

而当用户输出的是一个“双字词”时就会由统计产生“jin-tian 转移矩阵”和“wo-men 转移矩阵”这样的统计结果，同样是用计数的统计方法即可。而且每个双字词、三字词等的输入统计都用这种方法。在输入双字词汉字拼音时会根据转移概率表进行计算。多个词相连就是多个转移矩阵的概率相乘计算，从而得到概率最大的输入可能项。

在实际应用的过程中，这个概率矩阵会是一个系数矩阵，在磁盘或者内存上肯定不会像这 4 个表格这样直接列成一个方阵来存储的。而且转移概率足够小，如小于 0.001 时可以认为是输入统计中的噪声点，不进行词汇输入推荐，这样输入备选框的前面也只会出现高频输入词汇，这样备选框比较简洁。

代码如下：

```
# coding=utf-8
import numpy as np
```

```
jin = ['近', '斤', '今', '金', '尽']
jin_per = [0.3, 0.2, 0.1, 0.06, 0.03]

jintian = ['天', '填', '田', '甜', '添']
jintian_per = [
    [0.001, 0.001, 0.001, 0.001, 0.001],
    [0.001, 0.001, 0.001, 0.001, 0.001],
    [0.990, 0.001, 0.001, 0.001, 0.001],
    [0.002, 0.001, 0.850, 0.001, 0.001],
    [0.001, 0.001, 0.001, 0.001, 0.001]]

wo = ['我', '窝', '喔', '握', '卧']
wo_per = [0.400, 0.150, 0.090, 0.050, 0.030]

women = ['们', '门', '闷', '焖', '扪']
women_per = [
    [0.970, 0.001, 0.003, 0.001, 0.001],
    [0.001, 0.001, 0.001, 0.001, 0.001],
    [0.001, 0.001, 0.001, 0.001, 0.001],
    [0.001, 0.001, 0.001, 0.001, 0.001],
    [0.001, 0.001, 0.001, 0.001, 0.001]]

N = 5


def found_from_oneword(oneword_per):
    index = []
    values = []
    a = np.array(oneword_per)
    for v in np.argsort(a)[::-1][:N]:
        index.append(v)
        values.append(oneword_per[v])
    return index, values


def found_from_twoword(oneword_per, twoword_per):
    last = 0
    for i in range(len(jin_per)):
        current = np.multiply(oneword_per[i], twoword_per[i])
        if i == 0:
            last = current
    else:
        last = np.concatenate((last, current), axis=0)

    index = []
    values = []
    for v in np.argsort(last)[::-1][:N]:
        index.append([v / 5, v % 5])
        values.append(last[v])
```

```
    return index, values

def predict(word):
    if word == 'jin':
        for i in found_from_oneword(jin_per)[0]:
            print jin[i]
    elif word == 'jintian':
        for i in found_from_twoword(jin_per, jintian_per)[0]:
            print jin[i[0]] + jintian[i[1]]
    elif word == 'wo':
        for i in found_from_oneword(wo_per)[0]:
            print wo[i]
    elif word == 'women':
        for i in found_from_twoword(wo_per, women_per)[0]:
            print wo[i[0]] + women[i[1]]
    elif word == 'jintianwo':
        index1, values1 = found_from_oneword(wo_per)
        index2, values2 = found_from_twoword(jin_per, jintian_per)
        last = np.multiply(values1, values1)
        for i in np.argsort(last)[::-1][:N]:
            print jin[index2[i][0]], jintian[index2[i][1]], wo[i]
    elif word == 'jintianwomen':
        index1, values1 = found_from_twoword(jin_per, jintian_per)
        index2, values2 = found_from_twoword(wo_per, women_per)
        last = np.multiply(values1, values1)
        for i in np.argsort(last)[::-1][:N]:
            print jin[index1[i][0]], jintian[index1[i][1]], wo[index2[i][0]],
                      women[index2[i][1]]
    else:
        pass

if __name__ == '__main__':
    predict('jin')
    # 近
    # 斤
    # 今
    # 金
    # 尽
    predict('jintian')
    # 今天
    # 金田
    # 近天
    # 近填
    # 近田
    predict('wo')
    # 近
    # 斤
    # 今
```

```
# 金
# 尽
predict('women')
# 我们
# 我闷
# 我门
# 我焖
# 我扪
predict('jintianwo')
# 今天我
# 金田窝
# 近天喔
# 近填握
# 近田卧
predict('jintianwomen')
# 今天我们
# 金田我闷
# 近田我扪
# 近填我焖
# 近天我门
```

根据算法，示例输入会在输入“jin”、“jintian”、“jintianwo”、“jintianwomen”时分别排序输出：

```
“jin”: 近、斤、今、金、尽
“jintian”: 今天、金田
“jintianwo”: 今天我
“jintianwomen”: 今天我们
```

10.4.2 前向算法

再来看问题 2 所涉及的问题，“知道骰子有几种（隐含状态数量）、每种骰子是什么（转换概率）、根据掷骰子掷出的结果（可见状态链），想知道掷出这个结果的概率”，解决这个问题的算法叫做前向算法（Forward Algorithm）。

还是来看这个例子：怀疑自己的六面骰子被赌场动过手脚了，有可能被换成另一种六面骰子，这种六面骰子掷出来是 1 的概率更大，是 1/2，掷出来是 2、3、4、5、6 的概率是 1/10。应该怎么办？答案很简单，算一算正常的 3 个骰子掷出一段序列的概率，再算一算不正常的六面骰子和另外两个正常骰子掷出这段序列的概率。如果前者比后者小，就要小心了。例如，掷骰子的结果如图 10-13 所示。

要算用正常的 3 个骰子掷出这个结果的概率，其实就是将所有可能情况的概率进行加和计算。同样，简单的方法就是穷举所有的骰子序列，还是计算每个骰子序列对应的概率，但是这回不挑最大值了，而是把所有算出来的概率相加，得到的总概率就是要求的结果。这个方法依然不能应用于太长的骰子序列（马尔可夫链）。这里应用一个和前一个问题类似的解法，只是前一个问题关心的是概率最大值，这个问题关心的是概率之和。首先，如果只掷一次骰子，如图 10-14 所示。

结果为 1。产生这个结果的总概率可以按照如表 10-8 所示计算，总概率为 0.18（表格中取的都是约等值）。

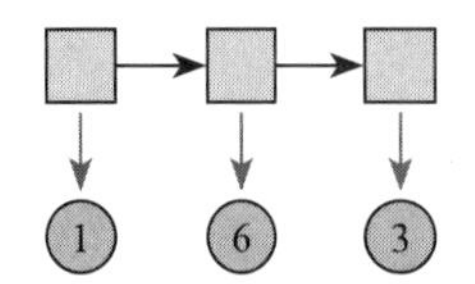

图 10-13　掷骰子的结果

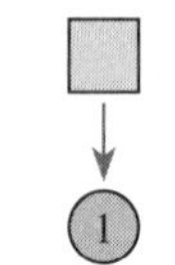

图 10-14　掷一次骰子

表 10-8　概率

	P1		P1
D4	$\frac{1}{3}*\frac{1}{4}=\frac{1}{12}\approx 0.083$	D8	$\frac{1}{3}*\frac{1}{8}=\frac{1}{24}\approx 0.042$
D6	$\frac{1}{3}*\frac{1}{6}=\frac{1}{18}\approx 0.056$	总计	0.18

把这个情况拓展，掷两次骰子，如图 10-15 所示。

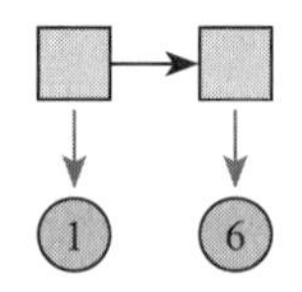

图 10-15　掷两次骰子

概率如表 10-9 所示。

表 10-9　概率

	P1	P2
D4	$\frac{1}{3}*\frac{1}{4}=\frac{1}{12}\approx 0.083$	$P1(D4)*\frac{1}{3}*0+P1(D6)*\frac{1}{3}*0+P1(D8)*\frac{1}{3}*0=0$
D6	$\frac{1}{3}*\frac{1}{6}=\frac{1}{18}\approx 0.056$	$P1(D4)*\frac{1}{3}*\frac{1}{6}+P1(D6)*\frac{1}{3}*\frac{1}{6}+P1(D8)*\frac{1}{3}*\frac{1}{6}\approx 0.01$
D8	$\frac{1}{3}*\frac{1}{8}=\frac{1}{24}\approx 0.042$	$P1(D4)*\frac{1}{3}*\frac{1}{8}+P1(D6)*\frac{1}{3}*\frac{1}{8}+P1(D8)*\frac{1}{3}*\frac{1}{8}\approx 0.007\ 5$
总计	0.18	0.018

继续拓展，计算掷骰子 3 次的情况，如表 10-10 所示。

同样，如果有更长的掷骰子序列，也能进行统计和计算。用一样的方法进行计算，可以算出正常的六面骰子和另外两个正常骰子掷出这个序列的概率，然后比较一下两个序列概率的大小就能知道骰子是否被人置换过。在这个例子里，如果发现使用的骰子掷出来的序列的出现概率比计算出来的“标准”概率低很多或者高很多，那就很可能是被置换过的。

表 10-10 概率

	P1	P2	P3
D4	$\frac{1}{3}*\frac{1}{4}=\frac{1}{12}\approx 0.083$	$P1(\text{D4})*\frac{1}{3}*0+P1(\text{D6})*\frac{1}{3}*0+P1(\text{D8})*\frac{1}{3}*0=0$	$P2(\text{D4})*\frac{1}{3}*\frac{1}{4}+P2(\text{D6})*\frac{1}{3}*\frac{1}{4}+P2(\text{D8})*\frac{1}{3}*\frac{1}{4}\approx 0.0015$
D6	$\frac{1}{3}*\frac{1}{6}=\frac{1}{18}\approx 0.056$	$P1(\text{D4})*\frac{1}{3}*\frac{1}{6}+P1(\text{D6})*\frac{1}{3}*\frac{1}{6}+P1(\text{D8})*\frac{1}{3}*\frac{1}{6}\approx 0.01$	$P2(\text{D4})*\frac{1}{3}*\frac{1}{6}+P2(\text{D6})*\frac{1}{3}*\frac{1}{6}+P2(\text{D8})*\frac{1}{3}*\frac{1}{6}\approx 0.00097$
D8	$\frac{1}{3}*\frac{1}{8}=\frac{1}{24}\approx 0.042$	$P1(\text{D4})*\frac{1}{3}*\frac{1}{8}+P1(\text{D6})*\frac{1}{3}*\frac{1}{8}+P1(\text{D8})*\frac{1}{3}*\frac{1}{8}\approx 0.0075$	$P2(\text{D4})*\frac{1}{3}*\frac{1}{8}+P2(\text{D6})*\frac{1}{3}*\frac{1}{8}+P2(\text{D8})*\frac{1}{3}*\frac{1}{8}\approx 0.00073$
总计	0.18	0.018	0.003 2

10.5 支持向量机 SVM

支持向量机 SVM 是一种比较抽象的算法概念，全称是 Support Vector Machine，它可以用来做模式识别、分类或者回归的机器学习。

前面介绍过机器学习是为了解决样本和具体分类映射的问题，构造一个算法，把已知样本的特征和分类情况做一个逻辑映射关系，这样碰到新样本时就能用这个算法把它进行分类了。

初高中数学里学的不少数学概念其实已经是分类的概念了，只是太稀松平常，从学术上不能把它们归为机器学习的算法，因为这简直无须学习。例如，大于零的实数叫正数，小于零的实数叫负数。这是一个定义，但同时也是一个算法。数学表达式如下：

$$\text{属性} = \begin{cases} \text{Positive} & x > 0 \\ \text{Negative} & x < 0 \end{cases}$$

所以，如果有一个实数 x，判断 x 属于正数（Positive）还是负数（Negative），只要在这个算法里一套，立刻就能进行分类，这简直是太棒了。

这个过程其实不是一个机器学习过程，细心的读者应该能注意到，这里似乎看不到有“学习”这个过程存在。没错，这个方法和我们在“机器学习”之前学习的算法书写方式几乎是一样的，都是人来告诉计算机判定的定义如何，然后计算机根据这个判定的定义来处理每一个待判定的对象。这里面计算机确实没有这个学习的过程。

什么情况下就算开始学习的过程了呢？下面把上述例子“进化”。

10.5.1 年龄和好坏

如果到了某公司工作，领导交代任务：“来，把这些客户给我分分类。看看什么样的用户质量比较高，什么样的用户质量比较低。以后业务部门去拓展就能提高客户发展的效率。”客户信息列表如表 10-11 所示。

表 10-11 客户信息

客户编号	客户年龄	客户质量	客户编号	客户年龄	客户质量
XXXX	34	好	XXXX	30	好
XXXX	33	好	XXXX	25	不好
XXXX	32	好	XXXX	23	不好
XXXX	31	好	XXXX	22	不好
XXXX	30	好	XXXX	18	不好

在这个列表中，只能看到“客户年龄”和“客户质量”两个列，这个例子已经是比较极端的例子了，因为在这里从一开始就认为只有客户年龄有可能会跟客户质量有关系。客户质量是由具体的业务部门根据他们的评价标准来做的衡量，衡量标准是不是合理暂且不管——因为不管他们内部用什么衡量标准，肯定是有他们自己的评价体系去做，总之客户

质量是能够这样描述就行了。再来看“客户年龄”这一列，这个列表在真实情况下有可能会非常长，如果有10 000个客户，那就可能有10 000行，这里示意性地找出10行来演示，10 000行也是同样的原理。那在这个有限信息的模型里只能通过年龄来对客户质量好不好进行评价了，如图10-16所示。

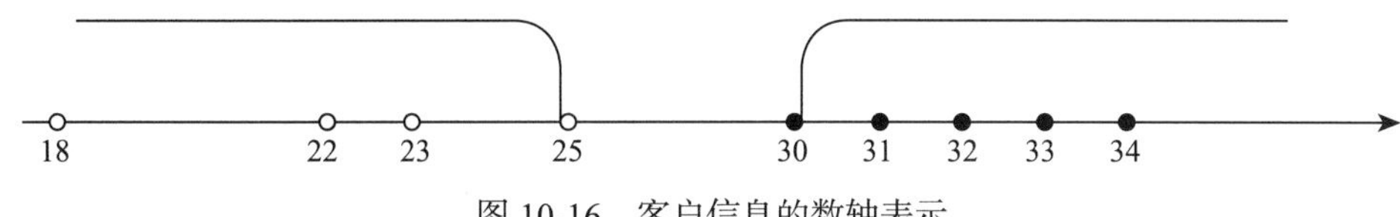

图10-16　客户信息的数轴表示

从图10-16中可以看出，30以上的都好，25以下的都不好。也就是说可以考虑在“客户年龄”字段的30和25中间切一刀，一边是好一边是不好，那么切在哪儿好呢？直观上看，似乎应该是切在（30+25）/2的位置，也就是27.5，这基本上也是从目前的情况能够得到的最为合理的方案。例如，来了一个27岁的新客户，那么他更有可能是“好”的客户还是“不好”的客户呢？因为看起来离“不好”客户这边更近，所以算“不好”的客户应该更合理，如图10-17所示。

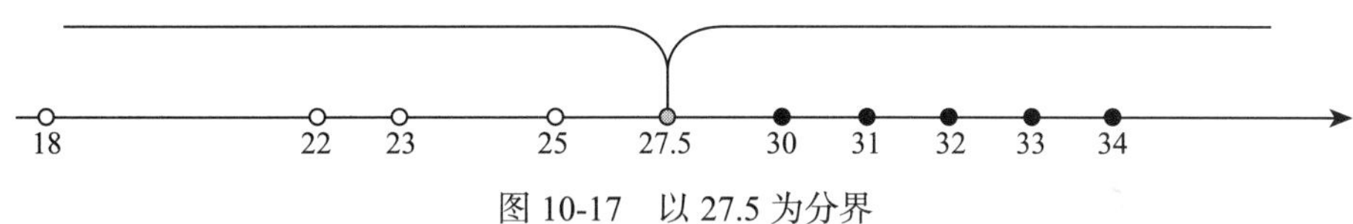

图10-17　以27.5为分界

如果这种例子怎么办？例如，客户信息列表如表10-12所示。

表10-12　客户信息

客户编号	客户年龄	客户质量	客户编号	客户年龄	客户质量
XXXX	34	好	XXXX	30	好
XXXX	33	好	XXXX	25	不好
XXXX	32	好	XXXX	23	好
XXXX	31	不好	XXXX	22	不好
XXXX	30	好	XXXX	18	不好

数轴表示如图10-18所示。

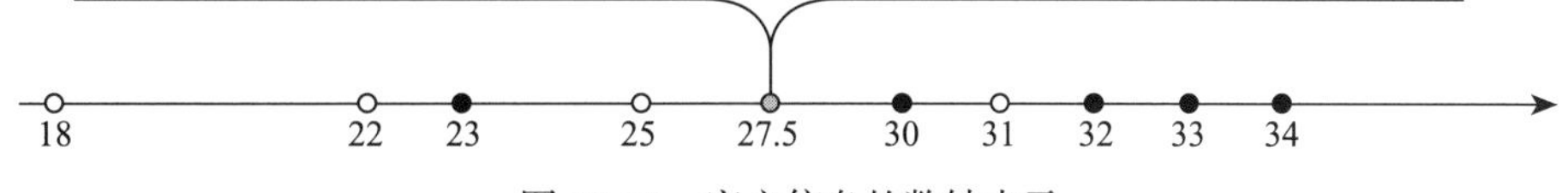

图10-18　客户信息的数轴表示

这个就比较麻烦了，因为发现没有办法做到一刀切，确实做不到，怎么切都至少有一方“成分不纯”。那么现在有以下两种选择。

（1）把这两类全部标出来：

$$属性=\begin{cases}\text{Good} & x \geqslant 30, x \neq 31 \\ \text{Good} & x=23 \\ \text{NotGood} & x \leqslant 25, x \neq 23 \\ \text{NotGood} & x=31\end{cases}$$

这又是一个分段函数一样的标记，准确，但是标记起来相当啰嗦。别忘了，你可能是在10000个甚至更多的客户对象里去做这个事情，最后函数描述会不会一张A4纸都印不下可说不准了，毕竟这个关系是从得到的数据里归纳而来的，实际有多复杂只有看实际情况了。所以这种标记方法容易产生的问题就是过拟。过拟在第8章已经接触过了，即为了逼近“事实”而让描述变得过于复杂的情况。

（2）一刀切。反正只要一刀切会非常简洁，如果这一刀切下去虽然两边的类都不纯或者一边的类不纯，但是只要不纯的程度在能容忍的范围内就可以。

$$属性=\begin{cases}\text{Good} & x \geqslant 27.5 \\ \text{NotGood} & x < 27.5\end{cases}$$

这次还是试着从27.5切，大于等于27.5的就算是“好”，小于27.5的算是“不好”。那么这个分类中“好”类的“不纯度”为$\frac{1}{6}$，约为16.7%；“不好”类的“不纯度”为$\frac{1}{4}$，即25%。这个比率反正在我看来还是挺高的，一般来说，“不纯度”肯定是越低越好，在这个场景里不确定16.7%的不纯度是不是能够满足领导的需要。如果说原来在不做这种数据分析的情况下，发展10个客户，有6个是“好”客户，4个是“不好”的客户；现在改进后虽然有一定的误判率——由于分类不纯的问题，但是直接过滤掉一些对象，发展10个客户有8.3个是“好”的客户，还有大概1.7个是“不好”的客户。从数值上看，方案策略的提升应该是有改进的。

总结一下，上述例子里有以下几个关键性的信息。

关键点1：切下去点在SVM算法体系里叫“超平面”。这个“超平面”是一个抽象的面概念，在一维空间里就是一个点，用$x+A=0$来表示；二维空间里就是一条线，用$Ax+By+C=0$的直线来表示；三维空间里就是一个面，用$Ax+By+Cz+D=0$的平面来表示；四维空间就想象这个面的存在吧，但是可以推断出应该是用$Ax+By+Cz+D\alpha+E=0$来表示，以此类推……上述4个方程都可以变形为

$$x=-A$$

$$y=-\frac{A}{B}x-\frac{C}{B}$$

$$z=-\frac{A}{C}x-\frac{B}{C}y-\frac{D}{C}$$

$$\alpha=-\frac{A}{D}x-\frac{B}{D}y-\frac{C}{D}z-\frac{E}{D}$$

的这种形式。

在上述例子中，相当于是在一个一维空间里在 $x = 27.5$ 的位置画了一个“超平面”（零维的点）。即 $x - 27.5=0$ 这个方程就是超平面。即 $x - 27.5 > 0$ 的都是分类为“好”的样本，$x-27.5 < 0$ 的则都不是分类为“好”的样本。

关键点 2：过拟问题，一般来说，设计分类器都是要尽量避免过拟的。过拟会给归纳过程带来很大的麻烦，而且在应用的过程中也非常不方便，只要精确度达到标准就足够了。什么是精确度，就是要说的最后一点。

关键点 3：不纯度问题。不纯度和精确度是一对矛盾，精确度越高那么不纯度就越低，反之，不纯度越高精确度就越低。分类器的研究和调整的过程是一个精度和成本平衡的过程，所以并不是不纯度越低越好，而是在实际生产中操作成本一样的情况下，不纯度越低越好。

10.5.2 “下刀”不容易

在上一个例子里发现样本在维度单纯（只有一个年龄维度），而且“分界线”比较清晰的情况下，几乎没有用到任何超过高中及以上学历所学的知识内容就能轻易解决。

如果 x 的分布复杂一些，情况会怎么样？

下面举一个三角函数作为分界线的例子，如图 10-19 所示。

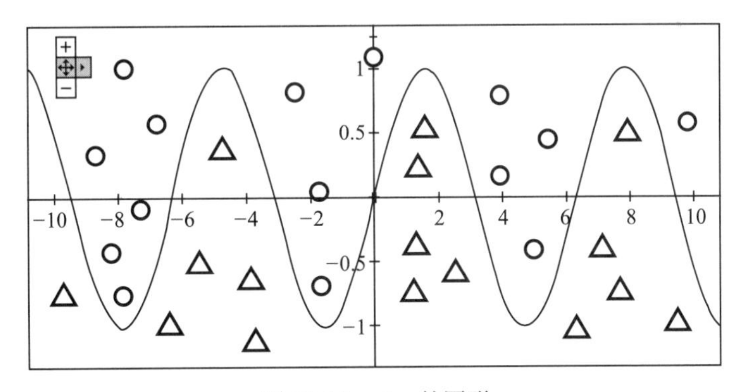

图 10-19 sin$x$ 的图形

图 10-19 中有两类样本，一类是用圆圈标识出来的 A 类别，一类是用三角标识出来的 B 类别。如果碰巧遇到这种情况，在一个 (x,y) 二维向量组成的空间上有大量的样本（这比在只有一个空间维度年龄 x 要复杂一些），但是恰好两类样本能用一个函数巧妙地分开，能保证简洁（不过拟）和精确（不纯度极低）。如果 $y = \sin(x)$ 这样的曲线能够恰好把它们分开，将是一条非常简洁的分割线（虽然不是直线）。

但是，机器学习的方法基础都是统计和归纳，从大量样本空间来的样本可没有那么简单，如果找不到一个像 $y = \sin(x)$ 这么简洁的曲线来分割怎么办？是不是只能面临过拟的情况？如果下一个是 $y = \cos(x)$，或者 $y=\sin(x)+\log(x)$ 怎么办，会每次那么幸运都能轻易找到一条简洁的曲线来解决问题吗？

人们研究机器学习的目的是使用具备广谱性的算法思路来解决多样的事情，如果解决每一个问题都是不同的解法，甚至思路迥异，那这种 Case by Case 的方式完全不能被称为一类解决方法。而现在讨论的支持向量机 SVM 就是要解决这类问题，它也号称是万能分类器。

10.5.3 距离有多远

在一个平面直角坐标系中，有一些样本点作为训练点，一些被标记为类别 X，一些标记为非类别 X。也就是样本训练中，一些样本明确标出是这个分类，而另一些样本标出不是这个分类。

最朴素的想法是，如果能找到一条直线 $Ax+By+C=0$ 能够恰好把它们区分成两个部分就最好了。那么这条线应该怎么来找呢？

如果真的像图 10-19 所画这样，那么确实会有一条直线 $Ax+By+C=0$，问题是就像用逐差法求解重力加速度 g 的过程一样，这个 $Ax+By+C=0$ 有很多种画法。在求解重力加速度 g 的那一节讨论过，有一种叫做最小二乘法的办法可以求出一个使得回归后误差最小的解。那么在求解这个 $Ax+By+C=0$ 的过程中也是为了求解出适当的 A 和 B，让这两个组分开最为恰当。恰当的标准是让类别 X 中与该直线最近的样本点的距离和非类别 X 中的样本点与该直线的距离最大。

这和回归中希望拟合出来的曲线和得到的样本尽可能贴近这一观点接近，这里画出的这条直线是希望让被分开的两个类别（类别 X 和非类别 X）尽可能远，也就是相差越远分得越开。相反，如果划了一条线几乎要同时经过一个类别 X 的样本点和一个非类别 X 的样本点，那出现一个新的和 X 很“像”的样本点则很容易被画到非类别 X 中去，这和期望的形态是不一样的。

在平面直角坐标系中，如果有一条直线，方程是 $Ax+By+C=0$，那么点 (x_0, y_0) 到该直线的距离如下：

$$d=\frac{|Ax_0+By_0+C|}{\sqrt{A^2+B^2}}$$

如果数轴上也需要用类似：“$x-27.5>0$ 的都是分类为‘好’的样本，$x-27.5<0$ 的则都不是分类为‘好’的样本。”这种方式来做分割，有了 $Ax+By+C=0$ 这样一个方程等于有了一个工具，可以发现，所有 X 类别中的样本点都满足 $Ax+By+C>0$，而反之所有非 X 类别中的样本点都满足 $Ax+By+C<0$，当然这个结果也是最开始构造 $Ax+By+C=0$ 这条线的目的。

推广一下，三维空间上的超平面划分后两个分类（一个是目标分类，一个不是目标分类）表示就是一个满足 $Ax+By+Cz+D>0$ 另一个满足 $Ax+By+Cz+D<0$。

四维空间上则是 $Ax+By+Cz+D\alpha+E>0$ 和 $Ax+By+Cz+D\alpha+E<0$。

其实样子看上去相当类似，都是各维度坐标点前面乘以一个系数之后再加一个常数。

可以把这个超平面的公式简写成

$$g(v) = wv+b$$

v 是样本向量，b 是常数。

在二维空间里，v 就是 (x, y)，在三维空间里 v 就是 (x, y, z)，其余情况以此类推；而 w 也是一个向量，在二维空间里 w 就是 (A, B)，在四维空间里 w 就是 (A, B, C)，其余情况以此类推。而 wt 在二维空间里就是 $Ax+By$，在三维空间里就是 $Ax+By+Cz$。如果看到

$$g(x)=w^{\mathrm{T}}x+b$$

或者

$$g(x)=wx+b$$

或者

$$g(x)=\boldsymbol{w}\cdot\boldsymbol{x}-b$$

这几种形式意思是一样的，其中的 x 都不是一个实数值而是在不同维度空间下的向量。

10.5.4 N 维度空间中的距离

在 $g(v)=wv+b$ 这种定义方式中，w 是一个 $1\times n$ 的矩阵，v 是一个 $n\times 1$ 的矩阵，wv 就是两个矩阵做了一个内积，也就是 $\sum_{i=1}^{n} w_i v_i$，n 是维度的数量，w_{i} 就是每个维度变量前面的系数，v_{i} 就是每个维度变量。

在二维空间内，一个点 (x_0, y_0) 到一条直线 $Ax+By+C=0$ 的距离如下：

$$d=\frac{|Ax_0+By_0+C|}{\sqrt{A^2+B^2}}$$

在三维空间内，一个点 (x_0, y_0, z_0) 到一个平面 $Ax+By+Cz+D=0$ 的距离如下：

$$d=\frac{|Ax_0+By_0+Cz_0+D|}{\sqrt{A^2+B^2+C^2}}$$

在一维空间内，一个点 (x_0) 到一个点 $Ax+B=0$ 的距离如下：

$$|x_0+\frac{B}{A}|$$

但同时

$$d=\frac{|Ax_0+B|}{\sqrt{A^2}}$$

规律性已经非常明显了。

在有些书上会介绍一个叫做范数的概念，上述 $\sqrt{A^2}$、$\sqrt{A^2+B^2}$、$\sqrt{A^2+B^2+C^2}$ 等分别就是一维空间、二维空间、三维空间中的范数，写作 $||w||$。在不同的维度下，这个范数 $||w||$

的具体值是不一样的，是超平面方程的各维度系数的平方和再开方，是一个和超平面描述方程系数相关的定值。

这样一来，距离公式就可以简写成

$$d=\frac{1}{\|w\|}\cdot|g(v)|$$

维度确定时这个公式中所有的值都是确定的。要判断一个点到这个平面的距离，只要把空间坐标代入 v 即可。

10.5.5 超平面怎么画

上述例子实际上是在空间里先画一个 $g(v)$ 的平面，然后代入所有的样本点，每个点到这个超平面的距离都能求出来，但是这个平面并不是超平面。这里其实有点本末倒置，因为超平面的目的是把样本点分成两类，一类“是”，一类“不是”。那么这个平面的产生是要有约束条件的，至少是要受到样本的影响和制约的，而在 $g(v)=wv+b$ 这个公式展开的表达中看到这样的约束了吗？完全没有。

直观的感觉是这样：希望的是找到一个平面作为超平面，它恰好在两个类中间分开，以它为基准画两个与它平行的平面，让这两个平面分别向两个方向平行移动，即一个向类别 X 聚集的方向移动，一个向非类别 X 聚集的方向移动。当这两个平面同时（等距离）分别触碰到类别 X 和非类别 X 的点时停止下来，记录这个平面的 w 和 b，记录此时的移动距离 δ。这样的平面也许不止一个，但是会找到一个能让 δ 尽可能大的值，这个能产生最大 δ 值方案的 w 和 b 所构成的 $g(v)=wv+b$ 就是要找的超平面。

直观感觉就是我们画了一个平面把一类“是”、一类“不是”这两类样本分隔开，并且让它们到超平面的距离都尽可能大，这就是原则。

这个平面是完全有可能通过程序找出来的。

10.5.6 分不开怎么办

由于得到的众多的 (v, y) 样本分类是不确定的——v 为多维空间上的样本，y 为分类只有 0 和 1 两种状态。所以确实没有办法保证在当前的空间上一定能有一个超平面把它们清晰地隔开，或者说不管怎么画，这个超平面都会产生让人不能忍受的误判率，如图 10-20 所示。

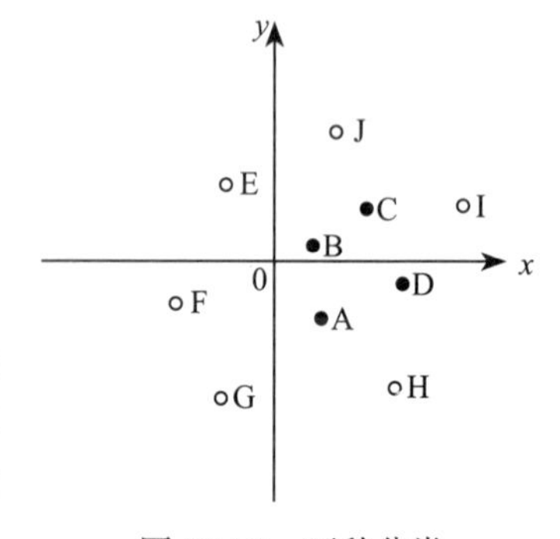

图 10-20　两种分类

图 10-20 所示为由白点和黑点表示的两种分类，不管怎么画这个超平面都会有非常大的误判率，这种情况也叫做线性不可分。在 3 个维度以下，用肉眼观察有限的几个样本还是能够一目了然地做判断的，可以判断是不是线性可分，如果维度超过 3 个或者样本数量太多就不好观察了，这时要使

用计算机进行计算。可以转化一种思路来解决这个问题了，即升维——这才是 SVM 算法最为吸引人的部分。

先来看一个一维数据的例子，来说明升维的概念。

假设在数轴上给出一些数据，其中 [−2,2] 区间内的被标记成了分类 1，其余的都是分类 0，能够给出一个分段函数吗？似乎不能。怎么去定义这个切开的点都会产生大量的误分类。但是换一个办法可能就能顺利地解决。例如，在这个例子里可以构造一下，在 [−2,2] 这个区间里让一个函数大于 0，而在其他部分小于 0。例如，把分类函数写成以下形式：

$$f(x)=\begin{cases}1 & -x^2+4>0\\0 & -x^2+4\leqslant 0\end{cases}$$

或者可以 认为

$$f(y)=\begin{cases}1 & y>0\\0 & y\leqslant 0\end{cases}$$

且

$$y=-x^2+4$$

而

$$z=f(y)$$

$y=-x^2+4$ 图形如图 10-21 所示，这实际上是 $y=-x^2+4$ 这个函数在 $y=0$（x 轴）这条直线上的投影。

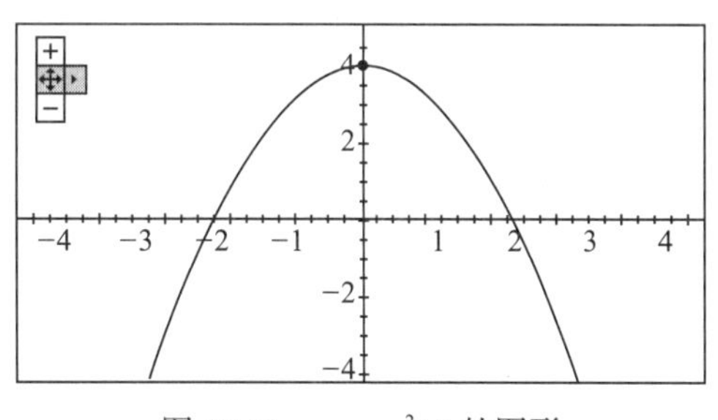

图 10-21 $y=-x^2+4$ 的图形

同样，在二维空间中也有类似的方式，例如，如果样本向量 v 距离原点 (0,0) 的距离为 1 以内分类被标记为 0，其余都是 1。同样是线性不可分，但是可以构造一个这样的函数：

$$f(x,y)=\begin{cases}1 & x^2+y^2\geqslant 1\\0 & x^2+y^2<1\end{cases}$$

或者可以这么认为：

$$f(z)=\begin{cases}1 & z\geqslant 1\\0 & z<1\end{cases}$$

$$\alpha=f(z)$$

而

$$z = x^2 + y^2$$

x^2+y^2-1 的图形如图 10-22 所示。

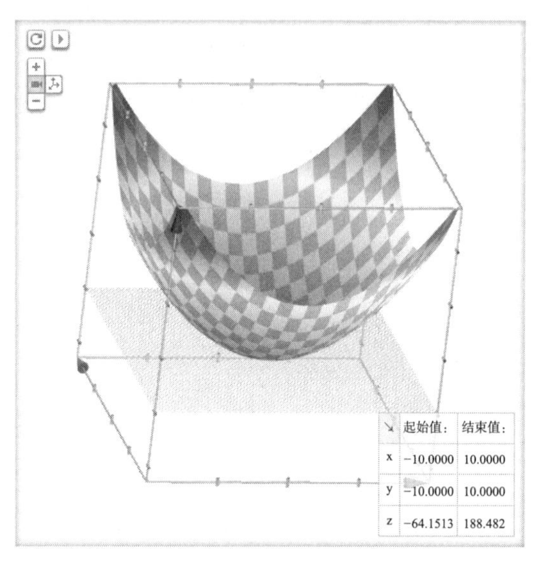

图 10-22　x^2+y^2-1 的图形

同样用非常简洁的方式解决了这个分类问题。不过可能有的朋友要说了，这个也太凑巧了吧，我们不可能每次都这么幸运找到这种函数通过观察就很快构造出分类函数（超平面方程）。没错，我们平时生产生活中遇到的例子基本都是线性不可分的，SVM 就是要解决这个问题。

可以看到，在一维空间上解决线性不可分问题是把函数映射到二维空间，使得一维空间上的分类边界是二维空间上的分类函数在一维空间上的投影；而在二维空间上解决线性不可分问题是把函数映射到三维空间，使得二维空间上的分类边界是三维空间上的分类函数在二维空间上的投影。那么所有的 n 维空间上的线性不可分的问题都可以考虑映射到 $n+1$ 维上去构造分类函数，使得它在 n 维空间上的投影能够将两个类别分开。

这个构造过程 SVM 是有通用的方法可以解决的，就是使用核函数（Kernel）进行构造。而且，有几个常用的核函数是可以拿来直接使用的，如线性核函数、多项式核函数、径向基核函数（RBF 核函数）、高斯核函数等，能够查到的核函数有二三十种之多。

核函数的目的很单纯，即只要在当前维度空间的样本是线性不可分的，就一律映射到更高的维度上去，在更高的维度上找到超平面，得到超平面方程。而在更高维度上的超平面方程实际并没有增加更多的维度变量，更高的这个维度只是像在解几何题里使用的辅助线而已，最后得到的方程不会增加其他维度。例如，研究二维空间上的向量分类问题，那么经过核函数映射，最后得到的超平面变成了二维空间上的曲线（但同时也是三维空间上的一次方程）；研究三维空间上的向量分类问题，那么经过核函数映射，最后得到的超平面变成了三维空间上的曲面（但同时也是四维空间上的一次方程）。函数表示只是一个变量代换关系。

10.5.7 示例

为了方便说明，这里还是用熟悉的例子给出一个分类用法的示例，客户信息列表如表10-13所示。

表 10-13 客户信息

客户编号	客户年龄	客户质量	客户编号	客户年龄	客户质量
XXXX	34	好	XXXX	30	好
XXXX	33	不好	XXXX	25	不好
XXXX	32	好	XXXX	23	好
XXXX	31	不好	XXXX	22	不好
XXXX	30	好	XXXX	18	好

这个例子很极端了，因为客户年龄和客户质量之间已经是没办法做线性分割了。这时可以用SVM来做分类。

在Python的Scikit-learn库中，用到的是一个叫做SVC的类，SVC是Support Vector Classification的缩写，即支持向量分类机。SVC所支持的核函数包括linear（线性核函数）、poly（多项式核函数）、rbf（径向基核函数）、sigmoid（神经元激活核函数）、precomputed（自定义核函数），默认使用rbf核函数。

在这个例子中，将使用rbf核函数，这也是最适合做非线性关系分类标准的首选核函数。如果这几种核函数实在不知道该用哪个，那就在实际场景中多做对比测试，看看哪一种的正确率更高，切莫纠结于学术层面的推导困难而不敢实践。代码如下：

```
from sklearn import svm

# 年龄
X = [[34], [33], [32], [31], [30], [30], [25], [23], [22], [18]]
# 质量
y = [1, 0, 1, 0, 1, 1, 0, 1, 0, 1]

# 现在把训练数据和对应的分类放入分类器中进行训练
# 这里使用 rbf
clf = svm.SVC(kernel='rbf').fit(X, y)

# 预测年龄 30 的人的质量
p = [[30]]
print clf.predict(p)
# 结果是 [1]
```

10.5.8 小结

SVM 解决问题的方法描述起来大概有以下几步。

（1）把所有的样本和其对应的分类标记交给算法进行训练。

（2）如果发现线性可分，那就直接找出超平面。

（3）如果发现线性不可分，那就映射到 $n+1$ 维空间，找出超平面。

（4）最后得到超平面的表达式，也就是分类函数。

过程比较简单，只是实现起来的算法确实比较复杂。

10.6 遗传算法

在本章的最后介绍一下遗传算法（Genetic Algorithm）。

与其说遗传算法是一个算法，不如说是一种处理问题的思想方式更为恰当，因为遗传算法整个体系都是在说对于一种问题处理的思路和原则，而不是一个具体的代码编写过程。

遗传算法是一类借鉴生物界的进化规律（适者生存，优胜劣汰遗传机制）演化而来的随机化搜索方法。它是由美国的 J.Holland 教授于 1975 年首先提出的，但是它借鉴的是进化论的理论依据。在这个体系里，思维方式远比编写代码重要，所以先介绍一下著名的英国生物学家查尔斯·罗伯特·达尔文——进化论的奠基人。

进化论不是一本书，而是一个有关物种发源与发展的逻辑体系。达尔文在 1859 年出版了《物种起源》，由此开创的“物竞天择，适者生存”的进化论体系被科学界公认为 19 世纪自然科学的三大发现之一（另外两个是细胞学说和能量守恒与转化定律）。达尔文于 1882 年 4 月病逝，为了表示对这位科学家的崇敬，大家把他安葬在牛顿墓的旁边，位于英国伦敦的威斯敏斯特大教堂（也叫西敏寺）。

10.6.1 进化过程

在物种进化中的例子中，最开始地球上只有海洋没有陆地，从单细胞动物到鱼不知道进化了多少代。这里以从陆地出现以后，第一批从海里想上岸去的鱼。

估计是一开始有一群鱼，它们由于种种原因跟其他的鱼有了差别，如胆儿比较大，有一个能直接呼吸空气的鳃——能在空气里还能存活，有格外强壮的鳍——能跑得快一些。再后来这些鱼里就有技能更强的，一些在陆上格外倚重的器官如果变异强大了就会继续支持它们在陆上生活，如粗壮的鳍、空气摄入能力更强的肺、更好的眼神等。适应的种群才会在相应的环境里生存下来。

根据进化论的观点“物竞天择，适者生存”，生物自己是会进行一代一代变化的。这个变化本来是没有什么方向的，生物自己也控制不了。变化由什么而来？第一，父母的基因进行交换重组；第二，基因突变。

一代一代在整个种群的不同个体里有无数次重组的机会，也有一定的基因突变的机会，导致了若干代以后，同一个种群之间的样态可能会非常不一样。例如，人有23对染色体，每一代的重组和突变使得人的多样性特点非常明显。现在人的长相彼此有很大差别，以及体态、性格、思维方式、疾病抵御……这些方面也都是千差万别。

尤其是人类历史上经历过若干次大的瘟疫——14世纪欧洲的黑死病造成全世界超过7 000万人死亡；17世纪在欧洲肆虐的天花病毒也杀死超过4 000万的欧洲人。14世纪得了黑死病（是一种鼠疫杆菌）基本就是没救，防治天花的牛痘疫苗也是到了18世纪才研发出来，能够存活下来的人群其实也并没有接受像样治疗，科学家分析基本只能解释为基因层面对抗的胜利——这些存活的人的基因比那些患病死去的人有着对抗这种疾病更强有力的成分。

不论是由于基因自身发生的突变，还是由于组合产生的新特性，这些都是不确定性的变化。而客观世界上有很多变化对人类种群做出这种选择的裁剪，出现疾病就是裁剪那些对疾病耐受力弱的人，出现饥荒就是裁剪那些对饥饿耐受力弱的人，出现严寒就是裁剪那些对严寒耐受力弱的人。这种“进化”可以说谈不到“进化”，而是被动地演化而后被动地被选择。

10.6.2 算法过程

在了解了进化基因层面的过程后，是要落实到算法过程上去的。那么怎么来构建这个算法过程呢？关键步骤如下。

（1）基因编码。在这个过程中，尝试着对一些个体的基因做一个描述，构造这些基因的结构，有点像确定函数自变量的过程。

（2）设计初始群体。在这个环节，需要造一个种群出来，这些种群有很多生物个体但是基因都不相同。

（3）适应度计算（剪枝）。在这个环节，要造一些“上帝的剪刀”对那些不太适应的个体进行裁剪，不让他们产生后代。和最终遴选规则差异大的个体肯定不适合作为备选对象，该减掉一定要减掉，否则它产生的后代只会让计算量更大而距离逼近目标没有增益。

（4）产生下一代。产生下一代这个部分有3种办法：直接选择，基因重组，基因突变。

而后再回到步骤3进行循环，适应度计算，产生下一代，这样一代一代找下去，直到找到最优解为止。

遗传算法在解决很多领域的问题时都体现出很好的特性，如TSP问题（Traveling Salesman Problem，即旅行商问题，也叫货郎担问题）、九宫问题（八数码问题）、生产调度问题（Job Shop Scheduling）、背包问题（Knapsack Problem，即NP问题）等。

下面介绍一个具体的解题实例。

10.6.3 背包问题

背包问题是一种组合优化的NP（即多项式复杂程度的非确定性问题）完全问题，这类

NP 问题的特点很明显，即“生成问题的一个解通常比验证一个给定的解需要花费更多的时间”。

先来看一个例子。

第一个例子是合数分解质因数问题，如果现在有一个命题，分解合数 698 975 355 227 为几个质数相乘的结果。那么怎么算？用 698 975 355 227 去一个一个地除以各个质数 2、3、5、7……直到 $\sqrt{698\ 975\ 355\ 227}$。如果能够整除，那就说明这个质因子是存在的，然后用 698 975 355 227 除以这个质因子的商，再重复上述的过程，直到找到最后一个质因子为止。这是一个非常耗时的工作，即便用计算机，这个过程也非常耗时。但是如果反过来说，698 975 355 227 是否是 809、887、977、997 这 4 个素数的乘积，那么验证起来会非常快，只要用一个普通的计算器，用不了多长时间就能验算出来。这就是所谓的“生成问题的一个解通常比验证一个给定的解需要花费更多的时间”。

背包问题的大意是，有 N 件物品和一个容量为 V 的背包，第 i 件物品的重量是 $w[i]$，价值是 $v[i]$，求解将哪些物品装入背包可使这些物品的重量总和不超过背包容量，且价值总和最大。

这种问题就是典型的 NP 问题，验证一个猜想的解比算出一组解要快得多。

我们来具体看一些数字可能会更直观一些。

假设有一个背包，可以放置 80 公斤的物品。此外，还有如表 10-14 所示的 6 件物品。

怎么放置才能让背包里的物品价值总和尽可能多呢？

有几种思路，第一种就是穷举法。每种物品只有存在（1）和不存在（0）两种状态，那么一共可能产生的方案最多是 2^6 个也就是 64 个。把每种组合具体的重量和价值都算出来，超过 80 公斤的方案就直接舍去，少于 80 公斤的就留下并且记下货品总价值，到最后比较每种方案的总价值大小即可。

表 10-14　6 件物品

物品	重量	价值
1	10	15
2	15	25
3	20	35
4	25	45
5	30	55
6	35	70

但是如果有 128 种物品这个方案还可行吗？如果穷举大约有 3.4×10^{38} 种方案，如果计算机一秒能够验证一亿种情况，大概需要 1.08×10^{23} 年才能算出来，这是不可行的。

这种情况下，遗传算法就显示出优势来了。下面介绍在 6 个物品的情况下的求解方法。

1. 基因编码

一共 6 种物品，每种物品的有无都可以作为独立的一个基因片段，如表 10-15 所示。

表 10-15　基因片段

物品 1	物品 2	物品 3	物品 4	物品 5	物品 6	染色体
1	1	1	1	1	1	111111

一共是 6 位。假如只有物品 2、物品 3 和物品 6，则染色体是 011001。

2. 设计初始群体

为了计算方便设置初始群体为 4 个初始生物个体，随机产生。

100100，对应物品 1、物品 4 存在。

101010，对应物品 1、物品 3、物品 5 存在。

010101，对应物品 2、物品 4、物品 6 存在。

101011，对应物品 1、物品 3、物品 5、物品 6 存在。

3. 适应度计算

适应度计算首先要用一个适应度的函数来做标尺。

设计适应度的函数为物品总价值，那么 4 个个体各自适应度结果如下。

基因 100100=15+45=60。

基因 101010=15+35+55=105。

基因 010101=25+45+70=140。

基因 101011=15+35+55+70=175。

在这里不要忘记物品本身还有重量，所以重量也要作为判断标准之一，各自的重量分别如下。

基因 100100=10+25=35。

基因 101010=10+20+30=60。

基因 010101=15+25+35=75。

基因 101011=10+20+30+35=95。

基因 101011 的重量显然已经超过了要求的 80 公斤而直接被淘汰。

这样还剩下：

基因 100100，适应函数为 60。

基因 101010，适应函数为 105。

基因 010101，适应函数为 140。

先把适应函数求和，60+105+140=305。下面进行一个用类似轮盘赌来进行遴选的过程。

轮盘赌是一种赌博游戏，如图 10-23 所示，整个游戏道具是一个大木盘，可以进行旋转。木盘上刻着很多小格子，每个小格子上有数字，在轮盘开始旋转之后，放入一个小球沿盘面滚动与轮盘旋转方向相反。待轮盘静止后，小球掉入的各自所对应的标号即为获胜号码。从古典概型来看，每个格子的胜率应该是一样的。

图 10-23　轮盘赌

现在想象一下，这个轮盘上有 305 个格子，其中基因 100100 作为一个玩家选取了其中的 60 个小格子，基因 101010 作为一个玩家选用了 105 个小格子，基因 010101 作为一个玩家选择了 140 个小格子，分别作为自己押注的赌点。

转动 4 次——这个推荐为每一代个体的数量。那么每旋转一次，“中奖”的这个基因组就允许繁殖一次，如果一次都没“中奖”那么这个基因将无法得到延续。在这个例子里，基因 100100 每次被遴选的概率为 60/305，基因 101010 每次被遴选的概率为 105/305，基因 010101 每次被遴选的概率为 140/305。

这里计算的结果为，基因 101010 和基因 010101 各繁殖两次

4. 生产下一代

基因 101010 和基因 010101 在成功被遴选后，需要进行基因重组来产生下一代。计算过程如表 10-16 所示。

表 10-16 计算过程

个体	染色体	配对	交叉点位置	交叉结果	个体	染色体	配对	交叉点位置	交叉结果
1	101010	1-2	3	101101	3	101010	3-4	4	101001
2	010101		3	010010	4	010101		4	010110

两个被遴选后的基因进行了基因重组，其中一对从第三位后面断开，尾部进行了交换，另一对从第四位后面断开，尾部进行了交换。这样又产生了 4 个不同的基因。一般来说交叉点位置是可以随机选取的。如图 10-24[⊖]所示，两段不同的基因从中间断开后进行结合，上段的前半部和下段的后半部结合成为新的基因，而下段的前半部和上段的后半部结合成为新的基因。

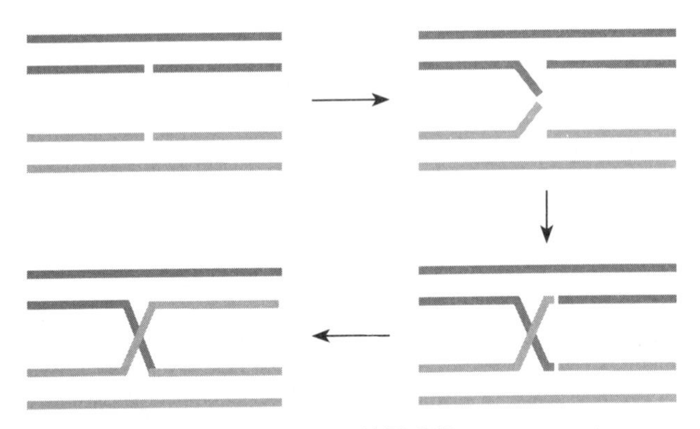

图 10-24 基因重组

在基因重组之后是可以有一个基因突变的过程的，就是随机把一定比例的基因里的某一位或者某几位做变化——1 变成 0，0 变成 1。这个过程建议还是取法一般的生物繁殖过程，让变异的基因比率低一些比较好，在这个例子里没有做变异。

5. 迭代计算

下面就是一代一代用这种准则做下去了，直接求重量和价值。

⊖ 图片来源于百度图库。

基因 101101，重量为 90，价值（适应函数）为 165，直接淘汰。

基因 010010，重量为 45，价值（适应函数）为 80。

基因 101001，重量为 65，价值（适应函数）为 120。

基因 010110，重量为 70，价值（适应函数）为 125。

在这里可以看到一个现象，总体的适应函数和为 80+120+125=325，比上一代的 60+105+140=305 适应性更好，貌似是进化了，但是上一代是有一个适应函数 140 的“超强基因个体”的，这一代却没有一个能够超越。

在一次完整的计算中，迭代过程可能会经历几十代甚至更久，如果发现出现了连续几代适应函数基本不增加或者甚至反而减少的情况，那就说明函数已经收敛了。

“收敛”这个词如果没有在算法学习中接触过，这里以一个形象的例子来说明，在体重秤上称量时，当人站上去时，指针就开始抖动，抖动幅度越来越小，最后基本稳定在一个值。稳定后，读取这个数字即可。假设体重秤称量是有算法控制的，那么这个摆动几下很快就能稳定在一个值的就是收敛性比较快（比较好）的算法；要摆动很久才能稳定的就是收敛性比较慢（比较差）的算法；如果摆幅随着时间的推移反而越来越大，那收敛性就非常不好，通常就没有解。

在上述例子中，可以就此结束迭代操作，也可以再观察一代到两代的变化。收敛的速度会因很多因素而变化，如基因位的长度、基因重组时的方案、基因变异的程度、每一代产生个体的数量等。一般发生适应函数收敛时就是迭代结束时。而在迭代结束前找到的最优的解就是要的解。

6. 注意事项

在使用遗传算法的时候请注意以下几个地方，这几个地方是可以进行调整的。

（1）初始群体。初始群体的数量是可以调整的，可以想象，上述 6 个物品的背包问题的极限是直接生成所有的情况，2^6 也就是 64 个个体全部列出作为初始群体。但是这毫无意义，也不是要使用基因算法的目的。或许可以考虑初始群体的数量设置为 N 个，N 为当前计算机最大可并行计算的数量，例如，是 8 核心的计算机，那就可以设置为 8 个个体作为初始群体。在每次产生基因后把不同的计算放到不同的线程中去。当然，这也要视并行对算法效率的改善程度而定。此外，可以定性考虑，初始数量太少可能会导致在向量空间中覆盖面积过小而导致收敛到了非最优解就终止了算法。

（2）适应度函数。适应度函数中的轮盘赌算法只是其中一种算法，也可以考虑使用其他算法进行遴选。注意遴选原则是从生物多样化中进行挑选。所以淘汰比较弱的基因是可以的，但是不建议淘汰的比例太大。

（3）基因重组。基因重组这个环节是变数比较大的。断开的位置几乎是可以随意进行的，如上述例子，一个 6 位长度的基因，1-5 断开，2-4 断开，3-3 断开，4-2 断开，5-1 断开，都是可选的方案。其实在一次产生后代的过程中是可以允许以不同的方案产生多个后代的，如两个配对的基因是可以用 2-4 方案做两个后代，同时再用 4-2 方案做两个后代的，产生 4 个后代是可以的。这样会带来更大的基因丰富性，但是同时也要注意计算量如果发生增长，在若干代以后恐怕会严重影响计算性能。

另外相信读者也能意识到，不要一个基因自身和自身去做重组，没有意义，因为怎么重组还是自己，没有任何变化。

（4）迭代结束。这个算法迭代结束的判断标准因人而异，但是总体的原则是，如果连续观察几代都没有明显的适应函数的增长，那就说明进化到这几代基本“到头”了。在结束迭代时，在这之前找到的最优解就是能找到的最优解。

对于背包问题的解，在这里也同样给出一段 Python 代码供读者参考：

```
# coding=utf-8
import random

# 背包问题
# 物品重量价格
X = {
    1: [10, 15],
    2: [15, 25],
    3: [20, 35],
    4: [25, 45],
    5: [30, 55],
    6: [35, 70]}

# 终止界限
FINISHED_LIMIT = 5

# 重量界限
WEIGHT_LIMIT = 80

# 染色体长度
CHROMOSOME_SIZE = 6

# 遴选次数
SELECT_NUMBER = 4

max_last = 0
diff_last = 10000

# 收敛条件、判断退出
def is_finished(fitnesses):
    global max_last
    global diff_last

    max_current = 0
    for v in fitnesses:
        if v[1] > max_current:
```

```
            max_current = v[1]

    diff = max_current - max_last
    if diff < FINISHED_LIMIT and diff_last < FINISHED_LIMIT:
        return True
    else:
        diff_last = diff
        max_last = max_current
        return False

# 初始染色体样态
def init():
    chromosome_state1 = '100100'
    chromosome_state2 = '101010'
    chromosome_state3 = '010101'
    chromosome_state4 = '101011'
    chromosome_states = [chromosome_state1,
                         chromosome_state2,
                         chromosome_state3,
                         chromosome_state4]
    return chromosome_states

# 计算适应度
def fitness(chromosome_states):
    fitnesses = []
    for chromosome_state in chromosome_states:
        value_sum = 0
        weight_sum = 0
        for i, v in enumerate(chromosome_state):
            if int(v) == 1:
                weight_sum += X[i + 1][0]
                value_sum += X[i + 1][1]
        fitnesses.append([value_sum, weight_sum])
    return fitnesses

# 筛选
def filter(chromosome_states, fitnesses):
    # 重量大于 80 的被淘汰
    index = len(fitnesses) - 1
    while index >= 0:
        index -= 1
        if fitnesses[index][1] > WEIGHT_LIMIT:
            chromosome_states.pop(index)
            fitnesses.pop(index)

    # 遴选
    selected_index = [0] * len(chromosome_states)
    for i in range(SELECT_NUMBER):
```

```
            j = chromosome_states.index(random.choice(chromosome_states))
            selected_index[j] += 1
        return selected_index

    # 产生下一代
    def crossover(chromosome_states, selected_index):
        chromosome_states_new = []
        index = len(chromosome_states) - 1
        while index >= 0:
            index -= 1
            chromosome_state = chromosome_states.pop(index)
            for i in range(selected_index[index]):
                chromosome_state_x = random.choice(chromosome_states)
                pos = random.choice(range(1, CHROMOSOME_SIZE - 1))
                chromosome_states_new.append(chromosome_state[:pos] + chromosome_state_
x[pos:])
            chromosome_states.insert(index, chromosome_state)
        return chromosome_states_new

    if __name__ == '__main__':
        # 初始群体
        chromosome_states = init()
        n = 100
        while n > 0:
            n -= 1
            # 适应度计算
            fitnesses = fitness(chromosome_states)
            if is_finished(fitnesses):
                break

            # 遴选
            selected_index = filter(chromosome_states, fitnesses)

            # 产生下一代
            chromosome_states = crossover(chromosome_states, selected_index)


    # 1: [[60, 35], [105, 60], [140, 75], [175, 95]]
    # 2: [[60, 35], [105, 60], [80, 45], [90, 50]]
    # 3: [[95, 55], [115, 65], [70, 40], [90, 50]]
    # 4: [[70, 40], [70, 40], [150, 85], [115, 65]]
    # 5: [[115, 65], [115, 65], [115, 65], [70, 40]]
    # ['100110', '100110', '100110', '100110']
```

求出的 [115, 65] 就是要求的解，对应的物品是 1：[10, 15]、4：[25, 45]、5：[30, 55]。

这里用的收敛条件是连续两代的适应函数最大值都不再增加，出现这种情况则判断为收敛。

10.6.4 极大值问题

在遗传算法中再举一个求极大值的例子。这种例子也是比较多见的，只要把一些数据关系描述成函数之后就会有一些求极大值或者极小值的问题。

其实极大值和极小值是一类问题，即极值问题，解题思路也是一样的。

假设在空间里有一个函数 $z = y\sin(x) + x\cos(y)$，图形如图 10-25 所示。

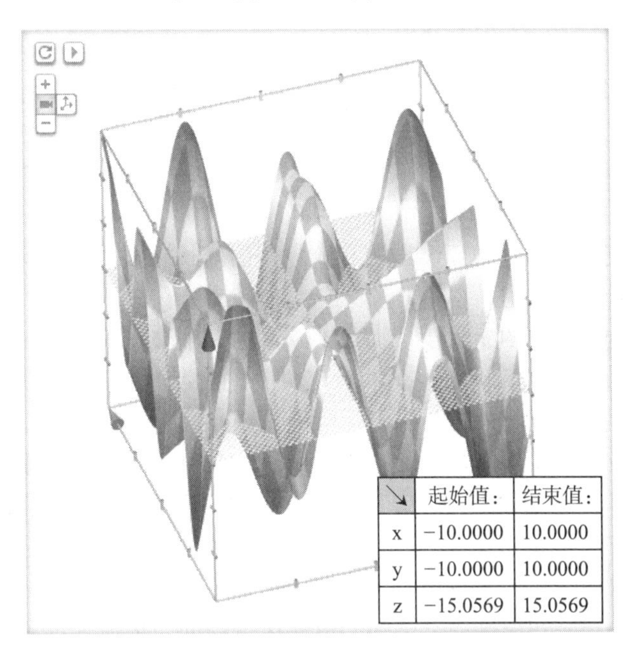

图 10-25 $z = y\sin(x) + x\cos(y)$ 的图形

假设这是一个地区中的地形图，而且地形每个点的 (x, y, z) 三维坐标是可以用 $z = y\sin(x) + x\cos(y)$ 这个函数来进行描述的，如果想求这个函数在 x 位于 $[-10, 10]$ 和 y 位于 $[10,10]$ 之间的最大值，怎么求呢？

可以使用微积分，把 z 对 y 求偏导数，把 z 对 x 求偏导数，这样能够求出满足两个偏导数同时为零的 x、y 的解，很可能有多个，把所有的 x、y 对代入 $z = y\sin(x) + x\cos(y)$，求出的 (x, y, z) 就是驻点。每个驻点的 z 值比较大小，最大的就是要求的解了。没学过微积分的朋友也先别着急，我们今天介绍的不是这种微积分领域常用的办法，还是考虑用遗传算法的思路来做。

可以想象，在这个地区无规律地放置很多人，有的在谷底，有的在半山腰，有的可能已经在山顶或者山顶附近。那么下面让他们一代一代生生不息地繁殖，凡是能爬得更高的就留下。有了这个思路就可以按部就班地求解。

1. 基因编码

首先这里的基因编码问题就和背包问题不一样。背包问题属于离散型的自变量，一个物品在背包里要么有要么没有，即便是 128 个物品，也知道一共是有 2^{128} 种情况，基因编码最多用 128 bit 也就够了。

但是这个例子中，有两个自变量 x 和 y，这两个自变量都是实数。根据实数稠密性原理，在 [−10,10] 之间是有无穷多个实数，没有办法用类似背包问题中的基因编码的办法穷举所有的实数可能性。

但是，电子计算机在做所有实数运算时其实是没有那么精确的，因为本身用电子计算机来计算实数就是一个用离散解决连续，用有穷解决无穷的方案，本身就有天生的不可逾越的局限性。不管用 64 bit 还是用 128 bit 描述一个实数都太有限了，所以需要一个精度限制，也就是有效数字。问题是应该取多少位有效数字？

理想地，对于有效数字应该是尽可能多取，有多少取多少，但是在实际生活中却不这么做。原因也很简单，多取有效数字本来是为了提高精确度，降低误差与成本。然而多取有效数字同样需要更多的成本，而多出的有效数字的增长对提高收益如果没有明显的好处，那显然取太多有效数字反而是不划算的。

例如，在平时购物时取到元小数点后 2 位就够了，因为再小的货币单位也不发行，再往后标记更小的标价单位毫无意义。一些大宗交易的物品单价通常会取得比较多，如小米手机、iPhone 手机中的电子元件，很多出厂单价才 0.005 元一个甚至更低。但是由于购买量巨大，一批就是以千万个原件作为单位的购买量，1 000 万个电子元件就是 50 000 元人民币了，这种情况下取 4 位小数就有意义。再如生产 CPU 用的高纯硅通常是 99.999 999 999% 的，纯度低了无法支持 22 nm 级别的生产工艺。太阳能板硅板就不需要这么精细了，一般 99.99% 就能满足，如果超过 99.9999% 只会增加成本。

所以对于那些无法感知精确的，感知了也无法把控的，把控了也对提高效益无意义的，这些场合下的精度提升就没必要了，在生产生活中可酌情进行取舍。

再回到上述例子，如果允许一定的误差，只要误差足够小其实就已经能够满足模型的需求了。

假设从 −10 到 10 之间指的是一个 20 公里的地带，那么取精度为 1 米可以理解为 [−10.000,10.000] 这个区间范围，取精度 0.1 米就可以理解为 [−10.0000,10.0000] 的范围，这里假设 1 米的精度已经能够满足误差要求，那么取 [−10.000,10.000] 作为取值范围，这样无限就变成有限了，这里实际是 20 001 种取值。

如果还是要用二进制来进行基因编码应该选用多少位呢？ 2^{14} 是 16 384，2^{15} 是 32 768，因为这里有 20001 种情形，所以取 15 bit 作为基因描述，x 和 y 都用 15 bit 的基因——这已经能够覆盖所有的设想样本。

那么下一个问题就是把一个 15 bit 的二进制数字映射到 [−10.000,10.000] 这个区间里去。用第一位作为正负数的标识，剩下 14 bit 作为具体数字的标识，这样这个 15 bit 的数字就成为了 [−16 383,0] 和 [0,16 383] 两个区间取并集了，注意集合里的元素都是整数。再把每个数字除以 16 383 除以 1 000，取值范围就被压缩在 [−10.000,10.000] 之间了。

注意在这里为了让区间包括两边的边界点，做一个小小的变换。

定义 $F(x)$ 的内容如下：x 是自变量，为二进制数字，首位为 0 代表正数，首位为 1 代表负数，函数值为 x 对应的十进制数字。那么就完成了编码到整个定义区间上的映射 $F(x)$，最后表示二进制到实数值的函数 $H(x)$ 定义如下：

$$H(x)=\begin{cases}10\cdot\dfrac{F(x)+1}{16\,384} & F(x)\geqslant 0\\ 10\cdot\dfrac{F(x)-1}{16\,384} & F(x)\leqslant 0\end{cases}$$

但是这里有两个问题。

问题 1：$F(x)\geqslant 0$ 和 $F(x)\leqslant 0$ 是有重叠部分的，$F(x)=0$ 究竟算谁的。补充说明一下，这个写法确实是不够严谨，具体意义是指 x 的首位是 0 还是 1 的情况，是 0 那就算 $F(x)\geqslant 0$，是 1 那就算 $F(x)\leqslant 0$，因为确实后面 14 bit 都是 0 的情况下，不管首位是 0 还是 1 代表值都是 0。

问题 2：$10\cdot\dfrac{F(x)+1}{16\,384}$ 和 $10\cdot\dfrac{F(x)-1}{16\,384}$ 分别构成了 x 正负两个部分，但是区间却不是原来说的 [-10.000,10.000]，变成了 [−10.000,0) 和 (0,10.000]，0 从自变量范围里被拿掉了。这是为了计算方便，但是由于确信 0 不是要的解，不管是 $x=0$ 还是 $y=0$，所以从解里面把所有 $x=0$ 的情况以及所有 $y=0$ 的情况都去除了，这个变换不影响最终求解。如果觉得不放心，那么可以尝试重新构造这个映射关系，把 [−10.000,10.000] 所有的点都覆盖到。

最后计算映射关系的具体值：

$(000000100100100)_2=292$，对应的 $10\cdot\dfrac{F(x)+1}{16\,384}=0.179$。

$(111000100110110)_2=-12\,598$，对应的 $10\cdot\dfrac{F(x)-1}{16\,384}=-7.690$。

怎么样，容易吧，用现在流行的词儿来说那就是——“完美”。

2. 设计初始群体

设计初始群体是第二个要解决的大问题。

倾斜一下看这个小世界，如图 10-26 所示，要设置一些初始化的人让他们一代一代繁衍后代，能爬得更高的就继续观察，爬不高的就不管了。在刚刚设计的基因里其实有两条基因，一条是 x，一条是 y，这两条基因各有 15 个基因信息点，也就是 2^{15} 个可能值，随机产生 8 组基因，如表 10-17 所示。

3. 适应度计算

适应度在这个场景里不难设计，用 $z=y\sin(x)+x\cos(y)$ 即可，z 就是适应度。

4. 产生下一代

在这个场景里，在每一代都可以让 1 个染色体中的基因 X 之间和基因 Y 之间进行组合，如表 10-18 所示。

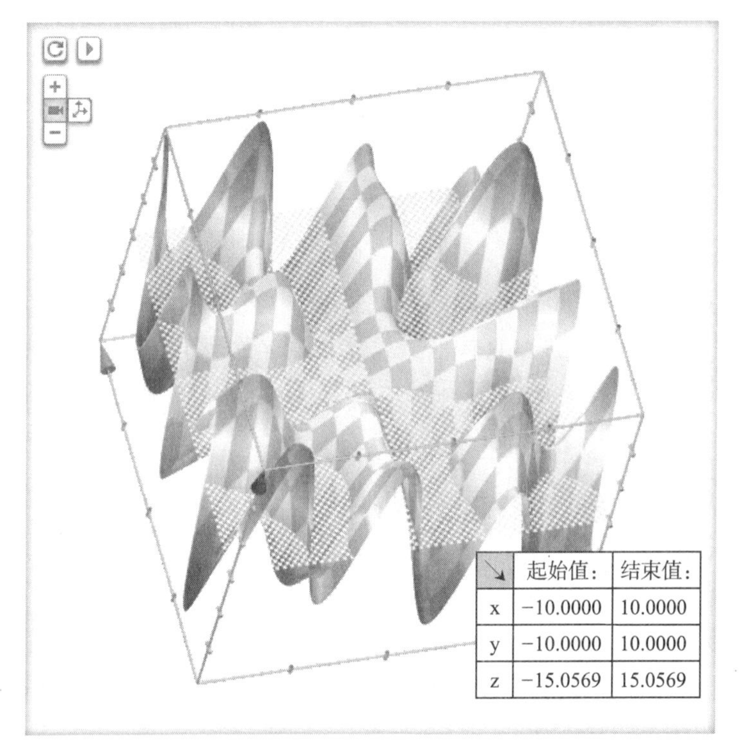

图 10-26　*z=y*.sin(*x*)+*x*.cos(*y*) 的图形

表 10-17　8 组基因

染色体	基因 X	基因 Y	染色体	基因 X	基因 Y
1	000000100101001	101010101010101	5	100000100100101	101010101010101
2	011000100101100	001100110011001	6	101000100100100	111100001111000
3	001000100100101	101010101010101	7	101010100110100	101010101010101
4	000110100100100	110011001100110	8	100110101101000	000011110000111

表 10-18　基因组合

染色体	基因 X	基因 Y	组合	后代基因
1	000000100101001	101010101010101	1X+2X	XA: 000000100101100
				YA: 101010110011001
2	011000100101100	001100110011001	1Y+2Y	XB: 011000100101001
				YB: 001100101010101

如果染色体 1 和 2 进行结合，那么：

1 染色体的 X 基因的前 7 位和 2 染色体的 X 基因的后 8 位将结合。

1 染色体的 Y 基因的前 7 位和 2 染色体的 Y 基因的后 8 位将结合。

2染色体的X基因的前7位和1染色体的X基因的后8位将结合。

2染色体的Y基因的前7位和1染色体的Y基因的后8位将结合。

由此形成XA、YA、XB、YB 4个后代基因，XA和YA将成为新的一组染色体，XB和YB将成为新的一组染色体，形成两个完整的后代基因染色体组。

如果是8组作为初始种群的大小，就有$C_8^2=28$种组合方式，而每一种组合产生2个后代，那么实际上第一代以后就产生56个个体。

这56个个体的适应度可以进行排序，只取出排名前8的个体。

这里同样可以允许一定的基因突变性，在8个已遴选的个体中，随机找到两个个体，让这两个个体其中一个x染色体发生变异而让另一个y染色体发生变异（这个例子由x和y两个自变量构成的染色体碰巧跟人类的性染色体同名）。变异也是随机改变x染色体中的某一位，或随机改变y染色体中的某一位。

这之后再进行两两重组的计算，产生下一代。

这里注意以下两点。

（1）断开点的位置。理论上，断开点的位置是任意的，但是断开点靠左对数值影响变化大，自变量“跳跃”范围也就大；断开点靠右对数值影响变化小，自变量“跳跃”范围也就小。

（2）基因变异的位置。和断开点位置的影响是完全一样的，同样是变异点靠左自变量“跳跃”范围大，变异点靠右自变量“跳跃”范围小。

5. 迭代计算

这里直接看迭代计算的代码和执行过程。请注意，由于其中有很多随机的因素，所以计算的过程结果可能会不一致，迭代的代数也可能不一致，但是最终结果应该都是一样的。

```
#coding=utf-8
import random
import math
import numpy as np

# 染色体长度
CHROMOSOME_SIZE = 15

# 判断退出
def is_finished(last_three):
    s = sorted(last_three)
    if s[0] and s[2] - s[0] < 0.01 * s[0]:
        return True
    else:
        return False

# 初始染色体样态
def init():
```

```
    chromosome_state1 = ['000000100101001', '101010101010101']
    chromosome_state2 = ['011000100101100', '001100110011001']
    chromosome_state3 = ['001000100100101', '101010101010101']
    chromosome_state4 = ['000110100100100', '110011001100110']
    chromosome_state5 = ['100000100100101', '101010101010101']
    chromosome_state6 = ['101000100100100', '111100001111000']
    chromosome_state7 = ['101010100110100', '101010101010101']
    chromosome_state8 = ['100110101101000', '000011110000111']
    chromosome_states = [chromosome_state1,
                         chromosome_state2,
                         chromosome_state3,
                         chromosome_state4,
                         chromosome_state5,
                         chromosome_state6,
                         chromosome_state7,
                         chromosome_state8]
    return chromosome_states

# 计算适应度
def fitness(chromosome_states):
    fitnesses = []
    for chromosome_state in chromosome_states:
        if chromosome_state[0][0] == '1':
            x = 10 * (-float(int(chromosome_state[0][1:], 2) - 1)/16384)
        else:
            x = 10 * (float(int(chromosome_state[0], 2) + 1)/16384)
        if chromosome_state[1][0] == '1':
            y = 10 * (-float(int(chromosome_state[1][1:], 2) - 1)/16384)
        else:
            y = 10 * (float(int(chromosome_state[1], 2) + 1)/16384)
        z = y * math.sin(x) + x * math.cos(y)

        fitnesses.append(z)

    return fitnesses

# 筛选
def filter(chromosome_states, fitnesses):
    #top 8 对应的索引值
    chromosome_states_new = []
    top1_fitness_index = 0
    for i in np.argsort(fitnesses)[::-1][:8].tolist():
        chromosome_states_new.append(chromosome_states[i])
        top1_fitness_index = i
    return chromosome_states_new, top1_fitness_index

# 产生下一代
def crossover(chromosome_states):
    chromosome_states_new = []
    while chromosome_states:
        chromosome_state = chromosome_states.pop(0)
```

```
            for v in chromosome_states:
                pos = random.choice(range(8, CHROMOSOME_SIZE - 1))
                chromosome_states_new.append([chromosome_state[0][:pos] + v[0][pos:],
chromosome_state[1][:pos] + v[1][pos:]])
                chromosome_states_new.append([v[0][:pos] + chromosome_state[1][pos:],
v[0][:pos] + chromosome_state[1][pos:]])
        return chromosome_states_new

    # 基因突变
    def mutation(chromosome_states):
        n = int(5.0 / 100 * len(chromosome_states))
        while n > 0:
            n -= 1
            chromosome_state = random.choice(chromosome_states)
            index = chromosome_states.index(chromosome_state)
            pos = random.choice(range(len(chromosome_state)))
             x = chromosome_state[0][:pos] + str(int(not int(chromosome_state[0][pos])))+
chromosome_state[0][pos+1:]
            y = chromosome_state[1][:pos] + str(int(not int(chromosome_state[1][pos]))) +
chromosome_state[1][pos+1:]
            chromosome_states[index] = [x, y]

    if __name__ == '__main__':
        chromosome_states = init()
        last_three = [0] * 3
        last_num = 0
        n = 100
        while n > 0:
            n -= 1
            chromosome_states = crossover(chromosome_states)
            mutation(chromosome_states)
            fitnesses = fitness(chromosome_states)
            chromosome_states, top1_fitness_index = filter(chromosome_states, fitnesses)
            last_three[last_num] = fitnesses[top1_fitness_index]
            if is_finished(last_three):
                break
            if last_num >= 2:
                last_num = 0
            else:
                last_num += 1

    #x: 7.698 974 609 38  y:7.698 974 609 38  z:8.795 289 238 25
    #x: -8.356 933 593 75  y:-8.356 933 593 75 z:11.350 199 424 9
```

这里最后的收敛条件是计算每一代的适应函数最大值并记录，判断最近3代的最大值如何变化。如果最近3代的适应函数最大值相比较，第一大的（最大的）比第三大的（最小的）增益小于1%，那么就判断为收敛。这种收敛的速度非常快，大概3到4代就可以收敛完毕求出最优解。当然，这个部分同样可以再讨论采用更为考究的计算方式，有兴趣的读者可以继续研究。

请注意，在执行这段代码中可能会发现这么一个问题：有的时候 z 值会收敛到 8.8 附近，此时 x 和 y 都在 7.7 附近，就像例子中给出的这个数字；有的时候 z 值会收敛到 11.35 附近，此时 x 和 y 都在 −8.35 附近。从这两种不同的解来看，可以知道后者应该是正确的而前者是不正确的。

从图 10-27 中可以看出，圆圈圈住的位置就是 (7.7, 7.7) 附近的点，而实际上正确的解在方框圈住的位置 (−8.35, −8.35)。为什么会出现这种现象呢？其实也不难理解，就是在繁殖下一代时又出现一次播撒的情况，但是播撒不够均匀，导致部分爬到“圆圈山”位置的种群个体表现格外良好，其他种群如在“方框山”半山腰的就没能被遴选——凡是第 9 名开外的都被淘汰。这样是有相当的概率会收敛到 7.7 附近的“圆圈山”的。这一类的问题可能以后在写遗传算法中也同样会遇到，请读者注意。

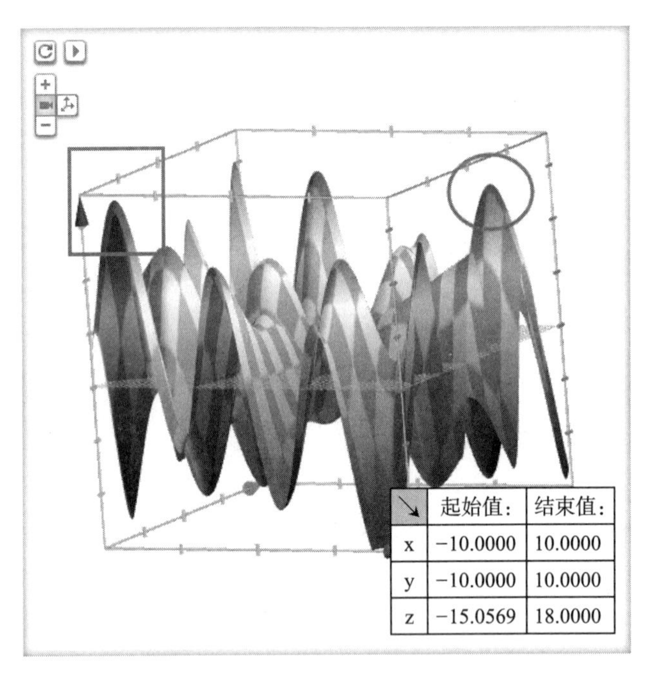

图 10-27　$z=y.\sin(x)+x.\cos(y)$ 的图形

这一类问题可以考虑以下两个解决方法。

方法一：初始种群扩大化。

初始种群可以不止 8 个，可以是 16 个、32 个，或者更多，总之就是一开始就使得第一代有足够的机会爬到“方框山”的比较好的位置去。

方法二：每一代遴选增加名额。

每一代现在只是留下 8 个种群个体，同样的，可以留下 16 个、32 个，也一样会让更多爬到“方框山”较高位置的对象存活下来。

这两种方法都采用之后是可以让找到最优解的概率大大增加的。

10.7 小结

本章是整本书中比重比较大的一章，也是因为分类算法在生产生活中使用得也最为广泛。

应该注意到，大部分的分类算法都是基于统计概率的分类算法，而凡是基于统计概率的分类算法究其本质仍然是贝叶斯概率体系下的分类原则。以 SVM 算法为例，要找超平面来做类别的区分，但是类别区分的原则仍旧是根据已知样本的特征情况，也就是抽象后的多维空间向量信息特征来做分类标准。在超平面确定后，对新的待分类样本仍然是根据一个向量的特征值来判断其属于某分类或不属于某分类的概率为多少，究竟是哪一种更高。SVM 本质上仍旧是根据特征向量在空间的分布来拟合分类概率。在判断新的待分类样本时，如果待分类样本处在超平面附近，那就仍然是一个模棱两可的样本，是一个归属或不归属一个分类概率相当的情况。

此外，有误判的问题几乎是没办法避免的，虽然这个结论多少让人觉得有点沮丧。但是，只要算法本身的成本和误判带来的损失在一个可接受的范围内即可，千万不要过于纠结高精度而裹足不前。

遗传算法在数学上其实是采用梯度下降的方法来求解问题的。所谓梯度在第 8 章介绍最小二乘法时已经涉及，只是当时没有这么提。在最小二乘法时设计的函数 $Q(a, b)$ 中，误差 Q 是一个用 a 和 b 表示的函数，其实也可以看成 $z(x, y)$，z 是用 x 和 y 来表示的。在讨论 $Q(a, b)$ 的极值时，说到了偏微分的概念，也就是求沿着 a 轴方向和 b 轴方向的多组剖面上的切线斜率问题，最后找到两个方向上的斜率为 0 的位置作为候选点。这个结果是通过数学上求偏导数的方式推导计算出来的。而梯度下降的方法与此不同，它的思路是，不求偏导数，但是沿着整个曲面“行进”，当行进同样单位距离时函数值变化大，那就说明斜率大；而当行进同样单位距离时函数值变化小，那就说明斜率小。当行进一次函数值变化趋近 0 时，那就说明到了驻点附近。这也是一种很巧妙的思路。在极大值问题求解的过程中已经展示过这种方式的思路了。

这种方式在地理地形图上的表现形式如图 10-28 所示。

在地理课本上会有地形图，而地形图中最容易让人产生画面感的莫过于等高线图。图 10-28 上用方框圈出的部分等高线稠密，表示地形高度变化快，坡度陡峭；用椭圆圈出的部分等高线系数，表示地形高度变化慢，坡度平缓。梯度下降法实际上是在找等高线稀疏的地方，那一定是一个趋于平缓的地带，要么在谷底，要么在峰顶。这就是梯度下降法的意义。

分类属于有监督的学习过程，这个过程中使用者可以根据经验以及数学推导等辅助方法给机器一些指导，帮助机器剪枝、收敛、去噪等，让计算变得更加快捷，更加准确。

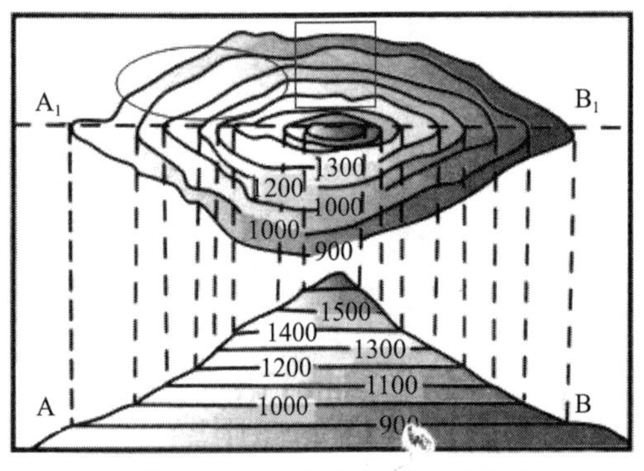

(a) 山地——地势高大陡峻，起伏大

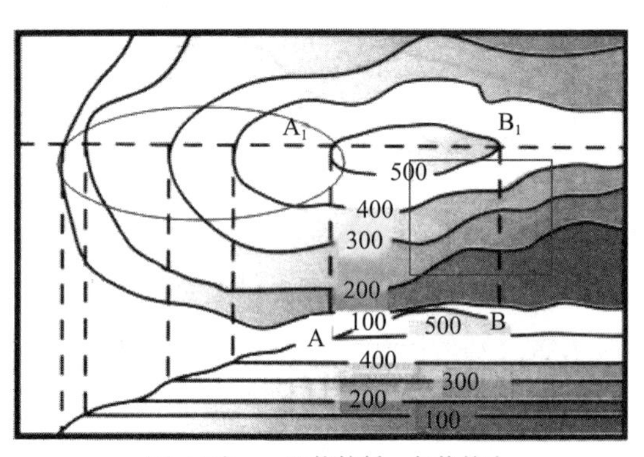

(b) 丘陵——地势较低，起伏较小

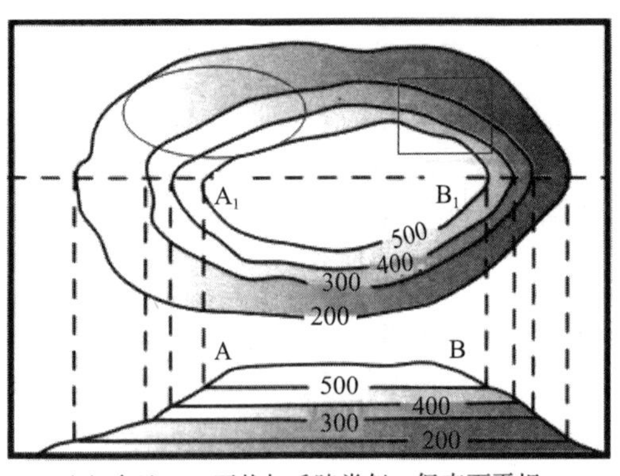

(c) 台地——开状与丘陵类似，但表面平坦

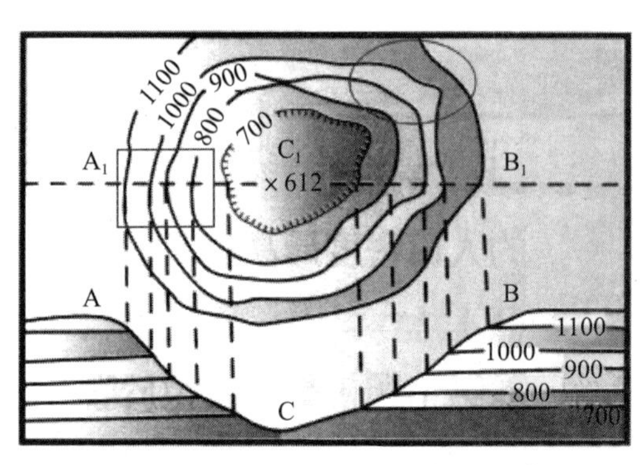

(d) 盆地——中间低，四周为山丘环绕

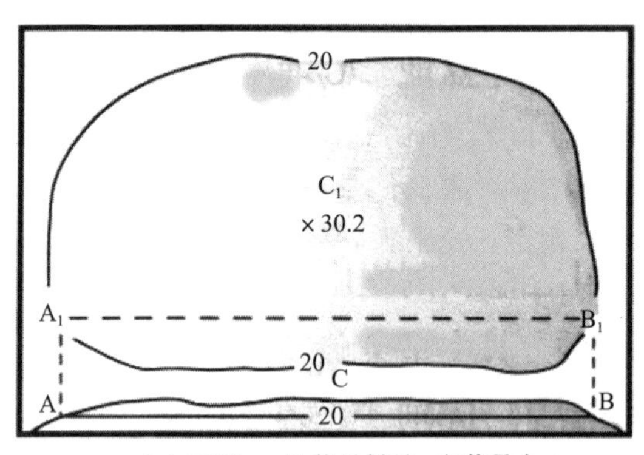

(e) 平原——地势最低平，起伏最小

图 10-28 地形图

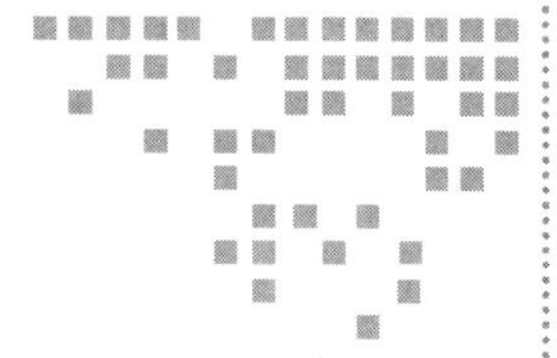

第11章 Chapter 11

关联分析

在学习完聚类和分类之后，补充性地讨论一下关联分析。

关联规则也是人类在认识客观事物中形成的一种认知模式。这种关联规则在人的认知里与反射类似。如在小时候不小心被针扎到，会有痛感，这样针刺和痛感就在大脑里有了这种关联。再如，小时候在不懂任何电学原理时也可以发现按下电灯开关，电灯就会点亮，再按一次，电灯就会关闭。这个对于电灯开关的动作就和电灯亮灭的事件形成了关联关系。这就是人在认识事物的过程中在认知中所建立的关联规则，即通过与客观世界互动，发现事物之间存在的依赖或者因果关系。

本章讨论的关联分析应该说是数据挖掘教程体系里最为经典的部分之一，也是尝试在数据中发现依赖或者因果关系的方法。这其中还有一个更为经典的案例，即几乎在每本BI（商业智能）教材或者数据挖掘教材里都会讲到的"啤酒和尿布"案例。

据说事情发生在20世纪80年代的美国沃尔玛，销售经理经过研究零售记录发现啤酒和尿布会同时出现在很多购物记录里，令人百思不得其解。经过观察发现，在这个地区有很多年轻的父亲会时常光顾超市，在超市里为孩子购买尿布的同时也会为自己买上一些啤酒。从此，超市经理借题发挥，又专门把啤酒和尿布的销售货架放在一起，进而让啤酒和尿布的销量进一步提高。

虽然后来也有一些专家说这个案例是假的，根本没那么回事，完全是BI产品的销售人员杜撰出来的。不论该案例的真假如何，这种研究方式却是在零售行业得到了比较广泛的应用，这种分析也称作"购物篮"分析。我们一起来看一下，这个分析过程是怎么实现的。

11.1 频繁模式和 Apriori 算法

一个超市里每天有很多的购物记录，很多大卖场每天甚至可能有数万笔交易，为了示例的方便假设一共有 5 个购物记录。

记录 1：

（啤酒，香烟，白菜，鸡蛋，酸奶，卫生纸）

记录 2：

（红酒，香烟，巧克力糖，酸奶）

记录 3：

（牙刷，奶糖，食盐，冷冻鸡肉，卫生纸）

记录 4：

（啤酒，一次性酒杯，香烟，瓜子，花生，油炸薯片）

记录 5：

（酸奶，巧克力糖，味精）

每个记录相当于在超市发生的一笔结算，一个购物者把篮子里的商品都一起扫码付账。

11.1.1 频繁模式

首先要明确一点，就是在每个购买记录中出现的各种单品其实体现的是一种组合的性质。也就是说，消费者在购买了一种单品的同时又购买了另一种单品。而且，这些单品的组合在记录中是无序的，也就是无法知道在记录 1 中究竟是先“购买”了啤酒然后诱使他又“购买”了香烟，还是先“购买”了香烟后来又购买了啤酒。因此只能研究一个无序的组合，这种组合就叫做“模式”。

这些模式里，有的出现频率很低，有的出现频率很高，一般认为频率较高的通常更有指导意义，这种高频率的模式就被称作“频繁模式”。

先尝试着把刚刚这些记录内容放入一个关系型数据库的表格进行存储以备实验。也可以尝试使用数组、内存向量等其他形式，这些并不影响 Apriori 算法的结果。购物记录表 Buy_list 如表 11-1 所示。

表 11-1 购物记录表 Buy-list

流水号 (Serial)	单品类别 (Type)	流水号 (Serial)	单品类别 (Type)
0001	啤酒	0002	香烟
0001	香烟	0002	巧克力糖
0001	白菜	0002	酸奶
0001	鸡蛋	…	
0001	酸奶	0005	酸奶
0001	卫生纸	0005	巧克力糖
0002	红酒	0005	味精

假设已经把这个信息变成了一张表 Buy_list，表至少有两个字段 Serial 和 Type。注意，在数据仓库里，通常 Type 这个字段是一个类别编码，而不是一个具体的汉字品名描述。

11.1.2 支持度和置信度

刚刚介绍过一个频繁模式的概念，即一般认为频率较高的模式叫做频繁模式。衡量频率的指标有两个：**一个是支持度，一个是置信度**。

这两个指标分别指的是这种模式的有用性和确定性。设置门限“最小支持度”和“最小置信度”，支持度和置信度同时高于这两个门限就可以认为是频繁模式了。

例如，购买（啤酒，香烟）模式的支持度为 40%，那就是说所有的购买记录里（例子里是 5 个），有 40% 的购买记录都包含这种模式。

置信度是有“方向性”的，如果说购买啤酒的记录里有 100% 的记录都购买了香烟，那么就说购买啤酒后购买香烟的置信度为 100%；反向地看，如果购买了香烟的记录有 67% 的记录都购买了啤酒，那么就说购买香烟后购买啤酒的置信度为 67%。

为了表达简便，也常记录如下：

啤酒 => 香烟 [support=40%; confidence=100%]

香烟 => 啤酒 [support=40%; confidence=67%]

用 SQL 语句能够很快地算出一个模式的支持度和置信度。

啤酒 => 香烟，支持度计算的代码如下：

```
SELECT
TRANSACTION_COUNT.COUNT_NUMBER/ TRANSACTION_ALL.COUNT_NUMBER
FROM
(
    SELECT COUNT(*) COUNT_NUMBER
    FROM
    (SELECT Serial FROM Buy_list WHERE Type='啤酒') R1
    INNER JOIN
    (SELECT Serial FROM Buy_list WHERE Type='香烟') R2
    ON
    R1.Serial=R2.Serial
) TRANSACTION_COUNT
INNER JOIN
(
    SELECT COUNT(DISTINCT Serial) COUNT_NUMBER
    FROM
    Buy_list
) TRANSACTION_ALL
ON 1=1;
```

看上去内容比较多，但逻辑很简单。

R1 是找出所有有啤酒的 Serial，R2 是找出所有有香烟的 Serial，这样 TRANSACTION_COUNT.COUNT_NUMBER 就是同时既有啤酒又有香烟的 Serial 的数量了。后面 TRANSACTION_

ALL.COUNT_NUMBER 是所有购买记录的数量。两者相除得到支持度。

啤酒 => 香烟，置信度计算的代码如下：

```
CREATE TABLE TEMP(R1_Serial VARCHAR(64), R2_Serial VARCHAR(64)) AS
SELECT *
FROM
(SELECT Serial R1_Serial  FROM Buy_list WHERE Type='啤酒') R1
LEFT JOIN
(SELECT Serial R2_Serial FROM Buy_list WHERE Type='香烟') R2
ON R1.R1_Serial=R2.R2_Serial;

SELECT R2.R2_COUNT/R1.R1_COUNT
FROM
(SELECT COUNT(*) R2_COUNT
FROM
TEMP
WHERE R2_Serial IS NOT NULL) R2
INNER JOIN
(SELECT COUNT(*) R1_COUNT
FROM
TEMP) R1
ON 1=1;
```

简单解释一下，前面的部分是建造一个只有两列的数据表，第一列 R1 是所有有啤酒的 Serial，第二列 R2 是所有有香烟的 Serial，LEFT JOIN 后会得到一个 R2 有可能产生 NULL 的数据视图。第二个 SQL 里前半部分的 R2.R2_COUNT 是为了求出有啤酒且有香烟的 Serial 数量，后半部分的 R1.R1_COUNT 是为了求出所有含有啤酒的 Serial 数量。两者相除得到置信度。

按照定义一步一步去求看上去非常啰嗦，有兴趣的读者可以尝试优化 SQL 的写法。

在这里请注意，在生活中各超市各卖场的购物篮分析场景里，支持度和置信度都远没有上述例子这么高。很大数量的支持度和置信度可能都只有百分之零点几或者百分之零点零几。现在再来回答刚刚的那个问题“支持度和置信度多高才算高呢?”在比较成熟的行业，或者有行业专家可以请教的时候，可以寻求行业专家的帮助，让他们设置一个合适的值。如果实在没有行业专家可以咨询，可以尝试在所有商品中找出所有的模式，会发现有一些模式的支持度和置信度同时都比其他高很多，这时可以考虑用所有模式的支持度的平均值和置信度的平均值作为参考，适当提高一些作为阈值做过滤。这样过滤下来的模式就可以作为频繁模式进行进一步研究。

如果单纯支持度高或者置信度高能否直接被认为是频繁模式呢?

如果支持度高置信度低，说明这两种情况确实同时出现，但是“转化率”可能比较低。而如果支持度比较低，但是转化率比较高，说明这种模式在所有的模式里很平常，甚至可能不能算“频繁”。所以基于这样的原因，通常还是会选择支持度和置信度都高于阈值的门限的模式作为频繁模式。

11.1.3 经典的 Apriori 算法

刚才讲过，找出频繁项集实际是找出同时满足最小支持度和最小置信度的模式。在 Apriori 算法的观点中，这个求解过程要分以下几个步骤。

步骤 1：先设置一个最小支持度作为阈值门限值进行扫描，因为对同时过滤最小支持度和最小置信度这两个操作来说，最小支持度的查找更为简单一些。假设设置的最小支持度为 40%（也可以尝试设置为其他值）。

步骤 2：扫描所有满足最小支持度的单品。这个步骤的逻辑很简单，假设有一个单品和另一个单品组合的模式满足最小支持度 40%，那该单品首先必须在所有购买记录中出现的概率大于等于 40% 才有可能，这是一个必要条件。所以扫描所有满足最小支持度的单品，找出大于等于 40% 的。

在本例中，单品支持度，如表 11-2 所示。

表 11-2 单品支持度

单品类别 (Type)	支持度 (Support)	单品类别 (Type)	支持度 (Support)
啤酒	40%	奶糖	20%
香烟	60%	食盐	20%
白菜	20%	冷冻鸡肉	20%
鸡蛋	20%	一次性酒杯	20%
酸奶	60%	瓜子	20%
卫生纸	40%	花生	20%
红酒	20%	油炸薯片	20%
巧克力糖	40%	味精	20%
牙刷	20%		

过滤出候选单品，即满足最小支持度 40% 的单品，如表 11-3 所示。

表 11-3 支持度大于等于 40% 的单品

单品类别 (Type)	支持度 (Support)	单品类别 (Type)	支持度 (Support)
啤酒	40%	卫生纸	40%
香烟	60%	巧克力糖	40%
酸奶	60%		

在这个过程中可以发现，大量小于 40% 的单品已经被过滤掉了，这个过程在算法中叫剪枝。再逐级组合查找模式时，有很多的单品可以完全置之不理了。“剪枝法”是算法科学中一个比较重要的思路，在很多算法中有广泛的应用，即利用数学特性或一些其他技巧过滤掉那些没必要计算的情况，用来降低算法的时间复杂度。

步骤 3：查找满足条件的 2 项模式。根据已经过滤出的单品，组合一下看候选的 2 项模式有哪些，然后在前面的数据里具体比对一下，是否存在以及看有几个。

啤酒和香烟，出现过 2 次，2/5=40%。

啤酒和酸奶，出现过 1 次，1/5=20%。

……

得到表 11-4（候选的 2 项模式）。

表 11-4　满足条件的 2 项模式

2 项模式 (Type，Type)	支持度 (Support)	2 项模式 (Type，Type)	支持度 (Support)
啤酒，香烟	40%	香烟，卫生纸	20%
啤酒，酸奶	20%	香烟，巧克力糖	20%
啤酒，卫生纸	20%	酸奶，卫生纸	20%
啤酒，巧克力糖	0%	酸奶，巧克力糖	40%
香烟，酸奶	40%	卫生纸，巧克力糖	0%

在所有已经滤出的 2 项模式中，找出满足最小支持度的 2 项模式（本例中为满足最小支持度为 40% 的 2 项模式），如表 11-5 所示。

表 11-5　满足最小支持度的 2 项模式

2 项模式 (Type，Type)	支持度 (Support)
啤酒，香烟	40%
香烟，酸奶	40%
酸奶，巧克力糖	40%

目前只剩下 3 个 2 项模式了。

步骤 4：查找满足条件的 3 项模式。这个过程与步骤 3 类似，注意现在还剩下哪些单品是有可能的。假设有一个单品和另外两个单品组合的模式满足最小支持度 40%，那么这两个单品组合而成的 2 项模式同样必须满足支持度 40%。

只剩下表 11-5 中的啤酒，香烟，酸奶，巧克力糖这 4 个单品了。

候选的 2 项模式如表 11-6 所示。

表 11-6　候选的 2 项模式

2 项模式 (Type,Type)	支持度 (Support)
啤酒，香烟	40%
香烟，酸奶	40%
酸奶，巧克力糖	40%

和前面一样做一个笛卡儿乘积，候选的 3 项模式如表 11-7 所示。

表 11-7　候选的 3 项模式

3 项模式 (Type，Type，Type)	支持度 (Support)
啤酒，香烟，酸奶	20%
啤酒，香烟，巧克力糖	0%
香烟，酸奶，巧克力糖	0%

观察发现，到目前为止，所有候选的 3 项模式都“阵亡”了，全都不满足 40% 的门限要求。OK，那就结束，算到这里为止，因为我们也不可能找到满足条件的 3 项、4 项以及以后任何多种符合条件的频繁模式了。如果大家对这个算法的学术性表达感兴趣，可以阅读《数据挖掘概念与技术（原书第 3 版）》（Jiawei Han、Micheline Kamber、Jian Pei 著）的第 161 页到 164 页。

回过头来介绍上述笛卡儿积是怎么做的。如果没学过笛卡儿积的朋友请往下看，学过的请自动跳过。

我们从 1 项（单品）到 2 项的时候是怎么做的呢？

先从所有 1 项中罗列出所有的单品：

1 项集合 =（啤酒，香烟，酸奶，卫生纸，巧克力糖）

2 项集合 = 1 项集合 ×1 项集合

注意：笛卡儿积就是用 × 号两边的两个集合中的元素去做一对一的循环匹配，匹配结果列表就是笛卡儿积的乘积（结果）。

2 项集合 = 1 项集合 ×1 项集合
=（啤酒，香烟，酸奶，卫生纸，巧克力糖）×（啤酒，香烟，酸奶，卫生纸，巧克力糖）
=((啤酒，啤酒)，(啤酒，香烟)，(啤酒，酸奶)，(啤酒，卫生纸)，
(啤酒，巧克力糖)，(香烟，啤酒)，(香烟，香烟)，(香烟，酸奶)，(香烟，卫生纸)，
(香烟，巧克力糖)，(酸奶，啤酒)，(酸奶，香烟)，(酸奶，酸奶)，
(酸奶，卫生纸)，(酸奶，巧克力糖)，(卫生纸，啤酒)，(卫生纸，香烟)，
(卫生纸，酸奶)，(卫生纸，卫生纸)，(卫生纸，巧克力糖)，(巧克力糖，啤酒)，
(巧克力糖，香烟)，(巧克力糖，酸奶)，(巧克力糖，卫生纸)，(巧克力糖，巧克力糖))

从标准的笛卡儿乘积中，得到了上述 25 个 2 项模式。但是并非所有的结果都有意义，（啤酒，啤酒）这样的结果虽然在笛卡儿乘积上是有意义的，但是在业务解释中是没有意义的，因为谁都不会去研究买了“啤酒”又买了“啤酒”的情况。此外，（啤酒，香烟）和（香烟，啤酒）只需要保留一个即可，因为组合不关心方向问题。这样就留下了候选的 2 项集合：

((啤酒，香烟)，(啤酒，酸奶)，(啤酒，卫生纸)，(啤酒，巧克力糖)，
(香烟，酸奶)，(香烟，卫生纸)，(香烟，巧克力糖)，(酸奶，卫生纸)，
(酸奶，巧克力糖)，(卫生纸，巧克力糖))

一共 10 个。

最后这个 3 项集合的算法和 2 项的算法略显不同，但是本质是一样的：

3 项集合 = 2 项集合 ×2 项集合 = 2 项集合 ×1 项集合 ×1 项集合
=((啤酒，香烟)，(啤酒，酸奶)，(啤酒，卫生纸)，(啤酒，巧克力糖)，
(香烟，酸奶)，(香烟，卫生纸)，(香烟，巧克力糖)，(酸奶，卫生纸)，
(酸奶，巧克力糖)，(卫生纸，巧克力糖))
×((啤酒，香烟)，(啤酒，酸奶)，(啤酒，卫生纸)，(啤酒，巧克力糖)，
(香烟，酸奶)，(香烟，卫生纸)，(香烟，巧克力糖)，(酸奶，卫生纸)，
(酸奶，巧克力糖)，(卫生纸，巧克力糖))
=（啤酒，香烟）×（啤酒，香烟），
（啤酒，香烟）×（啤酒，酸奶），
（啤酒，香烟）×（啤酒，卫生纸），…
=(啤酒，香烟，啤酒)，(啤酒，香烟，香烟)，(啤酒，香烟，啤酒)，(啤酒，香烟，酸奶)，…

这种方式还是写成笛卡儿乘积更容易让人接受，展开后表述的内容太多。

4 项集合以此类推。

这样实际上求出的是所有的满足支持度和置信度的频繁项集，2 项、3 项……一直到 N 项，只要它们满足设置的支持度和置信度，就都能被计算出来。

11.1.4 求出所有频繁模式

刚刚的例子里写了两段 SQL 语句，主要是为了验算“啤酒 => 香烟”的支持度和置信度。剩下的整个算法实际是使用了 SQL 语言进行完整支持度和置信度的计算算法的实现。

如果要计算所有模式的支持度和置信度，显然是不能用这样的方式的，确实不会列出很多的一个一个的单品，然后一个一个地代入去求它们的支持度。可以试着用其他的 SQL 语句来求出所有模式的支持度和置信度，其实并不难。

首先希望有一个表能够构造出穷举所有模式的方式，代码如下：

```
CREATE TABLE PATTERNS(Serial VARCHAR(64), Type1 VARCHAR(64), Type2 VARCHAR(64)) AS
SELECT R1.Serial Serial, R1.Type1 Type1, R2.Type2 Type2
FROM
(SELECT Serial, Type Type1 FROM Buy_list) R1
INNER JOIN
(SELECT Serial, Type Type2 FROM Buy_list) R2
ON R1.Serial=R2.Serial AND R1.Type1<>R2.Type2;
```

现在得到一个 PATTERNS 表（表 11-8）了，这个表有两列，里面是所有的 Type 组合的结果，而且绝对不包含模式的两个元素为同一元素的情况。这个表构造完毕后会得到一个 Serial, Type1，Type2 的穷举组合，穷举了在所有购买记录中的各次购买清单里的组合，而且正反向组合各存在一次。以 Serial 为 0001 为例：

表 11-8 PATTERNS 表

流水号（Serial）	单品类别（Type1）	单品类别（Type2）	流水号（Serial）	单品类别（Type1）	单品类别（Type2）
0001	啤酒	香烟	0001	香烟	白菜
0001	啤酒	白菜	0001	香烟	鸡蛋
0001	啤酒	鸡蛋	0001	香烟	酸奶
0001	啤酒	酸奶	…	…	…
0001	香烟	啤酒			

这里的 Type1 和 Type2 是有方向的，指代的是 Type1=>Type2，代码如下：

```
SELECT COUNT(*) Support, Type1, Type2
FROM
PATTERNS
GROUP BY Type1, Type2;
```

也许有的读者朋友会认为 COUNT(*) 需要除以 2，其实是没有必要的，因为这里认为 Type1 和 Type2 是有方向的，也就是说 Type1 和 Type2 分别代表啤酒和香烟，和分别代表香烟和啤酒是两种不同的情况。

```
SELECT COUNT(DISTINCT Serial) TRANSACTION_COUNT
FROM
PATTERNS;
```

用每行的 Support 除以 TRANSACTION_COUNT，就能得到所有单品对应 Type1=>Type2 的支持度了。两个 SQL 语句可以写在一起，就不需要两次请求数据库了。如果要用阈值门限过滤支持度，可以用 WHERE 语句进行谓词限制。

求置信度相对麻烦一些，但是也不难。思路是，求 Type1=>Type2 的置信度，即用同时有 Type2 和 Type1 的购买记录数除以所有含有 Type1 的购买记录数。

```
CREATE TABLE TYPE_COUNT_VIEW(Type_count INT, Type VARCHAR(64)) AS
SELECT COUNT(*) Type_count, Type
FROM
Buy_list
GROUP BY Type;
```

临时表为 TYPE_COUNT_VIEW，它只放置了 Type 和它出现的数量 Type_count 两个数据列。

```
SELECT R1.Type1, R1.Type2, R1.Type_count/TYPE_COUNT_VIEW.Type_count Confidence
FROM
(SELECT COUNT(*) Type_count, Type1, Type2
FROM
PATTERNS
GROUP BY Type1, Type2) R1
INNER JOIN
TYPE_COUNT_VIEW
ON R1.Type1=TYPE_COUNT_VIEW.Type;
```

最后得到 R1.Type1、R1.Type2、Confidence，每一条记录的这 3 个字段的含义就是 Type1=>Type2 以及它们的置信度 Confidence。

TYPE_COUNT_VIEW 构造的是每个单品出现的次数。

R1 是所有 Type1=>Type2 的组合，每行记录表示 Type1=>Type2 出现的次数，正反两个方向都有，也就是啤酒 => 香烟，香烟 => 啤酒分别进行了统计。

注意连接条件 PARTTERNS.Type1= TYPE_COUNT_VIEW.Type，这个构造出来的方向性实际上只对 Type1=>Type2 敏感。最后得到的记录结果就是想要的结果。记得在最后这段 SQL 语句上加上对于置信度 Confidence 的过滤条件限制，过滤出那些满足最小置信度的模式。

这里需要强调的是，刚刚用 SQL 求解的过程是一个对于最小频繁 2 项集的求解过程，也就是求解那些“哪两个”单品的组合的支持度和置信度能够满足要求。Apriori 算法的求解过程是求解所有最小频繁项集，2 项、3 项……一直到 N 项，只要它们满足设置的支持度和置信度，这就是区别。

11.2 关联分析与相关性分析

在使用 Apriori 算法计算出有较高支持度和较高置信度的频繁模式之后，要对这些频繁模式进行一些甄别或者分析。但是，是不是所有的频繁模式都是有趣的？

关于有趣模式，在第 10 章做过一些讨论。如果一个模式具备以下特点，则它是有趣的（Interesting）。

（1）易于被人理解。

（2）在某种确信度上，对于新的或检验数据是有效的。

（3）是潜在有用的。

（4）是新颖的。

这些特点带有很浓郁的主观色彩，如新颖、是否有用，这些观点本身就是因人而异的，因此所有找到的频繁模式未必都是有趣模式。

Apriori 能够过滤出关联度较高的模式，但是还不能对相关性做出解释。

这里需要引入一个有关相关规则的分析。

在前面见过这样一种记述方式，啤酒 => 香烟 [support=40%; confidence=100%]，也就是 Type1=>Type2 [支持度，置信度] 的这种对频繁项集（关联规则）的记述方式，现在增补一种新的方式，Type1=>Type2 [支持度，置信度，关联度]，其中关联度记作 correlation。

提升度（Lift）是一种简单的关联度度量，也是一种比较容易实现的统计方法。

$$\text{Lift}(A,B)=\frac{P(B\mid A)}{P(B)}$$

上式与朴素贝叶斯公式类似。等号左边是 A 和 B 的相关性定义，右边分子是发生 A 的情况下发生 B 的概率，分母是发生 B 的概率。

当相关性是 1 时，$P(B|A)$ 与 $P(B)$ 相等，也就是说在全样本空间内，B 发生的概率和在发生 A 的情况下发生 B 的概率是一样的，那么它们就是毫无关系。

当相关性大于 1 时，$P(B|A)$ 大于 $P(B)$，也就是说在全样本空间内，发生 A 的情况下发生 B 的概率要比单独统计 B 发生的概率要大，那么 B 和 A 是正相关的。换句话说，A 的发生促进了 B 的发生。

相反，当相关性小于 1 时，$P(B|A)$ 小于 $P(B)$，也就是说在全样本空间内，发生 A 的情况下发生 B 的概率要比单独统计 B 发生的概率要小，那么 B 和 A 是负相关的。换句话说，A 的发生抑制了 B 的发生。

还是以刚刚做好的 PATTERNS 表为例，SQL 代码如下：

```
SELECT FRACTION.Type1,FRACTION.Type2,FRACTION.PBA/NUMERATOR.PBPossibility
FROM
(
    SELECT R1.Support/R2.TRANSACTION_COUNT PBA, R1.Type1, R1.Type2
    FROM
```

```
        (
            SELECT COUNT(*) Support, Type1, Type2
            FROM
            PATTERNS
            GROUP BY Type1, Type2
        ) R1
        INNER JOIN
        (
            SELECT COUNT(DISTINCT Serial) TRANSACTION_COUNT, Type1
            FROM
            PATTERNS
            GROUP BY Type1
        ) R2
        ON R1.Type1=R2.Type1
    ) FRACTION
    LEFT OUTER JOIN
    (
        SELECT R3.counts/R4.TRANSACTION_COUNT PB, Type2
        FROM
        (
            SELECT COUNT(DISTINCT Serial) counts, Type2
            FROM PATTERNS
            GROUP BY Type2
        ) R3
        INNER JOIN
        (
            SELECT COUNT(DISTINCT Serial) TRANSACTION_COUNT
            FROM
            PATTERNS
        ) R4
        ON 1=1
    ) NUMERATOR
    ON FRACTION.Type2=NUMERATOR.Type2;
```

其中Possibility就是要求的每个单品Type对应的要求的提升度，Type1和Type2分别对应公式中的A和B两个项目。条件概率$P(B|A)$的求法和求支持度的思路是一样的，这里不再赘述。

可以发现在这个求相关性分析的过程中没有新的内容，仍然是对支持度的求解，只是要对单品独立的购买行为也要求解，看看这个支持度起的作用是促进购买概率上升还是下降，仅此而已。

11.3 稀有模式和负模式

在关联分析的过程中，还有一类研究和前面研究的内容不同，前面研究的都是频繁模式，但也有一些情况下反而更关心那些格外“不频繁”的模式，那就是稀有模式和负模式。

所谓稀有模式，是支持度远低于设定的支持度的模式。这里请注意一点，在前面研究频繁模式设定支持度时，设置的这个门限阈值要么是行业内的一个经验值要么是挑选的大量支持度统计的平均值，大于这个数字，就认为是一个频繁模式。然而并不是小于这个数字就是稀有模式，而是要设置一个比这个数字小得多的值作为过滤条件，比这个值小很多的值才是稀有模式。至于设置为多少，很难用一个具体的数字划分，在实际生产生活中可以考虑用支持度倒排序的功能去找那些支持度极低的模式。

而对于负相关，从名称来考虑，基本可以认为，一种事物的增加同时就对应另一种事物的减少，这种直观感觉下的两种事物就是负相关的。这样的事物在日常生活中同样会遇到很多，例如，这个月购买数码产品的预算一共是 3 000 元，那么买了数码照相机，购买 PS4 游戏机的预算就不足，导致不能购买 PS4 游戏机；相反，如果买了 PS4 游戏机，则很可能由于预算不足不能购买数码照相机。在大量的购物宏观统计中，这就不是观察一个人的行为了，而是观察很多人在大量购买行为中出现的这种取舍性的负相关行为。

一般来说，如果 X 和 Y 都是频繁的，但是很少或者不一起出现，那么就说 X 和 Y 是负相关的，X 和 Y 组成的模式是负相关模式。如果 X 和 Y 组成的模式支持度远远小于 X 的支持度与 Y 的支持度的乘积，那么就说 X 和 Y 是强负相关的。

要计算是否为强负相关模式，还是要在整个样本空间里找到这种此消彼长，至少是很少一起出现的频繁模式。在实际生产中，挖掘负相关模式的场景还是很多的。如在购物篮分析中，当发现有一些物品 X 和 Y 都比较频繁，但是却通常只出现其中一个时，可以来进行统计分析，看看这些负相关的物品是否满足了人们在某一大领域的需求，进而估算人们在这个领域的预算规模和购物规律。在病症治疗或者基因分析中同样可以用负模式挖掘的方法来发现那些有关联的疾病或抗体。例如，在得过 A 疾病的患者中，罹患 B 疾病的病人比例比普通人小很多，那么就可以推断很可能 A 疾病会让病人同时具备抵抗 B 疾病的抗体。

11.4 小结

关联分析是数据挖掘中比较重要的一环，尤其是关于频繁项集的分析问题。

在计算机辅助进行的数据处理中，所有的频繁项集的问题都能用基于关系型数据库的统计方法进行分析，如果规模巨大则可以用分布式关系型数据库或者抽样数据进行分析。

关联分析在农业、军事、刑侦、医学等很多领域都有着广泛的应用，是帮助人们认识事物之间的关联关系的重要手段，在建立专家系统或者知识库的过程中，有着不可替代的作用，请读者多练习与思考。

第 12 章 Chapter 12

用户画像

“用户画像”这个说法现在在数据分析和数据挖掘领域很流行。

这个说法比较形象，它是指在数据库或数据仓库里使用用户信息的记录，对这些信息逐渐丰富以后完成对用户的描述。整个描述的过程就像给用户画像一样，一笔一笔照着模特画，最后完成对模特样子的描述。

希望对用户做“画像”的目的也是比较明确的，就是希望通过某些手段对用户做甄别，把他们分成彼此相同或不同的人群或个体，进而区别化提供服务和进行观察分析——这通常是做用户画像的核心目的所在。

在数据库或者数据仓库中怎么对用户进行画像呢？最常用的办法是用标签来对用户进行画像——描述。

12.1 标签

标签的英文常用的有 Tag 和 Label，怎么用词不重要，关键看标签怎么用（图 12-1）。

图 12-1 标签

这些标签是从哪里来的？其实是从很多收集到的和用户相关的线索中来的。什么是线索？就是用户以他的身份标识所留下的各种行为的记录，这些记录基本是从各种各样的日志中来。

12.2 画像的方法

打标签这件事情在我们发明“用户画像”这个词之前就已经有了。

例如，有很多人性格鲜明，当大家提到他的名字时，脑海里很容易联想起一些形象，或者一些词汇。如一说起医生，有的人脑海里就会浮现出“白衣天使”“救死扶伤”这样的词汇；但是有的人脑海里就会浮现出“勒索钱财”“态度恶劣”这样的词汇。同样的一个或一类对象在两个不同的人看来可能是完全不同的标签内容，原因可能就是这两个人平时关注的新闻热点不一样或者经历不一样。又如听到会计这个职业，就会想到“精细”“准确”，听到拳击运动员就会联想到“强壮”“矫健”。这就是最初的“打标签”动作，和 IT 技术无关，只是根据自己的认知所留的印象而已。

我们回过来说说生产中用到的例子，先看看数据库吧。

12.2.1 结构化标签

其实在学习关系型数据库时，一张表里就融入了这种“画像”的方法。这里以数据库中的用户信息登记表 Table_User 为例介绍，如表 12-1 所示。

表 12-1 用户信息登记表

字段名	类型	说明
ID	INT	用户注册 ID
NAME	VARCHAR(64)	用户姓名
GENDER	INT	性别
MOBILE	VARCHAR(16)	手机号
QQ	INT	QQ 号
EMAIL	VARCHAR(64)	电子邮箱地址
BIRTHDAY	DATE	生日
CITY_ID	INT	所在城市 ID
PROVINCE_ID	INT	所在省 ID
COUNTRY_ID	INT	所在国家 ID

表 12-1 中记录的信息其实本身就是用于描述用户的，它们都是画像的标签。虽然这些信息比较有限，但是已经足够对用户做一定程度的区分。根据性别可以区分男女属性，根据所在地区（国家，省，市）可以区分地域，根据生日可以区分年龄段，根据手机号可以区分手机号所在地区。这已经比完全无法判别一个用户 ID 的拥有者具备什么属性强了不少——用户形象清晰了不少。

但是不足之处我们很快就发现了，我们往下看。

1. 信息的丰富性

上述 Table_User 表中的信息实在是太有限了，能够只根据所在城市、生日（年龄段）、手机号（所在地）、性别就把用户区分开吗？我们也不要过于悲观。

如果你所处的行业，所提供的服务是比较粗犷的，那是否做这些区分恐怕不重要，因为即便这些信息不相同，也没有提供区别化服务的余地。这样的行业不胜枚举，如电力行业、煤炭行业、钢铁行业等。这些行业的用户数量（一般用户都是企业）和产品种类是相对单一的，和对大数据技术热衷的互联网行业、零售业、保险业、广告业等产业大相径庭，几乎没有可比性。所以用户画像对这类行业的吸引力不大，这应该不难理解。

如果你所处的行业是对服务和用户体验敏感的，那么这些信息的价值就太有限了。而且从未来趋势来看，区别化服务对传统粗犷型行业的冲击也在不断增强。只要区别化服务给企业带来的效益比带来的成本高，区别化服务就是一个竞争的利器。这也是很多公司愿意花大力气想办法去做用户画像的比较重要的原因。

对于用户结构化标签比较好的补充是采用一些其他的补充信息表Table_User_Other_Information来做补充描述，如表12-2所示。

表12-2 补充信息表

字段名	类型	说明
ID	INT	用户注册ID
LOGIN_FREQUENCY	INT	每周登录次数
LAST_VIEW_CATEGORY_ID	INT	上次浏览商品类别
FREQUENT_BUY_CATEGORY_ID1	INT	经常购买的商品种类TOP1
FREQUENT_BUY_CATEGORY_ID2	INT	经常购买的商品种类TOP2
FREQUENT_BUY_CATEGORY_ID3	INT	经常购买的商品种类TOP3
AVERAGE_MONTHLY_PURCHASE	DECIMAL	平均月消费额

对于购物类网站可以再建立类似Table_User_Other_Information的表来记录用户的消费行为，这张表的记录内容对用户画像的帮助是更一步逼近了用户的“真实模样”，在对用户品质做区分时有更大的提示作用。那么这些值怎么来？显然是从各次的购买记录中统计而来，这些统计的方法对于会SQL语言的开发人员来说还是很简单的。

知道了用户的性别、手机归属地、生日（年龄段）、所在城市，以及登录频繁程度、经常购买的商品种类、平均消费额度等信息，是不是已经比“未画像”之前有了更清晰的样貌呢？那么还能把用户画得更清晰一些吗？还是可以的。

如果希望把画像做到极致，还可以进行更深一步的描述。例如，服装类Table_User_Buy_Clothes，如表12-3所示。

表12-3 服装类

字段名	类型	说明
ID	INT	用户注册ID
FREQUENT_SIZE	VARCHAR(16)	常买的衣服SIZE大小
FREQUENT_COLOR_ID1	INT	常买的衣服颜色TOP1
FREQUENT_COLOR_ID2	INT	常买的衣服颜色TOP2
FREQUENT_COLOR_ID3	INT	常买的衣服颜色TOP3

（续）

字段名	类型	说明
FREQUENT_STYLE_ID1	INT	常买的衣服风格 TOP1
FREQUENT_STYLE_ID2	INT	常买的衣服风格 TOP2
FREQUENT_STYLE_ID3	INT	常买的衣服风格 TOP3

这里可以继续增补类似 Table_User_Buy_Clothes 的细类描述，一个用户购买衣服，那么他“喜欢”（至少是经常）买的颜色是什么，红色、黄色、蓝色还是绿色？经常买的衣服风格是什么？日版、韩版、英版还是中国版？不只是衣服，针对每个细类都可以做这种描述，而有的用户肯定是某些东西买得多而其他东西几乎不买。

这类的统计同样可以利用 SQL 语言轻松完成。

这些表的字段都是标签，而且是结构化的标签，这种结构化的标签很好用，不论是做推荐算法，还是细类分类的个性化研究，都非常方便。

2. 信息的正确性

关于信息正确性的问题在 Table_User 表中就比较凸显。例如，所在地区填写是不是准确，QQ 号填写是不是准确。

对于所有用户自己填写的信息来说，有的可以靠验证信息来进行确认，如 EMAIL 和 MOBILE，这些信息可以通过信息回执码的方式来进行确认是否为有效。所在地这种字段可以考虑用外带的 IP 库来进行辅助确认，但是 IP 库也不是很准确，至少实时性也是有限的，所以也会有对照查询结果同样不准确的情况。

对于无法清晰界定填写信息是否准确无误的情况不要悲观，客观世界本身就是在不停变化的，只是一个动态中的瞬间平衡状态而已，完美的准确本身就是一种理想，只要在一定合理的范围内逼近准确就够了。

与其一味地纠结用户填写的信息是不是准确，不如把目光和精力更多地投入到更“客观”的数据上去，如购买记录和浏览记录，分析这些真实存在的行为要比停留在用户“主观”填写的一些数据字段有意义得多。

12.2.2 非结构化标签

1. 免费软件真的免费吗

除了结构化的标签，还有很多互联网公司对用户画像尝试使用非结构化标签的画像方法。

非结构化的标签通常不对标签的属性进行明确区分，前面的例子里的每个表的字段有确切含义，这种就是对标签的含义做明确的种类区分。

然而互联网产品本身的特殊性造成很多时候无法对用户做这种属性确定的画像标签。

举个最典型的例子，我们在 PC 或者手机上都在用着各种免费软件。破解的软件就不提了，就说真的免费软件吧，如 QQ、暴风影音、360 安全卫士……其中有不少免费软件做得还是相当出色的。

公司不是慈善机构，公司的收入从何而来呢？

熟悉互联网经济模式的人都知道，这种模式就是俗称“羊毛出在猪身上”的互联网经济模式——处在上游的广告主投资，处在中游的软件做载体，处在下游的用户做接受对象。广告主花钱做广告，免费软件的开发商进行广告投放，而免费使用软件的用户则必须忍受或多或少让人抓狂的广告（图 12-2）。

图 12-2　网络广告

细说来，这个行业的环节不只有 3 个角色，而是 4 个角色。

广告主：花钱为自己的品牌或者产品做广告的人。

媒体：广告位提供商，如电视台、网站、杂志，在刚刚的例子里，具有弹窗能力的软件都是媒体。

广告商：本质上就是中介，帮广告主找媒体广告位，帮媒体找广告主。

受众：PC 和手机终端用户。

这里的广告商作用是很大的，因为让广告主直接面对每个免费软件商去投放广告显然对于他们来说成本过高了，倒不如交给这些对投放更为专业的广告商，由他们根据广告主的预算和投放意愿进行有效的投放。

而广告商们收取了大量的广告素材（图片、视频、链接）和经费以后会怎么做呢？如何去帮广告主采购合适的广告位呢？现在比较流行的是使用 RTB（Real Time Bidding，实时广告竞价）系统进行广告竞价，如图 12-3 所示。

这看上去有点像淘宝的秒杀，只是淘宝的秒杀是店主挂出有限的货品，在某一个具体的时间开放，然后买家蜂拥而上抢购先到先得。然而RTB的店主是SSP（Supply Side Platform，供应方平台），也就是广告位提供者，他们卖的是展示的广告位，这些广告位通过自动竞价的复杂策略，最后决定投放哪一家广告商的广告资源。抢购者是广告主，只是这个过程是广告商代劳的，广告商帮助他们做了竞价策略并根据策略进行广告投放。

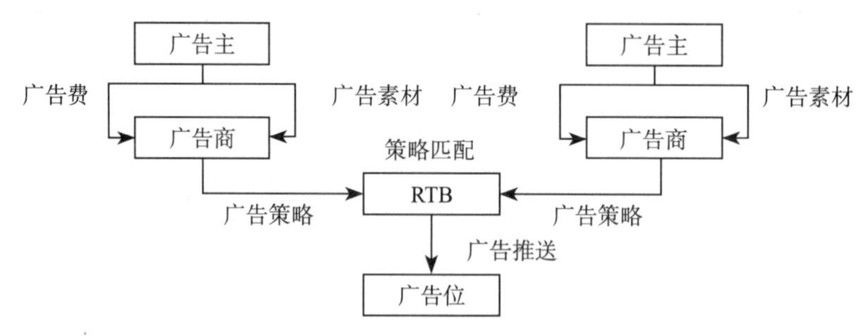

图12-3 广告的运作流程

这种广告的展示和点击收费是不一样的，点击的收费要比单纯展示的收费高很多。很多免费软件其实一直在绞尽脑汁试图根据用户的终端使用习惯做一个画像——尽管这个用户画像画的可能不是用户的个人而是用户的计算机。

“暴力弹窗”是一种在技术手段上显得毫无建树的投放方式，它太直接，太暴力，更让人感觉不爽的是它里面承载的广告内容很多是无法催化一次点击的。广告在暴力弹窗上无区别地投放会让人感觉像在每次进到家门口，都能发现在门口夹了一张硕大的小广告，上面赫然写着“得了脚气怎么办？找××老军医，一针就灵。”而且天天如此。或者是在一个使用管道天然气的小区，门口天天有人举个大牌子，挡住一半的路，上面写着“煤气罐便宜换”，你不得不每次都跟他说一句“闪开，让我过去”(图12-4)。

图12-4 暴力弹窗

这两种方式显然会让人觉得做广告的人欠考虑，如果这种广告是按被用户看了多少次来收费的话，我是广告主也肯定不会找他们做广告的。最起码的，做这种广告还是要有一定的针对性，尤其是这个换煤气罐的，起码应该去一个非天然气管道的小区才会有点效果。

2. 不犯法就画画看

好在各种软件在用户 PC 和手机里还做一些“画画看”的动作，画什么？当然是给用户画像。

软件在用户的 PC 和手机里都能做什么？从技术角度来看，如果它在 PC 或手机启动后就被加载入内存则几乎是什么都可以做的，一切行为都可以。还好，有很多信息安全类的软件，如金山毒霸、卡巴斯基等，会监控这些软件的行为，如果这些软件轻易打开本地的文件翻看里面的内容，或者记录在键盘上录入的信息，那么动辄是直接告警，严重的就会直接删除软件内容。此外，在法律层面，对用户敏感信息的收集以及对此产生的损失，软件的制作人是负有连带责任的。况且，这些软件本身在合法商业领域的应用价值的长远性远比做这些偷偷摸摸的下三滥扫描赚钱得多（图 12-5）。

图 12-5 画像软件

有哪些东西是可以用来给一个 PC 或者手机做画像的呢？ PC 和手机上所有带描述作用的信息都可以。软件列表、软件使用记录、浏览器访问记录等都是比较典型的用户画像素材。

注意这里有一个信息差异化的问题。

就用户画像本身来说，只是在做用户的描述，如果每台 PC 的软件列表、软件使用记录、浏览器访问记录都一样，那么用户画像还是可以做的，只是“画”出来的用户之间“长得”差不多。

可以尝试把 PC 上的软件列表、软件使用记录、浏览器访问记录都抓取下来，然后做一个关键词的分词工作。或许会分析出很多类似的记录片段，用 NoSQL 的 Key-Value 形式记录，如表 12-4 所示。

表 12-4 记录片段

KEY	VALUE
37-25-CD-C1-2E-72	暴风影音，游戏，棋牌，汽车模型，冲锋衣，iPhone 6s Plus，小米 Note 3，芈月传，UGG，淘宝

这是对 MAC 为“37-25-CD-C1-2E-72”的一台终端设备的这些记录做了抓取，并提取关键词得到的。软件列表越长，浏览器访问记录越多，这样的关键词留下的也就越多，这就是最为“粗糙”的一种用户画像方式。与其说是画像，不如说是用户感兴趣的主题的一些提示。当“37-25-CD-C1-2E-72”的广告位（弹窗）再次请求广告资源时，这些事先收集的记录很有可能帮助和这些关键词有关的产品广告获得这个广告位，谁掌握了这些数据谁就有可能对这个 MAC 地址进行一些辅助性的描述，即提供画像。因此广告请求算法会有一些倾向性的弹窗，如弹出一个冲锋衣的广告，弹出一部高级玛瑙象棋的广告，或者弹出一个高端汽车模型的广告等。所以，这些标签谁会有兴趣购买呢？ DMP（Data Management Platform，数据管理平台）会有可能帮助 DSP 提高一定的转化率，当然后面的匹配算法有可能会非常复杂。

3. 标签的权重

这些标签的打法原理大致如此，但是并不是所有的免费软件都一定会无差别地搜集这些数据，因为搜集这些数据并进行分析同样是有成本的。

除了这些免费软件的提供商，还有其他商家会做用户画像操作吗？有的，而且有的商家做这些事情还是手到擒来非常方便，如电信运营商。

由于在我国电信是属于国家管制的领域——实名制注册，电信运营商会天然获得一些用户的信息，如身份证号、手机号，这些信息就天然且准确地存在。除此之外，电信运营商还有很多优势是普通的软件所不具备的，电信运营商有链路，有基站，有核心路由交换设备。所以，家里的电脑或者手机一旦连上网，那么所有的访问记录其实都能够被运营商获得，只要运营商愿意，基站会记录手机所在的位置以及此刻的时间。

你会经常在什么时间出现在哪个基站附近，你喜欢上什么网站，每天上网时间多长，你喜欢浏览哪些淘宝、天猫或者京东的货品专栏，你手机里有哪些 APP 应用……这些信息，除了 HTTPS 加密的访问以外，运营商几乎可以做到了如指掌。曾经和我同学聊天——他现在是某电信运营商的大数据部门主管，据说该运营商在做用户画像的时候做得十分细致，包括基本属性、位置属性、交往属性、家庭属性、账户属性、终端属性、行为属性、消费属性、接触属性、应用使用属性、流量属性、内容属性等，非常丰富，最多的情况下曾经给有的用户打标签多达 3000 多个！先不管打得是不是合理，起码是有了这么多不同的标签描述。

标签和标签之间应该有区别地看待吗？我的观点是，应该做以区别，让它更准确地描述用户。

回头再看刚刚的例子，MAC“37-25-CD-C1-2E-72”，后面的标签有暴风影音，游戏，棋牌，汽车模型，冲锋衣，iPhone 6s Plus，小米 Note 3，芈月传，UGG，淘宝。从中能看到浏览顺序吗？能看到对这些不同主题的关心程度吗？（关于怎么来做分词后面在第 14 章里会介绍）不大能看出来。这其实好比给一个人画像，画了一个鼻子很像，画了一只耳朵很像，画了两只眼睛很像，但是没有放在一起，松散地放了一片。

这样的画像其实还是有很多改进的余地。

其一，想想画像这种东西。我自己3岁时的画像，和我上个月的画像，哪个和现在更像一些？显然是后者。所以，距离现在时间越近发现的一些特质应该和久远时间发现的特质区别对待，更强调近距离时间的特质而模糊远期的特质。

其二，每个人的画像中都有不同的形象，有的人臂膀硕壮，有的人眼大有神，有的人长发飘飘，这些与众不同的特点即便不加以夸张也应该在画像中有所体现。

其三，数字化等级标注。在前两点里面所说的程度的区别是要用数字做标记区分的。还是那句话，没办法做到数字化的东西是不能计算也不能比较的。

改良后的用户标签 Table_User_Tag 如表 12-5 所示。

用0～9这10个数字来标记程度，0代表很低，9代表很高。这样的一个标记会比原先没有做数字标记更有层次感。这种标记的依据可以有很多，最简单的标记方式可以用以下策略。

表 12-5 改良后的用户标签

KEY	VALUE
37-25-CD-C1-2E-72	暴风影音：3 游戏：2 棋牌：3 汽车模型：9 冲锋衣：5 iPhone 6s Plus：9 小米 Note 3：6 芈月传：2 UGG：1 淘宝：3

每天对用户当天的软件列表和浏览器访问记录进行一次扫描，整理出一堆新的关键词列表，把它和库里的关键词列表比对。新发现的关键词标记为5，已有的关键词的标记数字+1，原来有而当天没有更新的关键词−1。这种策略可以作为一种备选的方式。也就是，头一次发现的关键词就是5，一旦5天没发现这个关键词就标记为0或者干脆遗忘掉（删除），因为这是一个偶然性的关键词；新词连续4天被发现，热度被升为9……这些数值是可以调整的，调整之后的结果无非是遗忘的周期会变化，或者热词升温的节奏会变化而已。

权重标记的策略是一种比较主观的标记方法，因为权重标记策略说到底是一种人写的算法，既然是算法，那就是加工的规则，是人告诉机器要怎么做，这显然是主观的做法。其实不只是权重标记带有主观因素，就连画像本身都带有主观因素。扫描用户访问记录时分词是否恰当，是否要对浏览中的中英文或同义词进行对照转译，是否要对每个浏览的页面的性质进行区分，是否要对众多浏览页面之间的关联做挖掘来判断新的关键词。这些方法的取舍都是在考量成本和收益而已，并无确切的对错可言，所以仍然是主观性占主导的方式。

12.3 利用用户画像

12.3.1 割裂型用户画像

前面谈论了用户画像怎么来做。在前面的场景里其实是割裂地进行用户画像——设想自己在一种“公平”、“无偏向”、“无目的”的环境中对用户进行描述，希望对用户的描述尽量做到根据客观观察到的情况做客观性的描述。这种画像就是割裂的用户画像。

这种画像的好处是计算相对比较简单，而且因为画像内容和未来的应用目的无关，所以画像的应用场景也会更加丰富。就拿刚刚说的电信公司画像的例子来说，这样的画像是要比同一个用户在某个垂直电商网站里的画像应用场景更广的（所谓垂直电商就是指只经营某一方面产品的窄范围电商，如只经营母婴产品，只经营各种书籍，或者只经营数码产品等。而与垂直电商相对的就是京东、淘宝这种综合性的电商了）。

12.3.2 紧密型用户画像

本章最前面举的例子里，在一个购物网站通过购物记录的分析来给用户打标签画像是紧密的用户画像——这个“紧密”是相对前面“割裂”而言的。画像直接来自于营业中的行为，画像的结果也直接应用于营业内容。尤其是对于刚刚提到的这种垂直电商，它的画像紧密程度会更高。

12.3.3 到底“像不像”

“我的画像到底像不像？”这个问题是所有初试用户画像的技术人员都会问的一个问题。我们可能都曾经历这样的纠结，做了画像之后，怀疑自己画得不够“像”。如果你还在纠结，下面就说说我的看法。

1.“像不像”跟谁比

谈论像和不像时是有比较对象的。

真实在纸上画一个人的肖像，拿去和照片比，肉眼直观是能看出像不像的。在用户信息库里的用户画像也要有对比的对象，问题是，这个对象能捕捉到吗？未必能。

能够收集到的用户相关信息实际是非常片面和有限的，即便可以购买到其他第三方的用户画像库进行对比也不一定能比对出结果。因为收集的标签维度未必一致，维度一致内容不一致也同样不能断言是自己的库错误还是对比库错误。所以这种对比本身就可能是没标准的比较。

2. 信息反馈

信息反馈对于紧密型用户画像来说通常比较有效，因为反馈会很直接而且及时，针对性强。也就是说，“画得不准”没关系，再观察再画就是了。

这种情况一般出现在系统“冷启动”时，用户画像库里没有任何可以参考的凭据，标签打出来也是片面的。

在这种紧密型的用户画像系统中，通常会非常依赖信息反馈，因为画像本身也就是为了提高产能转化率。在电商网站上，用户画像就是为了最终的用户购物引导更为有效，而引导是不是有效的验证周期是极短的，甚至一两天就能验证完毕——画得不准大不了过两天再重新试着画一次。这种迭代的思想方式比花费很长时间只为画一个完美的用户画像容易实现得多。

还记得原来我在做公开课的时候，曾经做过一个比喻。

德国二战时期最大的战列舰是俾斯麦号战列舰，满载排水量5万吨左右，主炮口径381mm，最大射程36.5km。战舰安装了“FuMo 23”火控雷达，有效探测距离25km，远不及其火炮的最大射程。人的肉眼在晴好的海面上最远也不过能看到30km左右的地方有目标而已。如果想准确知道25～36.6km这个距离上的目标有没有被炮火击中，就只能出动其搭载的Ar196侦察机了。一轮齐射以后，侦察机报告射击偏差，重新调整射击角度。如此反复。这种战术在很多陆军战斗中的炮兵+侦察兵的配合中也屡试不爽。

这种方式就和我们刚才说的多次画像类似，因为我们的感知精度就是这么有限。

3. 0.1%已经很多了

有很多比较成功的用户画像系统，能够把转化率提高0.3%左右，或者也能到0.1%——大概就是这种感觉：原来没有用用户画像系统时，广告推荐系统转化率大概是1%，使用了用户画像系统后，转化率变成了1.1%。听起来这个数字好像挺让人失望的——废了这么大力气才提高这么一点点。

但是别忘了整个市场的容积是很大的，2014年度，淘宝的全年成交额为1.172万亿元人民币，如果能够提高仅仅0.1%的销售额是多少呢，大约11.72亿元人民币。

iiMedia Research（艾媒咨询）在2015年8月发布了《2014—2015年中国DSP行业发展研究报告》。报告显示，2015年中国网络广告市场规模将达到2 123.4亿元。2 123.4亿元人民币，提高0.1%也有2.123 4亿元人民币，这也不是一个小数字！

12.4 小结

用户画像这个概念只需理解即可。每个公司有不同的用户画像的画法，只要掌握基本的方法，不怕试错，用户画像库是完全有可能收集成为一个对业务有足够帮助的参考系统的。

用这些标签和这些标签对应的用户行为，可以通过逻辑回归或者归纳树算法进行用户行为的预测，也可以由紧密型用户画像直接成为协同过滤的参考对象。大胆尝试，不要怕试错，用户画像不难。

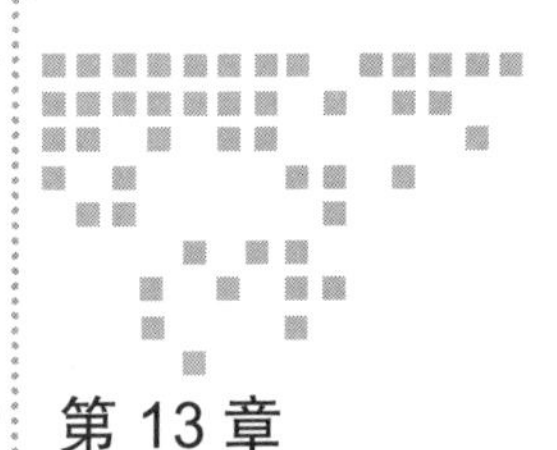

Chapter 13 第13章

推荐算法

推荐算法在现在很多电子商务网站中普遍应用。

推荐系统作为现在众多电商系统、内容分发系统等网站的必要子系统，越来越受到运营者的重视。推荐系统核心要解决的问题是提高转化率，也就是经过分析，要猜测某一个用户更喜欢什么商品，更可能购买什么商品，或者更喜欢哪些歌曲、文章，在系统中要进行适当形式的推荐，如页面飘窗、营销邮件、短信息等。

13.1 推荐思路

在电子商务网站中有这样的场景，就是系统期望通过分析（或者说猜测）给用户推荐一些商品，从而提高购物的转化率。这种推荐的现象当然首先还是出现在实体店中，会经常在超市或者商场里看到那些卖酸奶的小妹妹会老远就招呼小女孩过去尝尝她们的新品酸奶，或者卖肉的会招呼路过的大爷大妈过来买新鲜的肉。这本身就是人自己在利用推荐系统的思路，起码卖肉的小贩会认为把鲜肉推荐给大爷大妈会比推荐给小朋友有着更高的转化率。

总体来说，推荐系统作为一个确定目的的系统——提高转化率，有很多的线索可以去做。因为只要有片段性的信息，就有提高转化率的可能性，只要转化率比推荐系统不参与的时候高，推荐系统应该说就是有效的，只是不同方式的有效程度有可能会非常悬殊。

其实推荐系统中流派比较多，每个公司每个项目具体落实起来也是千差万别。在没有介绍协同过滤个思路之前，先想想看，利用已经学过的什么方式可以尝试做这种推荐呢？

13.1.1 贝叶斯分类

可以尝试使用朴素贝叶斯分类的思路来做一下推荐。通过统计某用户所有购买物品的分布特性，统计该用户购买物品的分布情况。

如某用户，他在某网站一共购买过 100 件商品，其中 70 件是数码产品或小家电，20 件是登山用品，10 件是其他各类用品。

在 70 件数码产品中，有 40 件是各类音像制品，5 件是手机，5 件是笔记本电脑，还有 30 件是 U 盘、鼠标、MP3、iPad、音箱、USB 充电器等各种外设。

20 件登山用品里有 3 件帐篷、3 件登山服、3 双登山靴、3 个登山包、3 支登山杖、3 顶登山帽、还有 2 只专用手电。

10 件各类用品就非常杂了，有零食、箱包、内衣裤、日化用品等。

这种情况下，其实拿来一个新的商品，判断要不要推荐给某人，就看他购买的记录的偏重，可以说购买音像制品的概率是最高的，在全部的 100 件货物里占了 40%，其他类别的分析也是同理。

所以这种情况下，有理由相信，为这个用户推荐一个音像制品要比什么都不推荐是有更高的转化率的，刚刚的统计结果就是根据。这种做法从思路上应该是没有问题的，但是同样地这些转化率是要进行量化的，只需要记录推荐的商品有多少确实被购买了就知道这种方法的可靠性有多高了。

13.1.2　利用搜索记录

不管是在一些网站的广告位上，还是在京东商城、淘宝等网店上，都有过类似的经历，就是在浏览器中搜索过的东西，会从广告位上显示出来。在网店里，网店会根据用户搜索过的关键词猜测用户想要买某些产品，所以在列出产品列表的同时也会在右侧给用户推荐一些商品（图 13-1）。

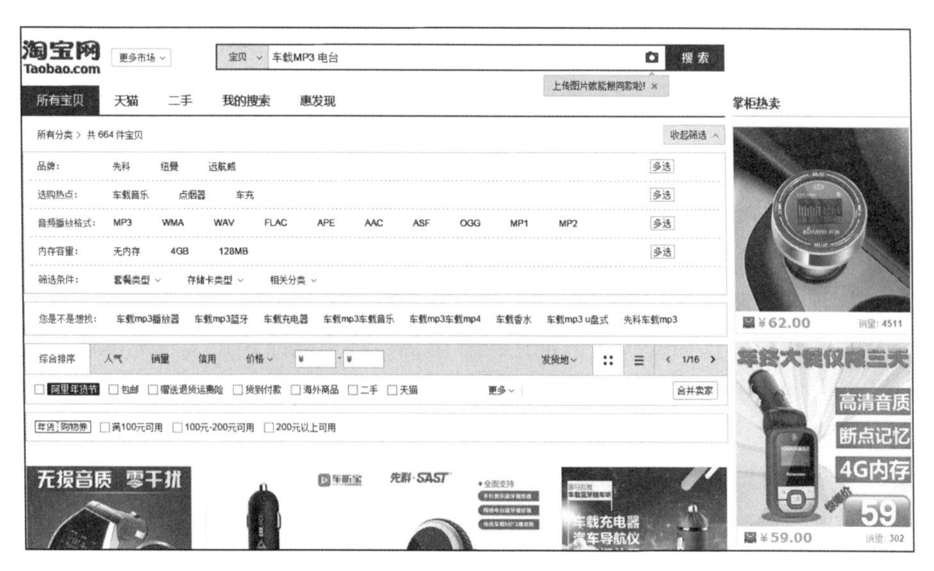

图 13-1　淘宝网

即便在什么都没有输入的情况下单击“搜索”按钮，淘宝网还是在右侧为用户推荐了一些商品，下面也列出了一个推荐的商品列表，并且还注明是根据“黄钻爱买店铺”和“回头客爱买店铺”这些店铺的热卖商品来推荐的（图 13-2）。

图 13-2　商品推荐

在其他网站的广告位上也会发现一些有趣的事情，就是曾经在百度或者其他搜索引擎上搜索过的东西会出现在这些网站的广告位上，或者这个网站的广告位上会出现一些与当前页面内容的关键词相关的内容推荐。这是网站广告位的 JavaScript 代码读取了浏览器的本地 Cookies（通常可以用来存储浏览器上的表单信息、用户名、搜索关键词等信息）和当前页面的文本信息，并做了相应的关键词提取，最后根据这些关键词来猜测用户可能感兴趣的内容再推荐到广告位上。

应该说这两种方法的猜测方式都不能算错，只有哪个性价比更好一说。

但是有时候也会看到一些让人感觉推荐系统很傻的地方，就是搜索并购买了一些产品之后它还在不停地进行最类似产品的推荐。就是我们平时在网上购物的时候经常看到现象，买了鞋子还在推荐鞋子，这道可以理解，因为鞋子这种很可能一个人会买不止一双。有的推荐就显得很不智能，比如我买了电视还推荐电视，买了电冰箱还推荐电冰箱。即便是在网站能够得知我购买电视和空调的成交记录的情况下仍然这样做，确实让我们觉得系统很弱智。但是这也还是可以理解，毕竟系统智能的程度是一个改进的过程，这种根据购买产品对象的保有率去对推荐内容做调优的尝试应该不是它最优先改进的内容。

目前协同过滤公认的应该是两种思路，第一种是利用早期大家研究比较多的邻居方法。而邻居方法中也有两种视角，我们分别来看一下。

第一种，基于用户。也就是说，系统通过分析一个用户和哪些用户的特征比较像，然后看看这些用户喜欢买哪类的商品，再从这些商品里挑出一些推荐给该用户。

第二种，基于商品。也就是说，系统通过分析用户的购买行为来判断用户喜欢的商品类型，然后从那些用户喜欢的商品类型里挑出一些推荐给用户。

前者称为 User-based CF（User-based Collaborative Filtering），或者叫基于用户的协同过滤；后者称为 Item-based CF（Item-based Collaborative Filtering），或者叫基于商品的协同过滤。

除了邻居方法外，目前研究得比较多是另外一类方法，也是第二种思路——基于模型的推荐算法，如果读者有兴趣可以在网上搜索阅读 *Matirx factorization techniques for recommender systems* 这篇论文。

本章重点介绍邻居方法作为思路的协同过滤算法，这种算法也被称作基于邻域的推荐算法，是一种非常经典的推荐算法思路。

13.2 User-based CF

当一个用户进入一个网店时，作为网店系统找到那些和该用户兴趣（喜好）类似的人，然后看看他们喜欢什么，就给该用户推荐什么也许是一种不错的选择。

第一步，看能不能找到这样的用户。用户与商品偏好如表 13-1 所示。

表 13-1 用户与商品偏好

用户 ID	白酒	红酒	女装	男装	运动鞋
00001	10	7	2	4	
00002	8	7	8	5	8
00003	8	6	4		5
00004		3	8	8	3
00005	2	5	4	4	
00006	0	2	9	7	3

假设能够得到这样一个用户偏好的列表，请注意两点。

第一，这个列表系统中本身是不存在的，是需要对用户的行为进行分析后量化得到的。其中的某个小格子里的数字是这个用户对该商品“兴趣程度”的一个量化值，0 为没兴趣，10 为非常有兴趣。量化的方法有很多种，而且没有所谓最正确的算法。得到某个用户对某类别产品的兴趣可以从他给产品的反馈打分上去看，也可以从他购买的频繁程度上去看，也可以从他浏览的频繁程度上去看。在度量这个值时可以只用其中的一种方法，或者对这些方法都进行量化然后加权平均得到。例如，可以设计这样的算法：当一个用户购买了一类商品，这个商品的兴趣程度就 +1，当他浏览一次这个商品，兴趣程度就 +0.1，当他给商品反馈以 10 分制打分一次，这个商品的兴趣程度就对应加这个分数的 20%，如购买白酒一瓶并打 10 分，那就在白酒一栏 +2，加到 10 后则不再累加。这可以作为一个策略。

第二，商品的分类是可以做调整的。究竟是使用白酒、红酒、女装这样的大类，还是具体使用某一个更小的分类，甚至精确到单品是值得权衡的。在使用算法的过程中一直在做权衡，计算的效率、占用的空间和推荐的质量的获得，这些其实是要在实践中不断比对来做调整的。这种调整，包括刚才的策略调整，是可以用 AB 测试来进行对比的，关于 AB 测试后面将会具体介绍。

假设确实通过一定的策略得到了这样一张表，这张表里是有一些空项的，这代表这个项目系统还没有任何依据来判断兴趣如何，因为系统也不知道是用户没有兴趣所以才不浏览，还是没来得及浏览，这两个概念的区分实在是太暧昧了。

以用户 00001 为研究对象，要找到和他兴趣最接近的人，怎么做比较好呢？这里需要引入一个概念，叫做余弦相似性。

说到余弦可能大家不陌生，就是高中时候学的 cosine 函数 $\cos(x)$。初中的时候学余弦是在直角三角形（图 13-3）里，一个角的余弦值就是对边长度与斜边长度的比，x 的取值范围是 0° ～ 90°。

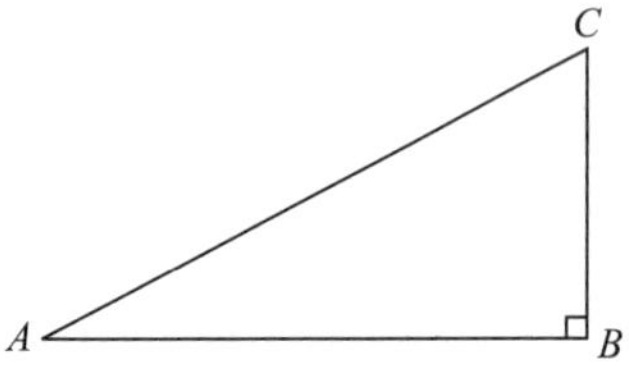

图 13-3　直角三角形

到了高中就有了新的定义，并且 x 的取值范围可以是在正负无穷之间了，而且单位换成了弧度。这里用的也是 cos 这个余弦函数的定义，即两个向量在空间的夹角。

$$\cos(\boldsymbol{a},\boldsymbol{b})=\frac{\boldsymbol{a}\cdot\boldsymbol{b}}{|\boldsymbol{a}|\cdot|\boldsymbol{b}|}$$

式中，$\boldsymbol{a}$ 和 $\boldsymbol{b}$ 都是向量，如果听着想象不出来，那我们来个图说明一下。

如图 13-4 所示，有两个三角形，这两个三角形都是直角三角形，$\boldsymbol{a}$ 向量和 $\boldsymbol{b}$ 向量分别是两个三角形的斜边。假设下面的三角形左侧底角为 30°，上面的三角形左侧底角为 60°，那么是可以知道 $\boldsymbol{a}$ 向量的长度为 2，而 $\boldsymbol{a}$ 表示为（$\sqrt{3}$，1），$\boldsymbol{b}$ 向量的长度也是 2，表示为（1，$\sqrt{3}$），这也就是两个向量的顶点在平面直角坐标系里的坐标位置。

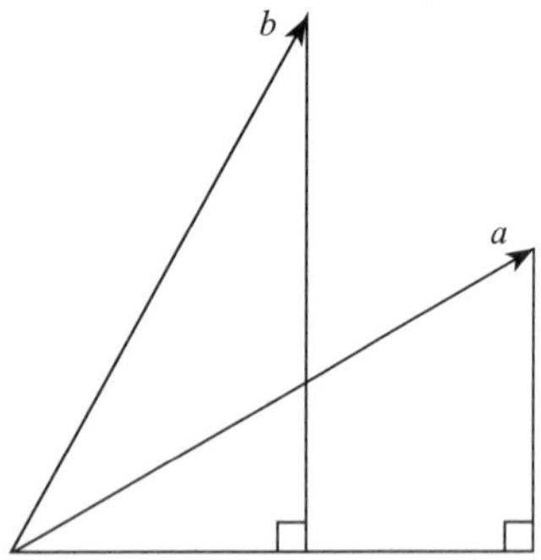

图 13-4　余弦

用 $\boldsymbol{a}$ 和 $\boldsymbol{b}$ 的向量坐标求 $\boldsymbol{a}$ 和 $\boldsymbol{b}$ 夹角大小，代入上面的公式：

$$\cos(\boldsymbol{a},\boldsymbol{b})=\frac{\boldsymbol{a}\cdot\boldsymbol{b}}{|\boldsymbol{a}|\cdot|\boldsymbol{b}|}=\frac{\sqrt{3}\times1+1\times\sqrt{3}}{\sqrt{\left(\sqrt{3}\right)^2+1^2}\times\sqrt{1^2+\left(\sqrt{3}\right)^2}}=\frac{\sqrt{3}}{2}$$

查反三角函数表，可以知道$\frac{\sqrt{3}}{2}$是 30° 角的余弦值，所以 $\boldsymbol{a}$ 和 $\boldsymbol{b}$ 向量的夹角为 30°。这

个例子在图上也能直接看出来是 30°，印证起来方便一些。

$\cos(\boldsymbol{a},\boldsymbol{b})=\frac{\boldsymbol{a}\cdot\boldsymbol{b}}{|\boldsymbol{a}|\cdot|\boldsymbol{b}|}$ 这个公式里，$\boldsymbol{a}\cdot\boldsymbol{b}$ 就是两个向量的 x、y 维度各自做了乘积再加和，下面的 $|\boldsymbol{a}|\cdot|\boldsymbol{b}|$ 算式其实是两个向量线段的长度，即勾股定理，x^2+y^2。

$\boldsymbol{a}$ 和 $\boldsymbol{b}$ 两个向量在空间上只要方向一致，大小不论是否相同，都会得到 $\cos(\boldsymbol{a},\boldsymbol{b})=1$，而方向相反，则 $\cos(\boldsymbol{a},\boldsymbol{b})=-1$，有兴趣的话我们可以用别的值来验算一下也无妨。

再看刚刚的例子，把用户在一些不相干的商品类别的爱好当做一个空间向量，把每个商品类别作为一个维度，就像刚才的 x 和 y 坐标那样。我们试着求一下 00001 这个用户和 00002 这个用户已知部分的爱好相似程度。

$$\cos(00001,00002)=\frac{10\times8+7\times7+2\times8+4\times5}{\sqrt{10^2+7^2+2^2+4^2}\times\sqrt{8^2+7^2+8^2+5^2}}=\frac{80+49+16+20}{\sqrt{169}\times\sqrt{202}}\approx0.89$$

因为知道最相似的是 1，最不相似的是 −1，所以这个相似度还是很高的。

同理也能够求出 00001 用户和其他任何一个用户的兴趣相似程度。

之后设置一个相似的阈值，如 0.8、0.85……或者其他任何一个值，看看相似度超过这个阈值的用户都有什么购物喜好，把他们喜好购买的东西推荐给 00001 用户作为推荐方案即可。这就是一种思路最为朴素的基于用户的协同过滤算法思路。

扩展一下，除此之外还可以考虑这个用户和用户之间相似的向量还能怎么设计。用户属性表如表 13-2 所示。

表 13-2　用户属性表

用户 ID	年龄	性别	年收入	负债额度	婚否
×	×	×	×	×	×

或许在一些银行或者理财产品售卖的机构会有这样的一种列表，利用这种列表同样也能够去观察哪些用户之间更相似，然后找到相似的用户，再把这些用户比较喜好的产品推荐给他。方法有很多，后面将会介绍。

13.3 Item-based CF

除了刚才介绍的基于用户的协同过滤以外，再来看一下基于商品的协同过滤。

基于物品的协同过滤算法最早是由著名的电商公司亚马逊提出的。这种算法给用户推荐那些和他们之前喜欢的商品相似的商品。但是，这种算法和前面的基于用户的协同过滤算法不一样——它并不是要建立一个商品属性的矩阵来计算物品之间的相似度。其实想想也知道这种方式很可能行不通，一来是由于商品之间的属性相差较大，做起来可能会比较困难，二来是由于计算量太大难以实现。所以这个算法主要通过分析用户的行为来计算物品之间的相似度。

一句话概括就是这样："有很多人喜欢商品 A，同时他们也喜欢商品 B，所以 A 和 B 应该是比较类似的商品。"这就是整个算法的核心思路。

计算起来可以分成以下两个步骤。

（1）计算商品之间的相似度。

（2）根据物品的相似度和用户的偏好来给用户生成推荐列表。

这里同样用到了余弦相似性的概念，但是公式略有不同：

$$\cos(A,B)=\frac{N(A\cap B)}{\sqrt{N(A)\cdot N(B)}}$$

解释一下，如果计算商品 A 和商品 B 的相似性，那么就计算这个商值，分子是同时喜欢 A 和 B 两个商品的用户数量，分母是喜欢 A 的用户数量和喜欢 B 的用户数量的乘积的平方根。

如果要得到产品和用户喜好数量的关系，计算过程如下。

用户 00001：象棋、扑克牌、篮球

用户 00002：扑克牌、乒乓球、乒乓球拍

用户 00003：乒乓球、乒乓球拍

用户 00004：围棋、扑克牌

用户 00005：象棋、围棋、足球、扑克牌

这是一个文娱用品商店的销售记录，记录了每一个用户购买的产品内容，这里只用 5 个用户来做一个演示。

首先要分别得到每个用户购买物品的邻接矩阵，如用户 00001 购物邻接矩阵如表 13-3 所示。

表 13-3 用户 00001 购物邻接矩阵

商品名称	象棋	扑克牌	篮球	乒乓球	乒乓球拍	围棋	足球
象棋		1	1				
扑克牌	1		1				
篮球	1	1					
乒乓球							
乒乓球拍							
围棋							
足球							

这个矩阵就是根据刚刚看到的用户 00001 的购买记录得到的，由于象棋、扑克牌和篮球同时出现在他的购物列表里，所以"象棋和扑克牌"、"象棋和篮球"、"扑克牌和篮球"两两"邻接"，也就是说这些标注 1 的小格子代表这两种一起在一个人的购物记录里出现过一次——注意买过就算，可不是必须出现在同一次购物篮里，这一点和关联分析时所用的 Apriori 算法的场景是不同的。

同样能够得到其他几个人的购物邻接矩阵。

用户 00002 购物邻接矩阵如表 13-4 所示。

表 13-4 用户 00002 购物邻接矩阵

商品名称	象棋	扑克牌	篮球	乒乓球	乒乓球拍	围棋	足球
象棋							
扑克牌				1	1		
篮球							
乒乓球		1			1		
乒乓球拍		1		1			
围棋							
足球							

用户 00003 购物邻接矩阵如表 13-5 所示。

表 13-5 用户 00003 购物邻接矩阵

商品名称	象棋	扑克牌	篮球	乒乓球	乒乓球拍	围棋	足球
象棋							
扑克牌							
篮球							
乒乓球					1		
乒乓球拍				1			
围棋							
足球							

用户 00004 购物邻接矩阵如表 13-6 所示。

表 13-6 用户 00004 购物邻接矩阵

商品名称	象棋	扑克牌	篮球	乒乓球	乒乓球拍	围棋	足球
象棋							
扑克牌						1	
篮球							
乒乓球							
乒乓球拍							
围棋		1					
足球							

用户 00005 购物邻接矩阵如表 13-7 所示。

表 13-7 用户 00005 购物邻接矩阵

商品名称	象棋	扑克牌	篮球	乒乓球	乒乓球拍	围棋	足球
象棋		1				1	1
扑克牌	1					1	1
篮球							

（续）

商品名称	象棋	扑克牌	篮球	乒乓球	乒乓球拍	围棋	足球
乒乓球							
乒乓球拍							
围棋	1	1					1
足球	1	1				1	

所有的这种邻接矩阵都是沿对角线对称的。

下一步把这些矩阵“叠加”在一起，即将每一个矩阵的每个对应的方格数字相加，最后得到如表 13-8 所示的中间矩阵 ***C***。

表 13-8　中间矩阵 *C*

商品名称	象棋	扑克牌	篮球	乒乓球	乒乓球拍	围棋	足球
象棋		2	1			1	1
扑克牌	2		1	1	1	2	1
篮球	1	1					
乒乓球		1			2		
乒乓球拍		1		2			
围棋	1	2					1
足球	1	1				1	

从这个中间矩阵里，可以看到同时喜欢象棋和扑克牌的有 2 个人，同时喜欢乒乓球拍和乒乓球的有 2 个人，同时喜欢围棋和象棋的有 1 个人……由于矩阵是对称的，所以读右上方的三角形就足够了。

这时如果对任意两个商品的相似度做评估，如计算象棋和围棋的相似程度，套用刚才的公式：

$$\cos(A,B)=\frac{N(A\cap B)}{\sqrt{N(A)\cdot N(B)}}$$

分子是同时喜欢围棋和象棋的人，下面两个值 $N(A)$ 和 $N(B)$ 就是喜欢围棋和喜欢象棋的人——这两个值要从前面的购物记录里得到。

$$\cos(A,B)=\frac{1}{\sqrt{2\times 2}}\approx 0.5$$

象棋和围棋的相似度约为 0.5。

再试算一下乒乓球拍和乒乓球的相似度：

$$\cos(A,B)=\frac{2}{\sqrt{2\times 2}}\approx 1$$

说明相似度极高，买乒乓球的人必买乒乓球拍，买乒乓球拍的人必买乒乓球。

全表（商品相似度）如表 13-9 所示。

表 13-9 商品相似度

商品名称	象棋	扑克牌	篮球	乒乓球	乒乓球拍	围棋	足球
象棋		0.82	0.71			0.5	0.71
扑克牌	0.82		0.5	0.35	0.35	0.71	0.5
篮球	0.71	0.5					
乒乓球		0.35			1		
乒乓球拍		0.35		1			
围棋	0.5	0.71					0.71
足球	0.71	0.5				0.71	

具体在做推荐的时候可以这样使用。

计算完中间矩阵 **C** 之后，当要对一个用户做推荐时，先把这个用户的历史购买记录都列出来，假设有 *n* 个购买记录。然后对这个列表里每一个产品都用查表的方法查一次相似度，这样会得到 *n* 个列表，每个列表里都是一个产品和其对应的相似度的关系。把这 *n* 个列表做一个排序，相似度高的在前，相似度低的在后。如果要推荐 3 个商品就取前 3 个，如果要推荐 5 个商品就取前 5 个。

13.4 优化问题

1. 规模和效率

早在 2012 年时京东商城的商品就已经超过 100 万种单品了，日均 PV 超过 5 000 万。在这么大规模的环境下，使用 Item-basedCF 算法会出现一些显而易见的问题。

如果有 100 万种商品，每种商品都被人买过至少一次，那么会产生一个 100 万 ×100 万的矩阵，也就是 10 000 亿个单位的表格。如果每个单位都用 4 字节的整数来计数，光这个表格就至少要使用 3.64 TB 的数据——别说内存了，硬盘放都困难。

其实不妨想想看，这些商品也许确实都被人买过，但是什么时候买的，买的人是经常来买还是偶尔买了一次其实是没有做任何区分的。然而在一个购物网站中，应该更重视那些在网站经常购买商品的人，因为这些人才是真正的网购习惯者，另外就是近期被人购买的商品，远远比那些老的过时的或者淘汰的商品有价值。那么真的应该挑出 100 万种商品做这个邻接矩阵的计算吗？未必，而且我也不推荐那样做。可以尝试着只从活跃用户的购物列表去找候选产品，也可以从最近半年被人购买的产品中找候选产品，也可以两者结合来进行。

2. 覆盖率

在 Item-basedCF 算法中还会存在一种问题，那就是关于覆盖率和多样性的问题。下面来具体看一个例子。

假设经过计算某用户喜欢的物品里有 3 本不同的书，3 件不同的衣服，3 盒不同品牌型号的乒乓球。很可能由于购买乒乓球时就会买乒乓球拍，导致进行商品相似度计算时，给该用户推荐的商品里乒乓球拍的相似度总是最高的，该用户也只会收到系统关于乒乓球拍的商品推荐，而这其实不是我们期望得到的。其次，那些热门商品之间的相似度也会非常高，因为大家在一个时间段内都买这些热门商品的概率比较高，所以这些商品之间的相似度计算出来自然就比较高。

我们期望的不是一个高度收敛的推荐算法，而是商品种类要丰富，也就是商品的覆盖率要高，要保证它的多样性。这里需要用到一个物品相似度的归一化算法。

所谓归一化就是把商品相似度矩阵做如下变化：

$$w_{ij}^{'} = \frac{w_{ij}}{\max\limits_{j} w_{ij}}$$

也就是对每一行的相似度值和当前行的最大值计算一个比值，把这个比值当作新的结果放在矩阵里，变换之后的归一化商品相似度矩阵如表 13-10 所示（商品相似度 -Norm）。

表 13-10 归一化商品相似度矩阵

商品名称	象棋	扑克牌	篮球	乒乓球	乒乓球拍	围棋	足球
象棋	0.00	1.00	0.87	0.00	0.00	0.61	0.87
扑克牌	1.00	0.00	0.61	0.43	0.43	0.87	0.61
篮球	1.00	0.70	0.00	0.00	0.00	0.00	0.00
乒乓球	0.00	0.35	0.00	0.00	1.00	0.00	0.00
乒乓球拍	0.00	0.35	0.00	1.00	0.00	0.00	0.00
围棋	0.70	1.00	0.00	0.00	0.00	0.00	1.00
足球	1.00	0.70	0.00	0.00	0.00	1.00	0.00

这样直观的感觉就是所有原来相似度看上去比较低的值都被拉高了，缩小了差距，这其实是对刚刚的忧虑在算法上做出了一些补偿。

这种补偿的思路如果没有理解清晰，可以看如下补充的例子。

在大学里有很多科目的考试，而对于科目考题难度的设计通常比较难把握。每一年会由于招生政策的变化以及提档线的变化导致生源质量不同；教材体系改革会导致教材难度也有不规律的波动；大学教师的教学水平和风格也会有差异等。这么多不同的因素组合在一起，就有可能引发一些奇怪的现象，如某一年由于考题设计太难，导致整个年级的学生最高分才 59 分，即便可以让他们每个人都算挂科一次，但是考试的选拔特性变得不太好，考生之间的档次也看不出来。

这里可以进行一次核算，和刚才的公式一样，让这个最高分的 59 分换算为 100 分，其他各位学生的分数同样做这种换算，那么就是套用如下公式：

$$y = \frac{x}{59} \times 100$$

这样做的好处不是为了挽救一些人让他们不要被列入不及格的范畴，而是把原本分布很窄的一个分数区间拉开了，让分数和分数、人和人之间的距离感更好，便于进一步遴选和分类。这种思路在算法中会有很多地方有体现。归一化在第 9 章中也有使用，作用是很相近的。

13.5 小结

推荐系统是一个综合的生产过程，几乎所有用来提高转化率的方法都可以用来作为推荐系统的一部分。可以采用在本章中提到的协同过滤算法，可以采用基于用户画像的逻辑回归，也可以使用关键分析中的频繁项集去寻找可推荐的商品。

本章接触到一个新的度量距离的手段，就是使用余弦相似度来进行度量，这和以前介绍的用欧氏距离或曼哈顿距离的方法是大不一样的。余弦相似度用的是夹角概念，例如，张三买了 5 双皮鞋，又买了 5 双球鞋，这样在（皮鞋，球鞋）这两个维度的向量空间中可以用 (5,5) 来表示；李四买了 3 双皮鞋，又买了 3 双球鞋，就用 (3,3) 来表示。在这种情况下，可以认为他们对鞋类的喜爱程度虽然有所差别，但是体现出来的还都是没有什么疑义的喜爱，这种态度是明确的。所以在这个空间中向量 (5,5) 和向量 (3,3) 实际上夹角是 0，也就是余弦相似度为 1——非常相似。这种解释要比求出的欧氏距离 $2\sqrt{2}$ 更有意义，因为在欧氏距离上同为 $2\sqrt{2}$ 的距离，其向量上所体现出来的对不同物品维度的倾向恐怕会有很多不同甚至是相反的。如图 13-5 所示，*AB* 线段用来表示 $2\sqrt{2}$ 的距离，一象限的两个向量之间的距离是 $2\sqrt{2}$，二、三象限的两个向量之间的距离仍然是 $2\sqrt{2}$，但是从直观上看，一象限的两个向量的方向一致性要比二、三象限这两个向量的方向一致性好很多。在这种情况下是不应该做出距离相等的判断的。

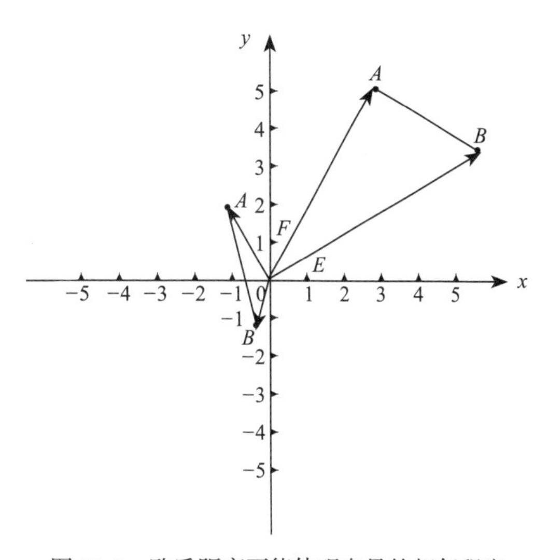

图 13-5 欧氏距离不能体现向量的相似程度

在实际应用中，要注意多进行摸索，评估方法的有效性和对比测试，并作出不断的调整，这样才能使得算法准确程度不断进化。

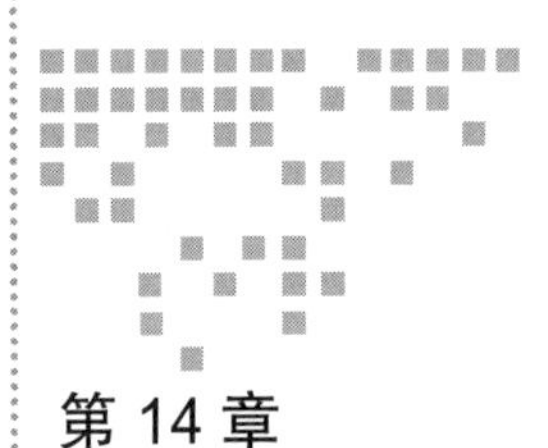

Chapter 14 第14章

文本挖掘

文本挖掘是近几年来越来越火的数据挖掘方向。

对于传统的结构化数据挖掘来说，文本挖掘更多的是对自然语言的分析，模糊性强，结构性弱，难度大，一直都是挑战的方向。

文本挖掘一般来说是从大量文本数据中抽取事先位置的、可理解的、最终可用的知识的过程，同时运用这些只是更好地组织信息以便将来参考。这是一个从非结构化的文本信息中寻找知识的过程。

14.1 文本挖掘的领域

文本挖掘一般来说有以下7个主要的领域。

（1）搜索和信息检索（Information Search，IR）：存储和文本文档的检索，包括搜索引擎和关键字搜索。

（2）文本聚类：使用聚类方法，对词汇、片段、段落或文件进行分组和归类。

（3）文本分类：对片段、段落或文件进行分组和归类，在使用数据挖掘分类方法的基础上，通过训练来标记示例模型。

（4）Web挖掘：在互联网上进行数据和文本挖掘，并特别关注网络的规模和相互联系。

（5）信息抽取（Information Extraction，IE）：从非结构化文本中识别与提取有关的事实和关系；从非结构化或半结构化文本中抽取出结构化数据的过程。

（6）自然语言处理（Natural Language Processing，NLP）：将语言作为一种有意义、有规则的符号系统，在底层解析和理解语言的任务（如词性标注）；目前的技术主要从语法、语义的角度发现语言最本质的结构和所表达的意义。

（7）概念提取：把单词和短语按语义分成意义相似的组。

以上每一个概念内容都非常多，每一个概念都能写一本书甚至几大本书，这里主要对文本分类及相关的问题进行讨论。

14.2 文本分类

和其他分类学习的思路相似，拿到文本的样本后也是要对文本进行样本类别标记，然后把这些样本交给计算机进行学习。

文本分类中训练的主要工作步骤如下。

1. 分词

由于文本本身的非结构化或者半结构化特性，没办法对一篇文章直接做向量标记。所以，拿到一篇文章后，通常第一步是做分词。而后通过词义以及词与词的逻辑衔接来判断语言的意义或情绪。

分词是在中文文本处理中遇到的第一个问题，因为和英文不一样，中文是没办法用空格进行分词的。所以最早在中文中尝试做分词就是使用类似查字典的办法，用标点把文章分成多个子句，在每个字句中推进式地“查词典”，在词库字典中查到的完整词就从字句中拿掉，然后继续向下搜索。这种方式已经淘汰了，因为它的查询非常机械而且不准确。

如句子“北京大学是所老牌大学。”这个句子如果按照这么机械的划分方法就会被划分成“北京”“大学”“是”“所”“老牌”“大学”，但是“北京大学”其实是一个专有名词，不应该这么划分。

而随着计算机技术的发展与进步，包括软件和硬件方面的进步，更为科学和智能的分词方式也逐步开发出来，即基于统计语言模型（Statistical Language Model，SLM）的方式。其中比较有影响力的是中国科学院计算所开发的汉语词法分析系统 NLPIR 汉语分词系统，也叫做 ICTCLAS2013，现已公开发布供中文文本分类的研究使用。这是一个开源的软件系统，读者有兴趣可以在网上搜索并下载。据称这款产品的分词精度能够超过 98%，中国人人名的识别召回率也接近 98%。NLPIR 在网上是有开放的在线文章分析平台以及分词系统下载的。

补充介绍一下，召回率（Recall）和精度（Precise）是广泛用于信息检索和统计学分类领域的两个指标，用来评价结果的质量，同样这两个指标在推荐系统也得到了广泛应用。其中召回率是检索出的相关文档数和文档库中所有的相关文档数的比率，衡量的是检索系统的查全率。精度是检索出的相关文档数与检索出的文档总数的比率，衡量的是检索系统的查准率。

除此之外还有庖丁解牛分词器，这是一款基于 Lucene 的中文分词器开源软件系统，也是一个开源的分词器系统，不少熟悉 Java 和 Lucene 的程序员应该都对此比较熟悉，在此不做重点介绍，读者有兴趣可以自己去研究一下。

2. 文本表示

文本表示其实就是文本的向量化问题，因为就文本本身来说，计算机是无法理解其含义的。现在用得比较多的模型是由 Gerard Salton 和 McGill 于 1969 年提出的向量空间模型（Vector Space Model，VSM）。

向量空间模型的基本思想是把文档简化为特征项的权重为分量的向量表示：（w_1，w_2，…，w_n），其中 w_i 为第 i 个特征项的权重，一般选取词作为特征项，权重用词频表示。词频分为绝对词频和相对词频。

绝对词频，即用词在文本中出现的频率表示文本。

相对词频，即为归一化的词频，其计算方法主要运用 TF-IDF 公式（Term Frequency-Inverse Document Frequency）。

什么是归一化呢？在第 13 章中也提到过归一化的问题，就是从绝对数量转化成比例的一种思路。在 TF-IDF 算法中，归一化是为了避免长文档比短文档拥有过多数量的词频而采取的方式。举例如下。

词频（TF）是一个词语出现的次数除以该文件的总词语数。假如一篇文件的总词语数是 100 个，而词语“汽车”出现了 5 次，那么“汽车”一词在该文件中的词频就是 5/100=0.05 或者说 5%。一个计算文件频率（IDF）的方法是测定有多少份文件出现过“汽车”一词，然后除以文件集里包含的文件总数。所以，如果“汽车”一词在 100 份文件出现过，而文件总数是 10 000 份，其逆向文件频率就是 lg（10 000/100）=2。最后的 TF-IDF 的分数为 0.05×2=0.1。其中 TF-IDF 分数和词频和逆向文件频率成正比。

也就是说，如果某个词汇在一篇文章中出现的频率 TF 高，并且在其他文章中很少出现，则认为这个词汇有很好的类别区分能力，适合用来分类；TF 表示该词汇在文档中出现的频率，而 IDF 则表示，含有该词汇的文档比例越低 IDF 越大，则说明该词汇具有越好的类别区分能力。

3. 分类标记

分词和分词权重最后要和分类的标签之间产生一个映射关系。而描述这种映射的过程是需要算法来实现的，可以用概率来实现，也可以用基于向量空间的回归来实现。常用的算法有 Rocchio 算法、朴素贝叶斯分类算法、K- 近邻算法、决策树算法、神经网络算法和支持向量机算法等，下面就对每种算法的实现原理做一个说明。

14.2.1 Rocchio 算法

Rocchio 算法是一种从感性上非常直观的文本分类的算法。

Rocchio 算法的核心思路是给每一个文档的类别都做一个标准向量——也有的地方称为

原型向量，然后用待分类的文档的向量和这个标准向量比一下余弦相似度，相似度越高越可能属于该分类，反之则不然。

例如，在某新闻网站中，希望构造一个自动的文章分类系统，那么先收集10 000个样本，然后由人给每篇文章划分类别。例如，有“军事类”、“体育类”、“经济类”、“娱乐类”、“科技类”等，每一篇文章都有至少一个所属的类别。如“军事类”，把里面每一篇文章逐个拿出来做分词和向量化，这样最后“军事类”里面的每一篇文章都有一个非常长的向量模型。

文章1:('坦克，0.05'，'侵略，0.03'，'反击，0.01'，'战争，0.03'，'爆发，0.01'，'动员，0.01'，…)

文章2:('战机，0.03'，'临空，0.01'，'雷达，0.02'，'抗议，0.01'，'和平，0.03'，'呼吁，0.02'，…)

文章3:('和谈，0.02'，'斡旋，0.02'，'冲突，0.02'，'中东，0.01'，'和平，0.02'，'外交，0.02'，…)

后面还可以有很多的文章样本。

在这里为了表示方便，维度和它的权重直接标在一起，如'坦克，0.05'表示“坦克”这个词的词频为0.05。

把“军事类”所有的文章进行各个维度的平均，也就是对每篇文章中的“坦克”、“侵略”、“战机”、“雷达”等词汇的词频进行平均，会得到一个诸如这样的向量：军事类原型向量:('坦克，0.010'，'侵略，0.003'，'战机，0.003'，'临空，0.002'，'雷达，0.003'，…)，这个向量非常长，可能有几千或者几万维，可以把这个原型向量形象地称为“质心”。读者应该也注意到，在文本挖掘中使用的向量和前面在多维向量空间一章所介绍的向量有所不同。在第7章中的向量通常维度比较少，而且维度的值或为实数或为枚举。而在文本挖掘中用来描述文章的向量通常因文章的不同而不同，小短文也有几百个维度，长文章可能会有上万的维度。这里面一个词就是一个维度，如“坦克”、“侵略”、“战机”等就是维度的名称，相当于三维空间的x、y、z。后面的0.010、0.003、0.002等值是向量维度的值，在0和1区间内。

当有一篇新的文章要进行分类时，同样进行分词和向量化，也标记成向量和词频的形式。之后就顺理成章了，就是向量和向量求余弦相似性的计算了。“军事类”、“体育类”、“经济类”、“娱乐类”等这些文章类别各自都有一个原型向量，新的文章和它们逐个比较，和谁相似性越高，就属于谁。

余弦相似性怎么计算呢？来看以下公式：

$$\cos(\theta)=\frac{s_1c_1+s_2c_2+\cdots+s_nc_n}{\sqrt{s_1^2+s_2^2+\cdots+s_n^2}\cdot\sqrt{c_1^2+c_2^2+\cdots+c_n^2}}$$

这个公式和在第13章里接触到的余弦相似性的计算规则非常相似，公式中s代表原型向量，c 代表待分类向量，s 向量各自的维度是 s_1，s_2，…，s_n，c 向量各自的维度是 c_1，c_2，…，c_n。最后 $\cos(\theta)$ 越接近 1 就说明越相似，越接近 0 就说明越不相似，注意这里面没有小于 0 的情况。

Rocchio 算法还有一种改进的版本，在这个版本里，某一类文章不仅有正样本计算而来的原型向量（正向量），还有根据负样本（非本类文章）计算而来的负向量。在原型向量计算的过程中，希望它尽量靠近正样本而远离负样本。

在做所有的文本分类实验之前，先要做一个操作，就是从网上下载一些文本作为训练样本，在这里选用 20Newsgroup 提供的文本信息。它的官方网站网址是 http://qwone.com/~jason/20Newsgroups/，读者有兴趣可以再尝试访问该网站阅读更多的相关信息。

```
from sklearn.datasets import fetch_20newsgroups
from sklearn.feature_extraction.text import CountVectorizer
from sklearn.feature_extraction.text import TfidfTransformer
from pprint import pprint

newsgroups_train = fetch_20newsgroups(subset='train')
pprint(list(newsgroups_train.target_names))
#20 个主题
['alt.atheism',
'comp.graphics',
'comp.os.ms-windows.misc',
'comp.sys.ibm.pc.hardware',
'comp.sys.mac.hardware',
'comp.windows.x',
'misc.forsale',
'rec.autos',
'rec.motorcycles',
'rec.sport.baseball',
'rec.sport.hockey',
'sci.crypt',
'sci.electronics',
'sci.med',
'sci.space',
'soc.religion.christian',
'talk.politics.guns',
'talk.politics.mideast',
'talk.politics.misc',
'talk.religion.misc']

# 这里选取 4 个主题
categories = ['alt.atheism', 'comp.graphics', 'sci.med', 'soc.religion.
christian']

# 下载这 4 个主题里的文件
twenty_train = fetch_20newsgroups(subset='train', categories=categories)

# 文件内容在 twenty_train.data 这个变量里，现在对内容进行分词和向量化操作
```

```
count_vect = CountVectorizer()
X_train_counts = count_vect.fit_transform(twenty_train.data)

# 接着对向量化之后的结果做 TF-IDF 转换
tfidf_transformer = TfidfTransformer()
X_train_tfidf = tfidf_transformer.fit_transform(X_train_counts)
```

Rocchio 的示例代码如下：

```
from sklearn.neighbors.nearest_centroid import NearestCentroid

# 现在把 TF-IDF 转换后的结果和每条结果对应的主题编号 twenty_train.target 放入分类器中进行训练
clf = NearestCentroid().fit(X_train_tfidf, twenty_train.target)

# 创建测试集合，这里有 2 条数据，每条数据一行内容，进行向量化和 TF-IDF 转换
docs_new = ['God is love', 'OpenGL on the GPU is fast']
X_new_counts = count_vect.transform(docs_new)
X_new_tfidf = tfidf_transformer.transform(X_new_counts)

# 预测
predicted = clf.predict(X_new_tfidf)

# 打印结果
for doc, category in zip(docs_new, predicted):
    print('%r => %s' % (doc, twenty_train.target_names[category]))
```

Rocchio 算法的缺陷是很明显的，它做了两个假设，使得它的分类能力打了很大的折扣。

假设一：一个类别的文档仅仅聚集在一个质心的周围，实际情况往往不是如此。

假设二：训练数据是绝对正确的，因为它没有任何定量衡量样本是否含有噪声的机制，错误的分类数据会影响质心的位置。

14.2.2 朴素贝叶斯算法

朴素贝叶斯算法关注的是文档属于某类别的概率。文档属于某个类别的概率等于文档中每个词属于该类别的概率的综合表达式。而每个词属于该类别的概率又在一定程度上可以用这个词在该类别训练文档中出现的次数（词频信息）来粗略估计，因而使得整个计算过程可行。使用朴素贝叶斯算法时，在训练阶段的主要任务就是估计这些值。

所以前两步仍然是分词和向量化。

贝叶斯概率公式如下：

$$P(D_j \mid x) = \frac{P(x \mid D_j)P(D_j)}{\sum_{i=1}^{n} P(x \mid D_i)P(D_i)}$$

上式是完整的贝叶斯概率公式，简写的朴素贝叶斯概率公式如下：

$$P(A|B)P(B)=P(B|A)P(A)$$

上式指的是在全样本空间里，独立事件 B 发生的概率乘以在 B 发生的情况下发生 A 的概率，等于独立事件发生 A 的概率乘以在 A 发生的情况下发生 B 的概率。

如果研究两个事件的条件概率关系用这个简化版的公式肯定是一目了然的，那么在文章分类里怎么用呢?

首先，如果能够统计某个词在某类别文章中出现的概率，就用 $P(D_j|x)$ 来表示，如 x 是“军事类”（肯定还有 y 分类“体育类”，z 分类“经济类”等），D_j 表示某一个词的词频，如 D_1 表示“雷达”的词频，那么 $P(D_1|x)$ 就表示“军事类”文章中出现“雷达”的概率。除了“雷达”以外，肯定还有很多其他词向量的词频统计，所以就有很多的 $P(D_j|y)$、$P(D_j|z)$ 来分别表示它们在“体育类”或“经济类”文章中的每个词的词频。

反过来再看，还是以“雷达”这个词为例，恐怕不止出现在“军事类”的文章中，可能也出现在其他小说或者广告、科普读物里。那么“雷达”出现在“军事类”、“体育类”、“经济类”文章中的概率用 $P(x|D_1)$、$P(y|D_1)$、$P(z|D_1)$ 来表示，如有 10 000 篇“军事类”文章，其中有 500 篇提到了雷达，那 $P(x|D_1)$ 就是 0.05；除此之外，也可以求出每一个 $P(x|D_j)$、$P(y|D_j)$、$P(z|D_j)$ 等。

总结来说，步骤如下。

（1）对训练文章进行分词和向量化。

（2）对所有文章类别计算 $P(D_j|x)$、$P(D_j|y)$、$P(D_j|z)$ 等。

（3）对待分类的文章进行分词和向量化。

（4）用待分类文章的词向量中的每个词计算 $P(x|D_j)$、$P(y|D_j)$、$P(z|D_j)$ 等。

需要强调的是，$P(x|D_j)$ 可不是计算一个值，而是计算整个词向量中所有的词，如果词向量有 1 000 个元素，那么 D_j 就是 D_1 到 $D_{1\,000}$，这 1 000 个词都要进行计算。

（5）计算概率，看看待分类文章属于哪个类型的文章概率最大。

这个部分计算的时候要注意计算技巧，如计算一个完整的词向量 D_1 到 $D_{1\,000}$ 属于 x 类的概率，公式如下：

$$P(D_j|x)=P(D_1|x)P(D_2|x)\cdots P(D_{1\,000}|x)$$

解释一下，$P(D_j|x)$ 中出现完整词向量 D_j 所有元素的概率就是出现每个词的概率相乘，这个思考方式跟扔硬币没区别。

对 $P(D_j|x)P(x)=P(x|D_j)P(D_j)$ 的含义也就好理解了吧，我们把它做个变形：

$$P(x\mid D_j)=\frac{P(D_j\mid x)P(x)}{P(D_j)}$$

$P(x|D_j)$ 就是要求的，完整的词向量 D_j 最终属于 x 文章分类的概率。

$P(D_j)$ 可以设为 1，因为对于已经拿到的待分类文本，所有的词频发生概率就已经是 1 了。

$P(D_j|x)$ 的含义我们刚刚解释过。

$P(x)$ 是所有训练文章中 x 类文章出现的概率。如果每个类别的文章都用一样多的数量来训练，如“军事类”、“体育类”、“经济类”各 100 篇，那所有的 $P(x)$、$P(y)$、$P(z)$ 值都一样，都是$\frac{100}{100+100+100}=\frac{1}{3}$。在这个公式里，所有的类别最后都是互相比 $P(x|D_j)$，一个分类的 $P(x|D_j)$ 越大就说明这篇文章属于这个分类的概率越大，每个分类 $P(x)$ 都一样大的情况下，那就可以都不乘了，直接化简成 $P(x|D_j)=P(D_j|x)$。要记住，必须是所有类别的文章训练样本的数量一样多的时候才能做这个简化。

在前面介绍朴素贝叶斯分类的时候提到过，在 Python Scikit-learn 库中支持高斯朴素贝叶斯、多项式朴素贝叶斯和伯努利朴素贝叶斯 3 种朴素贝叶斯分类算法。在这里使用多项式朴素贝叶斯来做文章分类，完整的例子如下：

```
# 在 Scikit-learn 里提供了几种贝叶斯分类，其中多项式贝叶斯最适合做文本分类
from sklearn.naive_bayes import MultinomialNB

# 现在把 TF-IDF 转换后的结果和每条结果对应的主题编号 twenty_train.target 放入分类器中进行训练
clf = MultinomialNB().fit(X_train_tfidf, twenty_train.target)

# 创建测试集合，这里有 2 条数据，每条数据一行内容，然后进行向量化和 TF-IDF 转换
docs_new = ['God is love', 'OpenGL on the GPU is fast']
X_new_counts = count_vect.transform(docs_new)
X_new_tfidf = tfidf_transformer.transform(X_new_counts)

# 预测
predicted = clf.predict(X_new_tfidf)

# 打印结果
for doc, category in zip(docs_new, predicted):
    print('%r => %s' % (doc, twenty_train.target_names[category]))
```

关于分类的问题可以扩展一下，每篇文章的分类可能不是只有一个“军事类”、“体育类”等类别，而可能是多个标签组合描述的主题性或情绪性分类说明，例如，在一篇文章里可以同时标出“军事”、“科技”、“颂扬”等标签，也可以标出“经济”、“局势”、“悲观”等标签。对于主题性或情绪性的分类，利用朴素贝叶斯算法同样可以进行分类标识，这样在文章分类时文章所赋予的分类也更加丰富。

14.2.3 K- 近邻算法

K- 近邻算法英文全称为 K-Nearest Neigbours，也有的资料上会写作 KNN 算法。

K- 近邻算法的思路是，没有必要去总结原型向量，只需原始的训练样本，这些样本具有最基础最原始而且准确的向量信息，因此此算法产生的分类器也叫做“基于实例”的分类器。

流程如下，拿到训练的文章样本之后，对每个样本都进行分词和向量化。然后在给定

新的待判定文章后，算法对该文档也进行分词和向量化，不同的地方在后面的操作上。这个待判定的文章的向量会和所有训练的样本进行向量特征比对，也就是相似度比对，这样会得到它与所有训练样本的相似度排名列表。把 K 定为一个变量，从这个列表中找出相似度最高的 K 篇文章，根据这 K 篇文章的类别分布投票决定这篇待判定的文章更像哪种分类。

这个方法看上去很简单，其实根本就没有模型训练的成分在里面，但是还是一分为二地来看这种方法。

它的优点：因为这种方法可以克服 Rocchio 算法中无法处理线性的缺陷，同时“训练成本”也非常低——其他分类方法进行算法和模型调整时要重新对所有的分类文本进行全局计算，而这种算法只需要对某个已有的训练文档进行删除，或者加入新的训练文档，这个训练的分类规则就同时发生了变化。

它的缺点：也是非常致命的，就是计算成本比较高。如果要计算一篇待分类的文章，就要将它和所有的训练样本进行比较。如果有 100 个文章分类，每个文章分类有 100 篇训练文章，那就是 10 000 次计算，而且每分类一篇文章就要进行 10 000 次计算，计算成本非常高。

下面给出应用的代码以供参考：

```
from sklearn.neighbors import KNeighborsClassifier

# 找出相似度最高的 15 篇文章
# 现在把 TF-IDF 转换后的结果和每条结果对应的主题编号 twenty_train.target 放入分类器中进行训练
clf = KNeighborsClassifier(15).fit(X_train_tfidf, twenty_train.target)

# 创建测试集合，这里有 2 条数据，每条数据一行内容，然后进行向量化和 TF-IDF 转换
docs_new = ['God is love', 'OpenGL on the GPU is fast']
X_new_counts = count_vect.transform(docs_new)
X_new_tfidf = tfidf_transformer.transform(X_new_counts)

# 预测
predicted = clf.predict(X_new_tfidf)

# 打印结果
for doc, category in zip(docs_new, predicted):
    print('%r => %s' % (doc, twenty_train.target_names[category]))
```

14.2.4 支持向量机 SVM 算法

支持向量机在第 10 章已经介绍过。在该章节中讨论的是一种通用性的线性分类器构造原则，不管有多少维的数据，只要发现线性不可分，就可以映射到高一维度的空间去构造一个超平面。

在文章分类里，同样可以应用这样的方式，只要已经理解了 SVM 的解题思路，理解它在文章分类中的应用就不会困难。

前面说过，拿到文章以后，要进行分词和向量化，向量化之后，一篇文章就会变成一

个几千维或者几万维的向量。这些向量在空间上的划分和 $g(v)=wv+b$ 这样的超平面用法一样，几乎没有任何区别，只是 v 的维度会非常多而已。

总体来说，SVM 分类器的文本分类效果很好，可以认为是最好的分类器之一。它有很多优点，如通用性较好，分类精度高，分类速度快，分类速度与训练样本个数无关，在查准和查全率（精度和召回率）方面都优于 KNN 及朴素贝叶斯方法。但是它也有缺点，如 SVM 训练速度很大程度上受到训练集规模的影响，计算开销比较大，针对 SVM 的训练速度问题，研究者提出了很多改进方法，包括 Chunking 方法、Osuna 算法、SMO 算法和交互 SVM 等。

前面在介绍 SVM 一节中提过，SVC 所支持的核函数包括 linear（线性核函数）、poly（多项式核函数）、rbf（径向基核函数）、sigmoid（神经元激活核函数）、precomputed（自定义核函数）。其中，径向基核函数 rbf 和线性核函数 linear 是人们在生产生活中用得最频繁的两种核函数。对于文章分类，一般推荐使用线性核函数 linear，这种核函数计算效率极高，对文章分类的准确性也非常高。

这里也给出一个用 SVM 算法进行文章分类的例子：

```
from sklearn import svm

# 现在把 TF-IDF 转换后的结果和每条结果对应的主题编号 twenty_train.target 放入分类器中进行训练
# 这里使用线性支持向量分类 linear，对文章分类效果比较好
clf = svm.SVC(kernel='linear').fit(X_train_tfidf, twenty_train.target)

# 创建测试集合，这里有 2 条数据，每条数据一行内容，然后进行向量化和 TF-IDF 转换
docs_new = ['God is love', 'OpenGL on the GPU is fast']
X_new_counts = count_vect.transform(docs_new)
X_new_tfidf = tfidf_transformer.transform(X_new_counts)

# 预测
predicted = clf.predict(X_new_tfidf)

# 打印结果
for doc, category in zip(docs_new, predicted):
    print('%r => %s' %(doc, twenty_train.target_names[category]))
```

14.3 小结

由于篇幅有限，本章只介绍了文本分类方面的内容，文本分类是网站进行舆情分析、偏好猜测等行为的重要手段，读者掌握基本方法即可。

请注意，一般来说，文章越短分类的难度越大，准确性越差。这凭直觉也能感觉出来，一句很短的话肯定是能够在很多类型的文章中都有机会读到的，那么这样的句子是几乎没有办法去判断主旨内容的，要想知道主旨内容还是要通过大量的上下文。

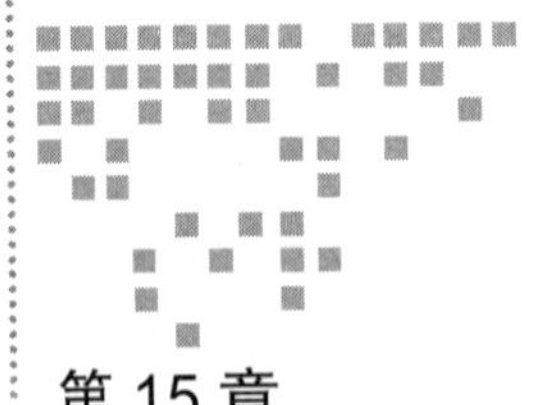

Chapter 15 第15章

人工神经网络

人类对于人工智能领域的研究随着其他各领域尤其是信息科学的进步而快速进步。现在在工厂生产线上看到的机器人其实是比较“弱智”的机器人，因为它基本只能根据人给它的固定指令去做固定的动作组合，所以称它为“机械手臂”也许更为贴切。而要想进行比较深层的突破，旧的算法科学恐怕是乏善可陈。

当人们意识到人脑的工作方式与数字计算机有着极大不同时，人们就逐渐开始研究“人工神经网络”（Artificial Neural Network，ANN），希望能够从仿生学的角度给这种研究带来新的动力。所谓“人法地，地法天，天法道，道法自然㊀”。从自然中学习和寻求规律有时比冥想要更有智慧。

人们从研究蝙蝠获得了发明雷达的灵感，通过研究鱼鳔获得了发明潜水艇的灵感。人们同样期望从研究人的神经网络中获得更多高级、智能化的数据处理思路和经验。

人脑是人们到目前为止发现的，最令人叹为观止的信息处理系统了。人脑在加减乘除方面的计算速度上可能赶不上很多单片机，但是在很多特殊场景的运算中却是高级计算机无法比拟的，如模式识别（声音识别、图像识别等）。

15.1 人的神经网络

大脑是人的神经最为关键和核心的部分，也同样是所有脊椎动物门的动物最宝贵的“财产”。人类豢养各种宠物，如狗或猫，条件比较富裕的人还会豢养马、鹿等，主要原因也是由于这类动物更加通人性、聪明、互动感好，容易与人的交流形成配合。也有一些养鸟、

㊀ 出自《道德经·道经第二十五章》。

养鱼的，主要是为了欣赏鸟婉转的鸣叫声和鱼奇幻的外形。猎奇的宠物主可能会去豢养蜥蜴、蚂蚁等，但十有八九不是因为它们聪明。这些无一例外，都是脊椎动物门的动物，都有大脑。

通过大量的解剖研究，人们逐渐对神经网络的组成原理有了更多的认识，并开始尝试着解读神经网络的奥秘所在。

现在流通的资料里，关于人体神经元数量的估算还是莫衷一是，但是有一个数字大家基本认可，即人的大脑皮层里有神经元约 140 亿个，人的全身有数百亿到上千亿个神经元。

神经网络有以下几个非常优秀的特点。

（1）大规模并行分布式结构。

（2）神经网络的学习能力以及由此而来的泛化能力。

泛化这一点很重要，它是指在遇到一些没有在训练中遇到的数据时仍然可以得到合理的输出，这一点在第 8 章等章节同样提到过。

具备这两种强大的信息处理能力让神经网络可以为一些当前难以处理的复杂问题找到一些好的近似解。

15.1.1 神经网络结构

人自身是怎么感受到“快乐”这种情绪的？可以认为，这就是一种极复杂的计算过程。

研究表示，人类感受到的快乐是由脑神经元之间通过多巴胺进行信息传递来获得的。

瑞典人阿尔维德·卡尔森（Arvid Carlsson）由于确定多巴胺为脑内信息传递者的角色获得了 2000 年诺贝尔医学奖。

大量的多巴胺能够让人兴奋、快乐，而缺少多巴胺的人通常情绪低落，甚至会令人失去控制肌肉的能力，严重会令病人的手脚不自主地震颤或导致帕金森氏症。

让人产生多巴胺的行为有很多，如吃甜食、适度运动等。而令人谈虎色变的毒品通常有着极强的多巴胺“制造”能力——其实是让细胞里的多巴胺存量大量释放出来，让人在短时间内产生极大的快感。

多巴胺的分子结构如图 15-1[⊖]所示。多巴胺的化学式如下：

$$C_6H_3(OH)_2-CH_2-CH_2-NH_2$$

这个化学式很复杂，在计算机二进制系统里找不到能对其模拟得惟妙惟肖的传递介质，二进制系统里只有 0 和 1 这种存储和传输介质，更别说在神经元细胞内部的“计算”是怎么样的计算了，更让人捉摸不透的是让我们产生快感的计算是怎么做的，我们只能在有限的认识内对这种算法进行模拟。

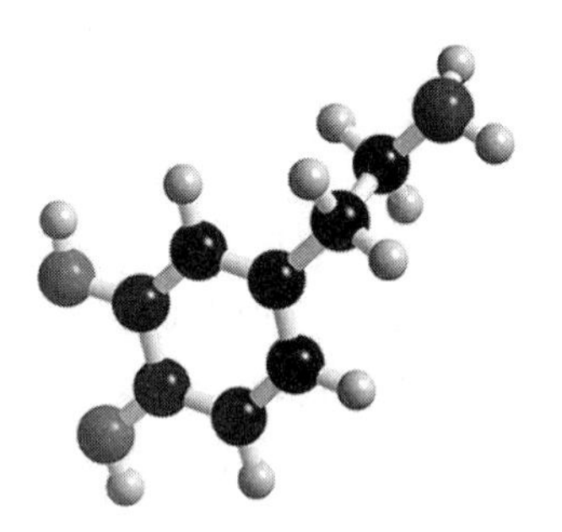

图 15-1 多巴胺

⊖ 图片来源于百度地图。

人的神经细胞如图 15-2 所示，枝枝杈杈很多，远远看上去一边比较粗大一边比较纤细。最上端粗大的一边就是细胞体的所在，细胞体上有一些小枝杈叫做树突，细长的一条像尾巴一样的东西叫做轴突。不同细胞之间通过树突和轴突相互传递信息，它们的接触点叫突触，准确地说是由一个细胞的轴突通过突触将信号传递给另一个细胞的树突。

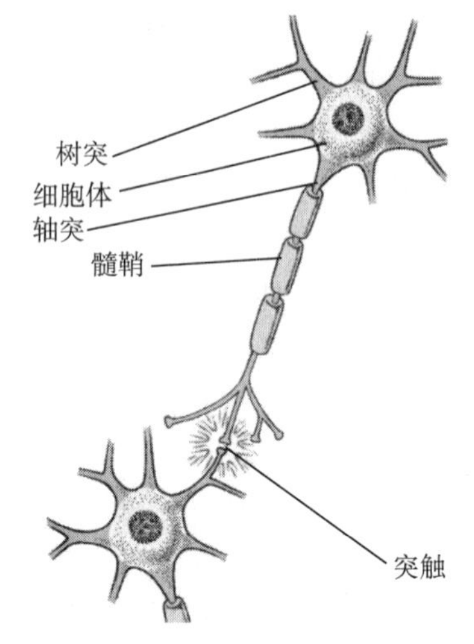

图 15-2 人的神经细胞（见彩插）

神经细胞用化学信号传递信息，如多巴胺，其过程非常复杂。这里用二进制的电子计算机模拟，为了模拟起来比较方便，我们只认为大脑的神经细胞有两种状态：兴奋和抑制，1 为兴奋，0 为抑制。

一个神经元兴奋和抑制的信号是由这个神经元的树突来影响的，因为树突是接受外界刺激的，刺激强烈神经元就兴奋，刺激不强烈神经元就抑制。一个神经元有很多的树突，这些树突其实可以同时接受多个其他神经元送过来的刺激信号，这些信号经过一系列复杂的计算，最终产生一个确定的兴奋或者抑制的结果，这些突触之间有的是通过化学信号进行信号传递的，有的是通过电信号进行信号传递的，但是这并不重要，反正建模时只能用类似 0 和 1 的方式来模拟。

人脑的神经细胞工作频率非常低，大概只有 100 Hz，这比 20 世纪 80 年代末流行的 286 计算机的 20 MHz 主频还差了 20 万倍。但是神经细胞数量巨大，并且并行进行独立的处理工作，这让大脑具备很惊人的特点，如能够进行高效的无监督学习，模式识别等。

15.1.2 结构模拟

既然已经了解到神经元的工作方式，不妨设计一个和它的工作方式近似的电子信号处理系统，如图 15-3 所示。

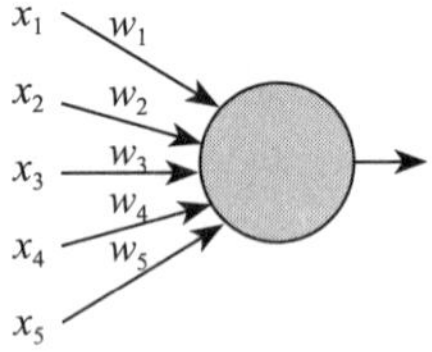

它有 5 个输入的树突（也可以是 3、4 个树突，也可以是 6 个或者更多，这里设计成 5 个没有特别的目的），有一个轴突，而中间的部分负责进行计算。当 5 个树突输入的内容合适时，让轴突输出 1——兴奋，反之让轴突输出 0——抑制。可以让每个树突上的输入数字做加和来模拟这个计算兴奋或者抑制的过程，每个刺激都是 0 或 1，也就是来自其他神经元细胞的刺激，刺激的值为 x_i。为了让树突上的刺激有所区别，可以考虑给每个树突输入的值乘以一个权值，这个权值同样是一个 [−1，1] 之间的小数，权值标注为 w_i。后面如果不做说明，w_i 的取值就是在 [−1，1] 区间，x_i 就是 0 或 1。

图 15-3 由神经元模拟的电子信号处理系统

设置激励函数为 $f(x)=\sum_{i=1}^{n} w_i x_i = w^{\mathrm{T}} x$，作为整个过程的模拟。

从函数的定义域上看，$f(x)$ 的范围应该在 [−5，5] 之间。可以记作前面写的连加和的形式，也可以记作后面写的矩阵内积的形式，含义是完全一样的，看过第 10 章的读者尤其不会陌生。

整个函数产生的结果最终还会继续去刺激其他函数——毕竟要连成网络，所以还要让轴突产生的输出函数为 1 或 0。所以在最终输出之前还需要一个环节：

$$\text{output}=\begin{cases}1 & f(x)\geqslant 0\\ 0 & f(x)<0\end{cases}$$

对 $f(x)$ 进行一下加工，如果相加的和大于等于 0 就认为是兴奋状态，如果小于 0 就认为是抑制状态。

好了，如果到这里你还是觉得一头雾水，那么我只能说“嗯，真的很正常，想当年都是这么过来的。”我们现在手里有了一个世界上最弱的神经网络细胞，注意，真的只是一个细胞而已。下面来试一下，看这个细胞能不能完成机器学习的工作。

15.1.3 训练与工作

和一般的分类算法一样，使用人工神经网络进行分类时同样需要先进行训练，即便是一个神经元也是要训练的。

训练过程大致如下。

（1）初始化权重。随机设置 w_i 的大小，即设置初始的每个树突上的权重。先给定一个任意值，如都是 1。

（2）训练。给定输入各 x_i 的大小和对应的 output 输出值，这是一组样本。需要给定很多组样本，这就是学习的过程。

仔细看一下这个过程：

$$y=w_1x_1+w_2x_2+w_3x_3+w_4x_4+w_5x_5$$

$$\text{output}=\begin{cases}1 & f(y)\geqslant 0\\ 0 & f(y)<0\end{cases}$$

有没有觉得特别眼熟。非常像回归对不对？知道自变量，知道函数值，用计算的方法算出这些待定的系数。没错，这个跟回归真的就是如出一辙。在 8.1 节曾经讨论过用最小二乘法来计算待定的系数，那么在现在这个例子里能不能用同样或者类似的办法来解决问题呢？答案是肯定的，只是这一类回归不是线性关系的，它在回归分析中是有确切的名词定义的，这种二项分布形的回归叫作逻辑回归（Logistic Regression）。逻辑回归判断的方式比较单纯，就如同我们在刚刚的例子说的这样，有一些输入的自变量，分类结果只有两类，即针对要分类的目标，要么是这一类，要么不是这一类。

除此之外还像什么？像不像在支持向量机 SVM 里看到的超平面的定义？

SVM 算法是为了寻找一个 $g(v)=wv+b$ 的超平面，其中 v 就是一个 n 维的向量，n 可以是 1 到无穷的任何一个整数，其实当 n 等于 5 时，就与 $y=w_1x_1+w_2x_2+w_3x_3+w_4x_4+w_5x_5$ 的形式很相近，只是这个 $g(v)$ 展开以后是 $y=w_1x_1+w_2x_2+w_3x_3+w_4x_4+w_5x_5+b$，变量具体用 x 还是用 y、z 来表示并不重要，关键是它们在处理问题上的逻辑，仔细看看，思路都是尝试找一个“超平面”。

以二维空间上的超平面 $2x+5y+4=0$ 为例，经过变形就成了 $y=-0.4x-0.8$。其实也就是 $g(v)=2x_1+5x_2+4$，如图 15-4 所示。

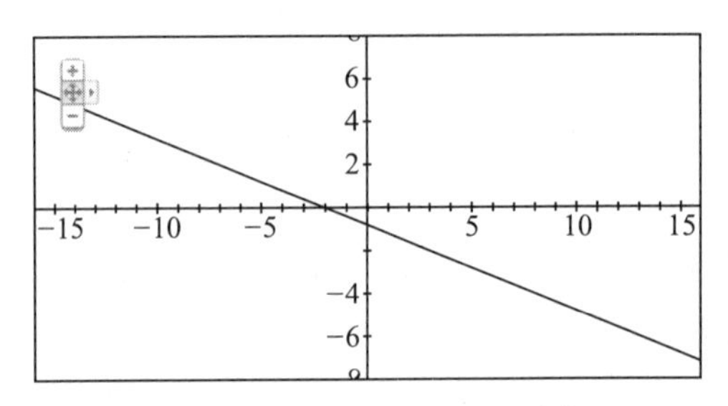

图 15-4　$y=-0.4x-0.8$ 的图形

三维空间上的超平面 $4x+y-2z+6=0$ 经过变形就成了 $z=2x+0.5y+3$。其实也就是 $g(v)=4x_1+x_2-x_3+6$，如图 15-5 所示。

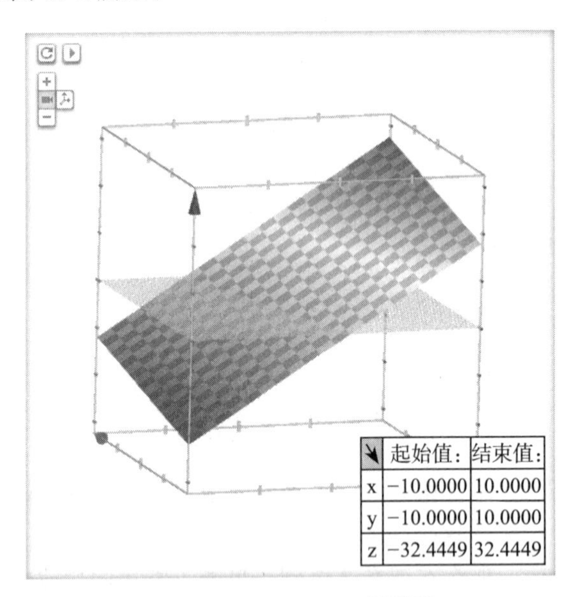

图 15-5　$z=2x+0.5y+3$ 的图形

$y=w_1x_1+w_2x_2+w_3x_3+w_4x_4+w_5x_5+b$ 公式里的 b 这一项，可以这么理解，完全是在超平面斜率定好后为了调整截距而设置的，b 恒等于 0 的情况下就是让超平面永远通过原点。所以在不同的资料上会看到两种表达方式，而且后者更常见：

$$y=w_1x_1+w_2x_2+w_3x_3+w_4x_4+w_5x_5$$

$$y=w_1x_1+w_2x_2+w_3x_3+w_4x_4+w_5x_5+b$$

这种单细胞人工神经网络一般用来处理手写识别、垃圾邮件分类、金融欺诈行为、网络注册用户是否真实等问题。

具体的方式在 10.5 节已经进行过比较详细的讨论了，用 SVM 算法去解决甚至更好，因为它最厉害的地方是能够映射到高维去解决线性不可分的问题。

神经网络和 SVM 解决问题的思路的不同之处在于，在线性不可分时，SVM 会映射到高维去划分超平面；而神经网络是增加输入的变量、网络的层次、输出层。

15.2　FANN 库简介

在人工神经网络算法的编写过程中，可以考虑自己一行一行去做代码实现，也可以使用开源的人工神经网络算法库，以把精力集中在建模工作上。FANN 库就是众多人工神经网络库之一。

FANN 是一个开源的神经网络模型库，全称是 Fast Artificial Neural Network Library。它是用 C 语言编写的，运行高效，而且可以支持模拟单层、多层的各种全连接和半连接网络。2.1 版本以上的 FANN 支持包括 C#、Java、PHP、Python 等超过 20 种计算机语言的黑盒式调用，使用非常方便。它最强大的特性之一是支持多种 GUI，这种用户界面的友好型也让它颇受欢迎。

图 15-6[⊖]用来做网络搭建的 FANN Tool 1.2 的界面。

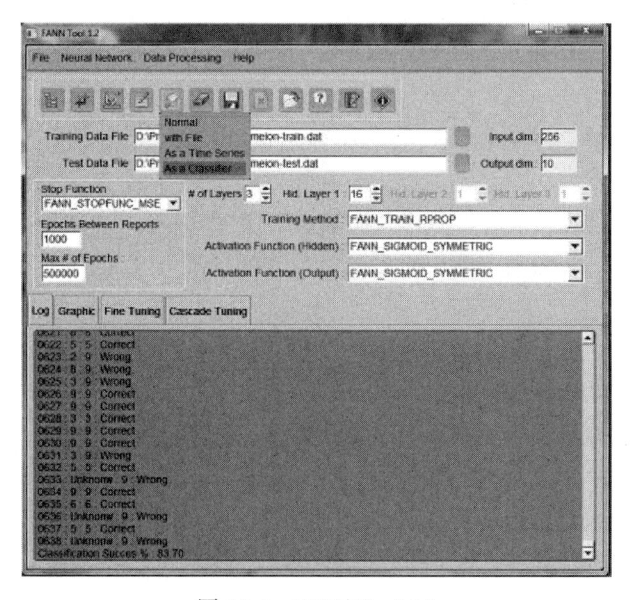

图 15-6　FANN Tool 1.2

⊖ 来自 FANN 官方网站。

另一种 FANN 官网推荐的专门做神经网络搭建的可视化工具是 Agiel Neural Network，如图 15-7[⊖]所示。

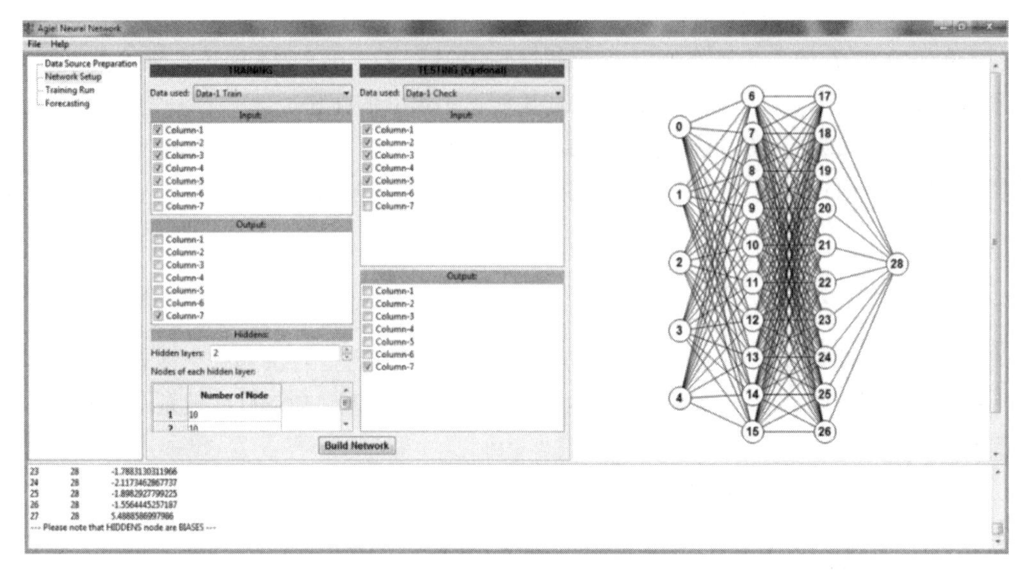

图 15-7 Agiel Neural Network

FANN 的中文资料少得可怜，要想做更多的了解还是推荐前往其官方网站阅读英文原文。网站地址：http://leenissen.dk/fann/。

FANN 的特性如下，后面将会有基于 FANN 库做算法实现的例子。

- 使用 C 语言编写的多层人工神经网络库。
- 反向传播训练。
- 进化型拓扑训练，可动态建立并训练人工神经网络。
- 极易使用。
- 极其快速（据称比其他的人工神经网络框架快 150 倍）。
- 极强的通用性，可覆盖与兼容极多的参数维度场景。
- 文档完备。
- 跨平台性良好，支持 Linux 和 UNIX 以及 Windows 平台使用的 dll 库。
- 实现多种不同动态函数。
- 可以便捷地存取完整人工神经网络模型。
- 有多种易用的例子。
- 可以在模型中兼容浮点型和整型变量。
- 具有极好的缓存优化。
- 开源并遵从 LGPL 协议。

⊖ 图片来源于 sourceforge.net。

- 具有易用性的训练数据框架。
- 具有图形界面。
- 支持多种语言调用。
- 应用范围广泛。

15.3 常见的神经网络

神经网络模型发展到今天有了很多变种，据说已有不少于 70 种的不同神经网络模型。常见的人工神经网络模型有以下几种。

- 感知器网络（Perceptron），在前面接触到的“单细胞”的神经网络（应该叫神经元更合适）就是感知器网络最简单的形式。
- 按误差逆传播算法训练的多层前馈网络（Back Propagation，BP 神经网络）。
- 自组织特征映射神经网络（Self-Organizing Feature Map，SOM）。
- Hopfield 网络。
- 玻尔兹曼机（Boltzmann Machine）。
- 卷积神经网络（Convolutional Neural Network，CNN）。

还有很多其他的网络模型，形式各异，偏重也不同，适应场景也不尽相同。

15.4 BP 神经网络

BP 神经网络是指误差逆传播算法训练的多层前馈网络，听起来名字很啰嗦，但是构建的思路很简单。

如图 15-8 所示为两层的 BP 神经网络（只有隐含层和输出层是参与计算和权值调整的节点层），当然可以有更多的层次、更多的节点，这里只是示意性介绍构建思路。

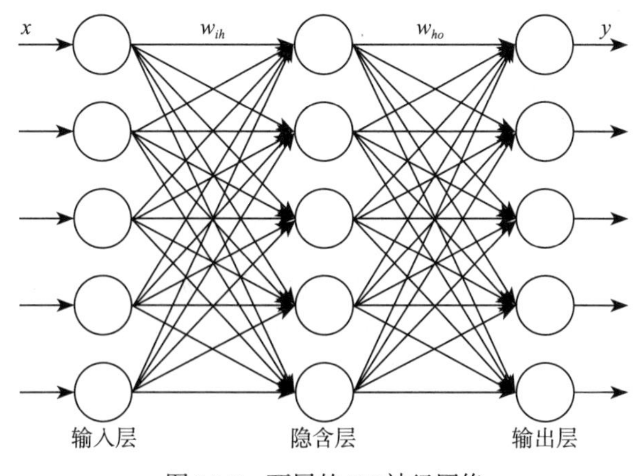

图 15-8 两层的 BP 神经网络

15.4.1 结构和原理

在“单细胞”的神经网络里，实际上只有一层，即最后的输出层。在图 15-8 中有两层，第一层每个节点的输入都是一样的，都是 x_1、x_2、x_3、x_4、x_5。每个节点的超平面都可以用 $g(v)=wv+b$ 来表示，也就是 $y=w_1x_1+w_2x_2+w_3x_3+w_4x_4+w_5x_5+b$。但是要注意，所有的节点最后输出的函数只有 1 或者 0 两个状态，所以在很多资料上会看到以下写法。

激活函数为 Logistic 函数：

$$f(v)=\frac{1}{1+\mathrm{e}^{-(w^{\mathrm{T}}v+b)}}$$

即便变量名字不一样，但是实质内容是一样的。

$f(v)=\frac{1}{1+\mathrm{e}^{-(w^{\mathrm{T}}v+b)}}$ 这个函数其实是 $f(t)=\frac{1}{1+\mathrm{e}^{-t}}$ 和 $t=w^{\mathrm{T}}v+b$ 这两个函数组合变量代换形成的，把 t 代换进去，就变成了 $f(v)$ 的形式，虽然变量名不同但是函数值和自变量的关系没有发生任何变化。

$t=w^{\mathrm{T}}v+b$ 在 SVM 里已经介绍过。$f(t)=\frac{1}{1+\mathrm{e}^{-t}}$ 的图形如图 15-9 所示。

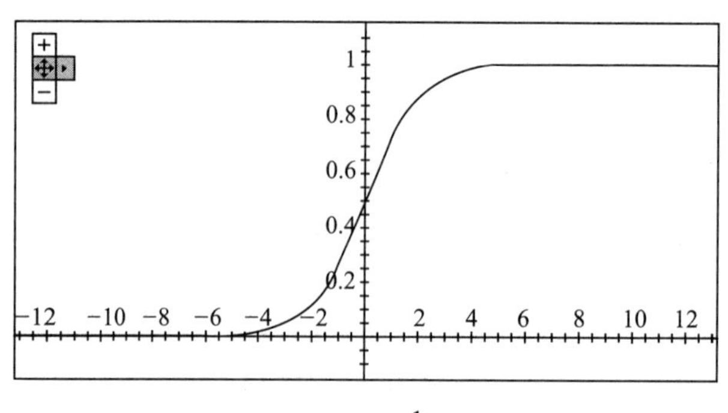

图 15-9　$f(t)=\frac{1}{1+\mathrm{e}^{-t}}$ 的图形

比 0.5 大时函数就是 1，比 0.5 小时函数就是 0。

也有地方写成以下形式：

$$f(t)=\frac{1}{1+\mathrm{e}^{-mt}}$$

其中 m 是可以调整的正整数，m 越小曲线越平缓；m 越大曲线越立陡，分类边界越明显。具体在每个应用里怎么去取 m 值可以依情况而定，如果需要边界区分非常明显，那就把 m 设大一些。

$f(t)=\frac{1}{1+\mathrm{e}^{-0.5t}}$ 函数图形如图 15-10 所示。

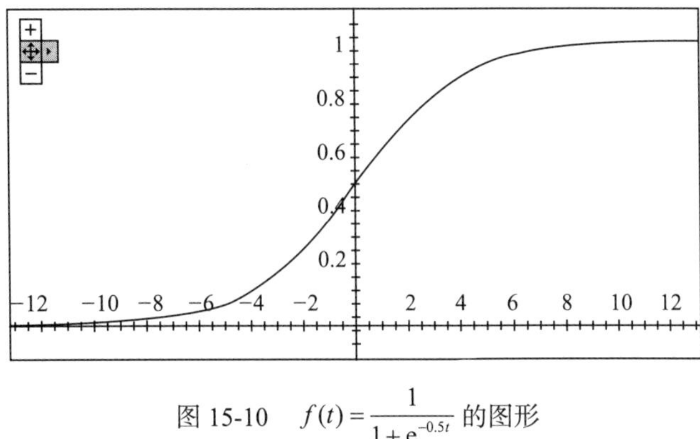

图 15-10 $f(t)=\dfrac{1}{1+\mathrm{e}^{-0.5t}}$ 的图形

$f(t)=\dfrac{1}{1+\mathrm{e}^{-10t}}$ 函数图形如图 15-11 所示。

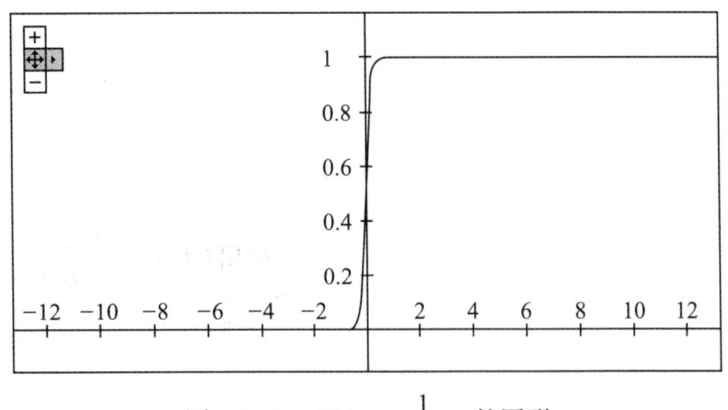

图 15-11 $f(t)=\dfrac{1}{1+\mathrm{e}^{-10t}}$ 的图形

所以对于 $f(v)=\dfrac{1}{1+\mathrm{e}^{-(w^{\mathrm{T}}v+b)}}$ 函数来说，函数会根据 v 的输入对应产生 1 和 0 两种函数值，而这里面待定的（或者说没确定的）就是 w 这个矩阵，这就是在网络训练中需要决定的。要知道最后每个节点都有函数 $f(v)=\dfrac{1}{1+\mathrm{e}^{-(w^{\mathrm{T}}v+b)}}$，而且每个节点之间都可能完全不一样。而且从前面网络拓扑图的结构可以想象，前面一层的输出结果作为后面一层节点的输入，最后一层的输出是 5 个不同的 1 或 0，也就是说这个网络最多标识 32 种不同的分类——因为 2 的 5 次幂就是 32，它没办法标识更多的分类，除非增加节点的数量。

15.4.2 训练过程

前面讨论了结构，现在讨论的是调整这个网络上各个节点上各个“树突”上的权值。

这里还是希望找到一种方法，能够让设置好的各个权值能够匹配尽可能多的训练样本的分类情况，让误判的情况尽可能少，这是大原则，和线性回归中希望残差尽量小的思路是完全一样的。当时用的是最小二乘法的方案，而最小二乘法的思路是，如果把误差表示成样本做自变量的函数，然后用求极值的方法来推导就可以找出这个误差最小情况下的各种系数值了。很幸运，在 BP 神经网络的 w 权值确定中同样可以用这种思路来完成。

对于完整的训练过程，看上去像在曲线上找驻点的过程，这里试着解释一下这个过程。下面这个推导过程看上去比较复杂，如果看不明白直接记结论即可，推导细节可以忽略。

（1）误差计算。

隐含层节点输入为 $h_i=w_{ih}x_i+b_h$。

隐含层节点的输出为 $h_o=f(h_i)$。

输出层节点的输入为 $y_i=w_{ho}h_o+b_o$。

输出层节点的输出为 $y_o=f(y_i)$。

变量统一化，这样的表示可以把两层的输入输出串起来，里面的 x_i、w_{ih}、w_{ho}、h_o、y_o 都是向量。

$$E_i=d_{oi}-y_{oi}$$

整个网络误差函数为

$$E=\frac{1}{2}\sum_{i=1}^{n}E_i=\frac{1}{2}\sum_{i=1}^{n}(d_{oi}-y_{oi})^2$$

也就是说，给定 n 个训练样本，误差就是训练中给出的分类和学习后分类函数输出的分类的差值，然后平方再加和。这个过程与求方差差不多，反正最后的原则很清楚，方差尽可能小，最好是零。如果在设置了隐含层和输出层的权值后，这个等式的值很小，在期望的误差范围之内即可，如果超过了误差范围就需要调整——通常不太可能一次就把值都设置正确。这个函数前面本身是没有 1/2 的，这里特意配了一个 1/2 在里面，第一不会影响函数的单调性，第二，在求导时能够去掉，看上去简洁一些。

（2）反向传播。然后对这个误差函数进行求导求偏微分，这里只给出简单的推导过程。

输出层误差偏微分

$$\frac{\partial E}{\partial w_{ho}}=\frac{\partial E}{\partial y_i}\frac{\partial y_i}{\partial w_{ho}}$$

其中

$$\frac{\partial E}{\partial y_i}=\frac{\partial \frac{1}{2}\sum_{i=1}^{n}(d_{oi}-y_{oi})^2}{\partial y_i}=-(d_{oi}-y_{oi})y_i{}'=-(d_{oi}-y_{oi})f'(y_i)=-\delta_o$$

$$\frac{\partial y_i}{\partial w_{ho}}=\frac{\partial(w_{ho}h_o+b_o)}{\partial w_{ho}}=h_o$$

那么

$$\frac{\partial E}{\partial w_{ho}}=\frac{\partial E}{\partial y_i}\frac{\partial y_i}{\partial w_{ho}}=-\delta_o h_o$$

误差的梯度

$$\delta_o=f(d_{oi}-y_{oi})f'(y_i)$$

隐含层误差偏微分

$$\frac{\partial E}{\partial w_{ih}}=\frac{\partial E}{\partial h_i}\frac{\partial h_i}{\partial w_{ih}}$$

方法和输出层的推导完全一样：

$$\frac{\partial E}{\partial h_i}=\frac{\partial \frac{1}{2}\sum_{i=1}^{n}(d_{oi}-y_{oi})^2}{\partial h_o}\frac{\partial h_o}{\partial h_i}$$

$$=\frac{\partial \frac{1}{2}\sum_{i=1}^{n}(d_{oi}-f(y_{oi}))^2}{\partial h_o}\frac{\partial h_o}{\partial h_i}$$

$$=\frac{\partial \frac{1}{2}\sum_{i=1}^{n}(d_{oi}-f(w_{ho}h_o+b_o))^2}{\partial h_o}\frac{\partial h_o}{\partial h_i}$$

$$=-(d_{oi}-y_{oi})f'(y_i)w_{ih}\frac{\partial h_o}{\partial h_i}$$

$$=-\delta_o w_{ih}f'(y_i)$$

$$=-\delta_h$$

$$\frac{\partial h_i}{\partial w_{ih}}=\frac{\partial(w_{ih}x_i+b_h)}{\partial w_{ih}}=x_i$$

那么

$$\frac{\partial E}{\partial w_{ih}}=-\delta_h x_i$$

误差的梯度

$$\delta_h=(\delta_o w_{ih})f'(h_i)$$

（3）权值修正。

隐含层更新：

$$w_{ho}^{N+1}=w_{ho}^{N}+\eta\delta_o h_o$$

输出层更新：

$$w_{ih}^{N+1}=w_{ih}^{N}+\eta\delta_h x_i$$

其中 N 表示第 N 次迭代，N+1 表示第 N+1 次迭代。

15.4.3 过程解释

整个 BP 网络的训练过程我们用通俗的话解释一下。

首先先设置两套 w 作为两层网络各自的“超平面”的系数，然后输入一次完整的训练过程，就会有一个误差值出现，因为给出的 w 很可能不合适。

接着就是一次一次地进行 w 的调整。调整方法是，首先用类似最小二乘法的方式，找到一个误差和自变量的关系，然后求误差极值。误差极值存在的点就是误差最小的点，这和回归分析的最小二乘法思路几乎一样。

只是在最后的 $w_{ho}^{N+1}=w_{ho}^{N}+\eta\delta_o h_o$ 和 $w_{ih}^{N+1}=w_{ih}^{N}+\eta\delta_h x_i$ 两个公式里，用的是试探性的方法。$+\eta\delta_h x_i$ 和 $+\eta\delta_o h_o$ 是一种试探的“步长”，第一次分别设置了 w_{ho} 和 w_{ih}，如果有误差，就试着往误差小的一边“走一步”，如果还不够小就再“走一步”，这就是一次一次迭代的目的。最后找到一个误差满足要求的点，把这一点的 w_{ho} 和 w_{ih} 都记录下来，网络就训练完毕了。

这种用步长试探的思路在 10.6 节也介绍过，当时把这种方式称为梯度下降法。

15.4.4 示例

这里给出一个具体的 BP 神经网络训练和使用的示例。

在一些经典的有关 BP 神经网络的应用中都会看到关于手写识别的算法。这里用它入手来感受一下 BP 神经网络工作的过程。实验流程如下。

（1）准备训练图片。

（2）模型训练。

（3）判定验证。

具体操作如下。

（1）准备训练图片。

准备如图 15-12 所示的 6 组不同字体、不同颜色、不同大小的数字。在这里我是用 EXCEL 来做的，大家自己在实验的过程中也同样可以寻求其他的方法。

（2）把这些数字所在的方格，一共 60 个，都保存成 BMP 位图格式的图片文件。文件命名时，从上到下用 A、B、C、D、E、F 来表示组别，用 1、2、3、4、5、6、7、8、9、0 来表示数字，即

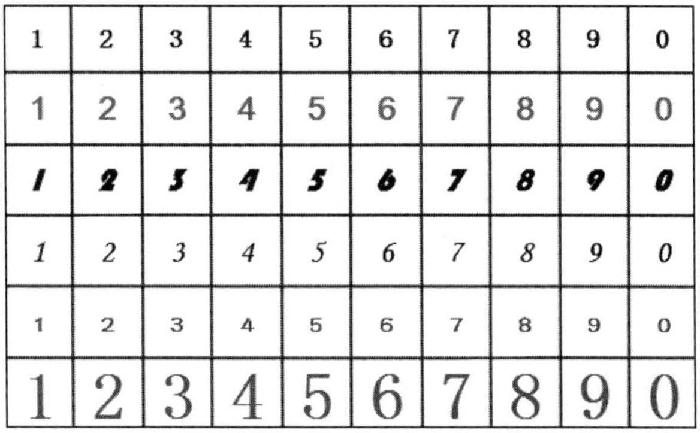

1	2	3	4	5	6	7	8	9	0
1	2	3	4	5	6	7	8	9	0
1	2	3	4	5	6	7	8	9	0
1	2	3	4	5	6	7	8	9	0
1	2	3	4	5	6	7	8	9	0
1	2	3	4	5	6	7	8	9	0

图 15-12　训练图片

A1.bmp、A2.bmp、A3.bmp、……、A9.bmp、A0.bmp。

B1.bmp、B2.bmp、B3.bmp、……、B9.bmp、B0.bmp。

……

F1.bmp、F2.bmp、F3.bmp、……、F9.bmp、F0.bmp。

还可以考虑用英文字符“A”、“B”、“C”作为识别对象，还可以考虑用中文的“甲”、“乙”、“丙”等汉字作为识别对象，原理是完全一样的。

（3）对图像进行二值化处理。图像本身是由很多像素点构成的，在本例中，使用的是 32×32 的像素矩阵。每一个像素点都有一个灰度值，灰度值是 [0,255] 区间的一个整数值。一个点的灰度越靠近 255，则说明这个点颜色越深，反之如果一个点的灰度越靠近 0，则说明这个点颜色越浅。

需要通过图像二值化处理把所有的图片变成二值化后的图片，也就是每个像素点做一个“非黑即白”的归类设置，要么设置成黑色，要么设置成白色。

```
def convert_to_blackwhite(image, name)
image = image.convert("L")
image.save("new_"+name)
image = image.point(lambda x:WHITE if x>128 else BLACK)
image = image.convert('1')
image.save(
```

经过上面这段代码的处理，所有的图片文件都已经变成了二值化后的图片，每张图片中的每个像素都是非黑即白，如图 15-13 所示。

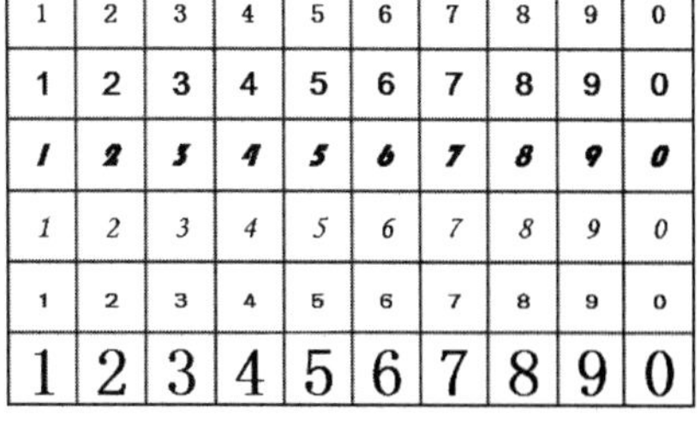

1	2	3	4	5	6	7	8	9	0
1	2	3	4	5	6	7	8	9	0
1	2	3	4	5	6	7	8	9	0
1	2	3	4	5	6	7	8	9	0
1	2	3	4	5	6	7	8	9	0
1	2	3	4	5	6	7	8	9	0

图 15-13　二值化后的图片

注意上面代码中 $x > 128$ 这个部分。虽然可以选择 0 到 255 中的任何值作为判断黑白的分水岭，但是选择时要注意，如果这个值设置得太高，那么很多颜色浅的训练样本就会丢失信息，导致模型失真。如果设置得太低，那么如果图片背景的颜色不是白色，而是有一些浅颜色的背景噪声，那么这些点就会被当成有效信息来训练模型，同样会误导模型。具体选多少合适，需要根据实际生产生活中的具体情况去分析，这里仅作参考。

然后就可以把图片一个一个传递给训练算法做训练了，传递时还是一个向量 v 和分类 $f(v)$ 之间的关系。

以 new_F5.bmp 这个图片为例，如图 15-14 所示，这个图片在 32 × 32 像素的位图模式下放大来看如图 15-14（a）所示，看上去很模糊，因为边缘上的一些为了产生视觉过渡效果的中间色也被二值化成了黑色。

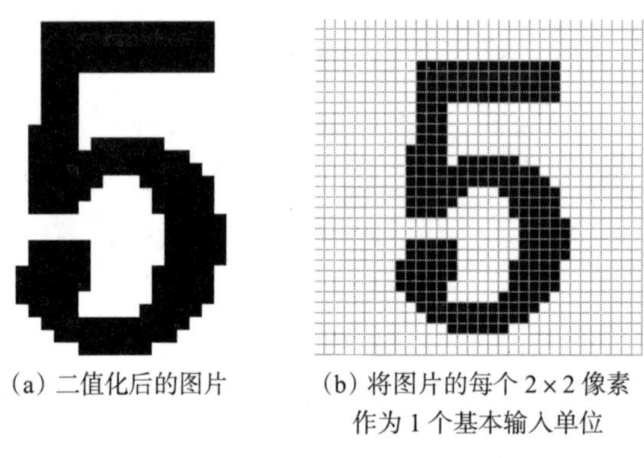

（a）二值化后的图片　（b）将图片的每个 2 × 2 像素作为 1 个基本输入单位

图 15-14　new_F5.bmp 图片

将 32 × 32 像素的图片的每个 2 × 2 像素作为 1 个基本输入单位，这样一来，就有 16 × 16 个基本输入单位了，也就是 256 个基本输入单位。

那么输入向量就可以确定格式了，整个图从左上到右下每一个单位都作为一个 v 的维度，这样输入的训练向量 v 就是一个拥有 256 个维度的向量了。每个维度的值的确定如图 15-15 所示。

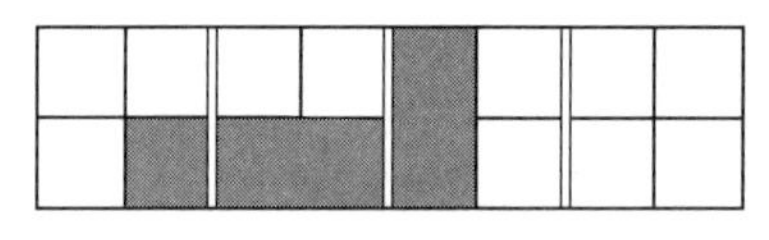

图 15-15　确定每个维度的值

这 4 个像素中的黑色像素数作为维度值就可以了，例如上面这 4 个输入单位的像素颜色分别就对应着 1、2、2、0 这 4 种输入，以此类推，256 个维度的值都能确定下来。刚刚这个 5 就可以转化成这样一个 256 维的向量了：

0 0 0 0 0 0 0 0 0 0 0 0 0 0 0 0

0 0 0 0 0 0 0 0 0 0 0 0 0 0 0 0

0 0 0 0 0 4 4 4 4 4 4 4 0 0 0 0

0 0 0 0 0 4 4 4 4 4 4 4 0 0 0 0

0 0 0 0 0 4 2 0 0 0 0 0 0 0 0 0

0 0 0 0 0 4 2 0 0 0 0 0 0 0 0 0

0 0 0 0 2 4 2 2 2 2 0 0 0 0 0 0
0 0 0 0 2 4 4 4 4 4 4 1 0 0 0 0
0 0 0 0 2 4 4 1 0 3 4 4 0 0 0 0
0 0 0 0 1 2 1 0 0 1 4 4 1 0 0 0
0 0 0 0 1 2 2 0 0 0 4 4 2 0 0 0
0 0 0 0 3 4 4 0 0 1 4 4 1 0 0 0
0 0 0 0 4 4 3 0 0 2 4 4 0 0 0 0
0 0 0 0 1 4 3 2 2 4 4 1 0 0 0 0
0 0 0 0 0 1 3 4 4 3 1 0 0 0 0 0
0 0 0 0 0 0 0 0 0 0 0 0 0 0 0 0

而5对应的分类向量可以设置为

0 0 0 0 1 0 0 0 0 0

以此类推，0对应的是

0 0 0 0 0 0 0 0 0 1

7对应的是

0 0 0 0 0 0 1 0 0 0

这样一来，所有的图片向量和所有的图片对应的数字分类都能够一一对应起来，把这些训练样本按照FANN的要求存入文件，用下面的代码（注意不是把图片直接传递给FANN去做运算，是数字向量文本，FANN的安装请见附录E）：

```
#make_training_data.py
f = open('train.data', 'wt')
print >>f, len(result), 256, 10
for input, output in result:
    print >>f, input
print >>f, output
```

开始训练：

```
#train_ann.py
connectionRate = 1  # 神经层连接率为 1 (100%)
learningRate = 0.008  # 学习率为 0.008
desiredError = 0.001  # 期望错误率为 0.001
maxIterations = 10000  # 最多进行 10 000 次迭代
iterationsBetweenReports = 100  # 每间隔 100 次报告一下学习结果
inNum= 256  #256 个神经元
hideNum = 64  # 隐藏层为 64 个神经元
outNum=10  # 输出层有 10 个神经元
class NeuNet(neural_net):
    def __init__(self):
        neural_net.__init__(self)
        neural_net.create_standard_array(self,(inNum, hideNum, outNum))
    def train_on_file(self,fileName): neural_net.train_on_file(self,fileName,maxIter-
```

```
ations,iterationsBetweenReports,desiredError)
```

主程序部分：

```
if __name__ == "__main__":
    ann = NeuNet()
    ann.train_on_file("train.data") # 读取训练向量文件
ann.save("number_recognize.net") # 将模型存储到文件
```

一般不会直到 10 000 次才满足条件退出，几百次就已经让误差率低于期望误差的 0.001 了，这时训练自动会结束。

```
#test_recognize.py
if __name__ == "__main__":
    ann = NeuNet()
    ann.create_from_file("number_recognize.net") # 读取模型文件创建分类模型（网络）
    data = read_test_data() # 读取测试数据
    for k, v in data.iteritems():
        k = string_to_list(k)
        v = string_to_list(v)
        result = ann.run(k)
        print euclidean_distance(v, result)
```

最后使用 test_recognize.py 读入一段待分类的向量文本文件，打印出结果。这个文件就是由一个或多个待分类的图片文件各自经过向量化变成的 256 维向量组。输出的结果也是和待分类向量一一对应的一个或多个待分类的结果。

一般来说，训练的样本越多，数字书写的样式越丰富，分类就越准确。我们在这个环节可以自己和神经网络做个小游戏，看看歪歪扭扭的阿拉伯数字小网络买不买账，如果不买账那就继续拿这些歪歪扭扭的数字继续训练它，学会了为止。

15.5 玻尔兹曼机

玻尔兹曼机（Boltzmann Machine）最经典的应用是用来解决货郎担问题。在前面遗传算法的部分介绍过 TSP 问题，Traveling Salesman Problem，即旅行商问题，也叫货郎担问题。货郎担问题用遗传算法是可以解决的，某些介绍遗传算法的材料中也对玻尔兹曼机和模拟退火算法做了介绍。玻尔兹曼机的网络模型与 BP 神经网络模型的结构没有什么区别，也可以有两层或者多层，只是训练的方式不太一样。

15.5.1 退火模型

模拟退火算法（Simulated Annealing，SA）最早的思想是由梅特罗波利斯（N. Metropolis）等人于 1953 年提出。到了 1983 年，柯克帕特里克（S. Kirkpatrick）等人在研究优化组合问题时发现，组合优化求解极小值与金属热处理工艺中的退火过程具有很大的相似性，于是他们创造了模拟退火算法。

退火是金属材料热处理中使用的一个名词，表示把钢铁缓慢烧热到一定温度后保持一段时间，然后再慢慢以一定的速度把温度降下来。

退火这个过程在物理学上是有原理解释的，大概过程是，一开始，金属内部原子和原子之间是有一定的斥力和引力的，这样形成了一定的势能（有的材料上又叫内能或者应力），这是一种相对不稳定的状态。通过加热的过程，让大量的原子开始运动离开原来的位置，然后随着温度的降低，原子的运动速度也没有原来那么快了，最后达到稳定的状态，而这个稳定的状态通常都是比一开始的状态势能要低的。退火之后的金属通常更柔韧，不易开裂或变形，切削性能更好。为了获得更好的退火后的金属性能，通常退火会进行几次。

如果觉得从炼钢的角度不好理解，那就理解为在一个底部不规则的大管篓里有很多形状不规则的积木。在不做特殊处理的情况下，积木中间其实是有活动余地的，在上面放任何东西也都会因为积木有可能发生移动而变得不稳固。希望更稳固怎么办？最直接的想法是把管篓筐一筐，让这些积木跑到更稳固的状态上去，通常跑到稳固状态上的积木也不容易再出来。这样最后停止时管篓里的积木堆就比原来的积木堆要更稳定，更抗压。要想让积木堆尽可能稳定，多筐几次即可，直到看上去积木堆的体积不再变化了（图 15-16）。

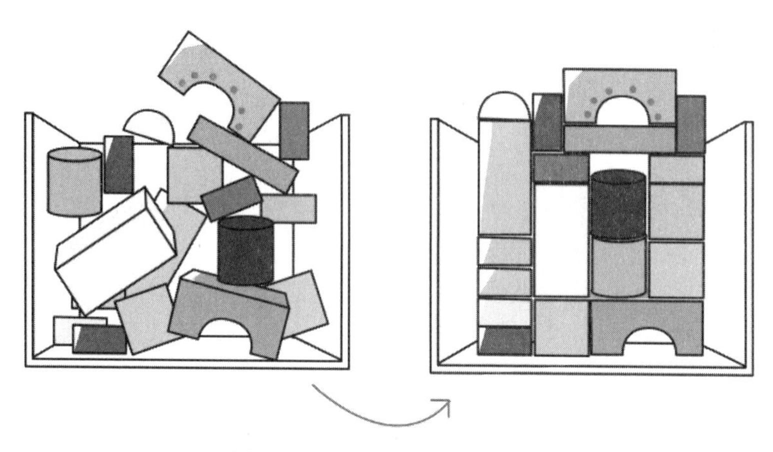

图 15-16　积木从不稳定到稳定

从算法上来看，还是迭代多次，然后让算法收敛到某个解附近，这个解就是全局最优解。这种思路我们在遗传算法里也介绍过。

15.5.2　玻尔兹曼机

1868 年，奥地利物理学家路德维希·玻尔兹曼（Ludwig Edward Boltzmann）在研究气体热平衡统计力学中给出一个玻尔兹曼因子：

$$e^{-\frac{E_i}{k_B T}}$$

其中，e 是自然常数，E_i 是状态 i 的能量，k_B 是玻尔兹曼常数，T 是当时的绝对温度（绝对零度是零下 273℃）。波尔兹曼因子在使用时通常是用来比较同一温度之下，系统所处两个状态概率的比值。

$$\frac{F(\text{state2})}{F(\text{state1})}=(e^{-\frac{E_2}{k_B T}})/(e^{-\frac{E_1}{k_B T}})=e^{\frac{E_1-E_2}{k_B T}}$$

把这个时候的温度 T、常数 e 和 k_B 代进去，这个比值和这两个能量的差做 e 的指数的幂函数值成正比。可以肯定的是，在 T 一定时，两个能量的差越大，这个比值就越大，也就是在两个状态下的概率的比率越大，状态为 state2 的概率越大。

还是从激活函数 $f(v)=\frac{1}{1+e^{-(w^{T}v+b)}}$ 来看，这个函数能很好地把多维超平面和二项分布结合起来。对于分类也确实只有两种结果，要么属于（输出 1），要么不属于（输出 0）。

输出 1 时，概率函数

$$p(v)=\frac{1}{1+e^{\frac{-(w^{T}v+b)}{T}}}$$

输出 0 时，概率函数

$$1-p(v)=1-\frac{1}{1+e^{\frac{-(w^{T}v+b)}{T}}}$$

所以两个状态的比值

$$\frac{p(v)}{1-p(v)}=\frac{\frac{1}{1+e^{\frac{-(w^{T}v+b)}{T}}}}{1-\frac{1}{1+e^{\frac{-(w^{T}v+b)}{T}}}}=e^{\frac{w^{T}v+b}{T}}$$

也就是说要训练这个玻尔兹曼机，让它具备分类的能力，而应该决定的是 w^{T} 为多少，以及 T 为多少才能满足尽量少地误判。

根据函数 $f(t)=\frac{1}{1+e^{-t}}$ 的模型，t 前面的系数绝对值越大，曲线越立陡；系数绝对值越小曲线越平缓，所以 T 这个温度的选择也是要进行相应考虑的，不同的是，由于取了倒数，T 越大曲线越平缓，越小曲线越立陡：

$$\frac{p(v)}{1-p(v)}=e^{\frac{w^{T}v+b}{T}}$$

实际的训练过程如下。

（1）先设置一组 w^{T}、b 和 T，这个初始的 T 叫 T_0，T_0 设置得大一些。

（2）然后每一个 v 都能计算出其对应的分类结果的概率比率情况。如果是 1，则表示这个 v 被判断为“属于该分类”的概率和“不属于该分类”的概率一样大；大于 1 且越大，则说明 v 被判断为“属于该分类”的概率越大；反之，小于 1 且越接近 0，则说明 v 被判断为“不属于该分类”的概率越大。

（3）通过调整 T，以 $T(k+1)=\dfrac{T_0}{\ln(k+1)}$ 的方式进行迭代性下降模拟退火的过程。有的资料上写成 $\lg(k+1)$，性质差不多。

（4）当发现连续迭代一两次后 T 的变化没有引起明显的误判率的减小，就可以结束。

15.6　卷积神经网络

很多研究者喜欢把卷积神经网络放到“深度学习”（Deep Learning）的范畴来介绍。这里将卷积神经网络放在神经网络中进行介绍，后面专门还有一节对深度学习进行讨论。

卷积神经网络（Convolutional Neural Network，CNN）是一种前馈神经网络，它的人工神经元可以响应一部分覆盖范围内的周围单元，对于大规模的模式识别都是有着非常好的性能表现的，尤其是对大规模图形图像处理效率极高，这也是大家热衷研究这类网络的重要原因。说到底，卷积神经网络还是一个分类器，是一种有监督机器学习的工具。

在 20 世纪 60 年代，美国神经生物学家 Hubel 和 Wiesel 在研究猫脑皮层中用于局部敏感和方向选择的神经元时发现其独特的网络结构可以有效地降低反馈神经网络的复杂性，继而提出了卷积神经网络。现在，CNN 已经成为众多科学领域的研究热点之一，特别是在模式分类领域，由于该网络避免了对图像的复杂前期预处理，可以直接输入原始图像，因而得到了更为广泛的应用。日本人福岛邦彦（Kunihiko Fukushima）在 20 世纪 90 年代提出的新识别机是卷积神经网络的第一个实现网络。随后，更多的科研工作者对该网络进行了改进。

一般来说，CNN 的基本结构包括两层。

第一层为特征提取层，每个神经元的输入与前一层的局部接受域相连，并提取该局部的特征。一旦该局部特征被提取后，它与其他特征间的位置关系也随之确定下来。

第二层为特征映射层，网络的每个计算层由多个特征映射组成，每个特征映射是一个平面，平面上所有神经元的权值相等。特征映射结构采用影响函数核小的 sigmoid 函数作为卷积网络的激活函数，使得特征映射具有位移不变性。

此外，由于一个映射面上的神经元共享权值，因而减少了网络自由参数的个数。卷积神经网络中的每一个卷积层都紧跟着一个用来求局部平均与二次提取的计算层，这种特有的两次特征提取结构减小了特征分辨率。

CNN 主要用来识别位移、缩放及其他形式扭曲不变性的二维图形。由于 CNN 的特征检测层通过训练数据进行学习，所以在使用 CNN 时，避免了显式的特征抽取，而隐式地从训练数据中进行学习；再者由于同一特征映射面上的神经元权值相同，所以网络可以并行学习，这也是卷积网络相对于神经元彼此相连网络的一大优势。卷积神经网络以其局部权值共享的特殊结构在语音识别和图像处理方面有着独特的优越性，其布局更接近于实际的生物神经网络，权值共享降低了网络的复杂性，特别是多维输入向量的图像可以直接输入网络这一特点避免了特征提取和分类过程中数据重建的复杂度。

为了了解卷积神经网络的实质，下面简单介绍一下卷积。

15.6.1 卷积

在泛函分析中，有卷积、旋积或摺积（Convolution）的定义——一般的中文材料里还是习惯用卷积这个名词。它是通过两个函数 f 和 g 生成第三个函数的一种数学算子，表征函数 f 与 g 经过翻转和平移的重叠部分的面积。

在通信工程领域，卷积是非常常用的一种计算方法，通常用到卷积也是和傅里叶变换有关系。大家在知乎上去找到的话可以找到很多对卷积的解释，有不少形象的类比。

卷积的数学定义如下：

$$h(x)=f(x)*g(x)=\int_{-\infty}^{+\infty}f(t)g(x-t)\mathrm{d}t$$

这个等式可以从面积的角度去尝试解释一下。

在第 8 章曾经介绍过关于逐差法求重力加速度 g 的过程，其中有位移 $s(t)=\int_0^t v(x)\cdot\mathrm{d}x$，整个积分式的含义就是位移 s 是一个随着 t 变化的函数，而整个过程中 s 是由这一瞬间的速度 $v(t)$ 和瞬间的时间长度 $\mathrm{d}t$（Δt）相乘而来的。这里面有一个非常重要的概念，就是积分表示的是面积——函数曲线 $v(t)$ 和 s=0(轴）围成的面积。在上述卷积式中，就是 $h(x)$ 和 y=0(x 轴）围成的面积。

那么这个积分式中的 $f(t)g(x-t)$ 是什么呢？其实是，$f(t)$ 先不动，$g(-t)$ 相当于 $g(t)$ 函数的图像沿着 y 轴（t=0）做了一次翻转。$g(x-t)$ 相当于 $g(-t)$ 的整个图像沿着 t 轴进行了平移，向右平移了 x 个单位。

做了这个变换之后，可以想象这一共是有两个函数，一个是固定的函数，一个是滑动的函数，求它们相乘之后围起来的面积，滑动的变量就是 x。如图 15-17 所示，$f(t)$ 就是一个三角形，在第二象限是一条过（−1，0）和（0，1）点的线段，在第一象限是一条过（0，1）和（1，0）点的线段。函数 $g(t)$ 是一个正方的脉冲波，t 在 [1，2] 上有定义，在这段区间里 $g(t)=t$。函数 $g(x-t)$ 是左侧的这个做过翻转的图形，图 15-18 中还分别有 x=−2，x=−1，x=0，x=1，x=2 时的图像。

可以观察到，在这个不定积分完成后，会形成两个函数叠加的部分，其中 x 是一个变量。假设 x 为 0，或者当 x 不存在，那么就是 $f(t)$ 和 $g(-t)$ 这两个函数相乘后和 y=0（t 轴）围成的面积。当 x 出现后，x 是帮着 $g(-t)$ 图像左右平移的，刚刚也看到这个图像的变化过程了，那么会变成什么样？简单地说，这个函数 $h(x)$ 的值就是求一个面积和 x 的关系，而

这个面积就是函数 $f(t)$ 和 $g(x-t)$ 相乘后的曲线和 $y=0$（t 轴）围成的面积，其中自变量是 x。在随着 x 变化的移动过程中，由于 $g(x-t)$ 移动产生的 $h(x)$ 的对应变化就是整个卷积公式的意义了——一个移动中用 x 进行取样的过程。

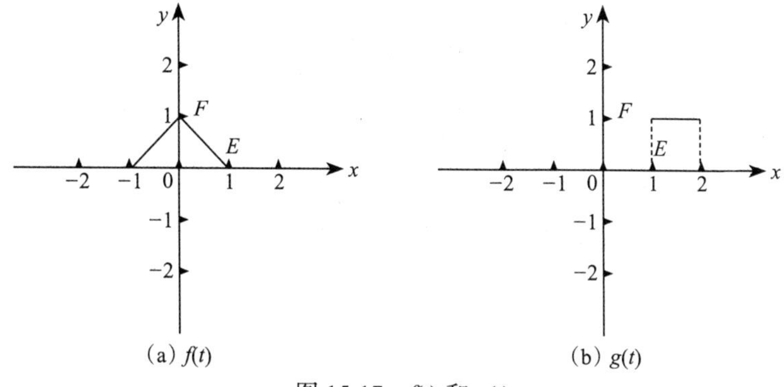

图 15-17 $f(t)$ 和 $g(t)$

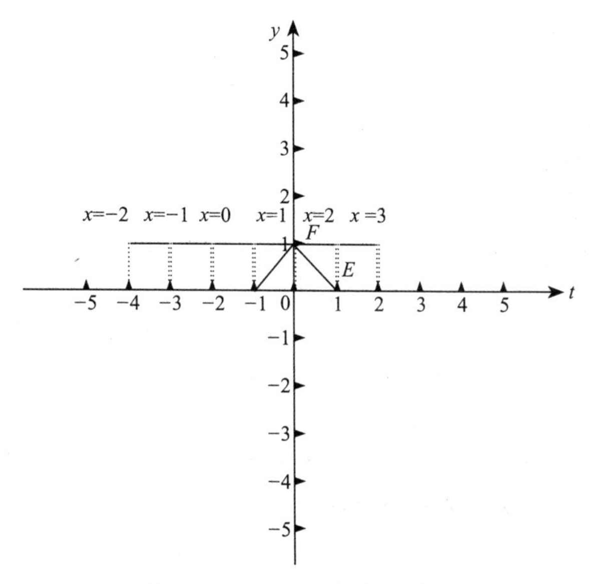

图 15-18 两个函数叠加的图形

对于工学层面的应用来说，卷积本身的含义以及推导在生产生活中通常没有机会接触，读者在脑海里形成一个移动过程中做乘积的印象就足够了。

15.6.2 图像识别

介绍了卷积的数学意义，下面介绍卷积神经网络的应用过程。

前面介绍了 BP 神经网络和玻尔兹曼机，其中 BP 神经网络通常是一个多层的神经网络系统。在这样一个神经网络中，每层的神经节点都是共享前一层所有的输入项的，也就

是每层各个节点的 $g(v)=wv+b$ 的 v 都是一样的。训练也是一次一次进行迭代来调整各个 w 的值。

这种网络有一个问题，就是一旦输入的 v 维度比较大，训练的时间都是几何级数增长的，只有三五个输入时训练很快，输入多达三五百个时基本就没办法在能够忍受的时间内训练出来了，而在图像识别时，一个图像如果是 2 048 × 1 536，也就是 3 145 728 个像素时，已经完全没办法胜任了，这还不是高清图片，现在的数码相机动辄就 1 600 万像素以上，这就更没可能训练了。

可是如果真的想这么做，怎么办？下面将讨论如果想识别一个 2 048 × 1 536 像素的图片将面临什么问题，以及怎么用卷积神经网络解决。

我们以青苹果的图片为例（如图 15-19 所示），如果想要用神经网络对这个 2 048 × 1 536 像素的图片进行建模处理，那起码要用一个 3 145 728 维度的向量来进行建模。好在受到猫脑皮层研究中的一些启发，有了局部感知学习的一些尝试。

图 15-19　青苹果的图片

1. 设计卷积层

卷积神经网络有两种很特殊的功能与前面接触的神经网络不同，可以降低参数数目。

第一种功能：局部感知。

一般认为人对外界的认知是从局部到全局的，而图像的空间联系也是局部的像素联系较为紧密，而距离较远的像素相关性则较弱。因而，每个神经元其实没有必要对全局图像进行感知，只需要对局部进行感知，然后在更高层将局部的信息综合起来就得到了全局的信息。网络部分连通的思想，也是受启发于生物学里面的视觉系统结构。视觉皮层的神经元就是局部接受信息的，即这些神经元只响应某些特定区域的刺激。如图 15-20 所示，图 15-20（a）为全连接，图 15-20（b）为局部连接。

为了不让图上的元素太密而让大家产生不快的感觉，在全连接情况下只是示意性地画出了两个神经元，每一个神经元都连接到前端 2 048 × 1 536 个像素输入点上，在纵横两个维度上都做连接；图 15-20（b）画出的是整个图形的一部分。

在这个 2 048 × 1 536 像素的图片处理过程中，本来需要建立一个 3 145 728 个输入项的多节点网络（每个节点都是 3 145 728 个输入项），也就是 2 048 × 1 536 个神经元，每个神经元的输入又有参数 2 048 × 1 536 个。

但是在做过局部感知处理后，就可以把节点的数量减少，同时也可以把节点的参数数量减少。由于 2 048 是 2^{11}，1 536 是 3×2^9，因此设计一个节点，这个节点可以接收 16 × 12，也就是 192 个参数。为了看得清楚，将局部放大，临近的 16 × 12 个像素点连接到一个神经元，每个神经元的接收范围都和左右两侧的神经元各有 1 列是不同的，其他 15 列是相同的；而和上下两侧的神经元各有 1 行是不同的，其余 11 行是相同的。

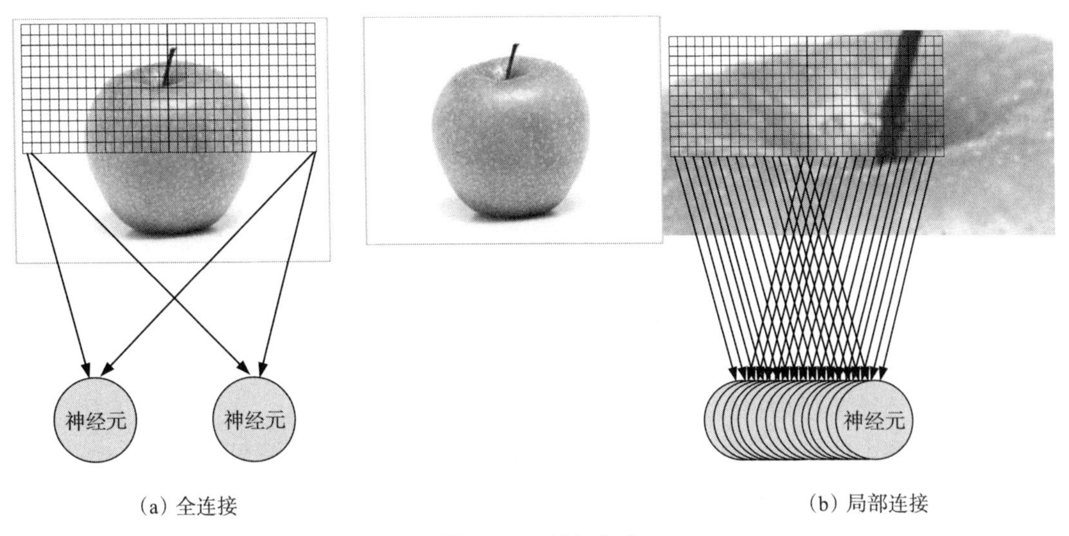

（a）全连接　　（b）局部连接

图 15-20　感知方式

在这种情况下，16×12 个像素单位的图片需要 1×1=1 个 16×12 的神经元来进行连接；17×13 个像素单位的图片需要 2×2=4 个 16×12 的神经元来进行连接；18×14 个像素单位的图片需要 3×3=9 个 16×12 的神经元来进行连接；以此类推，2 048×1 536 个像素单位需要 2 033×1 525=3 100 325 个 16×12 的神经元来进行连接。

仍然使用 3 100 325，也就是 2 033×1 525 个神经节点。对比一下，这种方法的改进在权值训练上有怎样的提高。

按照 BP 神经网络，3 145 728 个输入项就需要 3 145 728 个节点，每个节点需要 3 145 728 个权值，也就是需要 3 145 728×3 145 728=9 895 604 649 984，也就是 9 万 8 千多亿个输入项输入到第一层（也叫隐含层）上。

按照刚刚的方案进行改进，有 2 033×1 525 个神经节点，每个节点能够处理 16×12 个参数，而现在实际上用了 2 033×1 525×16×12，也就是 595 262 400 个输入项就解决了，对比原来的 9 万 8 千多亿个数量减少为 0.006%，理论上训练速度提高至少 5 个数量级。

卷积层指的就是刚刚设计的这一层，而这 16×12 个参数被一个神经节点进行处理和特征值提取的过程操作就叫做卷积操作。一会儿后面我们会具体讲解怎么来做这个过程。

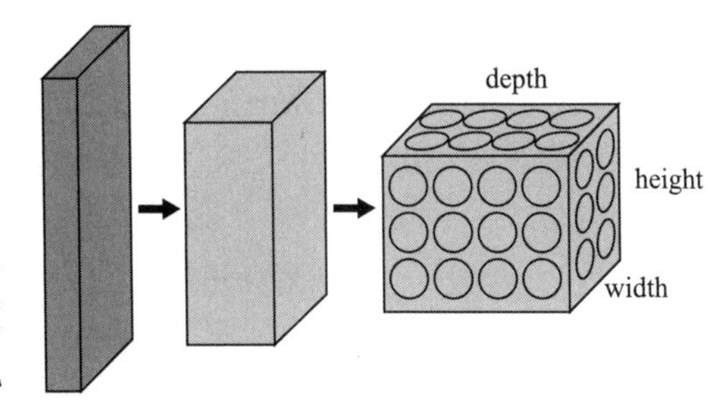

图 15-21　某种建模形式

在有些资料里还会看到如图 15-21 所示的建模形式，也就是说一个神经元不仅对图形的像素是否有着色（二值化后的黑色）敏感，还对每个图形的深度（height）敏感。图形深度是 RGB 颜色的值的深度量化，即对在计算机颜色处理中常用的红色 Red、绿色 Green、蓝色 Blue 进行参数化处理。如果对颜色敏感，在刚刚的设计中，就需要对每个神经元建模，使其成为可以接受 16×12×3 个参数的神经元。如果不敏感，那就直接把图像二值化后再做训练。

第二种功能：参数共享。

上述例子里，即便不需要对颜色敏感，还是需要用训练来调整 595 262 400 个权值，而这个数量虽然比前面 9 万多亿的设计好很多但是仍然很多。那么这时就需要第二个强大的功能派上用场，那就是参数共享。

在刚刚设计的卷积层中，每个神经元都对应 16×12 个参数，一共 2 033×1 525，即 3 100 325 个神经元，如果这 3 100 325 个神经元的 192 个参数都是相等的，那么实际上要训练的参数数目就变为 192 了。

有关权值共享的问题只是一个减少参数训练复杂度的技巧，或者只是方案之一，而非必要方案，是强行设置的一种权值方式。可以把这 16×12 个参数看成是提取特征的方式，该方式与图像捕捉的位置无关。大致原理：视觉神经在捕捉外界进来的光信号时是不加分别的，所有的神经对于映射到它上的信号（16×12 个输入）是一视同仁地看待的（权值一样），不同的是这个阵列上的不同细胞映射的信号对象不一样，只映射它最邻近的对象。

更直观地，当从一个大尺寸图像中随机选取一小块，如 16×12 作为样本，并且从这个小块样本中学习到了一些特征，这时可以把从这个 16×12 样本中学习到的特征作为探测器，应用到这个图像的任意地方中。特别地，可以用从 16×12 样本中所学习到的特征与原本的大尺寸图像作卷积，从而从这个大尺寸图像上的任一位置获得一个不同特征的激活值。

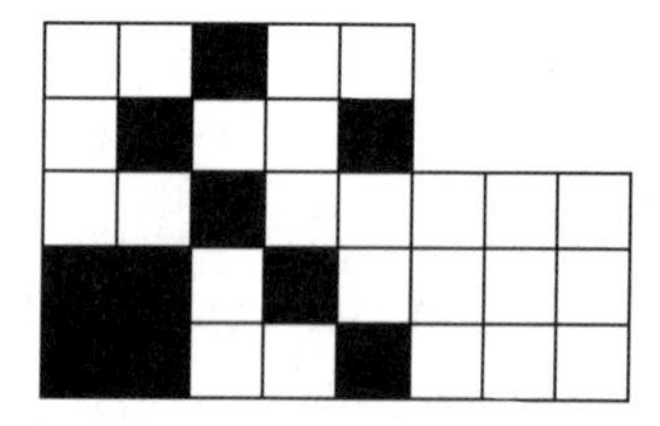
图 15-22 一个 3×3 的卷积核在 5×5 的图像上做卷积

为了理解方便，在做示例时进行简化。如图 15-22 所示为一个 3×3 的卷积核在 5×5 的图像上做卷积的过程。每个卷积都是一种特征提取方式，就像一个筛子，将图像中符合条件（激活值越大越符合条件）的部分筛选出来，即用右侧的 3×3 小方块从上到下从左到右地套左侧的 5×5 的大方块。

分别得到 9 个矩阵，如图 15-23 所示。

图 15-23 得到 9 个矩阵

假设设计的卷积核也是一个矩阵，如图 15-24 所示。

这个卷积核输出的结果定义为用卷积结果矩阵和卷积核做内积的形式：

$$g(v)=wv$$

其中 v 是一个卷积结果矩阵，w 是卷积核，那么整个计算就变成了数方格的问题，也就是这 9 幅局部图对应的输出就变成了如图 15-25 所示的矩阵。

1	1	1
1	1	1
1	1	1

图 15-24　卷积核

3	3	3
4	4	3
5	4	3

图 15-25　对应的输出

到这里卷积层的工作就已经完成了，就是通过这种从左到右从上到下的平移来看平移过程中卷积核的范围内应该提取哪些特征值。这个过程似曾相识，在 BP 神经网络中也同样接触过，只是当时用的网络是全连接方式。

建议卷积层的神经元节点的接收输入有大部分重叠，这里重叠的部分达到了$\frac{15}{16}\cdot\frac{11}{12}$，即一个神经卷积的 16 列感知对象中有 15 列被其旁边临近的神经元所感知，12 行感知对象中有 11 行被其旁边临近的神经元所感知，重叠比例大约为 86%，也可以尝试其他重叠比例，这不是一个一成不变的值。

2. 设计采样层

采样层也叫池层（Pooling），它的目的是将前面卷积层输出的特征提取值进行量化。

这种层的作用是继续对临近的输入点进行特征提取，算法设计也不固定，可以是求平均值，也可以是求最大值等，总之就是把在前面卷积层输出的矩阵继续进行特征化。

以上述卷积层作为输入，可以尝试做一个 2×2 单位的采样层，即用右侧的 2×2 小方块从上到下从左到右地套左侧的 3×3 的大方块，如图 15-26 所示。

3	3	3		
4	4	3		
5	4	3		

图 15-26　采样层

这样就可以得到如图 15-27 所示的矩阵。

3	3	3	3
4	4	4	3

4	4	4	3
5	4	4	3

图 15-27　结果矩阵

每一个节点是求 4 个输入的平均值，这样根据采样层的输入视图求平均则分别得到输出：

$$(3+3+4+4)\div 4=3.5$$
$$(3+3+4+3)\div 4=3.25$$
$$(4+4+5+4)\div 4=4.25$$
$$(4+3+4+3)\div 4=3.5$$

这就是采样层输出的结果。

同样的方式可以应用于更大的图片处理，如 2 048×1 536 像素的图片。16×12 的卷积核和 3×3 的卷积核原理完全相同。

在例子中，采样层的神经元节点的接收输入有部分重叠，这里用 2×2 的采样节点去做采样重叠的部分达到了$\frac{1}{2}$，也可以尝试不重叠或者以其他比例进行重叠。

3. 完整网络设计

在了解了卷积层和采样层的工作方式后，要对完整的苹果图片进行识别，卷积网络可以设计为如图 15-28 所示的形式。

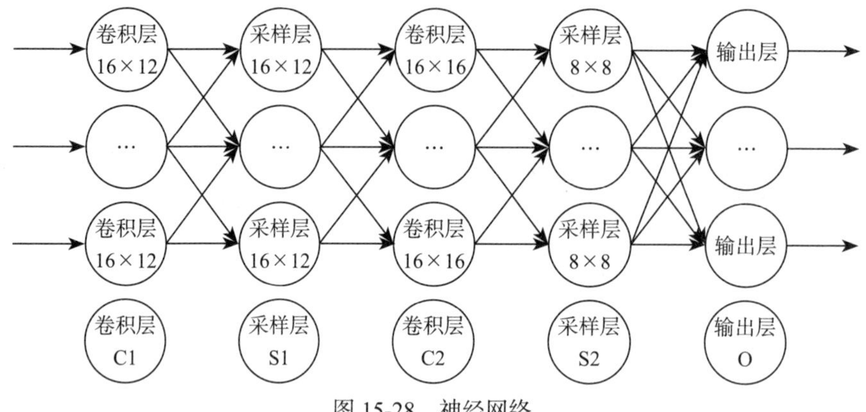

图 15-28　神经网络

卷积层 C1：可以设计 2 033 × 1 525，即 3 100 325 个神经元节点。如同在前面讨论过的连接方法。

采样层 S1：可以采用不重叠的方式进行采样，设计使用输入参数为 16 × 12 的神经节点，那么需要 128 × 128，即 16 384 个节点。

卷积层 C2：这里可以再设计一层卷积层进行卷积处理，设计使用输入参数为 16 × 16 的神经节点，需要 113 × 113，即 12 769 个节点。

采样层 S2：可以继续采用不重叠的方式进行采样处理，可以尝试采用 8 × 8 的输入点数量，那么需要 15 × 15 个神经元节点。

输出层 O：最后的输出层采用全连接方式。由于前段的采样层 S2 输出为 15 × 15，所以这一层应该采用 15 × 15 个节点，每个节点有 15 × 15，即 255 个参数。这 255 个参数可以考虑用高位 128 位都标记成 1，低位 127 位都标记成 0 来表示苹果图片的分类。

4. 训练

可以准备 1 000 张甚至更多的苹果图片，都进行向量化。然后像在前面识别图片那样来做训练即可。

但是这个过程可能会非常漫长，因为节点数量和权值实在是太多了。

这个方法在 PC 上处理 2 048 × 1 536 像素的图片是有学术意义的，但是以目前个人 PC 的处理水平要想商用是很困难的。何况这个例子中做的还仅仅是二值化后的苹果图形的识别而不是 RGB 深度 3 通道下的识别，可想而知这个训练过程更为漫长。

一般来说，越复杂的图形图像训练需要的样本越多。2012 年 6 月 Google 最神秘的部门 Google X 通过 1.6 万片处理器，模拟 10 亿多条连接，构建了一个庞大的系统，用于模拟人类的大脑神经网络。借助“谷歌大脑”，无须接受人类的任何培训和指令，就可以利用内在算法从海量数据中自动提取信息，学会如何识别猫。这是人类有史以来在机器学习（也有人说这叫深度学习）中所做的最有益的尝试之一。面对从 YouTube 视频中找到的 1 000 万张数字照片，这个“谷歌大脑”能从中自主学习猫的长相。然后就可以自己对其他给它的图片进行判断——“这张是猫。这张不是猫。”这种自学成才的能力别说在当时，就是在现在也颇为惊人。

这种对图像、影像、声音做自动识别的能力，通常称为深度学习。

15.7 深度学习

深度学习（Deep Learning），我们在这里不打算讲太多，只是提一下我对这个名词的理解吧。

深度学习不是一种算法，而是一种新的境界，说它是新的领域也不合适，因为确实也不是新领域，研究的问题还是老问题。

现在研究深度学习的人很多，深度学习相关的框架体系也有很多，如深度神经网络（Deep Neuron Networks，DNN）、卷积神经网络、深度信念网络（Deep Belief Networks，DBN）和递归神经网络（Recurrent Neural Network，RNN）等。说到深度学习，就得问问它的反面“浅度学习”说的是什么。

相对现在提出的深度学习的概念不同，过去研究的“浅度学习”更多是针对结构化数据的学习和研究，还有半结构化数据的学习和研究，模型简单、结构固定、量化容易，规模小。这些用过去的统计、概率、一般机器学习基本方法都能得到比较好的解决方案。

但是随着计算机计算能力的发展，网络规模的逐渐扩大，存储能力的不断提高，过去时间复杂度非常高的不可行的方案，慢慢也就变得可行了，原来认为解决问题不能成行的思路，慢慢也就变得能够成行了。早在20世纪七八十年代各国的高级实验室就都在研究能不能做大规模的模式识别，不管是用大规模的神经网络去做图片的机器学习，还是做手写识别，这些尝试都是做过的。关键不是当时的数学家建模能力有问题，而是硬件不够强大。

这些深度学习的共同点基本上就是网络输入层节点多，网络层次深，支持的分类种类多而复杂。大部分还是围绕着神经网络或者基于神经网络的思路来发展的，而且在前几节都有过相应的接触。既然趋势是支持分类种类多而复杂的学习方向，那么以有限向无限的方向前进，以离散向连续的方向前进的发展就随着客观条件的成熟变得越来越现实。所以也看到在边界划分比较清晰的声音识别、图像识别、棋牌博弈等领域深度学习的效果会格外好，甚至有时候让人叹为观止，觉得真正的人工智能可能离人们越来越近。

就在成书前不久发生了几件在深度学习方面比较震撼的事情。

事件一：一杆进洞的高尔夫机器人。

TNW中文站2016年2月11日报道，一台名为LDRIC的高尔夫机器人完成了一杆进洞。而1997年，传奇高尔夫选手“老虎”伍兹也曾在这里完成同样的一击。据称LDRIC是“发射定向机器人智能电路”的英文缩写，同时也是对伍兹的名字“埃尔德里克（Eldrick）”的致敬。

事情二：围棋 AI 的胜利。

英国《自然》杂志 2016 年 1 月 28 日封面文章称，美国谷歌公司旗下的人工智能软件“阿尔法围棋”（AlphaGo）打败了欧洲围棋冠军樊麾（专业二段）。而在不久的将来，AlphaGo 将在韩国首尔与韩国围棋选手李世石九段一决高下，李世石是近 10 年来获得世界第一头衔最多的棋手，谷歌为此提供了 100 万美元作为奖金。

在笔者截稿前也就是北京时间 2016 年 3 月 15 日下午 17 时 10 分左右，李世石九段苦斗 5 盘，最终以 1 比 4 负于谷歌的人工智能机器人 AlphaGo。这不仅令赛前断言李世石将以 5 比 0 大胜人工智能的人们大跌眼镜，而且也大大提振了人们对于人工智能发展的信心。

这两个事件可以说是让人非常兴奋的，同时也让很多人感到紧张，现在人工智能的发展让人们对机器人越来越敬畏。

确实，这些原来在人工智能领域让科学家感到力不从心的问题现在越来越让人感觉轻松。除了数学科学的发展以外，硬件本身的制造能力与水平的提高，制造成本的下降，也让越来越多的复杂问题变得简单。然而，这些问题如果仔细观察可以发现，仍然是一些边界划定明确的问题，不管是打高尔夫球的机器人，还是下围棋的机器人。它们处理的问题对比人所处理的问题来说，依旧非常单纯，模型维度单纯，游戏规则也单纯，和过去处理的问题来对比只是数据量比较大而已，没有太多新鲜的东西。在人们明确告诉计算机应该怎么去计算，什么步骤，什么规则，而遗留的问题仅仅是计算量的情况下，计算机完全可以通过分布式计算方式来进行弥补，并逼近或超过人类的水平。但是对于那些人类现在都不清楚究竟应该怎样告诉计算机建模，应该用怎么样的步骤来计算的场合，计算机是没有办法去理解问题本身的奥妙的，就更别说像人类这么丰富协调地感知和对应反馈了。

应该说，现在的深度学习水平和真正的理想的人工智能相差还是太悬殊——尽管它的发展确实很迅速，但是还是初级、割裂而且片面的。真正要达到像人这样智能的生命体的水平，恐怕只有让计算机的计算单元在数量级上与人的大脑基本相当，甚至要超过大脑几个数量级。所以担心机器人造反的事情，等到这个前提实现再开始也不算晚。

15.8 小结

在学习了回归、朴素贝叶斯、决策树、支持向量机，以及本章讨论的人工神经网络以后，可以发现，这些算法的思路都有一个共同点，说到底都是研究多维向量空间分类的问题，都是根据众多的 $v(a, b, c, d, \cdots)$ 这样的训练样本到某一个或几个分类映射的关系，判断新的给定样本的分类归属问题。

每种算法都有自己优势，也都有自己的局限性。这就好比一个很大的工具箱，里面有电锯、钢锯、线锯等各种锯子，它们都是锯子，都是为了最终把一段原木变成一件精美的家具，但是每种工具都有自己擅长的场合，还有一些自己不擅长的场合。人们要做的事情就是掌握每种工具的优缺点，所谓“尺有所短寸有所长”，在不同的场合选用不同的工具，并注意同时规避不同工具的问题，这样就能达到事半功倍的效果。

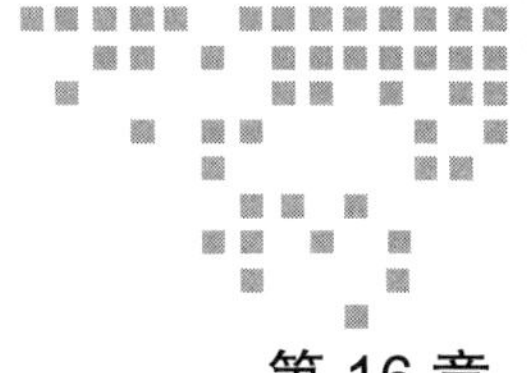

第 16 章 Chapter 16

大数据框架简介

16.1 著名的大数据框架

框架（Frame）是一个在计算机领域常用的词汇。

熟悉 PHP、Java 或者 Python 的读者对这个词肯定非常熟悉，Laravel、Spring、Django 等都是著名的语言开发框架。

每一个框架中都封装了大量的工具类，它的最大作用就是帮助使用者节省创建工程的时间，把大家共通性的需求和问题做以实现。这样创建工程时，程序员就只需要进行类似搭积木式的工作就能够把需求完成。这就是框架的作用。

大数据框架与此类同，就是用来简化数据科学家和数据开发工程师编程难度的一种工具。

按照最早最朴素的方式理解大数据的含义：大数据解决的就是单机无法处理的数据。无论存储数据还是计算数据都变得困难无比，大数据框架的出现就是为了解决这个问题，让使用者可以像使用本地主机一样使用多个计算机的处理器，像使用一个本地磁盘一样使用一个大规模的存储集群。这样可以让科学家和工程师把精力集中在自己的业务上，在需要并行计算时调用大数据框架的应用程序接口（API），这就是大数据框架的作用。

生活中也有很多框架的例子：如去银行办理业务，需要填写不同的表格，这些表格就是框架化的典型例子；如发送通知邮件，会有通知邮件的通用格式，只需要填写时间、地点、人物、事件……这些框架的共通特点就是，只需要关注多态化的事务，把这些个性化的信息当做参数，共通的部分已经做成了框架。

大数据也包含很多种类的框架，一般分成两类，即大数据计算框架和大数据存储框架。

大数据计算框架又可以按照执行方式分成两类：一类是执行一次就结束的、对计算时间要求不高的离线计算框架，另一种是对处理时间有严格要求的实时计算框架。

离线计算多用于模型的训练和数据的预处理，最经典的就是 Hadoop 的 MapReduce 方式了；而实时计算框架是要求立即返回计算结果的，快速响应请求，如 Storm、Spark Streaming 等框架，多用于简单的累加计数和基于训练好的模型进行分类等操作。

无论是离线计算还是实时计算，都需要持久地保存大量的清洗过的数据和计算结果，这就需要大数据存储框架来解决了。

经典的 Hadoop HDFS 就具备了动态扩容以及冗余化存储（存储多份数据）的能力。这样既能保证数据源增大时用户仍然可以像操作本地磁盘一样操作 HDFS，又可以保证计算结果的安全性，它是在大数据存储中最主流的解决办法之一。

除了计算和存储，在完整的处理过程中，会加入一些 NoSQL 存储和一些小工具来提升用户的使用体验，毕竟世界并不是全部由结构化数据组成的。在大数据计算中要缓存一些中间结果或者进行快速的批量写入操作，那么我们会在计算和存储之间加入 NoSQL 存储引擎来存储需要的结果。再配合一些对传统 SQL 优化的工具，使 SQL 适用于体积更大的数据，就完成了大数据框架的大部分流程了。下面具体介绍这些常用的框架。

16.2 Hadoop 框架

将 Hadoop 称作框架其实并不准确，更多人喜欢称 Hadoop 为生态圈，因为它除了有计算和存储功能外还提供了相当多的组件，来完成大数据方方面面的工作。Hadoop 生态圈的组件非常多，图 16-1 所示为 Hadoop 1.0 环境中的生态圈组成，爬虫工具、集群化存储、工作流、数据流、交互式脚本、NoSQL 数据库、数据仓库、数据挖掘框架，几乎是应有尽有。

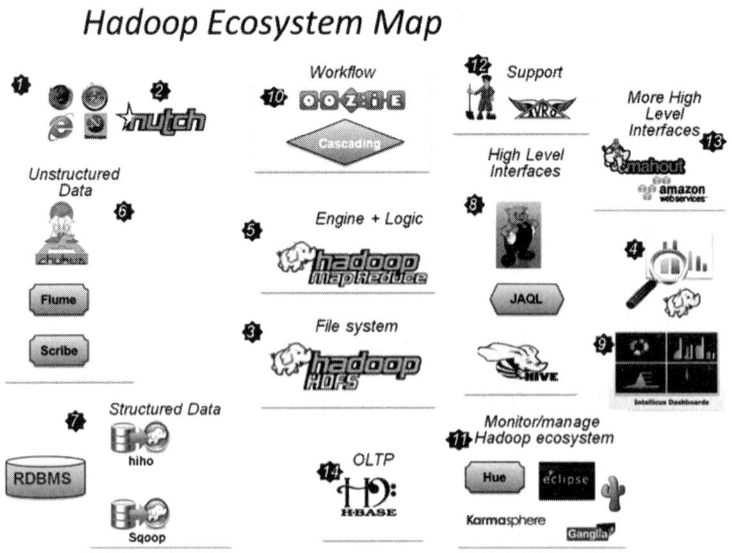

图 16-1 Hadoop 生态圈

现在在生产环境中，通常使用 Hadoop 2.0 环境。通常说的 Hadoop 只是其中最核心的框架，主要分为以下 4 个部分。

（1）Hadoop Common：这是 Hadoop 的核心功能，是对其他的 Hadoop 模块做支撑的，里面包含了大量的对底层文件、网络的访问，对数据类型的支持，以及对象的序列化、反序列化的操作支持等。

（2）Hadoop Distributed File System（HDFS™）：Hadoop 分布式文件系统，也就是上面提到的 HDFS，它用于存储大量的数据。

（3）Hadoop YARN：一个任务调度和资源管理的框架。

（4）Hadoop MapReduce：基于 YARN 的并行大数据处理组件。

请注意 Hadoop 1.0 和 Hadoop 2.0 的区别，如图 16-2 所示。Hadoop 1.0 环境的 MapReduce 是直接运行的，Hadoop 2.0 环境的 MapReduce 依赖于 YARN 框架，在 YARN 框架启动后，MapReduce 在需要运行的时候把任务提交给 YARN 框架，让 YARN 框架来分配资源择机运行，这是两者最大的区别。

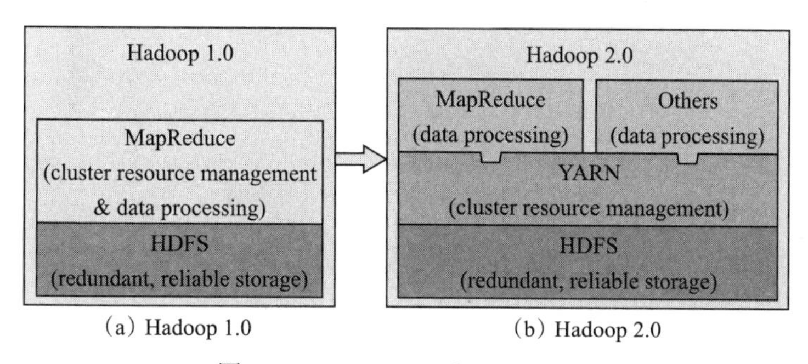

（a）Hadoop 1.0　　（b）Hadoop 2.0

图 16-2　Hadoop 1.0 和 Hadoop 2.0

一般把 Hadoop Common、HDFS、YARN、MapReduce 这四部分统称为 Hadoop 框架，而在 Hadoop 生态环境中还有进行 SQL 化管理 HDFS 的 Hive 组件，支持 OLTP 业务的 NoSQL 分布式数据库 HBase 组件，进行图形界面管理的 Ambari 组件等，Hadoop 生态圈会增加越来越多的软件，提高软件的便利性。

16.2.1　MapReduce 原理

之前介绍了 Hadoop 生态圈和 Hadoop 框架，相信读者对 Hadoop 是什么有了一定的了解，那么在 Hadoop 框架中最著名的就是 MapReduce 组件，它的处理逻辑来源于谷歌的旧三驾马车之一——MapReduce ⊖。MapReduce 是解决问题并行任务的一种模型，将一个可拆解的任务分散到多个计算节点进行计算，最后合并计算结果。

例如，现在需要解决一个问题：尽可能以比较快的速度统计一个图书馆在书架上一共

⊖ 谷歌的旧三驾马车是 GFS、MapReduce、BigTable，新三驾马车是 Caffeine、Pregel、Dremel。

陈列了多少本书（图 16-3）。

图 16-3　统计图书馆的书（见彩插）

一种方法是，找一个在数数方面有超高本领的人，由他一个人来完成；另一种方法是，雇用一大批资质平庸的负责统计图书数量的人和一个负责分配任务的人，由分配任务的人负责划分区域，确保每个人都分到一部分要统计的书架，不重不漏。然后对所有的人下发开始统计的指令，统计图书的人将自己负责的区域统计完成记录到纸上，所有统计图书的人上交统计结果后，负责分配任务的人将所有人的统计结果进行累加，得到图书统计的结果。如果中途有人因为一些意外原因发生计数终止，那么就再派一个人前去重新完成他未完成的工作任务。

不难想象，如果方法得当，后一种方法要比前一种方法靠谱一些。

这个有超高本领的人是不是容易被找到，他一个人会不会有失误，他的薪水要求是不是太高，这些问题的可控性会变得非常不好。而资质平庸的人通常在市场供应方面不会让我们那么担心，只要统计的方法论和调度方式没有问题，不仅这种方式的风险更小，而且成本更低，速度更快，MapReduce 就是这样一种并行机制。

下面从辩证的角度来看这种机制的优点和缺点。

优点如下。

（1）隐藏大量技术细节。开发人员不需要关注容灾管理、负载均衡和并行计算实现的代码部分，只需要调用相关的 API，设置参数即可。

（2）可伸缩性好。在 Map 阶段，可以实现每增加一台服务器就将计算能力接入到集群里，而且能实现在集群运行时添加计算节点（一般用在线扩容这个技术名词来描述这一特点）。

缺点如下。

（1）实时性差。和磁盘交互频繁，中间要多次将计算结果保存到磁盘，使实时计算能力大打折扣。

（2）编程习惯需要适应。需要将在学习《数据结构》或者算法理论中学习到的算法实现方式转换成为 MapReduce 方式，编程时需要特意构建这种程序逻辑。而且这种方式的局限性导致并非所有的问题都适合用 MapReduce 方式进行解决。

虽然有不少缺点，但是 Hadoop 仍然是目前离线计算的利器，下面介绍如何部署一套 Hadoop 以及用 Hadoop 来做单词统计。

16.2.2 安装 Hadoop

本节主要介绍在 CentOS 7 单机环境下的 Hadoop 搭建过程。

1. 准备 Hadoop 需要的软件

（1）安装 Java 软件包。CentOS 7 发行版本默认会安装 Java 运行环境，可以使用 which 命令来确认 Java 是否安装，命令如下：

```
$  which java
/usr/bin/java
```

也可以自行下载和安装自己需要的 Java 版本，建议 Java 版本高于 7.0。

这里使用从官方网站下载的最新版本的 Java 开发包，下载地址：http://www.oracle.com/technetwork/cn/java/javase/downloads/index.html。

将下载好的安装包安装到指定位置，这里以保存到 /opt 目录下为例，操作命令如下：

```
$ tar zxf java-jdk-7.0.tgz
$ mv java-jdk-7* /opt/java
```

设置环境变量“JAVA_HOME”，这个变量用来指定 Java 程序的工作目录。在 /etc/bashrc 目录下添加 Java 安装目录，命令如下：

```
export JAVA_HOME=/opt/java
```

（2）设置 SSH 通过秘钥方式访问。Hadoop 多个节点之间通信会采用 SSH 秘钥认证方式，为避免每次通信都需要用户输入密码，这里需要生成一对 SSH 秘钥，生成秘钥使用如下命令：

```
$ ssh-keygen -t rsa
$ cat ~/.ssh/id_rsa.pub >> ~/.ssh/authorized_keys
$ chmod 600 ~/.ssh/authorized_keys
```

（3）下载 Hadoop 软件包。访问 http://hadoop.apache.org/releases.html#Download，这

里提供了多个版本的 Hadoop 软件包下载，建议读者测试和开发时使用最新的稳定版本（Stable），这里以 2.6.4 版本为例，下载位置如图 16-4 所示。

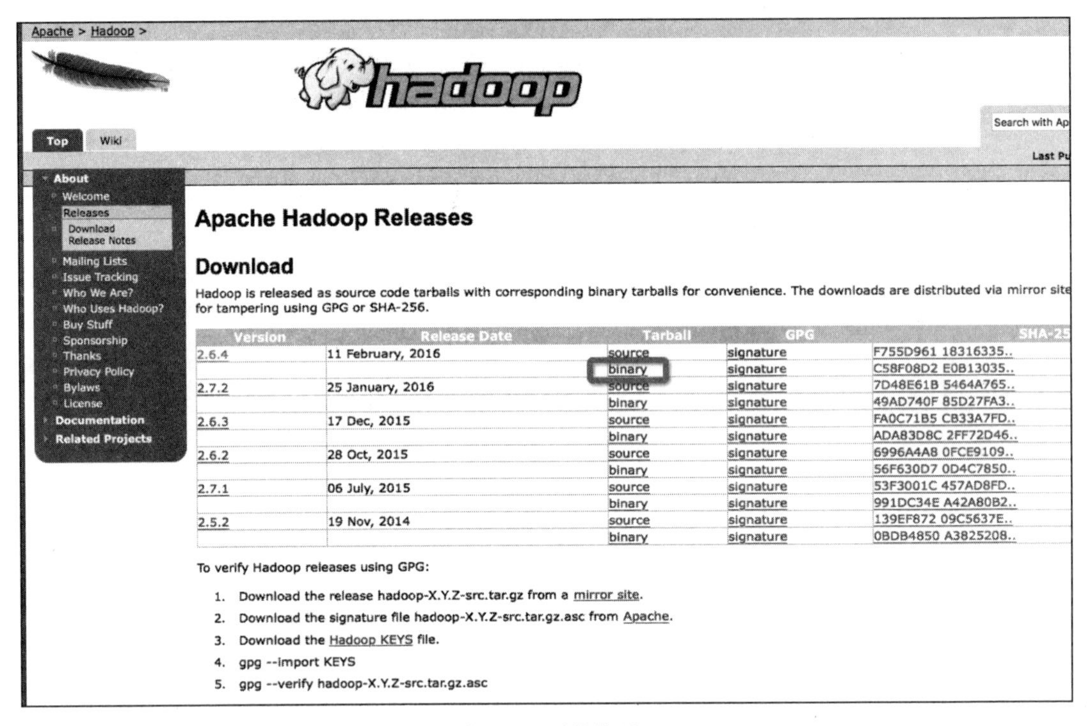

图 16-4　下载位置

下载完成后将 Hadoop 解压缩到 /opt 目录，并设置环境变量指向 Hadoop 的安装目录。命令如下：

```
$ tar zxf hadoop-2.6.4.tar.gz -C /opt
$ echo 'export HADOOP_HOME=/opt/hadoop-2.6.4' >> /etc/bashrc
$ source /etc/bashrc
$ cd $HADOOP_HOME    # 进入 Hadoop 安装目录可以看到编译好的文件
```

2. 修改配置文件并启动服务

（1）修改 Hadoop HDFS 配置文件。接下来需要设置 Hadoop 的配置文件，这种单机运行的模式也称作伪分布模式，和集群模式略有区别。这里使用伪分布模式进行部署。修改如下配置文件。

① $HADOOP_HOME/etc/hadoop/core-site.xml。

```
<configuration>
<property>
<name>fs.defaultFS</name>
<value>hdfs://localhost:9000</value>
```

```
</property>
</configuration>
```

② $HADOOP_HOME/etc/hadoop/hdfs-site.xml。

```
<configuration>
<property>
<name>dfs.replication</name>
<value>1</value>
</property>
</configuration>
```

（2）启动 Hadoop HDFS 服务。

① 首次启动格式化存储空间。

```
$ cd $HADOOP_HOME
$ bin/hdfs namenode -format
```

② 启动 NameNode 和 DataNode 进程。

```
$ cd $HADOOP_HOME
$ sbin/start-dfs.sh
```

③ 验证端口是否启动。

```
$ netstat -ntpl | grep 9000
```

（3）修改 Hadoop YARN 配置文件。

① $HADOOP_HOME/etc/hadoop/mapred-site.xml。

```
<configuration>
<property>
<name>mapreduce.framework.name</name>
<value>yarn</value>
</property>
</configuration>
```

② $HADOOP_HOME/etc/hadoop/yarn-site.xml。

```
<configuration>
<property>
<name>yarn.nodemanager.aux-services</name>
<value>mapreduce_shuffle</value>
</property>
</configuration>
```

（4）启动 Hadoop YARN 服务。

① 启动命令如下：

```
$ cd $HADOOP_HOME
$ sbin/start-yarn.sh
```

② 验证端口是否启动。

```
$ netstat -ntpl | grep 8088
```

伪分布方式配置起来非常简单，多用于开发环境部署，接下来就对伪分布环境进行测试。

16.2.3 经典的 WordCount

提到大数据的计算能力测试，就一定会有最经典的单词统计，因为它可以充分发挥各个节点的计算能力，由于 Hadoop 采用 Java 开发，这里提供官方的 WordCount 源代码。

1. 源代码

（1）WordCount.java 文件源代码如下：

```
import java.io.IOException;
import java.util.StringTokenizer;
import org.apache.hadoop.conf.Configuration;
import org.apache.hadoop.fs.Path;
import org.apache.hadoop.io.IntWritable;
import org.apache.hadoop.io.Text;
import org.apache.hadoop.mapreduce.Job;
import org.apache.hadoop.mapreduce.Mapper;
import org.apache.hadoop.mapreduce.Reducer;
import org.apache.hadoop.mapreduce.lib.input.FileInputFormat;
import org.apache.hadoop.mapreduce.lib.output.FileOutputFormat;

public class WordCount {
    public static class TokenizerMapper
        extends Mapper<Object, Text, Text, IntWritable>{
    private final static IntWritable one = new IntWritable(1);
    private Text word = new Text();
    public void map(Object key, Text value, Context context
                ) throws IOException, InterruptedException {
        StringTokenizer itr = new StringTokenizer(value.toString());
        while (itr.hasMoreTokens()) {
            word.set(itr.nextToken());
            context.write(word, one);
        }
    }
  }
  public static class IntSumReducer
    extends Reducer<Text,IntWritable,Text,IntWritable> {
    private IntWritable result = new IntWritable();
    public void reduce(Text key, Iterable<IntWritable> values,
                    Context context
                    ) throws IOException, InterruptedException {
      int sum = 0;
      for(IntWritable val : values){
```

```
            sum += val.get();
            }
            result.set(sum);
            context.write(key, result);
        }
    }
    public static void main(String[] args) throws Exception {
        Configuration conf = new Configuration();
        Job job = Job.getInstance(conf, "word count");
        job.setJarByClass(WordCount.class);
        job.setMapperClass(TokenizerMapper.class);
        job.setCombinerClass(IntSumReducer.class);
        job.setReducerClass(IntSumReducer.class);
        job.setOutputKeyClass(Text.class);
        job.setOutputValueClass(IntWritable.class);
        FileInputFormat.addInputPath(job, new Path(args[0]));
        FileOutputFormat.setOutputPath(job, new Path(args[1]));
        System.exit(job.waitForCompletion(true) ? 0 : 1);
        }
}
```

（2）确保 /etc/bashrc 包含以下环境变量。

```
export JAVA_HOME=/opt/java
export PATH=$JAVA_HOME/bin:$PATH
export HADOOP_CLASSPATH=$JAVA_HOME/lib/tools.jar
```

（3）编译代码。

```
$ bin/hadoop com.sun.tools.javac.Main WordCount.java
$ jar cf wc.jar WordCount*.class
```

（4）准备要统计的文件。

```
$ cd $HADOOP_HOME
```

① 创建测试文件。

```
$ echo "Hello World Bye World" > file01
$ echo "Hello Hadoop GoodBye Hadoop" > file02
```

② 将测试文本放入 HDFS 的 /input 目录。

```
$ bin/hdfs  dfs -mkdir /input
$ bin/hdfs dfs -put file0* /input
```

（5）开始统计。

```
$ bin/hadoop jar wc.jar WordCount /input /output
```

在终端上能看到 Map 和 Reduce 的进度。

```
$ bin/hdfs dfs -cat /output/part-r-00000
```

输出结果如下：

```
Bye 1
Goodbye 1
Hadoop 2
Hello 2
World 2
```

在计算过程中，所看到的 Map() 和 Reduce() 的进度就是将统计的所有内容映射到指定的内存块中，如果 Hadoop 使用集群环境，这些计算会分布到不同的主机上实现并行处理。

2. 原理解释

MapReduce 的过程非常复杂，高手们通常喜欢直接翻看官方的文档和源代码。

作为入门手册，这里只对 MapReduce 的过程中发生的逻辑性的操作进行解释，读者明白原理了就知道怎么用了。

一次完整的 MapReduce 计算处理过程从大的环节上分为两个部分，即 Map 和 Reduce。完整的流程是一个从前到后的处理流，如图 16-5 所示。

输入文件 → Map → 中间结果 → Reduce → 结果

图 16-5 处理流程

Map 的处理过程如下。

第一步：把输入文件读进来。

第二步：输出构造一个 Key-Value 文件。

这一步很重要，因为大部分逻辑都是在 Reduce 中完成的，所以在 Map 的部分实际要完成对 Reduce 操作内容的迎合性构造，让 Reduce 能够处理以 Key-Value 对形成的文件内容。

以刚刚的 WordCount 为例：

```
public void map(Object key, Text value, Context context
                    ) throws IOException, InterruptedException {
    StringTokenizer itr = new StringTokenizer(value.toString());
    while (itr.hasMoreTokens()) {
        word.set(itr.nextToken());
        context.write(word, one);
    }
}
```

这一段程序做了一件事，就是把输入的文件用空格进行了切割，然后把切割完毕后得到的每个词都输出成

词 one

的形式。

构造的输入文件是 file01 和 file02：

```
Hello World Bye World
```

```
Hello Hadoop GoodBye Hadoop
```

所以中间结果部分输出的文件实际上变成了

```
Hello one
World one
Bye one
World one
Hello one
Hadoop one
GoodBye one
Hadoop one
```

为了让 Reduce 可以分段处理，还做了一个排序。这里需要强调的是，排序实际上不是这么做的，这里这么写完全是为了容易理解。

```
Bye one
GoodBye one
Hadoop one
Hadoop one
Hello one
Hello one
World one
World one
```

Reduce 的处理过程如下。

第一步：把文件读进来。

第二步：对一个 Key 的文本部分进行处理。

Reduce 最核心的代码如下：

```
public void reduce(Text key, Iterable<IntWritable> values,
                   Context context
                   ) throws IOException, InterruptedException {
    int sum = 0;
    for (IntWritable val : values) {
        sum += val.get();
    }
    result.set(sum);
    context.write(key, result);
}
```

这部分代码在做一个循环，只是不是遍历整个 TEMP 文件，而是只能看到其中一个 Key 所覆盖的部分，不同的 Key 会被分给不同的 Reduce 程序实例。

也就是说，在刚刚这个例子中，会有 5 段 Reduce 程序实例被启动，它们会被框架分配到不同的节点（如果有）分别处理。

Part1：

```
Bye one
```

Part2：

```
GoodBye one
```

Part3：

```
Hadoop one
Hadoop one
```

Part4：

```
Hello one
Hello one
```

Part5：

```
World one
World one
```

这样5段输入文件分别产生的输出结果如下。

Part1：

```
Bye 1
```

Part2：

```
GoodBye 1
```

Part3：

```
Hadoop 2
```

Part4：

```
Hello 2
```

Part5：

```
World 2
```

最后一步就是进行合并，输出结果文件：

```
Bye 1
Goodbye 1
Hadoop 2
Hello 2
World 2
```

整个过程就像在图书馆里数图书数量一样，多个人一起做，最后做一个合并。Map和Reduce在一次运行的过程中都可能会有多个实例出现，每个实例处理一部分数据，通过彼此协同完成整个海量数据的计算操作。

WordCount 是 MapReduce 入门最经典的例子。MapReduce 所能处理的事物也远比这个例子复杂，甚至可以出现 MapReduce 之后紧跟一个 MapReduce，类似用管道进行处理的方式。有兴趣的读者可以在网上寻找更多关于 MapReduce 示例。

16.3　Spark 框架

Spark 框架是一个快速且 API 丰富的内存计算框架。Spark 采用 Scala 语言编写，Scala 是基于 JVM 的语言，性能开销小。

在 Spark，一切计算都是基于 RDD 句柄来进行操作的。RDD 就像一个数据容器，可以有输入口，可以有输出口。在内存中，Spark 使用 Tachyon——一种类似于内存中的 HDFS 的内存分布式存储框架，这样使得读写速度有了极大的提高（官方说是 100 倍）。

Spark 提供了大量的应用程序接口，如 Python、Scala、Java 以及 SQL 接口，还可以使用 HDFS、Hive、Cassandra 等作为数据源，它的外部接口非常丰富，而且自身支持了很多组件，主要组件如图 16-6 所示。

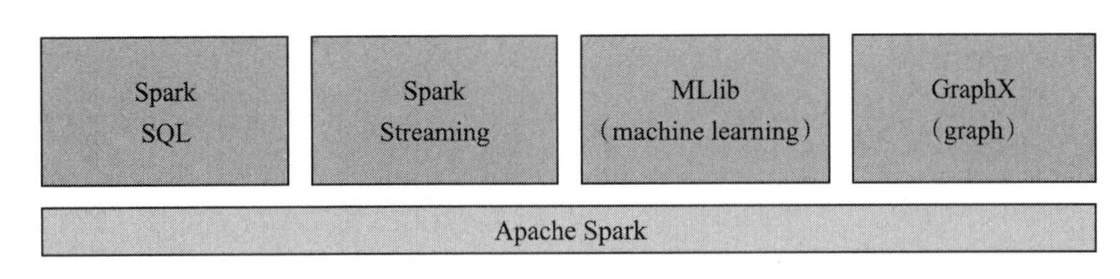

图 16-6　Spark 的组件

1. Spark Core

Spark Core 是指 Spark 的核心功能，包括任务调度、内存分配回收、RDD（弹性分布式数据集，Resilient Distributed Dataset）操作、API 处理等，是 Spark 的核心组件。

2. Spark SQL

Spark SQL 最早采用了 Apache Hive 的 SQL 版本，当时被称作 Shark，它可以让用户通过 SQL 来操作 RDD，而且能够支持交互方式的数据访问。但是因为效率不高，在 1.0 版本重新编写了 Spark SQL 来取代 HQL（Hive 版本的 SQL，也有的资料上会写作 HiveQL），使用 SQL 操作 Spark RDD 大大降低了 Spark 编程的难度。

3. Spark Streaming

Spark Streaming 是流式计算组件。在 Spark Streaming 里，流处理实际用的是 Micro-Batch 的方式，即微批处理。什么是 Micro-Batch？ Batch 是批处理的意思，就是一次性处理需要的事务，中间不需要和人进行交互。而 Micro-Batch 处理的对象是以毫秒为单位的微小的批处理。

可以在内存里把输入的流数据“攒”够 1 秒、2 秒或者其他时间长度，然后把攒起来的数据当做一个 RDD 块。一个 RDD 块上能够进行什么计算和操作，那么这个 Micro-Batch 上就能够进行同样的计算和操作。为了避免提交作业过于频繁而导致开销占比过大的问题，通常不推荐去做毫秒级别的 Micro-Batch，请大家注意这点。

4. MLlib

MLlib 是 Spark 的机器学习（ML）组件，提供了大量的可集群化的算法，包括聚类、分类、逻辑回归、协同过滤等。

5. GraphX

GraphX 是可以进行集群化的图形计算和图形挖掘组件。这种组件非常适合用于微信、微博等各种社交网络产品的用户关系或者产品关系计算，这比用笛卡儿积的方式去做还是轻量很多。

这些封装好的组件都为使用 Spark 提供了很大的便利，再加上友好的 API、比 Hadoop 更快的处理速度，使 Spark 逐渐抢占 Hadoop 的市场份额，在开源大数据计算中出现的频率越来越高。接下来安装 Spark 并用 Spark 来演示如何进行单词统计（WordCount）。

16.3.1 安装 Spark

1. 下载

Spark 支持很多版本，目前主流的是 1.6.0 版本，为了便于学习先下载预编译版本，访问 http://spark.apache.org 选择 Download 命令，之后进入下载界面。

在 Choose a Spark release 下拉列表框中选择 1.6.0 版本，这是最新的稳定版本。在 Choose a package type 下拉列表框中选择 Pre-built for Hadoop 2.6 and later 选项。这里选择源代码版本或预编译版本，由于之前安装的 Hadoop 为 2.6 版本，这里选择此项，读者可以根据实际环境进行选择。在 Choose a download type 下拉列表框中选择 Direct Download 选项直接进行下载，之后单击出现的链接地址就可以下载了。下载界面如图 16-7 所示。

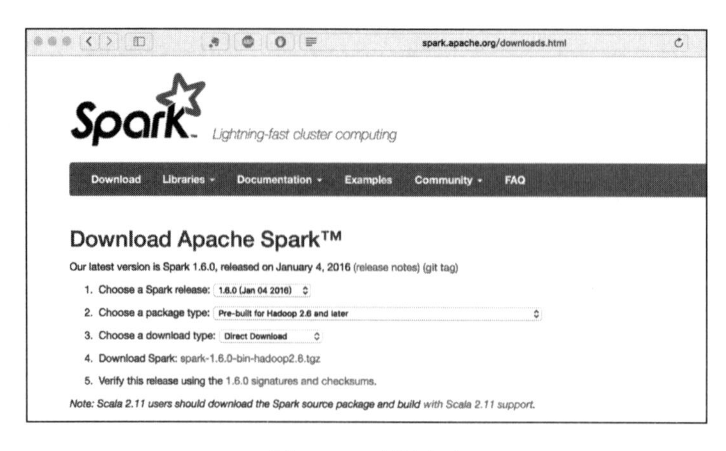

图 16-7 下载界面

此外还需要下载 Scala：访问 http://www.scala-lang.org/download/ 下载最新的稳定版本，下载位置如图 16-8 所示。

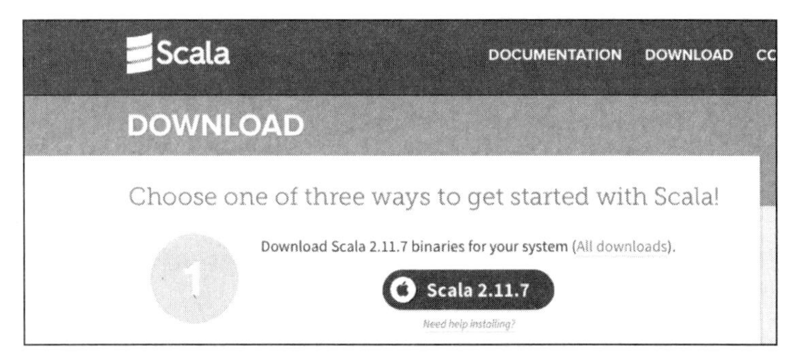

图 16-8　Scala 下载位置

2. 环境准备

由于 Spark 是采用 Scala 语言编写的，因此需要在 Java 虚拟机（JVM）上面运行，为了更好地兼容其他的大数据软件，这里建议至少在 Java 7 版本以上，如果需要进行 Scala 和 Python 的开发，需要安装 Scala 和 Python 的解释器（Python 解释器安装方法请参考附录）。

首先要确保 Java 环境变量存在，同上一节 Hadoop 配置，确保 /etc/bashrc 存在以下代码行：

```
export JAVA_HOME=/opt/java
```

3. 安装

将 Scala 安装到 /opt 目录，使用命令如下：

```
$ tar zxf scala-2.11.7.tgz
$ mv scala-2.11.* /opt/scala
```

安装完成后，需要设置环境变量。确保以下配置在 /etc/bashrc 文件中存在：

```
export SCALA_HOME=/opt/scala
```

安装 Spark 命令如下：

```
$ tar zxf spark-1.6.0-hadoop2.6.tgz -C /opt
$ mv /opt/spark-1.6* /opt/spark
```

将 Spark 安装目录设置为环境变量加入 /etc/bashrc 文件，命令如下：

```
export SPARK_HOME=/opt/spark
```

16.3.2　使用 Scala 计算 WordCount

Spark 支持交互式和非交互式两种操作形式，使用交互式进行计算可以执行以下命令：

```
$ cd $SPARK_HOME
$ bin/spark-shell
```

执行完成后会进入 Scala 交互界面。

也可以编写 Scala 脚本执行非交互方式命令，但是需要先导入 Spark 相关的库进行初始化，代码如下：

```
import org.apache.spark.SparkConf
import org.apache.spark.SparkContext
import org.apache.spark.SparkContext._
val conf = new SparkConf().setMaster("localhost").setAppName("App Name")
val sc = new SparkContext(conf)
```

为了便于初学的读者学习，这里使用交互式演示利用 Spark 计算 WordCount。

首先查看构建好的文件，命令如下：

```
$ cat /tmp/file01
Hello World Bye World
$ cat /tmp/file02
Hello Hadoop Bye Hadoop
```

进入 Spark 交互环境，执行如下命令：

```
$ cd $SPARK_HOME
$ bin/spark-shell
// 读取要统计的文件，如果作为独立脚本运行，需要先进行初始化
scala>  val input = sc.textFile("/tmp/file0*")
// 将每行以空格做分隔，分割成多个单词
scala>  val words = input.flatMap(line => line.split(" "))
// 统计单词的数量
scala>  val count = words.map((_, 1)).reduceByKey(_+_)
// 将统计结果打印到屏幕
scala> count.collect().foreach(println)
(Bye,2)
(Hello,2)
(World,2)
(Hadoop,2)
```

16.4 分布式列存储框架

在生产生活中会接触到很多信息数据，而大部分信息是由非结构化数据组成的，特别是在大数据处理过程中尤为明显。这些数据都无法用关系型数据库的思维方式建模，因此在大数据的处理过程中，就出现了很多非结构化数据处理需求。

为了存储便利，易于理解，在完整的大数据体系中采用了很多 NoSQL（Not Only SQL 的缩写）数据库。基于 NoSQL 理念设计的最著名的系统是 Google 的 BigTable 和滑铁卢大学开发的 HBase。Facebook 将 Google BigTable 和 Amazon Dynamo 的完全分布式架构

集于一身，开发了 Cassandra，后于 2010 年正式成为了 Apache 基金会项目。Cassandra 和 HBase 的出现不但使 NoSQL 的处理速度得到了前所未有的提升，而且它们能够组成集群化也为 Hadoop、Spark 等需要大容量数据快速写入的业务场景提供了非常有用的工具。著名的甲骨文公司 Oracle 也有自己的 NoSQL 产品，叫做 NoSQL Database。

1. Cassandra 简介

Cassandra 的名字来源于希腊神话的一位女先知，因此该项目的 Logo 是一只明亮的眼睛。最突出的特点是它的可扩展性，给集群添加新节点时，可以直接指向新的主机，不必重启任何进程和改变任何查询，是非常便利的自动热扩展机制。这是一个非常好的特性。

此外，Cassandra 还有一个优良的特性，即支持 SQL 语言。这也让广大的 SQL 爱好者觉得非常亲切，大大降低了学习的门槛。

2. HBase 简介

HBase 采用 Java 语言开发，和 Cassandra 一样，同样借鉴了 Google 的 BigTable 模型，主要为 Hadoop 生态圈提供了列存储服务。

HBase 使用 HFile 对文件进行列式存储，HFile 存储以列族为单位。在读取时如果只需用行键作为索引要扫描一个列族的内容，那么其他不相干的列族即便存在和索引条件对应的逻辑关系也不会被扫描到，这种方式在一定程度上避免了 IO 拥塞，也更加适合这种小尺寸的 OLTP 操作。

但是和 Cassandra 一样，HBase 也不支持事务操作。

3. Cassandra 和 HBase 对比

（1）Cassandra 部署更简单。Cassandra 只有一种角色，而 HBase 除了 Region Server 外还需要 ZooKeeper 来同步集群状态。

（2）数据一致性是否可配置。Cassandra 的数据一致性是可以配置的，可以更改为最终一致性，而 HBase 是强一致性的。

（3）负载均衡算法不同。Cassandra 通过一致性哈希来决定数据存储的位置，而 HBase 靠 Master 节点管理数据的分配，将过热的节点上的 Region 动态分配给负载较低的节点。因此 Cassandra 的平均性能会优于 HBase，但是 Hbase 有 Master 节点，热数据的负载更均衡。

（4）单点问题。正是由于 Hbase 存在 Master 节点，因此会存在单点问题。

16.5 PrestoDB——神奇的 CLI

16.5.1 Presto 为什么那么快

有这么一句话“天下武功，唯快不破”，而 Presto 就会给人们这样一种体验。

Presto 诞生于 Facebook，由 Facebook 内部工程师和开源社区工程师共同进行维护，它就是一种超快的 SQL 查询工具，它诞生的主要用途就是作为 Hive 和 Pig 的替代产品，快速地完成海量的数据查询工作。

Presto 不但能够解析 SQL 还能支持多种数据源，如 HDFS、Cassandra、MySQL 等。但是 Presto 并不是传统的数据库，还不能支持在线事务处理。它更像是一个分布式查询中间件，采用了分布式查询引擎，同时读取多个数据源中的大数据集。它的集群结构如图 16-9 所示。

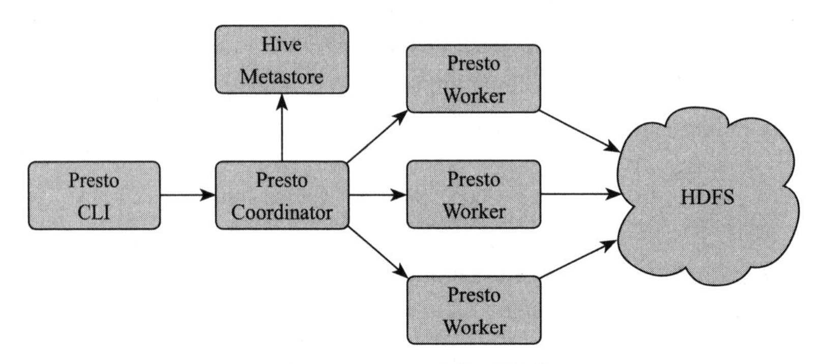

图 16-9　Presto 的集群结构

Presto 分为 CLI、Coordinator、Worker3 个部分，其中服务器部分的 Coordinator 可以看作是调度各个 Worker 的调度器，而且它还承担着让客户端 CLI 角色连接的功能。它将大量的计算分配到 Worker 来执行，保证 Presto 能够快速地进行 SQL 查询。

16.5.2　安装 Presto

1. 下载

访问以下链接来下载最新版本的 Presto 安装包，也可以定期访问官方文档，来获取最新版本：https://prestodb.io/docs/current/installation/deployment.html。

将下载的安装包解压缩，创建一个 etc 目录，命令如下：

```
$ tar zxf presto-server-0.138.tar.gz -C /opt
$ mv /opt/presto-server-0.* /opt/presto
$ cd /opt/presto
$ mkdir etc
```

2. 配置 Presto 支持 Hive

Presto 需要配置以下 4 类信息来完成基本设置，需要将配置文件放入 etc 目录。

（1）节点属性：每个节点的名称和数据存储位置。

（2）JVM 参数：运行时的内存参数。

（3）服务器属性：Presto 阶段运行时的角色信息。

（4）Catalog 属性：连接指定数据源的信息。

节点属性配置文件 etc/node.properties 内容如下：

```
# 集群名称
node.environment=production
# 集群的唯一标示，避免同网络环境多套 Presto 集群互相干扰
node.id=ffffffff-ffff-ffff-ffff-ffffffffffff
# 数据存储的目录
node.data-dir=/var/presto/data
```

JVM 参数文件 etc/jvm.config 内容如下：

```
-server
-Xmx16G
-XX:+UseG1GC
-XX:G1HeapRegionSize=32M
-XX:+UseGCOverheadLimit
-XX:+ExplicitGCInvokesConcurrent
-XX:+HeapDumpOnOutOfMemoryError
-XX:OnOutOfMemoryError=kill -9 %p
```

Presto 会将运行的 JVM 虚拟机参数设置为此内容。

服务器属性配置文件 etc/config.properties 包含服务器角色信息，如果只作为 Coordinator，应该至少包含以下信息：

```
coordinator=true
node-scheduler.include-coordinator=false
http-server.http.port=8080
query.max-memory=50GB
query.max-memory-per-node=1GB
discovery-server.enabled=true
discovery.uri=http://example.net:8080
```

如果只作为 Worker，应该至少包含如下信息：

```
coordinator=false
http-server.http.port=8080
query.max-memory=50GB
query.max-memory-per-node=1GB
discovery.uri=http://example.net:8080
```

如果只是测试 Presto 的功能，可以将一台机器既作为 Coordinator，也作为 Worker，应该包含以下信息：

```
coordinator=true
node-scheduler.include-coordinator=true
http-server.http.port=8080
query.max-memory=5GB
query.max-memory-per-node=1GB
discovery-server.enabled=true
discovery.uri=http://example.net:8080
```

coordinator 选项用来指定 Presto 实例是否作为一个 Coordinator 来接收客户端的信息。

node-scheduler.include-coordinator 只有在 Presto 实例作为 Coordinator 角色时才有用处，用来进行任务调度。

http-server.http.port 用来指定服务的端口，Presto 使用 HTTP 协议进行通信。

discovery-server.enabled 表示 Presto 通过自动发现机制来找到集群中所有的节点。

discovery.uri 通常指向 Presto 实例的 Coordinator 角色，Coordinator 角色通过内嵌的自动发现服务接收 Worker 角色的注册。

Catalog 属性通过在 etc/catalog 下创建属性文件来完成属性的注册。Catalog 通过 connectors 访问数据源。例如，创建一个 etc/catalog/hive.properties 文件来访问 Hive 数据源，配置信息如下：

```
connector.name=hive-hadoop2
hive.metastore.uri=thrift://example.net:9083
```

针对不同的 Hadoop 版本，Presto 有对应的 Hive connector，这里支持以下 4 种。

（1）hive-hadoop1: Apache Hadoop 1.x。

（2）hive-hadoop2: Apache Hadoop 2.x。

（3）hive-cdh4: Cloudera CDH 4。

（4）hive-cdh5: Cloudera CDH 5。

完成以上的基本配置，Presto 就可以正式启动了。

3. 启动 Presto

可以使用 bin/launcher 来启动 Presto 实例，为了便于调试，Presto 提供了两种启动方式，前台启动命令如下：

```
$ bin/launcher run
```

可以将日志和查询结果输出到当前终端。也可以在后台启动，避免因关闭终端导致程序退出，后台启动命令如下：

```
$ bin/launcher start
```

更多的命令选项可以通过 help 参数来获取，命令如下：

```
$ bin/launcher -help
```

4. 命令行接口

为了连接到指定的 Presto 实例，需要使用 Presto CLI 功能进行连接，可以访问以下地址下载 Presto CLI：https://repo1.maven.org/maven2/com/facebook/presto/presto-cli/0.138/presto-cli-0.138-executable.jar。

这是一个可执行的 jar 文件，下载后重命名为 presto，赋予可执行权限后即可运行，相关命令如下：

```
$ mv presto-cli-0.138-executable.jar presto
$ chmod +x presto
$ ./presto --server localhost:80 --catalog hive  --schema default
```

（1）server 参数指定 Presto 的 Coordinator 的 IP 地址和端口，这里使用了本机的 IP 地址和端口。

（2）catalog 参数为 Presto 集群定义 catalog 名称。

（3）schema 参数指定默认访问的数据库名称。

连接成功后，可以执行查询 SQL 语句来享受 Presto 带来的飞一样的速度。

如果读者有兴趣还可以参考这篇博文：http://7737197.blog.51cto.com/7727197/1727186，是关于部署 Presto on Cassandra 的，就是把 Cassandra 作为 Presto 的数据源。

16.6 小结

Hadoop、Spark、PrestoDB 等大数据框架有着非常好的稳定性、扩展性、高可用性等优势，在企业应用中有着非常好的前景。

本章介绍的大数据框架基本都是分布式数据处理的框架，优势是处理单机不方便处理的数据存储、数据统计、数据排序的操作。但是对于迭代性较强的机器学习来说，刚刚介绍的这些大数据框架会有不适用的地方，有不少算法也不适合迁移到其上来进行操作。

建议使用以下两种办法。

办法一：使用抽样方法提取少量数据，把学习或分析挖掘的内容放在一台计算机上进行计算和处理。

办法二：使用分布式的深度学习框架来处理极大规模的机器学习数据，如 Caffe，Caffe 的最新版已经支持分布式 GPU 在 CNN 网络训练了。

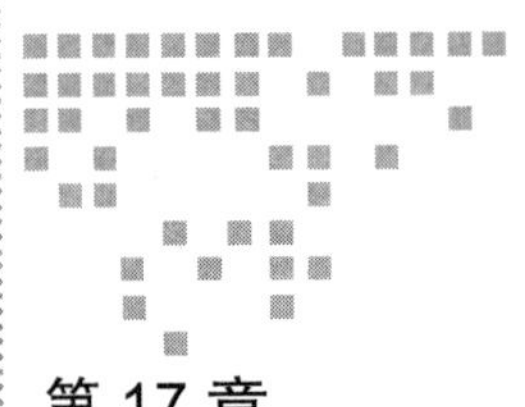

Chapter 17 第 17 章

系统架构和调优

在多年做架构师的过程中，有不少朋友和我探讨过系统调优的思路，也有一些年轻的同事会来请教，有的人提出的调优问题非常具体，而有时候有的人会非常泛泛地提出一个问题“系统怎么调优”。

通常具体的问题因为场景确定，所以相对比较好回答，而泛泛的问题通常不容易回答。笔者对调优的思路进行了总结跟大家进行分享与讨论。不管你用的是 Linux、Windows 还是一些小型机用的 UNIX 系统亦或其他系统，优化这个话题几乎是永远避不开的。

永远没有最快只有更快，人类对效率的苛求是贪婪的，当然这也是人类技术进步的重要原动力之一。

优化究竟应该怎么做呢？优化有没有一些原则或者判断标准？答案是肯定的。

首先必须明确一个问题，即优化是在优化什么？

优化是有着对象和目标的，如果抛开对象和目标来谈，优化几乎是一个没头没尾的伪命题。回想一下，在什么情况下我们会将“优化”一词脱口而出？很多读者估计也有类似的体会，那就是，在对系统目前的状况不满意或者不满足的时候。而这些情况通常包括两个大的方面：一个是时间，一个是空间。我们无非是对这两种情况中的一种或者两种的当前状况不满，几乎找不到第三种东西来衡量。而用来支持这两个方面的因素，如 CPU、内存、磁盘、网络，这些因素称为资源。

17.1 速度——资源的配置

对速度的不满在调优的场景里占大多数，速度的不满一般来说也是分两种：

一种是对一个“体型”较大的任务执行的时间过长不满；

一种是对一个“体型”较小的任务的响应速度过长不满。

这两种不满看上去都是一样的速度问题，但是思路不完全一样。一般来说，在做这类优化之前先要做一件事，就是判断一下究竟是资源不足，还是资源分配不合理。

常见的场景可能有以下这些：例如，一个进程在服务器上运行，但是速度确实比期望的慢，而CPU和磁盘的带宽却大量闲置，这种情况下很显然是资源配置不合理。因为资源不是不够，而是由于线程调度，或者算法，或者其他一些原因没有被利用上。这种情况下估计你去申请购买新机器，如果老板花的确实是自己的钱的话十有八九是不会给你批的，相信我。

17.1.1 思路一：逻辑层面的优化

在服务器上跑的程序，尤其是Batch通常是彼此之间独立的。这种情况下，其实是可以考虑让它们同时来执行，充分利用CPU和内存的资源。但是也要注意，**要确认这种变化给磁盘带来的IO增加不会让它成为系统的瓶颈**。这就是进程级别的并发。

还有的时候一个进程可以分解为多个独立作业和一个合并操作，那么这种情况下通常可以尝试着多启动几个进程或者线程，让每个进程或者线程处理整个作业的一部分，最后结束的时候做一个作业结果的“合并”操作，提高并行化，提高资源利用率。这种应用比较典型的就是Hadoop环境中的MapReduce程序，实际是在很多节点各启动若干个Map进程和Reduce进程，让它们在不同节点上操作，分摊IO和CPU的资源压力。在单台服务器上也有类似的操作，如一个MySQL服务器进程在接受一个SQL请求时，这个SQL不论请求多少个表，不论它有多少个不相干的子查询，不论写得有多“优美”，它都只能在一个CPU内核上一步一步地走下去。所以，如果采用MySQL环境做关联分析，就只能把一个SQL中的两个独立子查询放到两个或者更多的线程（进程）里去做请求，再用一个监控线程（进程）观察结果，最后做连接查询。有必要的话可以使用Memory内存视图的Hash索引进行速度优化。

17.1.2 思路二：容器层面的优化

当一台或多台服务器上有很多进程，但是资源占用普遍比较低时，还可以考虑使用容器层面的优化。

可以使用KVM或者Docker这样的容器把服务器资源划分成多个虚拟的服务器资源。这种情况下，原本在多个服务器的少量负载经过迁移会合起来加载在一个服务器上，而节省出来的服务器资源可以用来做其他的服务，在硬件的成本上会有一大笔节省。

现在的阿里云、腾讯云、金山云、亚马逊云等云产品服务商就是大规模使用了虚拟化技术，从而使得运维成本大为降低。

虽然容器层面的优化对于直接减少程序运行的时间作用较为间接，但在庞大的系统内提高硬件整体的使用效率还是非常有好处的。

17.1.3 思路三：存储结构层面的优化

目前在服务器普遍配置了 RAID10 磁盘阵列以后，磁盘 IO 在硬件层面进一步并行化的余地越来越小了。那么还有没有其他的办法可以对 IO 层面进行优化呢？有的。

例如，为了缓存一些数据做迭代运算，磁盘发生非常频繁的读写，每次几个 GB（量比较小，至少内存能够承载），但是一次处理可能要读写数百次，这样会大量占用磁盘 IO。这种情况下，不妨尝试在内存中虚拟或者划分出一个独立的空间，以供做 IO 使用。这样把 CPU 和磁盘之间的 IO 转化成为 CPU 和内存之间的 IO，这种效率的提升可能是数千倍的。

另外，磁盘在做 IO 的过程中，是不是扫描了一些本可以不扫描的磁盘块？解决这种问题有很多成熟的办法。

在数据仓库里使用列式存储，从本质来讲也是用这种方法来规避没必要扫描的数据块被扫描。表分区（Table Partitioning）、索引（Index），这两种技术同样是为了解决数据查找中没必要扫描的数据块被访问而带来的 IO 效率下降问题。

资源分配不合理的情况比较好解决，就是找出在系统里 CPU、内存、磁盘、网络中，哪些资源被大量闲置，如果利用起来能否提高并行性，基本就是这样一种思路。

17.1.4 思路四：环节层面的优化

环节层面的优化是一个边缘化的问题，因为这个层面上的优化通常会涉及硬件资源以外的一些问题——换句话说，这一类问题在计算机的 CPU、内存、磁盘、网络层面考虑可能还是不能解决的。

1. 虚拟机惹的祸

笔者几年前在某 500 强企业的 IT 解决方案中心做顾问的时候，曾经遇到过一个案例。

这个案例从技术层面来说就是一个 ERP 系统页面请求速度太慢的问题，大概需要 2 到 3 秒时间才能把一个页面的数据完全加载完毕。不管 2 到 3 秒这个速度是不是够快，是不是比平时访问电商网页或者在线论坛的速度快，对于一个对效率要求很苛刻的 500 强企业来说，这是一件不能容忍的事情。况且，页面所访问的服务器也是 DELL 提供的很新的技术方案，48 个 CPU 内核，192 GB 内存。服务器在公司内网，内网带宽又基本都是 1 Gbps 的光纤到楼层，楼层内部又都是 100 Mbps 的以太网。所以从这个层面上看这种页面的延迟没有道理，而其他项目组在配置基本相当的服务器环境和终端环境，打开页面时间都是 1 秒以内。

但是很快就发现了问题所在，这个 ERP 系统的页面是使用 Silverlight 制作的。Silverlight 是微软出品的一种跨服务器跨平台的插件，主要目的是解决浏览器上的流媒体和交互丰富性的问题，基本可以认为是 Adobe Flash 的替代者。然而这种技术框架有一个天生的问题就是慢，因为它调用的是微软 .NET 虚拟机的资源，而虚拟机本身的运行机制就是一种多层间接调用的架构，指令不是直接下达到 CPU 上，而是经过虚拟机，由虚拟机调度线程再发送到 CPU。在一次 HTTP 请求的过程中，有几百个指令会以这种方式传递给 CPU，延迟是显而易见的。

最后为了赢得这 1 秒多的时间，不得不推翻了整个项目的架构部分，采用 HTML4+CSS2 的方式。立竿见影，延迟瞬间就压缩到 1 秒以内了。但是代价是牺牲了一些交互上的丰富性和美观性，那个时候 HTML5 和 CSS3 还不成熟，还不能作为成熟的技术方案，所以说现在用 HTML5 和 CSS3 的程序员们真是赶上好时候了。

2. CDN 是个好东西

除了刚刚这个例子以外，平时也能见到很多从环节层面进行优化的例子。最常见的就是 CDN 技术。

CDN 技术是一种近几年非常火的技术，全称是 Content Delivery Network，内容分发网络。CDN 应该说是一套完整的网络加速解决方案，包括分布式存储、负载均衡、网络请求的重定向和内容管理等多个技术环节部分。对于用户在网页上请求图片加载慢，或者文件下载慢等非本地带宽过小带来的数据下载问题能有很好的改善作用。例如，当一个网站使用了 CDN 技术对网页资源进行加速的策略开启后，这些资源就会通过 CDN 提供商的分发策略分发到很多的缓存服务器上去。当用户进行该网站的访问时，这些资源引用的地址会自动指向这个离得最“近”，访问最快的缓存服务器节点上去，这样就能使资源下载加速了。

互联网是一个非常复杂的东西，不仅是拓扑结构复杂，其中不同的交换设备有着不同的交换策略，是一个分布式的自协调的连通系统。不同运营商之间也会由于技术性的或者非技术性的问题引发跨网（跨运营商）的带宽变窄问题。为了解决这种问题，我们不仅仅会用到 CDN 技术，还需要使用一种叫 BGP 双线 / 多线机房的技术来进行网络加速。

BGP（Border Gateway Protocol，边界网关协议）是一种在 TCP 协议上运行的自治系统之间动态交换路由信息的路由协议。启用 BGP 技术的机房一般称作 BGP 机房，服务器租用商或提供商通过技术的手段，实现不同运营商能共同访问一个 IP，并且不同运营商之间都能以最快的速度访问这个 IP 地址。把服务器放在 BGP 机房给用户带来的好处就是，在 BGP 机房基本可以不考虑不同的用户跨网访问服务器会因运营商网络不同而产生的“带宽歧视”问题。

17.1.5　资源不足

资源不足的情况通常比较麻烦，因为如果观察到服务器上的 CPU、磁盘 IO、网络 IO 都非常繁忙，要想办法先排除是业务逻辑上设计的疏漏导致的不合理或者意外的资源请求太多，还是“真的”资源不够。如果是由于一些疏漏导致的资源请求过于集中，那么通过

debug或者优化业务逻辑，还是能够获解的。但是如果不是这些问题，那就是资源确实比客观真实的需求少了。典型的例子就是，在保存日志的情况下，业务要求无损永久存档，但是即便在启用压缩且不留冗余的情况下，还是很快把磁盘填满，那就是典型的磁盘资源不足了。

总之，还是要先用一些办法确定资源分配究竟是不足还是不合理，再用“低成本”的资源换取“高成本”的资源。

17.2 稳定——资源的可用

稳定性是压倒一切的。在服务器程序开发方面，有以下共识。

（1）服务器快比服务器慢要好。（客户体验会更好。）

（2）服务器慢要比服务器宕机好。（客户体验不好，好歹还在提供服务，还有流量进来。）

（3）服务器宕机要比服务器损坏了好。（已经是损失了，损失小点吧，尤其是不要损坏数据。）

如果在服务器反应慢和服务器宕机这两种事件中一定要做一个选择，一般都会选择前者。可是如果服务器的资源不足怎么办？请求过多，请求过于频繁，服务器进行过规划但是还是全部资源都用光，怎么办？考虑租用云服务试试看。

17.2.1 借助云服务

如果资源占用是有比较规律的（周期性的），而且峰值过高，这种情况下是比较适合租用云服务的。在峰值到来时使用云服务；在峰值过去后，低谷时退订云服务。

在使用云服务时要先评估一下，对比一下使用云服务的成本。对比的时候要对比两种方案的完整成本，云服务的成本就是云平台的收费，自建系统的成本包括服务器购买、服务器维护、服务器折旧、带宽租赁等，看看哪个对于自己来说更划算。

17.2.2 锁分散

做过数据库开发的人对锁（Lock）一定不陌生。

一般的锁都是指互斥锁，也就是说系统里存在这样一种资源，A用户在占用的同时，B用户是不能占用的。这种情形在日常生活中也是随处可见，如餐厅里的座椅，一个用户在使用时其他用户就不能使用，直到这个用户离开，座椅不再使用了才能再被其他人占用。

在计算机系统里也有这种情况，当一个SQL的事务正在做多行的数据更新时，通常会锁住这些行，其他的线程要想读取这些行都要等待，直到这个事务释放行锁。在一个系统中如果有大量的锁资源也会出现一种奇怪的现象，就是看上去似乎CPU和磁盘IO都还远没有达到上限，但是每个事务请求却慢得让人无法忍受。

锁是一个在资源上保证独立性的工具，没有它很多事情是做不了的。

例如每年至少要骂3次的12306（五一长假、十一长假、春节长假），12306多少有点冤枉。本来火车的运载能力有限，票数有限，这是事实。火车上的座位甚至是站位和刚刚说的餐厅的情况是一样的，一个人占了另一个人就没办法使用，这些占与不占的情况不用等上车之后去看，在订票时就显示出来了，所以可以想象，在抢票时12306的后台有几十万把大大小小的锁时开时合，让大家按照锁开合的指示等待锁资源的释放，当锁释放以后，如有人买了票但是没有付款票被重新释放，这个时候我们就又能够获得这把锁，由我们锁住这张票，然后开始付款的过程。而这个过程中，别的任何一个人都没办法获得我锁住的这张票。

淘宝的交易系统与12306有着很大的不同。12306上的信息完全是一对一的互斥资源，必须在全国范围内的全局进行锁互斥和争抢。而淘宝的每个店铺都是在独立提供自己的货品，甚至货品的表示只是一个数字，而非具体的每个不可替换的货品。那么这些货品可以被分解到几乎任意多的小集群小系统中去对外提供服务，再辅以CDN缓存技术降低网络延迟，用户体验自然要比12306高几个档次。这并非是说12306技术水平比淘宝差太多，而是他们做的压根就不是一样的事情。

17.2.3 排队

如果硬件资源真的很紧张，既没办法做锁分散，也没办法通过租用云服务来解决。还有一个方法来保证在服务器不死机的情况下对外提供服务，那就是让用户排队。

排队这种事情司空见惯，尤其是在吃饭的时候。如果在吃午餐或者晚餐的时候到各大商场的招牌餐厅去看看就知道了，人气旺的店铺外面是有取号机的，没有取号机的店铺也会有两个漂亮妹子招呼拿号排队。银行也一样，银行是比较典型的“硬件资源不足”但又要提供服务的场景，只能让用户等。

在网络服务层面也有排队现象吗？有的，只是有的体验做得好，有的体验做得差。

排队也是有比较成熟的方案的，通常来说可以考虑在服务器和浏览器两侧进行配合。核心思路如下。

（1）能够在客户端（浏览器）挡住的访问坚决不要放到服务器上来。

例如，可以用JavaScript代码来进行“封堵”，至少做一个比较好的倒计时提示来告诉访问者前面还有多少人，或者要倒计时等多久才能排队等到位。

（2）能够分散到多个服务器上进行排队提示的内容坚决不要集中到一台服务器上来。这个原则和负载均衡的原则是没有区别的，我们不希望大家都一窝蜂到窗口来问“还差多少人到我”。能够用大广告牌说明的问题就写在大广告牌上，大家自己看。所以在服务器上也可以考虑用类似的方式进行分散性的广播，而不要集中到一台服务器去做排队询问。

17.2.4 谨防“雪崩”

在不少介绍调优和架构的资料里会提到这样一个词汇“雪崩”。“雪崩”是一种自然现象，也是一种灾害，通常发生在常年积雪的山区（图 17-1[⊖]）。

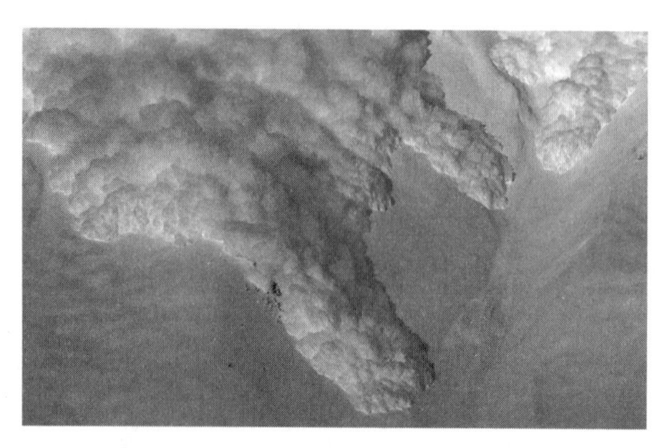

图 17-1　雪崩

由于声波震动或者地壳活动等原因，导致原来覆盖在山上的积雪产生一些内应力上的变化，使得它开始像泥石流那样具备一定的流动性，而后小规模的流动性逐渐引发大规模的流动性形成灾害。也就是说，一个几万吨重甚至几十万吨重的雪盖形成的重力势能转化为动能的破坏性可能最开始只是一只鸟在山顶上落了一下，或者是一个人大吼了一声。

在系统架构中提到的雪崩和这个现象看上去很类似，就是由于一台服务器或者一台服务器中的某个模块发生故障进而引发连锁反应，最后导致大量的服务器或者软件模块无法正常工作，这种现象也叫做“急剧变坏”现象。例如，常用的负载均衡型的集群里就会有类似的现象发生。

假如有一个 PHP 的集群，10 个节点，前端的路由器用 Round Robin（等权轮询）算法为后面 10 台 PHP 转发 HTTP 请求，当每台服务器都达到 CPU 占用 80% 的负载时，其实压力已经接近极限了。此时如果有一台 PHP 服务器突然停止响应，根据负载均衡协议，这个节点会被暂时移出整个负载均衡集群，那么新进来的负载就会被压在另外 9 台服务器上，粗略计算一下，其他 9 台服务器的负载大约会上升到 89%，进而有更大概率引发其他服务器的崩溃，而崩溃的服务器再被移出负载均衡集群……后面的事情大家想想都能知道，服务器集群崩溃得越来越快，直到整个集群完全垮掉。这种由一个点的故障引起整个系统崩溃的现象就叫做雪崩现象。

要想防止雪崩需要做好以下几件事情。

（1）对服务器负载的估算。对服务器的负载应该有一个比较合理的估算。来自前端的 HTTP 请求或者其他形式的压力都可以通过软件来模拟进行压力测试，测试一台服务器在 CPU 达到 60% 左右时的负载数量。

（2）线上测试估算服务器数量。与其说线上测试，不如说按需购买。在把服务器上的服务释放之后，会有用户正常的负载需求从互联网上流进来，这个流量是有着周期规律波

⊖ 图片来自百度图库。

动性的，如在一天内有规律的波动性，在一周内有规律的波动性。这些峰值和低谷出现在什么时间，负载分别为多少，可以通过对单台服务器的 CPU 以及网络连接监控来捕捉到。进而可以推算出峰值和低谷各自需要的服务器数量——在安排资源时要多准备一些。

例如，峰值时如果计算出需要 2 台服务器，每台服务器 60% 的负载，其实这时服务器集群是没有真正“冗余”的，因为一旦其中的一台服务器由于故障停止响应立刻会引发雪崩，所以这时应该是在刚刚的基础上加一台服务器更为保险，即一共 3 台服务器，每台服务器 40% 的 CPU 负载。如果计算出需要 4 台服务器，每台服务器 60% 的负载，则如果一台服务器发生故障，其余 3 台服务器的 CPU 负载会被压力推升到 80%，但是应该远没有第一种情况危险。

请注意，在负载均衡的集群中防止雪崩是一个资源和风险平衡的过程。选好这个平衡点就能在保证不发生雪崩的情况下资源投入最少。

17.3　小结

系统架构这个课题是一个辩证使用技术和方法论保证服务性价比的事情。任何技术、任何方法都有其特点和局限性，只有融会贯通地使用才能在架构优选中获得更好的思路和解决方案。

Chapter 18 第 18 章

数据解读与数据的价值

本章是杂谈性的内容，是基本脱离技术内容以外的一些延展性的话题讨论。阅读起来应该会更有一定的发散性，也会更觉得轻松一些。

在前几章里已经介绍过关于数字化运营的一些基本知识了，只要做好下面几步，就拥有了最基本的运营条件。

（1）数据收集。

（2）数据存储。

（3）数据结构化建模。

（4）指标体系。

不需要太多高深的知识，只需要认真把这每个环节都做好，一个公司的数字化运营就会自然传承迭代并帮助公司运营自如。

18.1 运营指标

指标作为独立的一节知识在第 5 章已经进行过讨论了。

运营指标和普通的指标有什么区别呢？从名字上来看，运营指标应该是指标的一个子集，也就是说有部分指标是可以作为运营指标来用的，有一部分则不适合。

运营指标，顾名思义，是为运营直接服务的指标。不同行业的运营指标，无论是关注的内容还是关注的周期其实是不一样的。

在日常生产工作中，利用运营指标能做的事情主要是纵向和横向的对比。

纵向，就是一个部门或者一个人，对不同时段的同一指标进行对比，以判断其运行状态是好转还是恶化，是进步还是退步；如一个部门的月生产产值，同比增长 1 000 万元，环比增长 200 万元。这就是纵向比较。

横向，就是指部门和部门之间，个人和个人之间，尤其是那些职能相同的部门和职能相同的人之间的对比，能够看出工作效率的差异和盈亏的多寡。例如，张三的月销售额为 100 万元，李四为 30 万元，王五为 50 万元。通过对比可以得到清晰的工作能力量化排名，这就是典型的横向比较。

指标体系的建立和对比对于企业内部营造一种积极进取的气氛是非常重要的。

18.1.1 互联网类型公司常用指标

下面举几个互联网类型的公司最常用的指标例子。

1. 搜索类产品

搜索类产品大多是一些搜索引擎网站，有的网站搜索的对象比较宽泛，有的则是垂直类别的，如只供搜索各种新闻，或者只供搜索各种图片等。搜索类产品提供的服务核心是一个或几个关键词到一些链接的映射，通过这个映射可以迅速用关键词跳转到目标页面。盈利当然就是靠那些希望购买这种关键词对自己页面有高命中率的商家了。所以自然而然就有点击量、转化率等这些他们比较关心的指标了。

常用指标有以下几种。

日点击数（Page Views）：每天网站点击数量。

每月独立访问量（Monthly Uniques）：在没有用户体系的搜索类产品里一般是指独立 IP 的访问量，1 个 IP 访问 1 次和 10 次都算 1 个独立访问。

点击付费链接的用户百分率（Percentage of Users that Click a Paid Link）：也就是“转化率”，表示列在用户面前付费链接里有多少比例的链接会让用户有兴趣点击。一般搜索类网站这个值都比较低的，有 1% 左右算是比较正常。

每次点击收入（Revenue per Click）：平均每次点击的收入。

2. 游戏类产品

游戏类产品也有相应的一些指标。

每日 / 月活跃用户（Daily/Monthly Activated Users）：也就是俗称的“日活”和“月活”。一般来说，游戏的繁荣程度很大因素来自于活跃玩家的数量。日活 / 月活指标不只在游戏类产品中才会被人用到，很多软件产品也都会对这个值进行统计。只是游戏是一个用户互动性很强的产品，它的繁荣程度与这个值关联太密切，所以这个指标才被看得很重要。

付费用户转化率（Conversion Rate to Paying User）：付费用户与注册用户的占比。

平均每用户收入（Average Revenue per User，ARPU）：指的是以月或者年为单位的从每个用户身上平均收入多少。

18.1.2 注意事项

先说一个悲观的观点，也是很多数字化运营中数字解读者容易陷入的误区——指标能解释一切。但是事实却不是这样——运营指标能看到现象，甚至可以说对现象的感知及其灵敏度，但是它永远不能自我解释原因。

不仅是这样，有经验的运营人员可以通过自己的经验和行业知识对原因做试探性的推断和解释，但是仍然不能通过指标来直接并准确解释原因。它只是一个仪表，只是一个和温度计、体检报告并无二致的结果告知性的数字化表现，而非原因解释性的。

这就好比人们感觉不舒服，去医院做一个身体检查，检查结果是胃炎，那胃炎应该怎么吃药是有成熟的解决办法的，不管是老中医开的汤药，还是西医开的抗生素，开了就去吃，吃了就能好。但是至于是怎么得的胃炎？是暴饮暴食导致的，是饮酒过度引起的，是长期吃刺激性食物引起的，还是由其他原因引起的细菌性感染？这个在报告里未必能看出来，还需要进行进一步排查。

在驾驶汽车的过程中，看到油箱表下降较快也只是看到一个现象，当它下降到红线位置时就是提醒我们应该去加油了。至于为什么下降快，是因为刚刚爬坡，油门给得过大，还是油箱有渗漏？仪表盘是没办法做解读的，只能根据进一步的各环节检修进行排查。

那汽车仪表盘的场景有没有“优化”的手段呢？如果想把这个排查的时间过程缩短，是不是可以在这些环节各自再设立一个指标作为众多仪表的一员，如“平均坡度仪”——记录刚刚过去的 2 小时里爬坡的角度平均为多少；“平均油门”——记录刚刚过去的 2 小时里油门给得多大，对比一下看比平时大还是小。如果这两个指标都正常，那就说明十有八九是油箱有渗漏了，也就不需要排查其他环节，直接检查油箱和油路。飞机驾驶舱的仪表盘非常多，你以为是飞机制造商喜欢耍酷还是飞行员自己有密集偏好症吗？绝对不是。就是为了把这个空重将近 280 吨的大家伙每个关键环节的实时状态都展现在飞行员的面前，来保证飞行的安全进行。图 18-1 所示为空客 A380 的驾驶舱仪表盘，够复杂吧？密集恐惧症患者请绕行。

图 18-1　空客 A380 的驾驶舱仪表盘

在驾车的例子里，“优化”是加引号的，其实原因也很简单，就是说说“优化”是不是真的够优。这个事情究竟是不是值得为此专门放两个仪表在车上，毕竟它是有成本的，而且仪表盘上又多了两个示数。这也是在指标化运营中一直面临的一个矛盾，指标的含义、指标的数量设置要合理，要让这个指标的维护和解读的成本与它的作用和收益相称。这一点请读者一定要注意。

18.2 AB测试

AB测试在很多互联网产品中都很常用，甚至有很多老牌的软件企业也从这种方式中汲取经验。

AB测试指的是什么呢？

在我看来，AB测试是一种评价体系的核心思想。大致的工作流程如下，当不知道一种产品的A方案好还是B方案好时，或者两种设计完全不同的产品A和B的市场反应如何时，会考虑找两组用户来进行测试。

如设置两个对比组，A组100人，B组100人，给A组产品的A方案，给B组产品的B方案，然后观测各种反应指标。最后得出一种相对客观的比对结论。这就是AB测试的整体思路。

AB测试虽然对于互联网产品是一种舶来品——在很多传统行业里早就已经开始使用了，而且近几年也逐渐应用更为广泛。

传统行业里有哪些地方用了AB测试吗？有的。

例如，药品的临床测试，有很多新药，要测试其是否真的有效，或者其药效是否比其他药的药效好，通常采用的方法叫做“随机对照试验”（Randomized Controlled Trial，RCT），也就是将病患分为两组，然后一组给药一组不给药；如果是对比两种药物，那就是一组给待测药一组给另一种对比药物，在疗程结束后对比治愈率。为了避免人为情绪化因素以及个别样例的特殊反应对测试结果的影响，又进化出一种叫做“大样本随机双盲试验”的办法，算是对“随机对照试验”的进一步科学化的诠释。

两者的不同点在于：

第一，大样本，样本量加大稀释个别样例特殊反应对统计结果的影响；

第二，双盲，就是让病患和医生都对药品和分发对象事先不知晓，让所有人都在这个被他人安排好的测试旅程中一步一步进行试验，直到最后再去对比测试的结果。这样就避免了在人与人接触的过程中由于主观情绪掺杂在交谈里引起的一些难以把握的因素。例如，医生如果主观上对这种药不看好，或者主观上认为这种药效果不错，在交谈的过程中或多或少会有情绪上对病患的暗示，那这种暗示对于治疗配合程度的影响会干扰测试结果。假如治疗结果好，就说不清究竟是药品真的很管用，还是其中有更多“安慰剂”[⊖]的成分。

⊖ 安慰剂：Placebo，具有一定的作用，对有心理因素参与控制的自主神经系统功能如血压、心率、胃分泌、呕吐、性功能等的影响较大。它的心理影响效应对病症的缓解在临床上已经得到了相当程度认可。

除此之外，国内在推行一些制度或者管理办法时也都有“试点企业”、“经济特区”的一些局部区别性的制度，目的就是为了看这种AB测试的对比效果，效果好了就推广，效果不好就停掉再试其他方法。

18.2.1 网页测试

在互联网产品的开发过程中，AB测试的使用也是非常广泛的，尤其是在拿不准用户喜好的时候。

在一个网页（界面）上线时，再好的经验也没办法判断究竟这一次发布结果如何，在有两个以上选择时也会面临这种问题。那就不如都交给市场，让市场的反应说了算。

例如，要做一个网站（网页），不确定用户对哪一个更喜欢，那就在试运营或者公测时让访问的用户被随机分配到一种方案上，如果有两种备选方案，那就是A方案和B方案。让他从头到尾都使用这一种方案风格对网站（网页）进行访问。记得把他访问的路径记录下来。某一个人个案性的访问路径、访问时间、点击数可能不能说明什么，这必须看宏观统计。在测试一个网站的过程中要至少选择数百人进行随机分派，有条件也可以多选一些。

但是为了保证测试不是由于提供的内容导致用户的好恶不同而只是由于表现形式不同的，那就要保证对A、B两组人只提供外形（样式）差异的网站。因为除了网站外形的不同以外，网站提供的内容、访问产生的延迟等都会对网站对用户的吸引程度有影响，这个因素要尽可能排除在外。

在做完一轮测试以后，周期是自己设定的，可以是3天，也可以是7天或其他的天数，如果基本能够保证每个用户从第一次看到网站入口开始就被分成A、B两组中的一组而且从一而终，那就可以看看以下指标。以每种方案为观察单位。

（1）用户平均一次访问的页数。

（2）用户平均每页逗留时间的长度。

（3）用户再访问比例。

（4）N天留存率（回访率）。

通过这些比较大概就能得出方案孰优孰劣的结论了。也可能两者差不多，也可能都不太理想但是其中一个略好一些，但是这时已经能够做出选择了。

18.2.2 方案测试

如果不是一个网站，而是某一个产品的方案呢？还能这么简单地去做AB测试吗？其实也是可以的，因为AB测试不是一个具体的测试工具而是一种测试的思想。那我们再来看一个例子。

我们以一个右下角分辨率为300×200像素的升窗广告位产品为例。如果你是这个广告位产品的产品经理，你需要考虑这个广告位如何安排版面的问题，至少有以下两种选择。

其一，可以推送一幅大的广告。占满整个小广告屏，然后让里面的4个广告位进行2

秒为单位的滚动。如图 18-2 [⊖]所示为一个 6 幅图自动切换的样例，能够看到下面有 6 个切换按钮，在画面滚动切换时，如果想跳转到其他编号的广告画面则单击相应按钮进行切换。4 幅广告也是同理，只是切换按钮只有 4 个。

图 18-2　6 幅图自动切换

其二，可以推送 4 幅小的广告。让这 4 幅小的广告拼起来占满整个小广告屏。如图 18-3 [⊜]所示为一个 9 幅图的样例，版式为 3 × 3，也有 4 幅图的，即版式为 2 × 2。

图 18-3　9 幅图同时显示

在用户触发了这次广告推送的事件以后，广告后台就要做出反应，可以用随机的方法进行 1:1 的推送，即让这两种展示方式在每次请求中的几率均等，都是 50%。一般来说，这基本也能够保证足够的随机性了。

之后就可以观察究竟由哪一个带来的广告点击转化率高，是第一种方式容易诱导用户

⊖ 图片来源于京东商城截图。

⊜ 图片来源于淘宝网截图。

点击广告位还是第二种方式容易诱导用户点击广告位，这通过用点击数除以推送数就能够得出来，甚至用不了一天就出结果，极容易验证。只要有了结果，就可以考虑在全局使用这种方案了，因为已经有了足够的且确实的理由。

在做互联网产品时千万不要犯经验主义的错误，经验永远是局限的，唯一不变的东西就是变化本身。像这种广告，在没有测试之前不能武断地认为一定是哪个更好，因为两种方式也确实各有优缺点。

第一种大广告好处是图片清晰，内容可以更丰富；不好的因素是滚动，滚动就意味着不能一目了然地看清所有的信息。第二种广告的好处是一目了然；不好的因素是可用的分辨率变小，文字和图片的展示都比第一种更为有限。哪种转化率高只能通过比对结果的数据来说话了。

扩展一下这个话题。如果想把这个例子做到极致，还可以尝试对每次弹出的信息做分类。区分一下素材和题材，在相同的素材和题材下面去对比看哪一种转化率高。如最后方案 AB 测试对比结果可能如表 18-1 所示。

表 18-1 AB 测试对比结果

	方案一转化率（%）	方案二转化率（%）		方案一转化率（%）	方案二转化率（%）
服装类	1.03	1.10	汽车类	0.64	0.34
鲜花类	1.42	1.24	…	…	…
书籍类	0.77	0.98			

如果能够得到这样一个表格，那么在不同的广告投放方案被触发时是可以采用不同的排版策略的，这样会比“一刀切”的排版方式提供更大的全局转化率。

其他维度上的对比可以再想其他方式，总之，有了 AB 测试，基本所有这种难以琢磨的偏好把握都有了量化对比的手段。

18.2.3 灰度发布

在游戏新版本的发布环节中有一个名词叫“灰度发布”。这个词很形象，因为它表示的就是一个“黑白混杂”的情况。

那“黑”和“白”分别指什么呢？其实我们可以认为“黑”就是旧版本，“白”是新版本，在两个版本进行更迭时就是一个从“黑”到“白”的过程。

一般一个游戏的客户端从启动就开始检测是否有新版本可以更新，如果有，它就会启动更新模块开始下载，并把这些文件覆盖到客户端游戏的程序中去。不得不承认，即便在技术积累非常好的公司里，在全网范围内做更新都是一件很有风险的事情，这个风险很大程度上已经不是技术层面的风险了——即便在封测阶段、内测阶段、体服公测阶段（在体验服务器上进行的半公开测试）的测试都能通过，不死机、不闪退、不卡顿，其实也并不能保证在全网更新后游戏论坛会被吐槽的人民群众刷屏。毕竟游戏版本中的对错不是以技术标准来衡量的，更多的是玩家情绪的反应，而情绪这个东西又太复杂，在这些测试的阶段也不一定能测出好的效果。怎么办？“灰度发布”应运而生。

用策略文件进行控制，可以仅对全网环境中的部分用户——可以是5%，可以是10%，也可以再多一些（但是这些数量级比封测和体服的数量级还是大多了）进行更新，看看他们的反应。这些反应有的会直接体现在当天的DAU（日活跃用户）上，也可能体现在下面接连几天的DAU上，也可能体现在其他指标上，也有可能会更直接地体现在官网论坛上或者客服的电话里。

每次“灰度发布”都是一个决策的实验而已，而接下来就是两种选择。一种，反响良好，继续更新到全网范围内。另一种，反响不理想，把已经升级的客户端回滚到前一个稳定版本——不能变好起码也要保持现状。

“灰度发布”在游戏里用得多只是因为游戏的版本更迭比较频繁，仅此而已，并非它只适合于游戏软件。其他任何的可以通过互联网进行分发的软件产品都可以采用这种思路，甚至是云端用网页来实现的软件也能用这种方式进行试探性的用户反馈测试。思路就是这样，简单吧？

不要小看这个简单的东西，用得好会让产品每次都能顺利爬台阶，一步一步走向正确的方向，这比求助任何行业专家都要成本低而且反馈灵敏。

18.2.4 注意事项

AB测试虽然好用，但是也需要注意技巧，尤其是它的局限性。请务必注意！

AB测试测试的是两种不同的方案，虽然能够比较出哪一种效果更好，然而方案的相异点越多，越无法定位造成影响的原因。

1. 量化比较对象

在对比的过程中尽可能去量化比较的对象。例如，在网站外形的比较中，字体大小的磅数，显示窗体大小的尺寸，每页的行数，如果想进行研究把他们作为对比的对象的话，这些值是要量化的。AB测试有可能会进行多轮，多轮之间的结果对比要形成一定的结论性的东西，也就是要试出一个经验值（Magic Number）或者一个知识。至少下一次再做同类的事情不需要从头开始试起，而如果要试，也就是试一下有没有比这个已知的最好值更好的值。这对于“创新即生命”的互联网产品是极有意义的。你能接受所有的运营人员每天都在用“大一点”，“稍微有点小”，“不够快”这种感性的说法来在彼此之间传递信息吗？如果不能，那就尽量做到量化吧。

2. 单一化

两个网站方案，色调不同，文字大小不同，布局也不同，每一页的条目数量不同，即便最后确实能比较出来有一种风格更容易被人喜欢。但是，究竟是由哪一种或几种因素“引发”了这种偏好的表现不得而知。

如果一定要得到对应的解释，应在每次方案比较时把方案之间不同的地方压缩到最少，如只有一个方面不同，其他的都相同。通常这样比较出来的结果针对性会非常强，对形成自己完善的产品运营和演进体系是有好处的。如果担心要验证的方面太多会让验证周期加长，则可以同时开启多个AB测试的对照组，每个对照组进行独立的单一属性的对比，这样也能够在一定程度上缩短测试的周期。

3. 强隔离

AB测试还要注意一个问题，也就是测试的环境应该是一种强隔离的环境，因为测试对象内部与外界如果联系过多会直接导致测试的失败或者根本无法进行。

世界上很多国家都是实行夏时制的，如澳大利亚、俄罗斯以及欧盟各国。

夏时制指的是一种为节约能源而人为规定地方时间的制度，在这一制度实行期间所采用的统一时间称为“夏令时间”——对应的非制度期间叫做“冬令时间”。一般在天亮得早的夏季人为将时间提前一小时，如把表从9:00拨到8:00，然后在5个月后夏令时结束的时候再把表从8:00拨回到9:00而且是全国人民都这么做，据说这样可以使人早起早睡，减少照明量，以充分利用光照资源，从而节约照明用电。

我国在1935年到1979年间间断地实行过若干次夏时制，最近的一次是1986年到1991年，每年的4月到9月这5个月时间实行夏时制。最后还是由于认为这种制度得不偿失而取消掉——不管怎么说，在这段时间里，要保证所有的计时器时间都同步变化这一个小时，学校上课、火车载客、医院就诊，机构的时钟要变，人的时钟也要变。最要命的是不少人要为这1个小时花一两周来倒时差。所以权衡利弊，在1991年以后我国再也没有做过夏时制的调整。

按说这种全国性的新制度政策应该就像经济特区或者试点城市一样做一个试点性的测试，但是就是真的有人想做恐怕实行者也会说“不管是城里还是乡下这东西都不会玩”。这些试点城市和外界的一切联系都是要靠时间来进行同步的，尤其是在国内这么频繁互动的环境，这个地区和其他地区的交通时刻表要做一个1小时的差值变换，电视节目转播要做1小时的差值变换，恐怕连打个电话都要将这边是几点那边是几点反复强调，这些同样是巨大的成本。

4. 其他不良后果

如果要对产品用户做大礼包赠送这种活动，可是不知道送什么细节内容组合让用户更有黏着性或更满意。这种情况也是可以考虑使用AB测试的。

准备两种不同内容的礼包，然后让用户自己选，记得做好登记工作以及事后持续不断的数据反馈工作，这样较为妥帖。

切忌1：不允许选择。

如果不让用户自己选择，而是进行随机性的派发，那么很可能会让用户收到自己不满意的礼包而其实明明有另外一种礼包可能更适合他却没有派送给他。这种情况如果被用户知道，轻则背地里吐槽说运营人员脑子进水，重则会引发用户集体性拂袖而去。反正哪一种都不是原先派发礼包的目的。而且在大量的自主选择的过程中也能看出一定的情趣取向。

切忌 2：价值悬殊。

如果所做的两种对比礼包内容价值相差悬殊，尤其是非自主性选择的情况下，也会引起用户对公司厚此薄彼策略的猜测，如果公关部门不能很好地处理可能有引发一些群体事件。

18.3 数据可视化

数据可视化是一个一直以来都被数据运营人员重视的问题。做好数据可视化，关键有以下两点。

我在大学毕业毕业不久的时候，由于对职场工作感觉心里没底，曾经问过一个世界 500 强的大型化妆品跨国公司的大中华区总经理——好在他是我表姐夫，不收咨询费。我问他，“工作怎么去把控，报表怎么做比较好？”他只说了几句话，让我当时也是茅塞顿开，虽然当时是确实“不明觉厉”的感觉，但今天回想起来感觉这真的是精华中的精华。

第一，一切工作尽量目标化和数字化。这个其实说的就是指标运营的问题，就算是公司没有指标，自己对自己有指标的要求也会让人有激励自己进步的能力。

第二，陈述简洁化。能用图的不要用表格，能用表格的不要用条目，能用条目的不要用段落。这个其实说的是可视化的问题。

18.3.1 图表

在运营中对可视化的重视不是因为我们要赶时髦，喜欢喊口号，而是人自身对外界信息认知本身就有的敏感而有的迟钝。很多东西与生俱来，要让说教使得每个人克服这种迟钝的难度很大，不如从人认知特点的角度进行弥补，这才是可视化被重视的根源——也就是以人为本。

信息越少，人的注意力越容易集中；反之，信息越多，人的注意力越不容易集中。这才是在报表上应该着力注意的问题。

人们对图的敏感度是比较高的，对形状和颜色的敏感度也比较高。所以在数据可视化中多采用柱状图、折线图、散点图、饼图、雷达图、热力图……

柱状图如图 18-4[一]所示。

折线图如图 18-5[二]所示。

柱状图和折线图主要是用来观察变化趋势的。

散点图如图 18-6[三]所示。

[一] 引用自 echarts.baidu.com 网站示例。

[二] 引用自 echarts.baidu.com 网站示例。

[三] 引用自 echarts.baidu.com 网站示例。

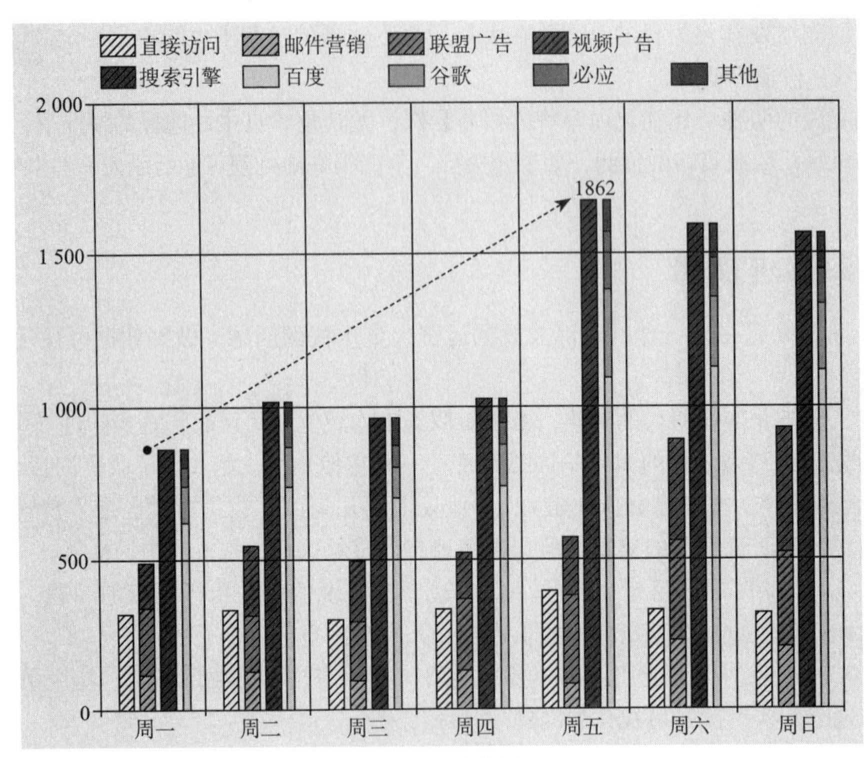

图 18-4　柱状图

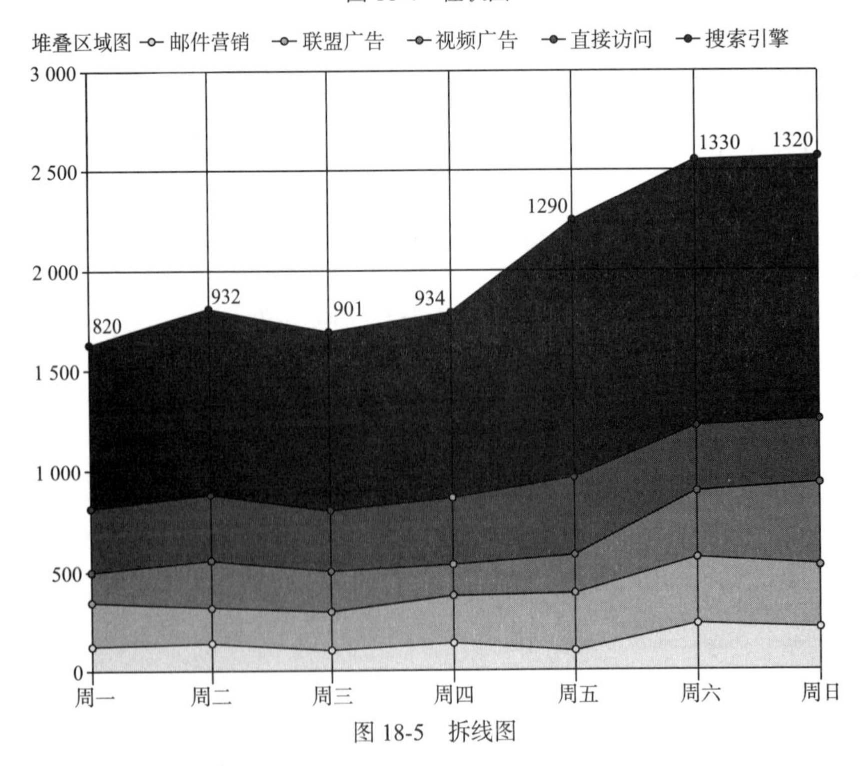

图 18-5　折线图

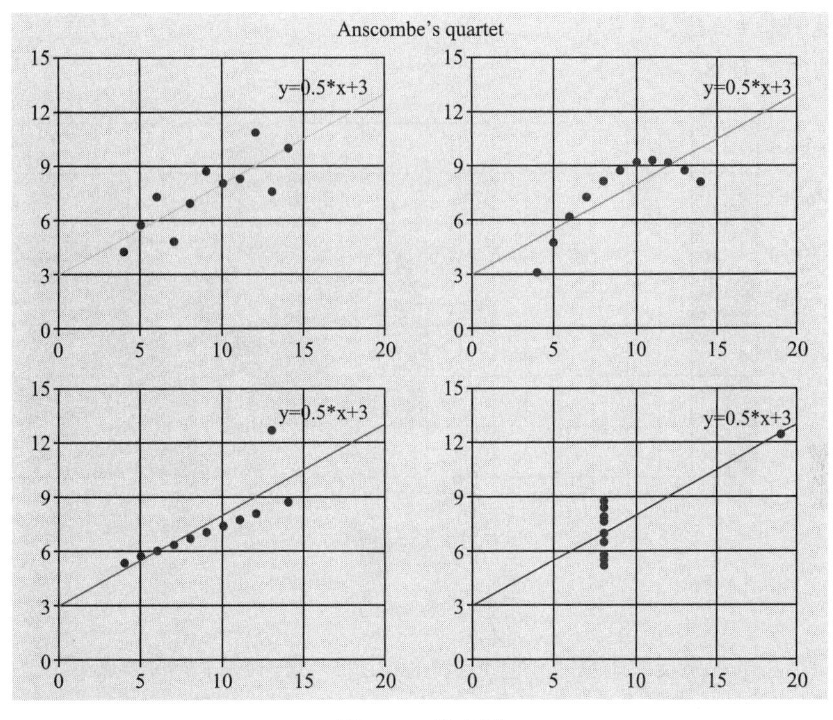

图 18-6 散点图

散点图是用来观察分布密度的。示例中的散点图看上去像是做回归用的，而平常多见的散点图通常是没有用直线去穿点的过程的。

饼图如图 18-7[⊖]所示。

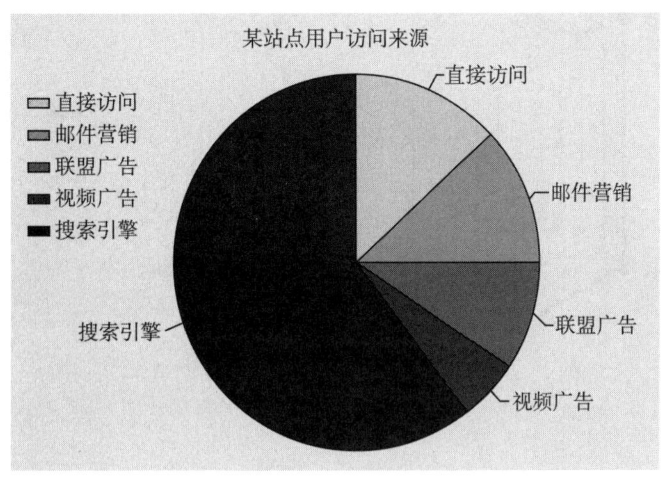

图 18-7 饼图

⊖ 引用自 echarts.baidu.com 网站示例。

饼图是用来观察比例关系的。

热力图如图 18-8[⊖]所示。

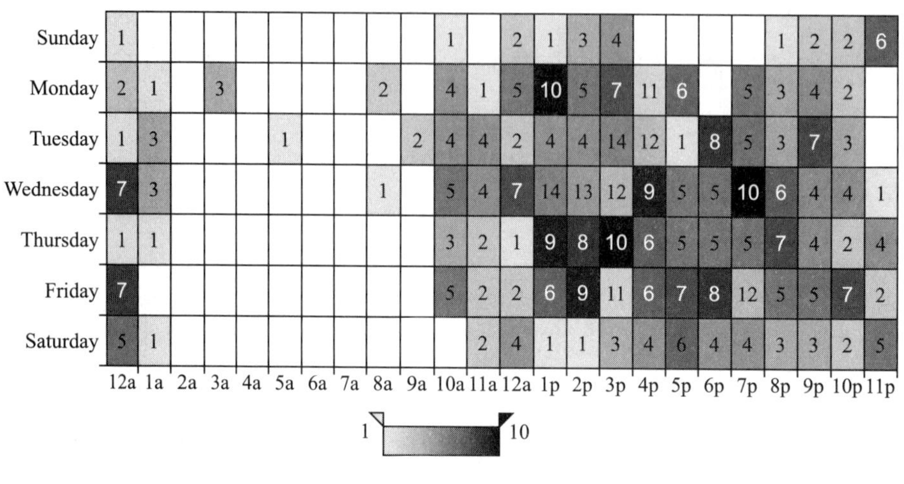

图 18-8 热力图

热力图是用来观察连续维度下的“热度”变化的，是一种特殊的散点图。

雷达图如图 18-9 所示。

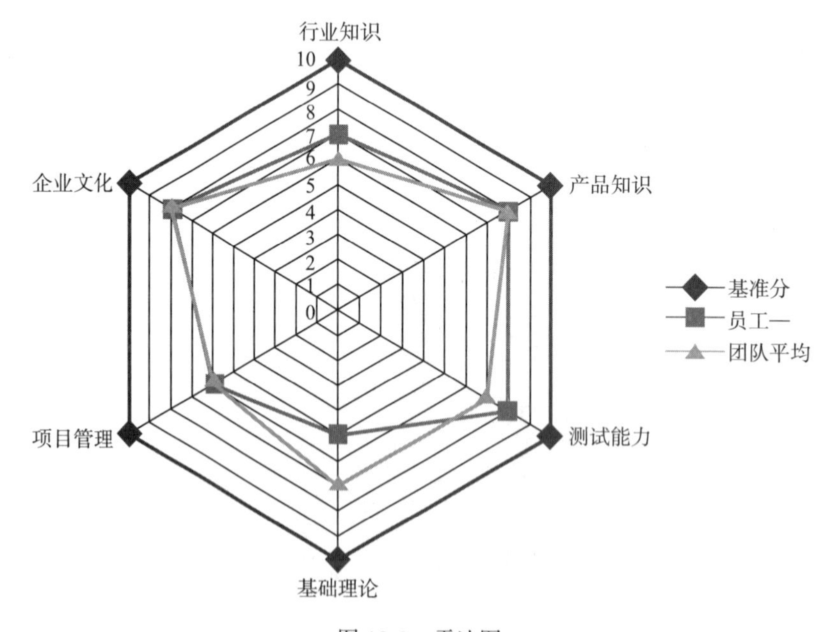

图 18-9 雷达图

⊖ 引用自 echarts.baidu.com 网站示例。

雷达图是用来表示单个对象多维度（属性）分布均衡度的。

还有很多更为丰富的图表内容，也有一些是这些基本图形图表的变种，但是能够掌握这些就已经能够在平时的数据挖掘和运营中解决绝大部分问题了。

18.3.2　表格

有的数据内容维度多，超过 2 维的向量数据已不能在 A4 纸上打印，而超过 3 维的向量数据在计算机显示器上也很难表示出来。这种高维度的数据不方便用图形表示，所以只能退而求其次用表格来表示。

表格的好处是内容丰富而且行列规整、横平竖直，是一种非常好的结构化数据标本。然而即便是这样领导们也是不喜欢看表格的，数字天然就没有颜色和形状对人的视觉刺激感好。好在一般都是数据科学家面对大量的多维数据分析，分析成低维度数据交给决策层时已经可以用视觉冲击良好的图表来表现了，例如，图 18-10[⊖]所示的二维表格。

I8　=D8*W20

ZERO-WPQ:
工龄*工龄工资标准值

×××有限公司2012年11月工资表

2012/12/18

序号	姓名	入职时间	工龄	学历	岗位	基本工资	岗位工资	工龄工资	[illegible]	补贴	效奖金	能力态度	加班补贴	其它补贴	应发	扣其它	实发	备注
1	XXXXX	2005/11/28	0	本科	总经理	2500	1500	0	780	100					4880	1224	3656	
2	XXXXX	2008/3/1	0	本科	副总经理	2500	1000	0	780	100					4380	1124	3256	
3	XXXXX	2009/3/1	0	中专	部门经理	1200	500	0	374	100				26	2200		2200	
4	XXXXX	2009/4/3	44	大专	项目主管	2000	300	880	624	100				544	4448		4448	
5	XXXXX	2010/3/3	33	大专	软件开发	2000	100	660	624	100				664	4148		4148	
															0	0	0	
7	XXXXX	2011/6/7	18	大专	软件开发	2000	100	360	624	100				704	3888		3888	
8	XXXXX	2012/1/1			会计		600	0	0	100					700		700	
9		2012/12/18	0			0	0	0	0	100				-100	0		0	
	合计					14200	4200	2560	4430	900	0	0	0	1838	24644	2348	22296	

图 18-10　二维表格

最不推荐的就是用条目来做描述，如果用，也是用于在一个图形或者一个表格之后做补充说明。

段落化的陈述最不提倡，因为人们从这种非结构化的陈述中提取信息是时间成本最高的。

18.4　多维度——大数据的灵魂

18.4.1　多大算大

“大数据”这个词本身具有莫大的误导性，再加上行业里动辄宣传和鼓吹 Google、Facebook 的机房有多大，存量有多大，就更容易让人们认为，必须数据量超级大才算大数

⊖ 图片来源于百度图库。

据入了门，才算“大”数据。认为数据很多才算大才有价值，就好比饭越多越好吃，音乐声音越大才越好听一样经不起推敲。

做大数据的目的究竟是什么呢？尤其是作为商业用途来说，无非是为了多赚钱或者多省钱，不论是直接的还是间接的。一旦脱离开这些，谁来买单，谁来背成本？大数据价值就成了伪命题。

Google 和 Facebook 这样的公司做大规模系统的目的也不是为了炫富，而是他们确实数据量膨胀到一定程度了，不得不使用一些平时应用场景里不多见的技术，所以“这些技术一定是大数据的必备条件”就自然变成了误导人们的信息。作为挑战尖端科技和中国这种人口基数的互联网公司的客观需求，研究超大规模架构集群技术是一个方向而且绝对正确，但不建议中小型公司邯郸学步。

中小型公司需要大数据吗？答案是肯定的，不仅需要，而且非常需要。中小型公司要用大数据做什么？这种需求多少年来一直没有变过，还是刚刚说的要么多赚钱要么多省钱。多赚钱多省钱的途径在数据运营中最常见的就是指标管理，再有就是诸如财务分析、人力成本分析、工作效率及成果分析等。这些东西在日常生产生活中占了绝大多数的数据应用场景。对这些对象研究明白了就已经能解决大部分运营问题了。

如果还想做得深入一些怎么办？再把参考维度的数据增多就可以了，如刚刚这些数据指标是否和气候变化有关？是否和地理位置有关？是否和大气污染程度有关？是否跟当前热播的电视剧有关？是否跟短时间内网上的一个热词有关？是否跟交通状况有关？是否跟人们使用的上网设备有关等。这些数据的引入不需要做得非常多，只要相互结合有效且丰富适度，就可以挖掘。甚至指标自身前后是否彼此有影响规律，也是一个值得研究的课题。

18.4.2 大数据网络

大数据很重要，尤其是从国家战略的高度来看这个问题就更是如此。国家要做决策需要很多事实作为依据，尤其需要大量的数据作为参考。数据的获取有很多途径，而成本最高的也许莫过于派出专门的调查小组去做访谈和总结了。这种方式缺点显而易见——时间周期长，人工成本高，协调工作难度大。其实根本没有必要派出很多调查小组去调查能从大数据网络中得到的信息，正所谓“一叶知秋”[⊖]。

从广泛部署的物联网来看，很多以前不可想象的问题到现在已经逐步得到了解决。

想知道一个地区繁荣程度如何？最简单的就看用电和用水就可以了，带有远程抄表功能的智能电表、水表可以进行实时数据归集，每天都能看到数字的变化。做做同比、环比就知道这个地区的电器和人口活跃程度有没有变化，不管是常驻的还是流动的，而且还能区分是民用水电的增加还是工业水电的增加。

⊖ 《淮南子·说山训》：见一叶落而知岁之将暮。

想知道一个地区交通状况如何？看看那些高速公路和国道、省道上的测速摄像头记录就能知道。什么时间，车流通过多少，车速如何，就能够从一定程度反映出交通的情况，是人迹寥寥还是车水马龙，是风驰电掣还是拥堵不堪。如果做路段改造，成果也能从这些数据里直接得到体现，而且都是立竿见影。

想知道一个地区的水文信息、气候信息，也没问题，传感网络可以遍及到每个人迹罕至的地方，不管是江河湖海还是沙漠沼泽，无人值守的传感器可以为人们代劳数据收集和上报的工作。

总而言之，这些原本需要大量花费人力物力才能进行收集和统计的数据，做起来已经越来越轻松——在这背后是大数据中心的功劳。这样的工作量在大数据时代到来之前是根本没办法想象的。

一个一个独立的大数据中心能够在某一个分领域或者一个地区做到数据收集，数据存储，数据分析，但这还不是数据的终极价值。因为人类社会客观上来说是广泛联系的，这种联系既然存在于人与人、人与物、物与物之间，那必定能够体现于广泛联系的数据之中。因此，一个孤立的大数据中心建得再好也是无法从割裂的数据去诠释全局的数据全貌的。如果想要了解这种广泛的联系，那必定会产生广泛的数据交换的需求，这就是大数据网络——由大数据中心彼此连接形成的数据交换网络。

18.4.3　去中心化才能活跃

大数据中心之间之所以会形成网络，不是因为有人以强制手段命令它成为这种样子，同样是自然形成的——以自然形成的东西其背后的力量就是自然（这里的自然不是说的山川湖泊花鸟鱼虫的这种保护自然环境的自然）的力量，自然的力量远比人类的力量澎湃与不可逆转。

人类在世界各地的大陆和岛屿上广泛分散存在而不是集中存在，即便是集中聚居在城市之中，城市的规模也是有限的，要想在更大规模内形成交互和协作，城市和城市之间就要建立联系。容易让肉眼看到的东西如高速公路、电话线缆、光纤网络、飞机航线等，这些都是联系的方式。城市本身是拥有膨胀和坍缩的自然动力的，城市的边界扩展和萎缩说到实质还是由于资源，也就是人口和支持人口的一切生存必需物质是否支持其膨胀。当城市膨胀到一定程度时必然会引发极多的“大城市病”，如就医难、上学难、出行难……说来说去还都是资源分配不足的问题，这些问题势必对城市扩张形成阻碍。

大数据产业的发展会遇到完全一样的问题，数据资源的集中必然会带来交换速度加快、备份方便、计算方便等多种便利，而同时也会提高大数据中心建设的难度。人工成本、电力成本、管理成本、灾备硬件成本，这些都在给资本输入行业抬高门槛。而这种牵一发而动全身的庞大结构也让每一次技术演进、技术决策、方案调整如履薄冰。资源越集中对于资源调度的难度其实就越大，这个和人类本身的认知和掌控能力有关。

大数据产业里任何一个环节的发展思路都应该以去中心化为原则，而不应直奔“大而全”的目标。这个原理就像做这样的选择一样：是在中国建立一个大城市还是几百个分散的小城市，是建立一个特别大的超市还是若干个分散的小超市，是建一个特别大的办事处还是分散的小办事处。哪种更有好的操作性，哪种更容易帮助资源得到合理分配，哪种方式就应该是首选。

去掉中心的本身不是目的，去掉中心是为了发展更为迅速。为此同样还要让各个分散的大数据中心以及各个生产环节建立连接，尤其是帮助数据在逻辑层面建立连接，让它们的维度扩展和丰富起来。

18.4.4 数据会过剩吗

数据作为一种产品，它的生产会过剩吗？先说说商品为什么会过剩的。

从书本上学到的商品过剩的概念也好，还是在平时的生活中碰到的商品过多而产生的大甩卖也好，是一种供大于求的现象。换句话说，生产了大量的超过市场消化能力的产品，就是过剩。

过剩很可怕。粮食生产过剩，粮贱伤农，农民苦不堪言；成衣生产过剩，也就只能低价甩卖，甚至是没有最低只有更低——我国在 20 世纪 80 年代初到 90 年代中后期在全国各地持续的“限产压锭”的过程中已经吃过了纺织品生产过剩的苦头。大量的工人下岗、转产，纺织厂也是并转关停。

想想看，数据会不会有一天生产过剩，以至于大家都廉价去售卖数据甚至不要钱让别人来用自己的数据呢？

即便是在有知识产权保护的前提下，有一点也是可以肯定的，那就是同质的数据是有可能“过剩”的。如果大家都售卖的是完全一样的数据，连质量也完全一样，那么这种数据必然会产生供过于求的情况——两个完全一样的物品（服务）那就只能比谁更便宜。这种情况下，数据生产商其实就退变成中介了，而且还不是高档的中介，这不是大数据产业核心的意义所在。

但是数据的生产有一个天然的上限，可以说出这个上限在哪里，但是怎么也不可能摸到它，这个上限就是“世界乃至宇宙发生所有行为综合的客观描述”。——不知道你同意不同意。

世界上的万事万物都是运动的，每一刻，每一个行为都是可以进行量化的客观记录的，这些记录将形成一个无穷大的数据样本空间，连维度都是无穷大的，大到无法记录全貌。现在这一刻虽然意识到大数据世界的重要，但是仅仅是在整个大数据空间的奇点上，真正的大数据市场还远远没有开始，还有大量的数据根本没有记录甚至有很多有价值的数据还没被人们认识到是数据。

这些还没被认识到的数据同样会受到供需的影响，缓缓地、逐步地纳入人类的数据研究视线，这只是时间和性价比的问题而已。所以从这个角度来说，数据的生产会过剩吗？应该说，不会，而且永远不会。

18.5　数据变现的场景

最后来说说数据变现的问题。

我们的信息本身就是一种财产，我们的手机号、年龄、身份证号、职业、年收入水平、购房与否、购车与否、婚否、育否……这些信息已经很丰富了。这些信息已经能够让那些商家愿意花一大笔钱来购买，然后按图索骥，找到"高需求用户"，推销各种"高需求产品"。这些商家自然是获得了好处，但是人们的隐私却被冒犯了。原因无非是某些机构在登记了人们的信息以后转手卖给了这些商家，这是一种表现最为赤裸的数据变现。

想想看，商家买这些数据的目的是什么呢？应该是为了帮助他改进业务。为什么能够帮助他改进业务呢？因为他一旦有了这些数据就能不需要大海捞针式地再去逐个给所有手机号打电话了，节约时间，节约人力成本，这才是他愿意为这些数据买单的最根本的原因。有些数据你可能白给他他都没兴趣，因为拿着没用，不能赚钱也不能省钱。

我们把例子举透彻一些吧。

如果这种骚扰电话使用大海捞针的方式，假设需要打 10 000 通才能成交 1 笔，被骂 9 999 次。那么在获取了这份名单之后，也许只需要拨打 1 000 通就能成交 1 笔，被骂 999 次，产能提高 90%。如果加之有人预先对用户做过画像，进一步进行了转化率的优化筛查，也许只需要拨打 100 通就能成交 1 笔，被骂 99 次。同样是成交 1 笔，产能提高了 99%。换而言之，假设原来要雇佣 100 个人来打这 10 000 通电话，现在只需要雇用 1 个人就够了。那 99 个人就是节约下来的人力，就是用蒸汽机驱动的纺纱机代替纺织女工的过程。

18.5.1　数据价值的衡量的讨论

1. 交换价值

前面反复提到，大数据产业的价值在于"洞悉世界"——消除不确定，变不定为肯定。在这个消除不确定的过程中，大数据解放了大量的生产力，这是大数据产业从经济学和社会学层面体现出来的意义。

说到这里，可以考虑尝试着用公式性的方式描述一下数据的价值。

在《资本论》里有这样的论述，马克思说："作为价值，一切商品都只是一定量的凝固的劳动时间[⊖]。"随着市场经济的逐步繁荣，《资本论》的论述或许会有些单纯，或者有一定的局限性。那么就按照市场经济的观点来做一个调整性的解释——商品真实的成交价是一个更容易被人认可的价值体现。

数据如果要变现，自然有成交价，这个成交价就是数据自身的"交换价值"。还是用《资本论》里熟悉的名词来类比。一个人为了了解和消除不确定性购买数据，而为此付出金钱代价，这个成交价就是它的交换价值。即便数据一样，成交价也可能因人而异，这就

⊖ 来源于《资本论》第一卷，第 53 页。

像平时在市场上看到的现象那样，一样的工业品，如键盘、鼠标、U 盘这些最常见的东西，即便是完全没有差异的鼠标，也会由于当时的供需造成价格的波动，那这个时刻的交换价值实际也是在波动的，这种现象同样存在于数据交易中。

2. 作用价值

数据的获取为人们消除不确定性。那么通过其他途径消除这种不确定性的成本就是数据为人们替代下来的，就是数据发挥的作用，所以“通过其他途径消除这种不确定性的成本”应该被称为这片数据的作用价值——这更像是一种成本估算。如果没有数据会怎么样？自己亲自去做访谈了解，听新闻，查看各种其他方面的资料，这是要消耗大量成本的。但是，即便在没有任何途径消除这种不确定性的时候，作用价值应该也不会无穷大，因为根据自己经验、推测等手段，还是会对这个待了解的数据的“真实值”有一个“逼近”的过程。所以作用价值几乎永远是一个有限值。

3. 使用价值

而用什么来类比数据的“使用价值”呢？可以用获取了这些数据后所消除的不确定性的大小来衡量，也就是用数据的信息熵来衡量。使用价值永远是小于等于作用价值的。

4. 场景价值

而到了这一步，还需要有一种概念出现，就是“场景价值”——在相同的信息熵的情况下，在不同场景里数据的“场景价值”是不同的；甚至完全相同的数据在不同的场景下也是有不同的“场景价值”的。这个场景价值应该是信息在场景中带来的收益，这个收益就是两种状态的成本差异，就拿刚才的那个骚扰电话的场景来看，买一个普通的画像清单，能够减少 90% 的人工投入，那么减去的 90% 的人工成本用具体金钱衡量出来的数字就是场景价值；买一个优化过的画像清单，能够减少 99% 的人工投入，那么减去的 99% 的人工成本用具体金钱衡量出来的数字就是场景价值。

可以认为：如果要让数据交易成为一个产业，必须使得：

场景价值 > 作用价值 > 使用价值 > 交换价值

如果数据的场景价值大于交换价值，数据的买卖就会成交，这个价值之差越大成交的可能性越大，而这类数据就具有升值空间。

日常其他商品交易的场景里也有类似的场景，一个地方的房价现在是 5 000 元一平方米，周边相对还比较荒凉，去购物，去看病，去上学，在这里生活附加的成本尤其是时间成本还相当高，所以这个 5 000 元一平方米基本只有一个居住价值。但是根据规划，以后 5 年这里周边会陆续新建地铁、购物中心、中小学校、三甲医院。这些附加的成本会随着这些设施的建立逐渐降低，而转移到楼盘的价格上去，这个价格会一直上涨，上涨的上限应该是与其他地方楼盘提供的同质资源附加价值总和持平——包括居住价值在内的一切相关资源。这时候楼盘再上涨已经没有意义，即便喊价上涨，但是买家已经能够在其他比这个地方低价的地区花更少的钱买到同质的资源，那这个喊价十有八九不成交，就是所谓的有价无市。

数据的场景价值也是这样，由于数据里蕴含的信息对场景中消除不确定性有帮助，进而带来的收益就是数据的价值，那就相当于是一种投资。投资回报高就会吸引人，反之回报低就不吸引人。这个回报是数据中的信息带来的收益的价值，也就是回报和交换价值的差值，这个差值越大就说明投资收益率越高，越吸引人，反之就越小，越容易被资本抛弃。

5. 示例分析

刚才有一个问题没说完，就是关于“使用价值”的问题。这应该是一个数据中蕴含信息所发挥价值的度量问题。

在平时生产生活中，人们的行为实际是已经计入了先验概率的。而使用数据中的信息这种行为，实际是在享受其信息量获得的增益。在平时的生产生活中，即便在没有购买任何数据的情况下，也会根据当前具有的认知、经验、推理、猜测，使用所有能用的手段来消灭不确定性。这个时候必然不是像无头苍蝇一样盲目去试，穷举地去试，在前面说的骚扰电话的例子里就是一个电话号码不落地逐个打过去的情况。而根据很多辅助性的信息或者其他的数据信息已经能够在购买或阅读一片数据之前拥有了一定的消除不确定性的能力，这个其实就是先验概率发挥的作用。而在购买或阅读了数据之后，进一步消除了不确定性，这其实是一个和概率有关的事情，很容易联想到信息量或熵的概念：

$$H(x) = -\sum_{i=1}^{n} p(x_i)\log_2 P(x_i)\ (i=1，2，\cdots n)$$

在计算使用价值时可以考虑用以下公式：

$$H(x) = -\sum_{i=1}^{n} p(x_i)\log_m P(x_i)\ (i=1，2，\cdots n)$$

其中 m 是信源数量。

在 m 个信源是等概率的情况下，$H(x)$ 的最大值为 1，也就是 100%。可以认为这种情况下数据的使用发挥了巨大的价值；前面同样也计算过熵在先验概率分布极不平衡时是比较小的。信息熵在这种情况下取值在 0 ～ 1 之间。

不妨把数据使用价值定义为

使用价值 =（作用价值 － 交换价值）× 信息熵

从定性分析的角度来看，作用价值越大，交换价值越小，那么数据使用价值就越大；而在信息熵越大的情况下，这个数据的使用价值越不打折扣，反之数据的使用价值就比较小。如果作用价值和交换价值很贴近，那数据使用价值的空间就非常有限了，这种时候即便信息熵是 1（最大值），这种数据发挥的作用也就越小，因为与穷举试错的成本快差不多了。

例如，张三准备在一个城市开一个小卖店，但是卖什么没拿准。他在多方了解下，想了以下 4 种方案。

方案 1：在 A 街区 B 店面开一个煎饼店。

方案 2：在 C 街区 D 店面开一个茶餐厅。

方案 3：在 C 街区 D 店面开一个便利店。

方案 4：开一个专营咖啡机和咖啡豆的网店。

这 4 种方案看起来几乎差不多，如果自己要去各个街区进行调查，包括网络调查人流量、客户性别比例、年龄比例、日均消费等数据，一个人花费的人工成本、交通、饮食都加在一起需要 40 000 元。而有专业的公司拥有大数据咨询报告系统，可以提供完备的信息，而购买这种报告仅需 5000 元一份。那么张三完全可以花 5000 元来购买这份报告，这个 5000 元就是交换价值，40 000 元就是作用价值。这 4 个方案如果没有明显的彼此之间的差异，张三原本选择每个方案的概率都是$\frac{1}{4}$，那么按照前面的说法来计算，信息熵就是

$$H(x)=-\sum p(x_i)\log_m P(x_i)=\left(-\frac{1}{4}\right)\log_4\frac{1}{4}+\left(-\frac{1}{4}\right)\log_4\frac{1}{4}+\left(-\frac{1}{4}\right)\log_4\frac{1}{4}+\left(-\frac{1}{4}\right)\log_4\frac{1}{4}=1$$

数据的使用价值就是：(40 000−5000) × 1=35 000 元。

再举一个例子。

假如有这么一个场景，某公司制定第二年的产品策略和销售计划，随后几个主管提出了 3 种不同的方案。而且 3 种方案听起来都比较有道理但是缺乏足够的数据依据，经过大家充分讨论，权衡利弊，在决策层的领导内进行了支持表决。同意选择方案 1 的有 70% 的人，同意选择方案 2 的有 20% 的人，同意选择方案 3 的有 10% 的人。可以粗略理解：其中有 70% 的人可能会选择方案 1，20% 的人可能会选择方案 2，10% 的人可能会选择方案 3。这时候需要数据对决策做出支持。假设自己进行调查研究需要花费的总成本为 100 万，从拥有大数据咨询报告系统的公司购买了相应的数据，花费 20 万，做出了最终决策，选择了方案 3。最终公司第二年销售收益为 1 000 万。

在这个例子里面，20 万为交换价值，作用价值应该是 100 万，场景价值是 80 万，数据的价值边界应该划在消除信息不确定的成本上，而不是间接收益。另外，可能比较有争议的地方是在选择了支持度最低的方案 3 上，表面上看上去，数据的购入支持了最不可能胜出的方案 3，所以这次胜出很大程度应该归功于这一片数据的价值，应该用这个 1 000 万做基数来进行衡量。我的看法是，这是对数据价值的夸大，也是不客观的一种表现。因为这 1 000 万真的不是因为花了 20 万就直接得到的，而实际的过程是，仅仅花了 20 万，完成了一个 100 万的成本才能做的事情，在决策后进而通过一系列其他的努力和配合，最终达成了 1 000 万的价值。边界的划分很重要。或许还有一个疑问，就是 3 种方案中，数据的帮助使得这个 10% 支持度的方案胜出，而非最大支持度的 70% 的方案胜出，所以有两种情况可能会被认为是不同的，那就是用户选择了 70% 支持度的方案 1 和 10% 支持度的方案 3，这两种情况下数据的使用价值肯定是不一样的。但是，决策实际上是在了解了信息之后做出的，换句话说，如果真的花了 100 万的人工成本去做了这次同质的分析，应该会得到跟购买这次数据一样的结果，买数据花了 20 万。这里数据的价值只是两种获得途径的比较，也就是

大数据市场边界的划分。

最后试着把事情做到极致——试算一下在刚才的骚扰电话的例子里，从 10 000 条数据中锁定 100 条数据，带来的交换价值有多大呢？这个场景很特殊，因为打这 10 000 通电话本身就是一个消除不确定性的过程，等于是消除不确定性和生产融为一体的，在这种情况下，数据的场景价值和作用价值几乎快等价了。

假设平均一次通话时间需要 3 分钟，包括接听、通话、挂机，包括成交和被骂的不同场景。那么一小时可以通话 20 通，一天 8 小时通话 160 通。10 000 通电话需要一个人 62.5 个工作日才能完成，大约 3 个人 1 个月的时间。假设话务员的人工成本为 4 000 元一个月，那就需要 12 000 元的成本，这个就是作用价值。用网上找到的一条报道来试着给数据定个售价，“信用卡客户信息遭泄：网购价 2 分一条，金卡持卡人信息可售 5 元。多位‘信息贩子’均表示，根据个人信息‘品质’的不同，价格也分为‘三六九等’，最新信用卡开户数据按照 0.5 元一条出售；二手数据可以便宜到 0.35 元每条；部分高端客户如金卡、白金卡持卡人信息每条售价则高达 5 元[⊖]。”假设 1 条 0.5 元，在花费了 50 元购买了 100 条电话记录后，仅需要 1 个人 0.6 天的时间，也就是大约 190 元的成本，就能完成原来 12 000 元成本才能做完的事情。由于这种场景下的作用价值巨大，使用价值和场景价值都巨大，所以在这个场景下数据交易才会大行其道，屡禁不止。

除了这些未来会很有市场的例子外，还有哪些是现阶段就可以开始发挥价值的数据呢？

18.5.2　场景 1：征信数据

征信数据这个东西其实还是很敏感的，很多人认为这个是隐私。

隐私应该说是一种文明进步的产物，但是也确实是一把及其锋利的双刃剑。先看这样一则报道。

“日前，稀里糊涂染上了艾滋病的河南小伙小新成了舆论关注的焦点。去年 3 月，他和女友小叶筹备婚事，两人在民政局办理婚姻登记当天，前往永城市妇幼保健院进行婚检。检查报告很快出来了，但医生单独叫住了女友小叶。小叶再次做完了检查后，小新得到医生的答复是，一切正常。婚检后小新也没再多想什么，就与妻子小叶同了房。一个月后，小新前往外地打工，然而 6 月初，小叶接到永城市疾控中心打来的电话，称她已经确诊为 HIV 阳性。丈夫小新这才知道，当时小叶被医生叫住是因为被查出疑似 HIV 阳性。不幸的是，小新随后也被查出感染了艾滋病毒。

令小新不解的是，3 月份婚检时，小叶已经查出疑似感染艾滋病毒，为什么医院当时不把这个结果告知自己，导致悲剧无法挽回？在痛苦中挣扎了一段时间后，小新从法院拿到一份当初婚检时的检验报告，并向法院提起了诉讼，要求进行婚检的妇幼保健院承担责任。

⊖ 来源于《每日经济新闻》。

事件成为舆论焦点后，永城市妇幼保健院承受了不小的压力，许多人都认为妇幼保健院向小新隐瞒了妻子感染艾滋病毒的情况才导致了悲剧的发生。而妇幼保健院对此的解释是，按照我国有关法律，医疗机构及其医务人员应当对患者的隐私保密。婚检机构认为，自己只有权利告诉检查者小叶本人，向小新坦白应该是小叶自己的责任[⊖]。”

这则报道的场景和征信几乎是完全一样。一方是一个人的隐私，另一方是对他人产生危害的可能性。这两者确实应该加以权衡，而不能一股脑地规定要彻底保护一切隐私，或者说所有的隐私必须完全公开。

征信问题是人类文明城市化到了一定程度必然引发的问题，这种问题在祖祖辈辈一直居住的农村几乎是没有悬念的。一个人家境如何，品行如何，在一个居住了几十年的只有一千多口人甚至更少的小山村里那几乎是尽人皆知，在这样一个小的社会环境里，人和人之间的距离非常近。早上发生的事情，可能中午就传得全村人都知道，彼此了解的程度如此之深，那所有小范围内的风险问题都能自行解决了——不确定程度很低。

但是城市截然不同，大家来自天南海北五湖四海，有很多人在高楼大厦里住了大半辈子可能一个单元的人都认不全。那么对于整个社会里的更为复杂的协作关系如何协调？这种新社会体系下的关系自然需要把征信数据进行合法化管理，让人们把它当成自己的终生名片来珍视和爱护。这种征信是城市人之间协作的保障，它的变现是人们为了付出一些金钱成本去消除人信誉的不确定性的一种变现方式。

18.5.3 场景 2：宏观数据

宏观数据比较简单，就是指统计性的数据。如一个地区有多少艾滋病人，是 100 还是 50，这些数据对于很多做社会学和病理学研究的人是有意义和有价值的。况且这只是一个数字，没有说谁具体得了这种病，也就不涉及隐私，当然可以进行交易。

其他一切的宏观统计数据理论上说都是可以进行交易的，前提必须得到它的拥有人的授权。这也好理解，虽然卖汽车是合法的，但是总不能把别人家的汽车随便开来卖掉吧。

宏观数据的价值到此为止吗？远不止。

在互联网飓风席卷整个世界的时候，什么是生存的最终能力——创新。创新说白了就是大量的个体去试，大量的试错中有个别试对的活下来，这个就是成功的创新。以新产品市场研究为例。新产品市场研究靠什么？当然是数据。作为一个产品经理，或者一个对产品负责任的人，需要对未来出品的产品做一个评估。产品准备卖给谁？卖多少？在什么地区卖？借助什么渠道卖？毛利大概多少？产品的预期生存周期是多少？有办法消除这些疑问的不确定性吗？还是闭着眼去试？

举一个例子。如果想开一个店。会在哪里选址？会卖什么？怎么来做 BP（Business Plan，商业计划）。需要了解的信息包括各街区的人流量信息；在某一街区人流信息中的年

⊖ 来源于《北京娱乐信报》。

龄段比例；这些人在这些街区购买对应产品的平均预算；这些人是喜欢一个人来还是结伴而来；在哪些时间段人流量会比较大，大到什么程度。

这些信息会帮助把这个 BP 充实起来，当对这些信息有了比较充分的了解后可以更容易去做决定。

如果街区的人流量本身就不足，甚至大部分都是匆匆的过客，那可能开店本身都成为困难了。

这个地区的过客都是些什么人，是一些上下学回家的小朋友，年轻的上班族还是广场舞大妈们？这会帮助选择，是卖甜甜圈、奶茶还是商务人士喜欢的咖啡、下午茶，还是适合本地人口味的煎饼、早茶。

他们每天的预算决定了卖的单品的单价，是应该高档次高规格，还是应该更贴近大众更实惠。

一个人来还是结伴来是不一样的，尤其是结伴来的人是商务关系、情侣关系，还是男女闺蜜？这决定了出售的单品在差异化上应该迎合哪些人的习惯。是应该精致、浪漫，还是搞怪猎奇。

时间段对于人流的影响也间接影响到人力成本，是一个人能搞定这个事情，还是要两个人全职，还是在高峰段雇一个勤工俭学的学生帮忙打理。这也是影响预算的重要因素。

这些数据完全不用担心没有人卖，只要有需求，就会有人考虑卖；只要这种数据对消除不确定性有帮助，那就会有市场；只要数据的提供还有利可图，那就会吸引更多的人继续加入数据的生产与提供。

刚刚这些数据，如果用 3 000 元能买到，会考虑购买吗？可以选择花 3 000 元买下它，然后认真阅读和研究；也可以选择花 20 万元把店先开起来，开的过程中再摸索。究竟哪一种更划算，仁者见仁智者见智。

还有一些数据，它的宏观价值会更容易直接被人看到。例，某地区的某种疾病的意外事故、发病率、分布年龄段、治愈率等。这些宏观统计信息不涉及任何个人隐私内容，有价值吗？有！谁会对这些数据感兴趣？至少有两种行业会对这种数据感兴趣。一个是保险行业，一个是制药行业。保险公司购买这样的数据用来设计和调整险种，制药厂购买这些数据用来研究一些细分类的药品。这些信息能够极大地消除不确定性带来的成本并提高产品设计的针对性。

18.5.4　场景 3：画像数据

画像数据在前面的章节中多次提到。画像数据指的就是一个人、一个终端或者任何一个物体的表述标签信息。这些标签信息，尤其是针对人的画像，虽然包含了大量的人的隐私或者关键性的描述信息，但是只要把握一点，这些数据里面不要轻易定位到人。只要不定位到人，那么这些画像信息再如何丰富也不能算作是侵犯隐私。这一点很重要，这已经给了人们变现的空间。

如通过一个 MAC 地址，可以请求到一些兴趣相关的标签。这个显然与个人隐私没什么关系。通过一个人的手机号，能够请求到一些关于他通话时长或者网络流量大小的数据。这个算隐私吗？只要这不是那种他不想让别人知道的数据，就不能算隐私。所以数据的开放和拥有者的授权体系应该是大数据交易和变现的制度性和技术性保障根源。

18.6 小结

数据的价值是一种不会枯竭的资源，它不断产生，不断被人挖掘，不会轻易到达生产量的上限，它能够解放生产力，从这个角度来说，它就像第一次工业革命时候的蒸汽机，第二次工业革命时候的电力一样有能量。

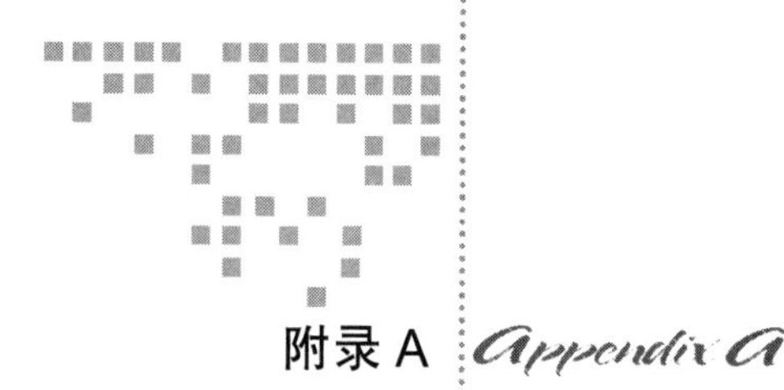

附录 A Appendix A

VMware Workstation 的安装

A.1 VMware 简介

VMware 是由 VMware 公司（VMware，Inc.）开发，业内非常著名的虚拟化软件。它使用简单，基于图形化管理，而且效率非常高。

它为用户提供了多个版本，包括：VMware 工作站（VMware Workstation）、VMware 服务器（VMware Server）、VMware ESX 服务器（VMware ESX Server），以及云端版本等。

这里主要为读者提供 VMware 的桌面级产品 VMware 工作站版本，读者可以亲自动手实践，在不破坏 Windows 工作环境下，体验 Linux 操作系统的使用和在 Linux 操作系统环境下使用大数据热门的软件。

A.2 安装前的准备工作

1. 硬件配置需求

在安装软件之前用户需要准备足够的磁盘空间和运行时所占用的内存，为了保证大数据软件流畅运行，至少保证如下硬件配置。

- CPU：Intel Core i3。
- 内存：4.00 GB。
- 硬盘空间：30GB。

2. VMware 下载方法

可以从 VMware 软件的官方网站下载最新版本的 VMware。最新版本为 VMware

Workstation 12，下载地址如下：http://www.vmware.com/products/workstation/workstation-evaluation。

如果读者使用的是 Windows 操作系统，可以单击 Download Now 按钮进行下载，网页内容如图 A-1 所示。

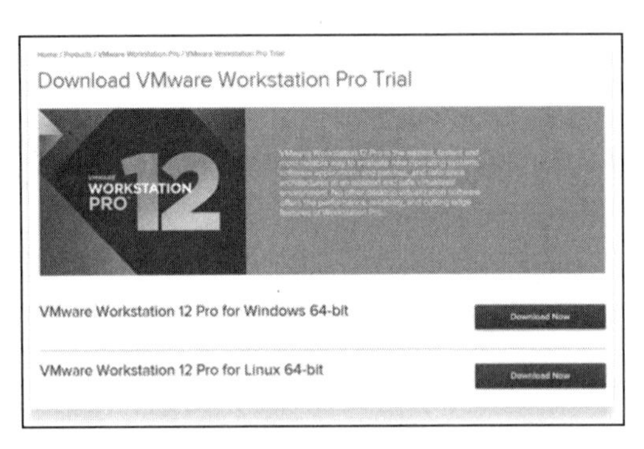

图 A-1　下载页面

VMware Workstation 为商业软件，用户可以免费试用 30 天。

3. 安装过程

下载完成后，正式进入安装环节，首先运行软件，进入友好的安装向导界面，如图 A-2 所示。

下一步，来到“最终用户许可协议”界面，同意后进入下一步，如图 A-3 所示。

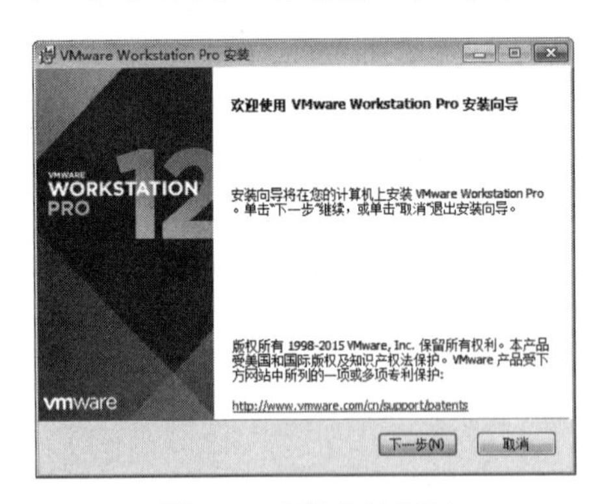

图 A-2　安装向导界面

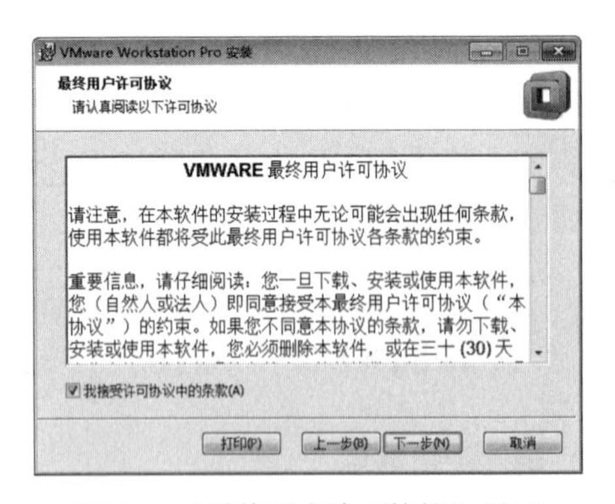

图 A-3　“最终用户许可协议”界面

继续选择安装位置，这里选择了默认安装位置，读者可以根据实际情况单击“更改”按钮选择磁盘空间较大的分区，继续单击“下一步”按钮，如图 A-4 所示。

进入准备安装界面，单击“安装”按钮后开始进行 VMware 的安装，如图 A-5 所示。

当安装进度条完成时，VMware 软件即可安装成功，如图 A-6 所示。

安装成功后会提示“安装完成”，单击“完成”按钮即可完成 VMware 软件的安装，如图 A-7 所示。

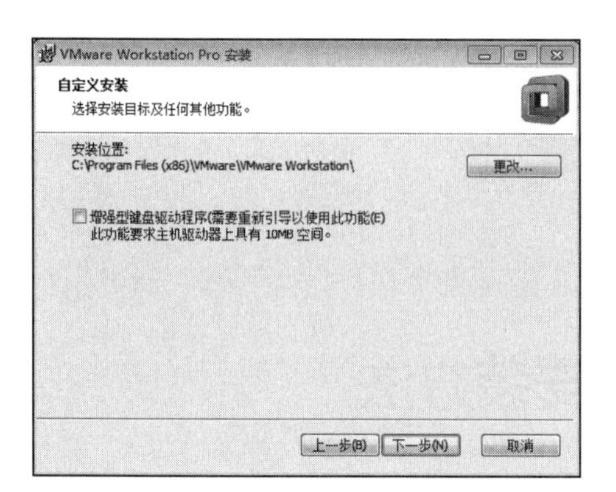

图 A-4　“自定义安装”界面

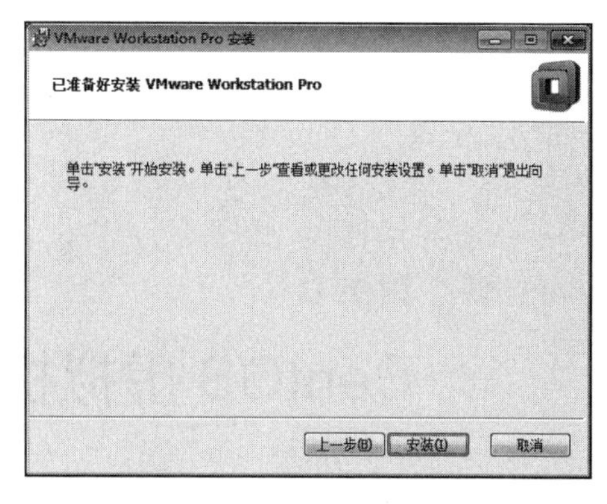

图 A-5　准备安装界面

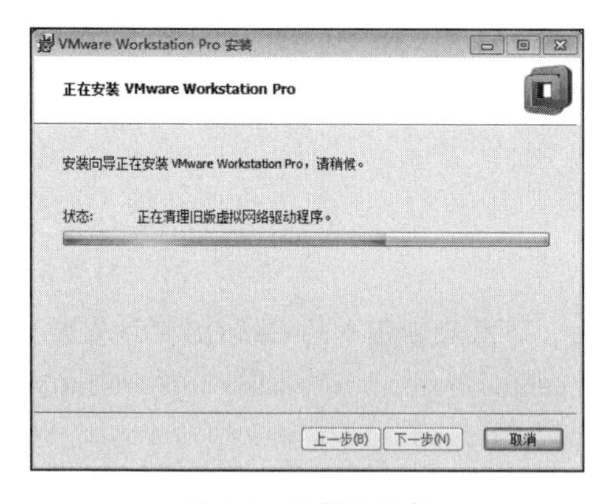

图 A-6　安装进度条

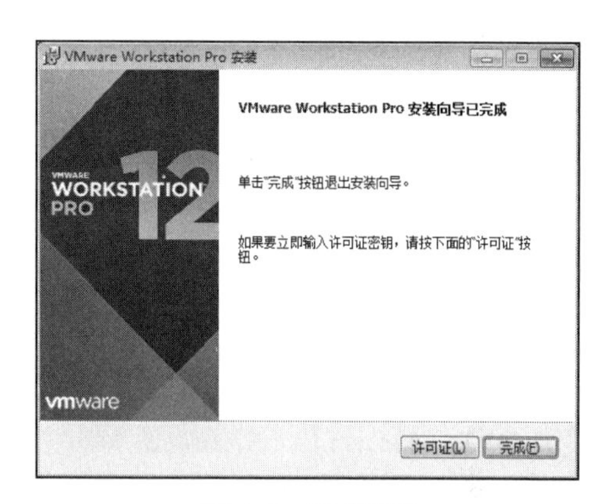

图 A-7　完成安装

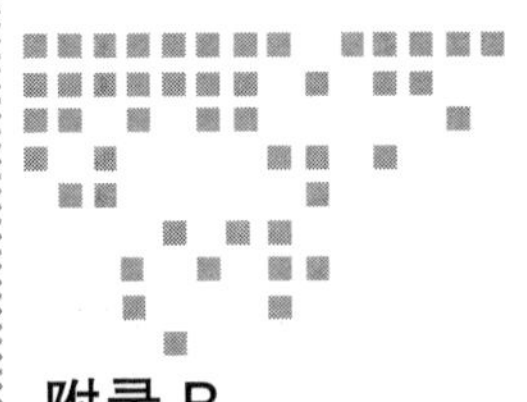

Appendix B 附录 B

CentOS 虚拟机的安装方法

B.1 下载光盘镜像

访问 CentOS 官方网站：http://www.centos.org，下载最新版本的 CentOS 系统安装光盘镜像。本示例中下载地址如下：http://isoredirect.centos.org/centos/7/isos/x86_64/CentOS-7-x86_64-DVD-1511.iso。

B.2 创建 VMware 虚拟机

运行安装好的 VMware 虚拟机，在主界面单击“创建新虚拟机”按钮，如图 B-1 所示。

进入“新建虚拟机向导”界面。单击“浏览”按钮选择下载的 CentOS 7 安装镜像，如图 B-2 所示。

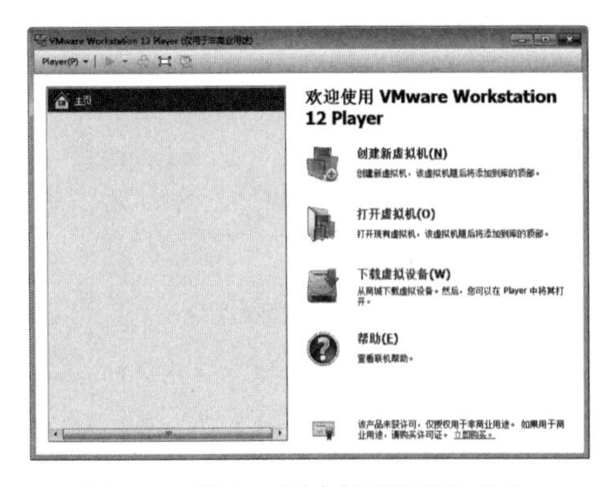

图 B-1 单击“创建新虚拟机”按钮

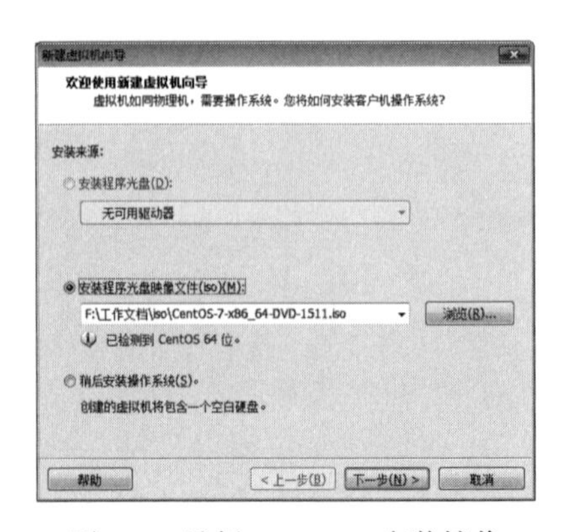

图 B-2 选择 CentOS 7 安装镜像

VMware 会自动检测到 ISO 文件对应的操作系统类型，单击“下一步”按钮，进入虚拟机设置部分，为虚拟机起一个好识别的名称并设置保存位置，建议将虚拟机保存到空间充裕的分区，随着使用次数的增多，虚拟机占用磁盘空间会逐渐增大。这里将虚拟机安装到 E 盘下的目录，如图 B-3 所示。

单击“下一步”按钮，设置虚拟磁盘大小，需要注意的是，分配的磁盘空间不会立即被占用，随着存储的数据增加占用空间会逐渐增大。这里保持默认设置即可，如果需要增加磁盘空间，可以在安装系统后进行添加。单击“下一步”按钮，完成基本安装，如图 B-4 所示。

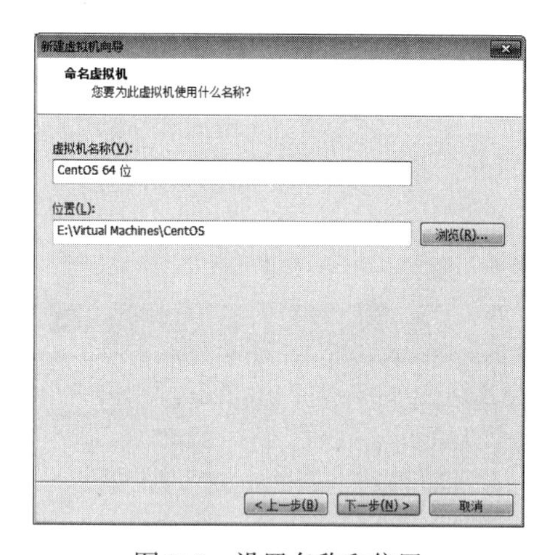

图 B-3　设置名称和位置

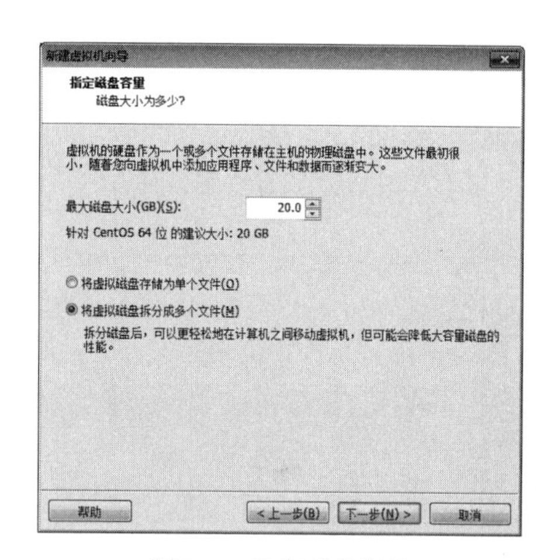

图 B-4　指定磁盘容量

进入安装的最后阶段：“自定义硬件界面”，通过这个界面可以定义虚拟机支持的硬件，这里保持默认设置即可，单击“完成”按钮后，开始进行 CentOS 操作系统的安装。

B.3　安装 CentOS 7 操作系统

CentOS 7 安装光盘镜像引导后，会出现安装引导界面，在这个界面下可以进行 ISO 的光盘完整性检测等操作。安装新的 CentOS 系统，在这里选择 Install CentOS 7 选项即可，进入开始安装界面，如图 B-5 所示。

首先进入语言选择界面，这里在下拉列表框中选择“简体中文（中国）”选项，并单击“继续”按钮，如图 B-6 所示。

接下来进入安装设置部分，在“软件选择”选项根据虚拟机类型来定制软件包，如图 B-7 所示。

这里建议初次使用 Linux 的读者选择带有图形界面的软件包，单击“软件选择”按钮，在列表中选择“GNOME 桌面”单选按钮后，单击“完成”按钮，如图 B-8 所示。

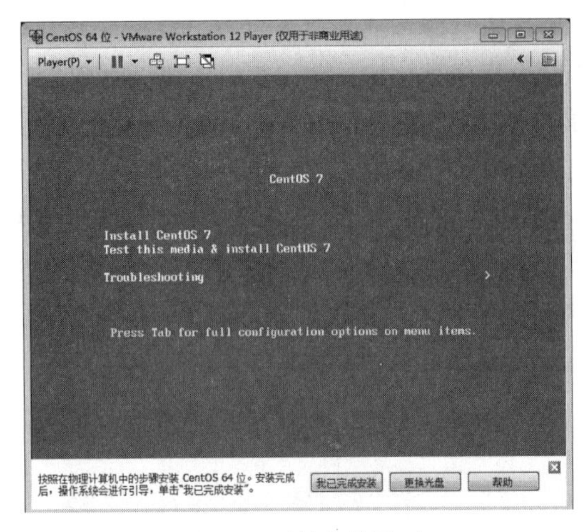

图 B-5 开始安装界面

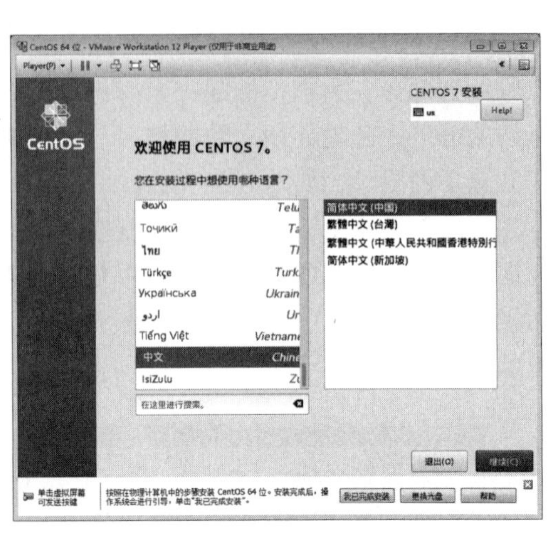

图 B-6 语言选择界面

图 B-7 安装设置

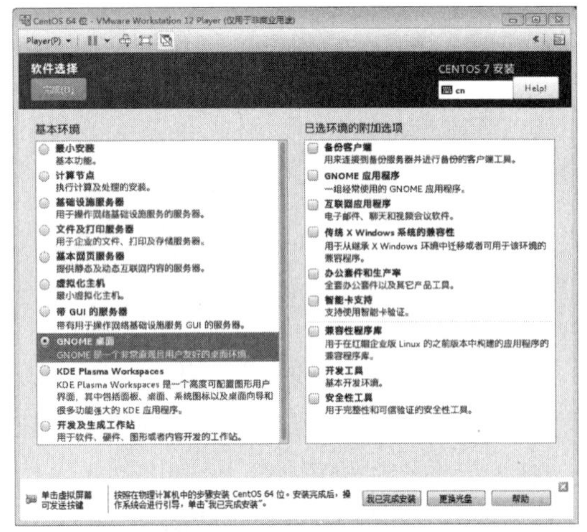

图 B-8 "软件选择"界面

继续设置 CentOS 系统的安装位置，单击"安装位置"按钮，选择"自动配置分区"单选按钮，并单击"完成"按钮即可，由于 Linux 操作系统的分区方式较灵活，不推荐初次使用的用户自动分区，避免删除重要的系统文件。操作方法如图 B-9 所示。

完成设置后，"开始安装"按钮已经可以使用了，单击"开始安装"按钮进行新系统的安装，如图 B-10 所示。

安装进度条会提示安装的进展，在安装过程中，用户可以设置 Linux 管理员的密码，Linux 操作系统的超级管理员叫做 root，相当于 Windows 中的 Administrator，单击"ROOT 密码"按钮，设置一个不容易被遗忘的密码，在对 CentOS 操作系统进行管理时，会用到这个账号和密码。除了 root 用户，还需要为 Linux 添加一个非管理用户，用于日常使用，这里可以根据自己的习惯创建一个自己喜欢的用户名和密码，如图 B-11 所示。

设置完成后会提示“已经设置 ROOT 密码”，等待进度条完成系统即可成功安装。安装完成后单击“重启”按钮，就可以进行 CentOS 系统的使用了，如图 B-12 所示。

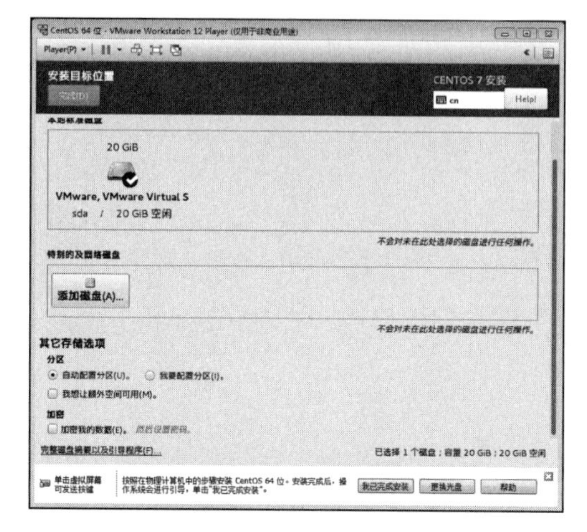

图 B-9　设置安装位置

图 B-10　单击“开始安装”按钮

图 B-11　配置账户

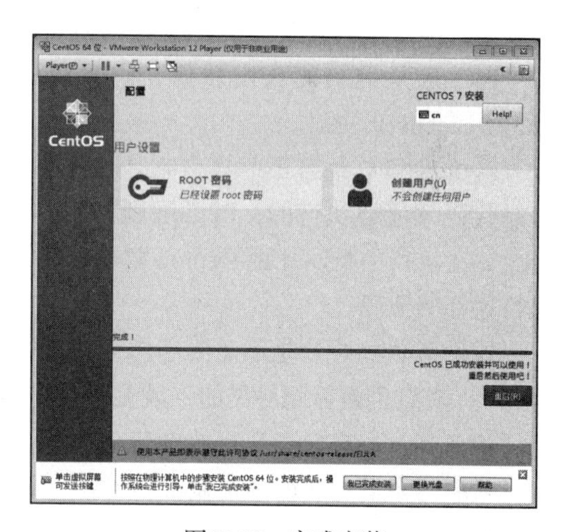

图 B-12　完成安装

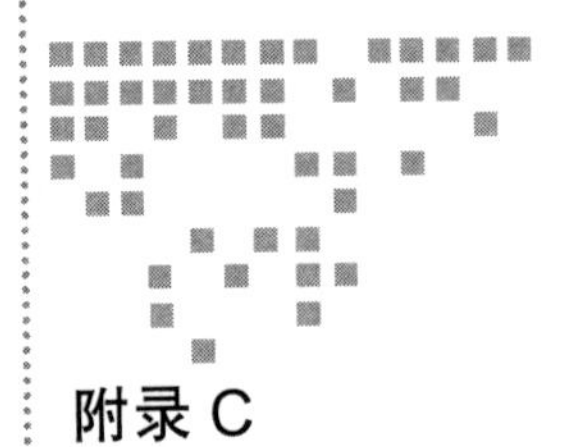

Appendix C 附录 C

Python 语言简介

Python 是一种面向对象的解释型计算机程序设计语言，由 Guido van Rossum 于 1989 年发明，第一个公开发行版发行于 1991 年。

Python 是纯粹的自由软件，它的源代码和解释器 CPython 遵循 GPL（GNU General Public License）协议。

Python 和 C 语言不一样，它是一种脚本语言。C 语言在写完源代码后是需要编译成二进制代码才能够执行的；Python 则不需要，它在生产环境中出现仍旧是源代码的 .py 文件形式，在执行的瞬间才由 Python 解释器将源代码转换为字节码，然后再由 Python 解释器来执行这些字节码。

这种形式的好处是不需要考虑平台系统的问题，可以和 Java 语言一样“一次编写到处执行”。缺点也是显而易见的，就是每次进行字节码转换和字节码执行时没有直接执行二进制的效率高。好在对于执行效率苛刻的场合毕竟较少，另外，随着计算机硬件能力的提升，执行效率的矛盾也变得不明显了。

和其他计算机语言一样，Python 语言也有自己的一套语法基础。有顺序、分支、循环、调用的程序组织结构，以及数字、字符串、列表、元组、集合等多种数据类型。

1. 安装 Python

安装 Python 的方法不止一种，这里只介绍使用 yum 安装 Python 的方式。

按照默认方式安装好 CentOS 7 操作系统后，Python 已经被正确安装，可以执行如下命令查看：

```
[root@localhost Desktop]# python -V
Python 2.7.5
```

2. Hello World

Python 的 Hello World 与其他计算机语言没什么区别，而且更加简洁，可以直接在交互式编程环境中编写：

```
print ("Hello, Python!");
```

3. 行与缩进

Python 脚本文件和普通的文本文件没有太大区别，一般以 .py 作为后缀。

```
#!/usr/bin/python
# -*- coding: UTF-8 -*-
# 文件名：test.py

if True:
    print "True"
else:
    print "False"
```

其中 # 为注释标记，如果在一行中使用 #，那么 # 后的内容是不会被解释执行的。

下面的 if 和 else 是分支型语句，当 if 后的内容为 True（真实）时，则执行 if 所辖的部分，否则执行 else 所辖的部分。

注意 Python 语言中是不用 begin/end 或 {} 来表示执行段落的起止的，这里的 if 和 else 需要左侧对齐，用缩进来表示段落所辖范围界限。

4. 变量类型

Python 语言中标准的数据类型有几种：Numbers（数字）、String（字符串）、List（列表）、Tuple（元组）、Dictionary（字典）。

```
#!/usr/bin/python
# -*- coding: UTF-8 -*-

counter = 100 # 赋值整型变量
miles = 1000.0 # 浮点型
name = "John" # 字符串

print counter
print miles
print name
```

这段代码演示了整数型数字、浮点型数字以及字符串类型的赋值和打印操作。

```
#!/usr/bin/python
# -*- coding: UTF-8 -*-

list = [ 'abcd', 786 , 2.23, 'john', 70.2 ]
tinylist = [123, 'john']
```

```
print list # 输出完整列表
print list[0] # 输出列表的第一个元素
print list[1:3] # 输出第二个至第三个元素
print list[2:] # 输出从第三个开始至列表末尾的所有元素
print tinylist * 2 # 输出列表两次
print list + tinylist # 打印组合的列表
```

这段代码演示的是列表类型的操作，列表很像 Java 语言中的数组，只是列表允许不同类型的数据放在同一个列表中，而数组不可以——它只能要求所有的元素类型一致。

```
#!/usr/bin/python
# -*- coding: UTF-8 -*-

tuple = ( 'abcd', 786 , 2.23, 'john', 70.2 )
tinytuple = (123, 'john')

print tuple # 输出完整元组
print tuple[0] # 输出元组的第一个元素
print tuple[1:3] # 输出第二个至第三个元素
print tuple[2:] # 输出从第三个开始至列表末尾的所有元素
print tinytuple * 2 # 输出元组两次
print tuple + tinytuple # 打印组合的元组
```

这段代码演示的是元组类型的操作。操作方法和列表很像，但是 Python 语法不允许对元组中的元素进行二次赋值。它相当于只读类型的列表。

```
#!/usr/bin/python
# -*- coding: UTF-8 -*-

dict = {}
dict['one'] = "This is one"
dict[2] = "This is two"

tinydict = {'name': 'john','code':6734, 'dept': 'sales'}

print dict['one'] # 输出键为 'one' 的值
print dict[2] # 输出键为 2 的值
print tinydict # 输出完整的字典
print tinydict.keys() # 输出所有键
print tinydict.values() # 输出所有值
```

这段代码演示的是字典类型的操作。字典类型有些像 Java 中的 HashMap，是通过主键 Key 来访问对应的 Value 值，而不是靠下标来访问。

5. 循环语句

```
#!/usr/bin/python

count = 0
while (count < 9):
```

```
    print 'The count is:', count
    count = count + 1

print "Good bye!"
```

这段代码演示的是 while 循环，while 循环后面的条件表示在满足条件的时候执行 while 所辖的程序段。在这段程序中表示 count<9 的情况下，执行下面的两行语句，不包括

```
print "Good bye!"
```

这一行。

```
#!/usr/bin/python
# -*- coding: UTF-8 -*-

for num in range(10,20):  # 迭代 10 到 20 之间的数字
   for i in range(2,num): # 根据因子迭代
      if num%i == 0:      # 确定第一个因子
         j=num/i          # 计算第二个因子
         print '%d 等于 %d * %d' % (num,i,j)
         break            # 跳出当前循环
   else:                  # 循环的 else 部分
      print num, '是一个质数'
```

上面这段程序略显繁琐，但是内容仍然很简单。

这是循环的另一种写法——for 循环，for 循环也是一种循环，后面写出的是一个循环范围。这里是一个二重循环，也就是两个循环发生了嵌套——在一个循环的执行中有另一个循环。外层循环是让 num 在 10 和 20 之间做循环，内层循环是 i 在 2 和 num 之间做循环。

6. 函数

```
#!/usr/bin/python
# -*- coding: UTF-8 -*-

# 定义函数
def printme( str ):
   "打印任何传入的字符串"
   print str;
   return;

# 调用函数
printme("我要调用用户自定义函数!");
printme("再次调用同一函数");
```

函数是一种最小单位的代码段封装。关键字是 def，def 后面的 printme 是函数名，str 是参数名称。这个函数的内容就是直接打印传入的变量值。

最后两句是对函数的调用。

7. 模块

```
#!/usr/bin/python
# -*- coding: UTF-8 -*-

# 导入模块
import support

# 现在可以调用模块里包含的函数了
support.print_func("Zara")
```

模块是一种大单位的代码段集合，例如，一个 support.py 的文件中有多个函数定义，其中一个叫做 print_func 函数。在不对 support.py 这个模块进行引用的时候是不能调用 print_func 函数的。上面这段代码中，import support 是导入 support.py 模块，下面的 support.print_func("Zara") 是调用 support 中的 print 函数，并传入变量 "Zara" 作为参数。

```
from fib import Fibonacci
```

这是导入模块的另一种写法，区别是它能够导入一个模块的一部分而非全部模块代码。示例中是指从 fib 这个模块中只导入 Fibonacci 这个函数。

8. 小结

以上就是 Python 语言中所涉及的最基本的语法。而强大的 Python 所支持的其他内容读者如果有兴趣可以再找一些专门介绍 Python 的资料来学习，本书对 Python 基本语法的介绍到此为止。

在本书中所列举的示例代码中，所涉及的库有以下几个。

（1）NumPy。NumPy 系统是 Python 的一种开源的数值计算扩展库。它提供了许多高级的数值编程工具，如矩阵数据类型、矢量处理，以及精密的运算库。专门用于严格的数字处理。多为大型金融公司使用。核心的科学计算组织，如 Lawrence Livermore、NASA 用其处理一些本来使用 C++、FORTRAN 或 MATLAB 等所做的任务。

（2）matplotlib。一个专业的绘图工具库，官方网址为 http://matplotlib.org/。

它调用简单，使用非常方便，在配合 Python 进行数据挖掘和报表制作的过程中是一种利器。

（3）SciPy。SciPy 是一款方便、易于使用、专为科学和工程设计的 Python 工具包。它提供的内容很丰富，文件输入输出、特殊函数、线性代数运算、快速傅里叶变换、统计与随机、微分和积分、图像处理等诸多封装内容。官方网址为 http://www.scipy.org/，读者如果有兴趣可以去了解更多的内容。

（4）Scikit-learn。Scikit-learn 是最著名的 Python 机器学习库之一，在附录 D 中会做比较详细的介绍。

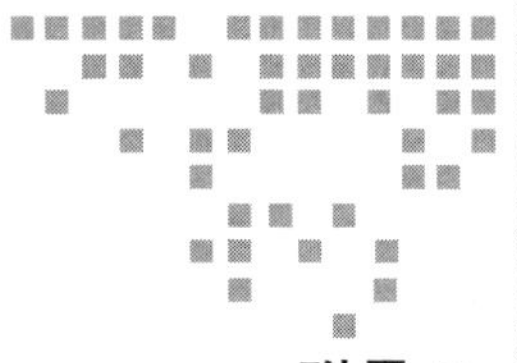

附录 D Appendix D

Scikit-learn 库简介

Python 的开源社区非常活跃，也有很多和 Java 等开源语言一样的框架或库体系，其中 Scikit-learn（简写成 sklearn）是最著名的 Python 机器学习库之一。官方网址为 http://scikit-learn.org/stable/。

sklearn 基于 BSD 开源许可证，最早由 David Cournapeau 在 2007 年发起，目前也是由社区自愿者进行维护，经年累月，整个项目的内容已经相当丰富了，目前最新的稳定版是 0.17 版本。

用户手册内容也很友好，覆盖面很全，包括有监督的学习（分类）、无监督的学习（聚类）、模型选择与评价、数据集转换、数据集提取应用（数据示例下载）、大规模计算策略、计算效率七大部分。

本书中的机器学习算法大多使用 sklearn 库完成，主要涉及 Supervised learning 和 Unsupervised learning 两个部分，相信它也能帮助读者在生产生活中很大程度地提高生产效率。

在安装 sklearn 之前请确认 Python 已经安装。安装 Python 的方法见附录 C。

如果发现 Python 软件未被正确安装，可以使用 CentOS 系统自带的包管理工具“yum”进行安装。安装方法如下：

```
[root@localhost Desktop]# yum install -y python
```

然后安装 sklearn。sklearn 的安装很简单，只要能够连接上互联网，直接使用 pip 安装即可：

```
$ pip install -U scikit-learn
```

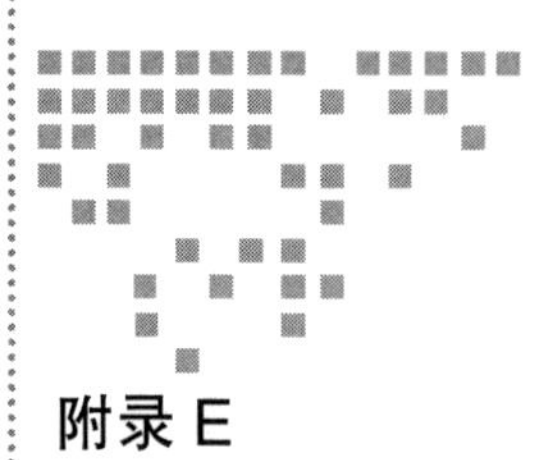

Appendix E　附录 E

FANN for Python 安装

前往 FANN 官方网站：http://leenissen.dk/fann/wp/download/。单击 Download 按钮，进入下载页面，如图 E-1 所示。

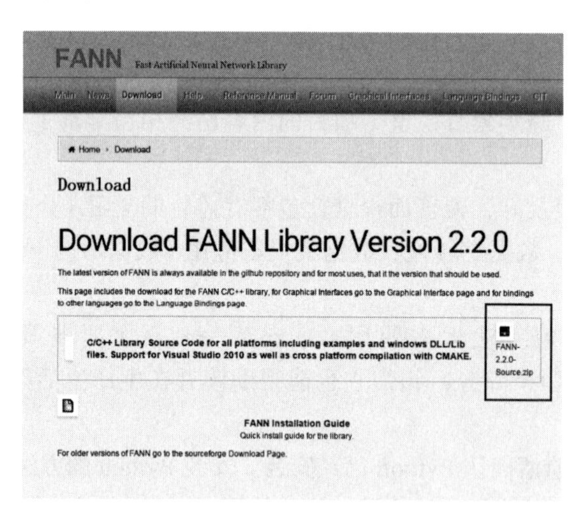

图 E-1　下载页面

解压缩：

```
$ unzip FANN-2.2.0-Source.zip
```

编译：

```
$ cmake .
$ make install
```

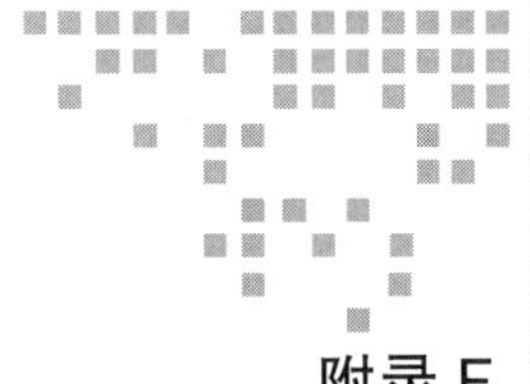

附录F Appendix F 群众眼中的大数据

在本书成书的过程中，笔者试着采访过一些“群众”，让他们说说他们眼中的大数据一词是什么概念，得到了很多有趣的说法。

da shu ju hao chi ma?

——尹闪闪，幼儿班孩子

大数据并不一定是数据大，而是通过大数据分析挖掘、分析方法使得数据的价值大大放大。

可能很多人还会说大数据是炒作，我认为“存在即合理”，现在市场上做大数据的公司良莠不齐，也说明目前正处于大数据快速发展阶段，我们也逐步感受到大数据带来的便利，比如智慧城市项目、生物基因检测等。如果你处于公司的决策层，有数据做支撑你会更有底气。

——彭瑶，数据分析师

小县城林业工作数十年，退休在即，回顾一番，变化最大的应该就是案头厚厚的文档越来越少，服务群众的效率越来越高。林、人、企在数据的结合相比以前简单的分类，等着群众来办事的方式变成了能主动跑下去。

——谭波道，公务员

大数据嘛，数据量大、数据种类多样、有价值。比如之前我做过的保险的一些项目，他们得到购买保险的客户，根据数据分析，更好地推广他们的保险，把不同需求的保险推给不同的人。

——陆飞，男程序员

大数据：抽象出的真实世界。

——左妍，女程序员

学好大数据思维，掌握未来发展之道！

——向上，IT 技术论坛创始人

大数据……开始就是认为和数字有关系，基本认为就是和数字打交道，听到最多的就是 Python（也不知道是啥），虽然直至现在也不能深入了解大数据，但是自己觉得大数据要具有很强大的洞察力和逻辑分析能力，对此自己也充满好奇，计划在闲暇时间通过阅读书籍或和大师"白话"了解大数据（小白选手不要理）。

——王月，德语专业大学生

大数据就是在一堆繁杂的事物里面找规律找共性，它应该能够影响人类的生活……能让我们变成想象中的外星人吗？

——李娜，高级人力资源经理

大数据是真正的新能源。它将成为每一个现代企业的重要资产，并在人类商业社会演进的道路中扮演关键作用。

——李力，CEO

大家的回答是如此丰富，也从一个侧面说明，大数据就是一种见仁见智的艺术性的产业，它会在各个领域对各个行业的人们持续不断地产生深远的影响。

写作花絮

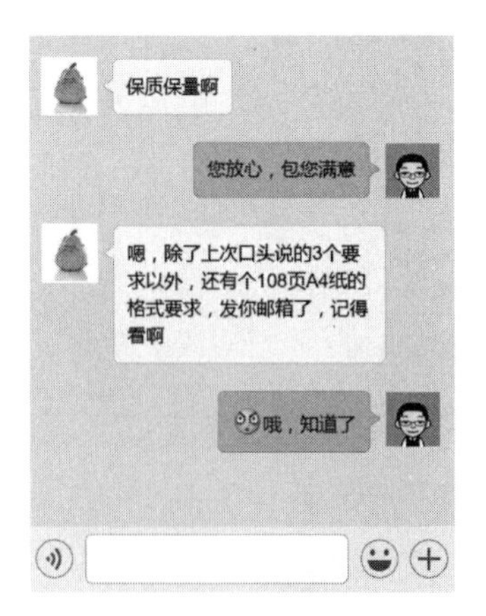

保质保量啊
您放心，包您满意
嗯，除了上次口头说的3个要求以外，还有个108页A4纸的格式要求，发你邮箱了，记得看啊
哦，知道了

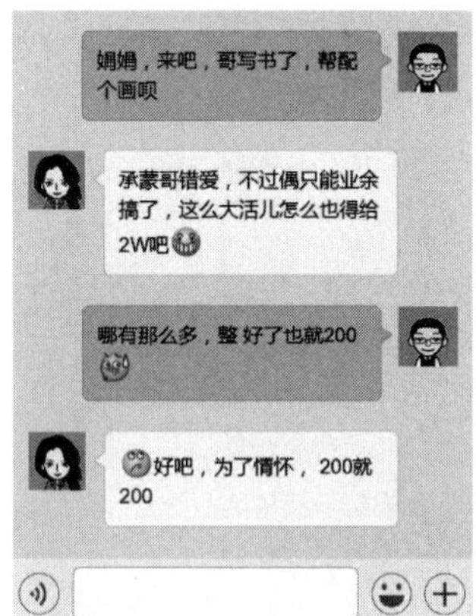

娟娟，来吧，哥写书了，帮配个画呗
承蒙哥错爱，不过偶只能业余搞了，这么大活儿怎么也得给2W吧
哪有那么多，整 好了也就200
好吧，为了情怀， 200就200

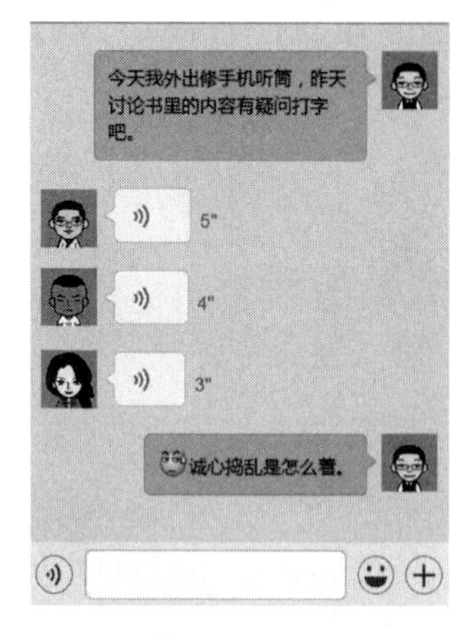

今天我外出修手机听筒，昨天讨论书里的内容有疑问打字吧。
5"
4"
3"
诚心捣乱是怎么着。

老卫，咱代码咋样了？
print "还不错"
能提前完不？
for n in range(1,3): print "没问题"
循环？
print "嗯，重要的事情说三遍"
魔怔了

昨天给你找的笔误改了吗？
必须的
哦。前天给你找的笔误改了吗？
必须的
哦。。。上周的呢，改了吗？
必须的
你是不是不会说别的？
必须的

无 SIM 卡
上午12:14
37%
完成
详情
高扬
受死吧，卷织神经网络
4小时前
上午8:14
嗯，这种报进度的方式我喜欢
上午8:14
这是多么丧心病狂
上午8:18
print"悠着点"
上午11:46
卷积是什么？是不是就是像烫头

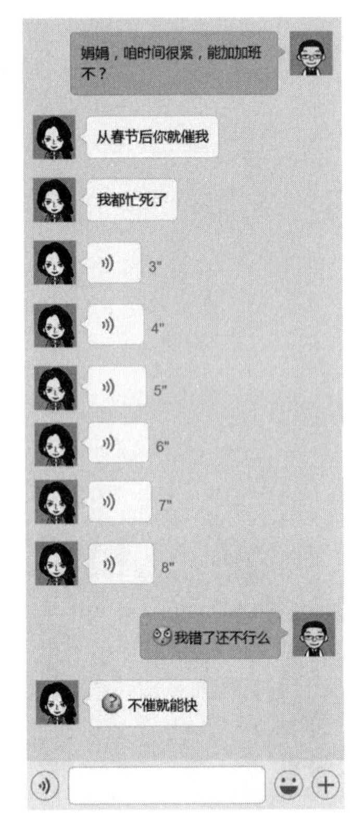
娟娟，咱时间很紧，能加加班不？
从春节后你就催我
我都忙死了
3"
4"
5"
6"
7"
8"
我错了还不行么
不催就能快

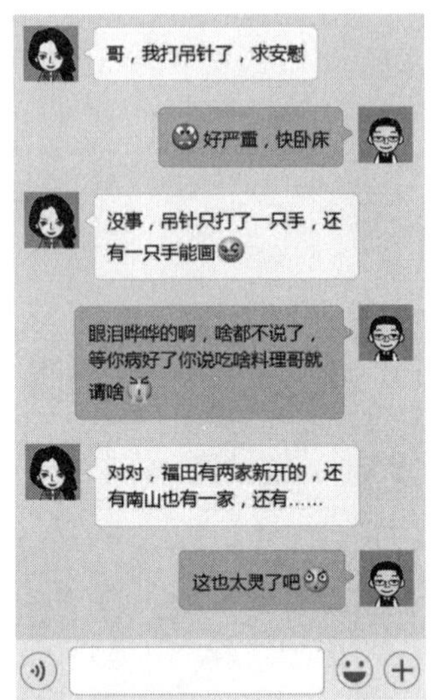
哥，我打吊针了，求安慰
好严重，快卧床
没事，吊针只打了一只手，还有一只手能画
眼泪哗哗的啊，啥都不说了，等你病好了你说吃啥料理哥就请啥
对对，福田有两家新开的，还有南山也有一家，还有……
这也太灵了吧

print "前几章内容会不会有点冗长？"
我多少也有点担心
不会啊，很受用很受用
深浅不太好把握，深了难读浅了不解渴
不会啊，很解渴很解渴
行，那就不动了
print "好吧"

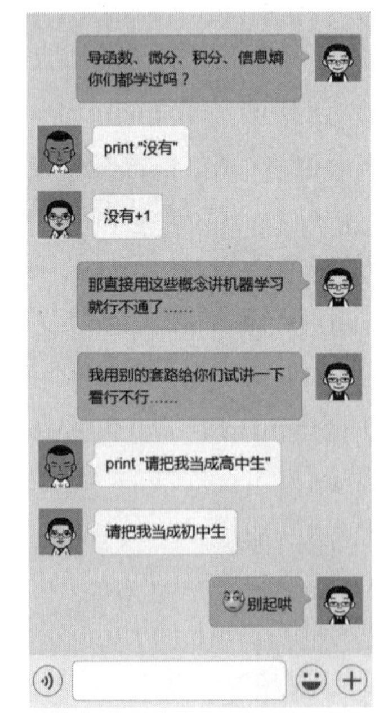
导函数、微分、积分、信息熵你们都学过吗？
print "没有"
没有+1
那直接用这些概念讲机器学习就行不通了……
我用别的套路给你们试讲一下看行不行……
print "请把我当成高中生"
请把我当成初中生
别起哄

亲，啥时候交稿
马上就好，马上
速度不错，要不今年再来一本啊？
您让我歇歇吧，我写得肩周炎都快出来了
没事，我认识好几个三甲医院运动医学科的大夫，那手术"噗噗"的，可痛快了

参考文献

[1] Allen B. Downey．贝叶斯思维：统计建模的 Python 学习法 [M]．许杨毅，译．北京：人民邮电出版社，2015．

[2] 郑捷．机器学习：算法原理与编程实践 [M]．北京：电子工业出版社，2015．

[3] Jiawen Han，Micheline Kamber，Jian Pei．数据挖掘：概念与技术 [M]．北京：机械工业出版社，2007．

[4] 王家林．大数据 Spark 企业级实战 [M]．北京：电子工业出版社，2015．

[5] 涂子沛．数据之巅 [M]．北京：中信出版社，2014．

[6] Simon Haykin．神经网络与机器学习 [M]．申富饶，徐烨，郑俊，等译．北京：机械工业出版社，2009．

推荐阅读

深入理解大数据
大数据处理与编程实践
UNDERSTANDING BIG DATA
BIG DATA PROCESSING AND PROGRAMMING
BIG DATA

Spark大数据处理
技术、应用与性能优化

Spark Big Data Analytics in Action
Spark大数据分析实战

Spark Internals
Core Design and Source Code Analysis
深入理解Spark
核心思想与源码分析

Spark技术内幕
深入解析Spark内核
架构设计与实现原理

Spark Core Technology and Advanced Applications
Spark核心技术
与高级应用

HBase企业应用
开发实战

Storm分布式
实时计算模式

Storm企业级应用
实战、运维和调优